涂装系统分析与质量控制

齐祥安　刘晓佳　等编著

TUZHUANG XITONG FENXI YU ZHILIANG KONGZHI

·北京·

本书介绍了涂装系统分析与质量控制的相关知识。具体内容包括涂装系统与系统工程，设计阶段的分析与控制，制造阶段的分析与控制，储运阶段的分析与控制，安调阶段的分析与控制，试用阶段的分析与控制，涂装涂层与其他涂层的组合及其质量控制，涂料涂装相关标准与系统质量控制，涂装系统分析与质量控制的应用。

本书适合涂装企业相关技术人员、管理人员使用，也可供大专院校相关专业师生参考。

图书在版编目（CIP）数据

涂装系统分析与质量控制/齐祥安，刘晓佳等编著.—北京：化学工业出版社，2012.8

ISBN 978-7-122-14686-1

Ⅰ.①涂…　Ⅱ.①齐…　②刘…　Ⅲ.①涂漆-系统分析②涂漆-质量控制　Ⅳ.①TQ639

中国版本图书馆CIP数据核字（2012）第143063号

责任编辑：仇志刚　　文字编辑：颜克俭

责任校对：宋　玮　　装帧设计：张　辉

出版发行：化学工业出版社（北京市东城区青年湖南街13号　邮政编码100011）

印　　装：北京科印技术咨询服务有限公司数码印刷分部

720mm×1000mm　1/16　印张18　字数350千字　2012年10月北京第1版第1次印刷

购书咨询：010-64518888　　售后服务：010-64518899

网　　址：http://www.cip.com.cn

凡购买本书，如有缺损质量问题，本社销售中心负责调换。

定　　价：68.00元

版权所有　违者必究

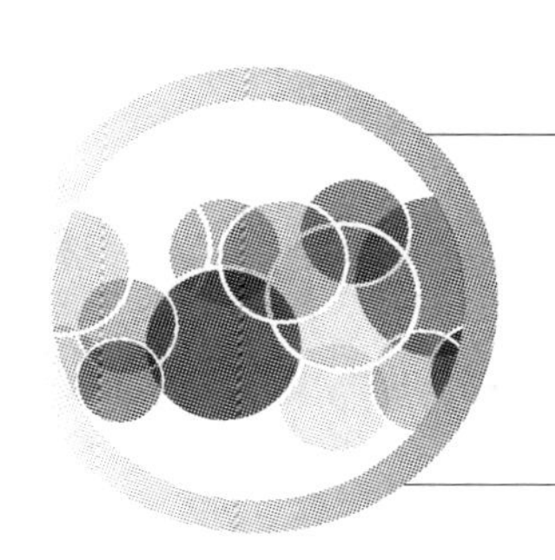

前言

涂料在工业方面应用广泛，但是其服役寿命千差万别。涂装质量事故的发生可能涉及企业的多个部门，是一个非常复杂且难以解决的问题。随着技术的进步，我国产品的涂装涂层质量有了很大的进步。各企业虽然进行过诸如“全面质量管理”、“零缺陷质量管理”、“ISO 9000贯标”、“Q、E、S三标一体化”等工作，可涂装涂层的质量现状与国际先进水平相比，还是有很大差距。这主要是因为涂装涂层质量具有以下一些特点：非主流、难重视；跨学科，难掌握；多隐蔽，难发现；涉及广，难解决；易反复，难坚持；解决涂装质量问题需要“持久战”。

本书是编者30余年进行涂装工作中经验的记录和总结，其中有些问题是在企业工作中与领导、同事、供应商等同行的探讨、争论和研究的结果，具有很强的实用价值；本书也是编者在日本做访问学者期间以及在设计研究院工作期间的理论和实践知识的积累，其中有些内容是受国际友人和设计院工程师朋友们的启发和帮助的结晶，具有较强的理论性；在此本书出版之际，谨向上述各行业的诸位朋友致以最崇高的谢意！

本书承蒙刘晓佳先生的热情鼓励和支持，他对于本书的章节结构、具体内容都付出了很多的关心和劳动，并将他自己多年积累的涂料、涂装方面的经验和知识提供给本书作为参考。胡伊凡先生、张俏女士编写了本书“第9章 涂料涂装相关标准与系统质量控制”的部分内容，并为本书绘制了每章的导读图；徐丽莉女士编写了本书“第10章 涂装系统分析与质量控制的应用”10.2节的部分内容。在此，对各位编写者的辛勤劳动表示感谢！

对涂装质量影响的分析，本书力图系统分析影响涂装涂层质量的原因，并从技术、管理等角度提出相应的解决办法。由于编者水平有限，在编写中难免有疏漏之处，还请读者批评指正。

感谢家人和亲属的理解和支持。近几年编者几乎把所有的节假日和业余时间都用来进行本书的写作，通过几年的努力，终于使本书出版，这也是可以告慰各位亲人的一件喜事。

编者

2012年6月10日于长沙

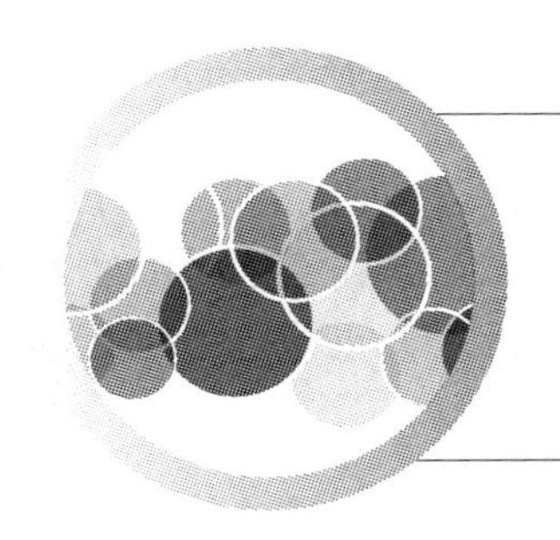

目录

引言 …… 1

第1章 绪论 …… 4

1.1 涂装技术概述 …… 5

1.1.1 基本概念及术语 …… 5

1.1.2 涂装技术主要内容 …… 20

1.2 涂装质量问题的特点 …… 33

1.2.1 非主流，难重视 …… 34

1.2.2 跨学科，难掌握 …… 39

1.2.3 多隐蔽，难发现 …… 40

1.2.4 涉及广，难解决 …… 42

1.2.5 易反复，难坚持 …… 43

1.2.6 解决涂装质量问题需要“持久战” …… 43

参考文献 …… 45

第2章 涂装系统与系统工程 …… 46

2.1 基本概念的分析 …… 47

2.2 涂装系统“五阶段”的分析 …… 50

2.2.1 设计阶段 …… 50

2.2.2 制造阶段 …… 51

2.2.3 储运阶段 …… 52

2.2.4 安调阶段 …… 53

2.2.5 使用阶段 …… 53

2.2.6 “五阶段”之间的关系 …… 54

2.3 涂装系统“五要素”的分析 …… 54

2.3.1 涂装材料 …… 54

2.3.2 涂装设备 …… 55

2.3.3 涂装环境 …… 55

2.3.4 涂装工艺 …… 55

2.3.5 涂装管理 …… 55
2.3.6 五要素之间的关系 …… 56
2.4 涂装系统的“三层次”分析 …… 56
2.4.1 企业层次 …… 56
2.4.2 国家层次（行业管理层次） …… 58
2.4.3 国际层次（国际组织管理层次） …… 59
2.5 涂装系统的模型 …… 59
参考文献 …… 61

第3章 设计阶段的分析与控制 …… 62
3.1 关于涂装行业内“设计”的概念 …… 63
3.2 设计输入的主要内容 …… 66
3.3 设计工作流程及其内容 …… 67
3.3.1 产品类设计流程及内容 …… 67
3.3.2 工程类设计流程及内容 …… 75
3.4 设计输出的主要内容 …… 79
3.4.1 涂装系统设计方案 …… 79
3.4.2 涂层体系技术要求 …… 84
3.4.3 涂层体系实施的主要工艺 …… 85
3.4.4 涂层体系质量控制与检验 …… 86
3.4.5 其他文件（对以上几类文件的补充） …… 88
3.5 设计阶段质量控制的要点 …… 88
参考文献 …… 90

第4章 制造阶段的分析与控制 …… 91
4.1 制造阶段的涂装生产工艺文件 …… 94
4.1.1 产品零部件涂装（腐蚀防护）分类、分组明细表 …… 94
4.1.2 产品零部件涂装（腐蚀防护）工艺卡（工艺规程） …… 95
4.1.3 重要涂装设备（生产线）操作规程（操作指导） …… 96
4.2 涂装材料的影响及质量控制分析 …… 98
4.2.1 涂料供应商的选择及涂料产品的检验 …… 98
4.2.2 涂料（原漆）质量的检查 …… 100
4.2.3 涂覆时所用涂料质量的控制 …… 101
4.2.4 涂装化工材料与涂层弊病关联的分析 …… 102
4.3 涂装设备的影响及质量控制分析 …… 106
4.3.1 涂装设备的优劣与涂层体系质量控制 …… 106

4.3.2 涂装设备的检查、维护与涂层体系的质量控制 …… 107
4.3.3 涂装设备与涂层弊病关联的分析 …… 109
4.4 涂装环境的影响及质量控制分析 …… 111
4.4.1 环境温度的影响 …… 112
4.4.2 湿度及露点 …… 112
4.4.3 照度（采光） …… 113
4.4.4 洁净度 …… 114
4.4.5 涂装环境与涂层弊病关联的分析 …… 116
4.5 涂装工艺的影响及质量控制分析 …… 118
4.5.1 生产中所用材料表面锈蚀等级的限定 …… 119
4.5.2 被涂装零部件（工件）表面缺陷的处理及验收 …… 121
4.5.3 涂覆涂料前表面处理状态的检验 …… 121
4.5.4 钢材预处理、工序间交叉涂装与预涂装 …… 123
4.5.5 每道涂层的涂装间隔时间及清洁度 …… 124
4.5.6 干燥工艺对质量的影响 …… 124
4.5.7 湿/干涂层厚度的控制 …… 126
4.5.8 腻子及打磨的质量控制分析 …… 127
4.5.9 涂层后处理的控制 …… 127
4.5.10 涂装工艺对涂层质量的影响一览 …… 128
4.6 涂装管理的影响及质量控制分析 …… 131
4.6.1 组织构成及人员培训 …… 132
4.6.2 生产（经营）计划进度的控制 …… 133
4.6.3 质量检验与管理 …… 133
4.6.4 工艺执行的控制 …… 134
4.6.5 涂装现场6S管理 …… 135
4.6.6 设备维护及保养 …… 135
4.6.7 材料采购及储存 …… 136
4.6.8 系统供货（涂料涂装一体化）的管理模式 …… 136
4.6.9 涂装管理对涂层质量的影响一览 …… 139
参考文献 …… 142

第5章 储运阶段的分析与控制 …… 143
5.1 装卸运输过程中涂层的破坏和保护 …… 145
5.1.1 涂层的划伤 …… 145
5.1.2 涂层的接触伤痕 …… 147
5.1.3 产品海运锈蚀 …… 148

5.2 存放过程中涂层体系的破坏和保护 …… 149
5.2.1 露天存放 …… 149
5.2.2 敞棚（棚子）存放 …… 153
5.2.3 仓库（库房）存放 …… 153
5.3 产品包装与涂层体系的破坏和保护 …… 155
5.3.1 缓冲（保护）包装及注意事项 …… 156
5.3.2 防水包装及注意事项 …… 157
5.3.3 防锈包装及注意事项 …… 159
参考文献 …… 162

第6章 安调阶段的分析与控制 …… 163
6.1 安装（装配）调试的概念及分类 …… 164
6.2 工厂内装配/调试形式的涂层破坏及保护 …… 164
6.3 工厂内装配/调试加现场安装/调试类产品的涂层破坏及保护 …… 167
6.4 全部现场安装类产品（工程）的涂层破坏及保护 …… 174
参考文献 …… 177

第7章 使用阶段的分析与控制 …… 178
7.1 产品涂层在使用阶段的特点 …… 179
7.2 使用过程中涂层的破坏与保护 …… 183
7.2.1 使用环境的选择和保持 …… 183
7.2.2 产品（设备）的清理与清洁 …… 184
7.2.3 定期进行防锈处理 …… 185
7.2.4 轻微涂层破坏的修复要及时 …… 187
7.3 使用阶段涂层质量的监控及分析 …… 187
7.3.1 已有涂层的测试、评估（评价）方法 …… 187
7.3.2 已有涂层的测试、评估（评价）内容、等级的划分及合格与否的判定 …… 190
7.4 涂层的修复工程 …… 191
7.4.1 不当的涂层修复会带来更严重的问题 …… 193
7.4.2 涂装维修方案的设计 …… 194
7.4.3 涂装维修工程的一个实例 …… 196
参考文献 …… 197

第8章 涂装涂层与其他涂层的组合及其质量控制 …… 198
8.1 各种复合涂层的组合方式 …… 199

8.2 涂装涂层与镀锌层的组合及质量控制 …… 200
8.3 涂装涂层与热喷涂锌、锌铝合金涂层的组合及质量控制 …… 202
8.4 涂装涂层与铝合金氧化涂层的组合及质量控制 …… 206
8.5 涂装涂层后处理的质量控制 …… 208
参考文献 …… 215

第9章 涂料涂装相关标准与系统质量控制 …… 216
9.1 涂料涂装相关技术标准与质量控制的重要性 …… 217
9.2 国内涂料涂装的相关标准归口组织及标准现状 …… 221
9.2.1 涂装技术标准归口组织及标准的制修订 …… 221
9.2.2 涂料涂装技术标准的分类 …… 222
9.2.3 企业使用涂料涂装技术标准的现状 …… 226
9.3 涂料涂装所涉及的主要标准 …… 227
9.3.1 涂装材料方面的主要标准 …… 228
9.3.2 涂装设备方面的主要标准 …… 230
9.3.3 涂装环境方面的主要标准 …… 231
9.3.4 涂装工艺方面的主要标准 …… 232
9.3.5 涂装管理方面的主要标准 …… 235
9.4 涂料涂装相关标准在企业的实施和应用 …… 236
9.4.1 要及时收集、学习、理解各类涂料涂装技术标准的资料 …… 236
9.4.2 根据企业实际情况编制企业涂装技术标准 …… 237
9.4.3 组织实施涂料涂装技术标准 …… 238
9.4.4 企业应用涂料涂装技术标准工作的建议 …… 239
参考文献 …… 240

第10章 涂装系统分析与质量控制的应用 …… 241
10.1 涂装系统质量控制与企业质量管理体系 …… 242
10.1.1 涂装系统与质量管理体系的关系 …… 242
10.1.2 各类企业组织机构涂装系统质量控制特点 …… 244
10.1.3 如何评价外协企业的涂装系统 …… 246
10.2 涂装系统质量控制与常用方法和工具 …… 253
10.2.1 涂装系统与质量控制方法、工具 …… 253
10.2.2 常用方法和工具的应用实例 …… 256
10.3 涂装系统质量控制与检验检测和数据收集 …… 260
10.3.1 涂装系统的过程控制 …… 260
10.3.2 涂装系统质量数据的收集/分析/处理（评价）/保存 …… 263

10.4　涂装涂层缺陷（弊病）的分析及处理 ………………………………………… 265
10.4.1　缺陷（弊病）的基本概念 …………………………………………………… 266
10.4.2　缺陷（弊病）的分类 ………………………………………………………… 267
10.4.3　缺陷（弊病）的检测与评定的依据（标准） ……………………………… 269
10.4.4　缺陷（弊病）的分析及处理流程 …………………………………………… 270
10.4.5　涂层/涂层体系缺陷（弊病）分析及处理举例 …………………………… 276
参考文献 …………………………………………………………………………………… 278

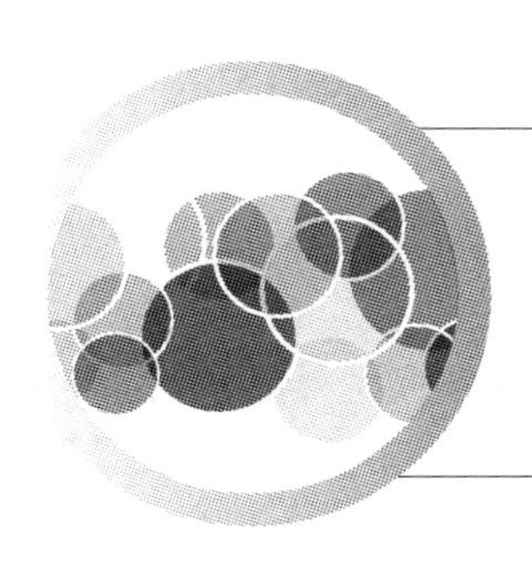

引言

如何认识涂装的各种质量问题？

您可能经常遇到或听到这样的情况：某类型号的机电产品出口到某国家，半年或1年内或者更短时间，涂层出现了起泡、脱落、锈蚀等严重的质量问题……国内产品在销售和使用中，也经常出现此类问题，只是客户反映没有国外那么强烈和突出。可是当您去调查、解决这些涂装质量事故时，却发现这是一个非常复杂的难以解决的问题！请看企业各部门在涂装质量事故出现后的意见。

销售及售后服务部门：客户对产品的涂装质量问题反映很强烈，要求索赔并及时修复，急需解决当前的问题，请技术部门尽快想办法！今后更需要避免产品再发生此类问题……客户在使用过程中不会发生问题，安装调试是否有损坏？生产中的各个环节是否有问题？

安装调试部门：我们安装过程是按照规范执行的，不会带来损坏问题……质量检查是否未发现问题带到客户手中？

质量检查部门：出厂前我们进行多项指标（一般3～10项）的检查，未发现不

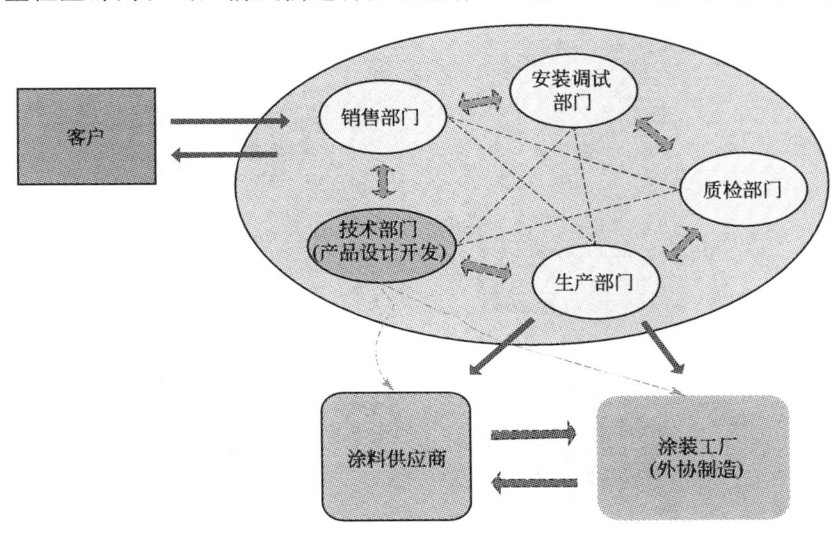

图0-1　问题怪圈

符合质量标准的缺陷……是否其中潜伏了质量事故的因素，出厂时无法检测到，生产过程中有问题吧？

生产及外协部门：我们是按照图纸和技术要求加工生产，不会有问题……即使有问题也是在技术部门吧？涂料有问题？涂装外协厂有问题？

技术部门：涂料是供应商推荐的名牌涂料，我们按照他们的技术要求制定的技

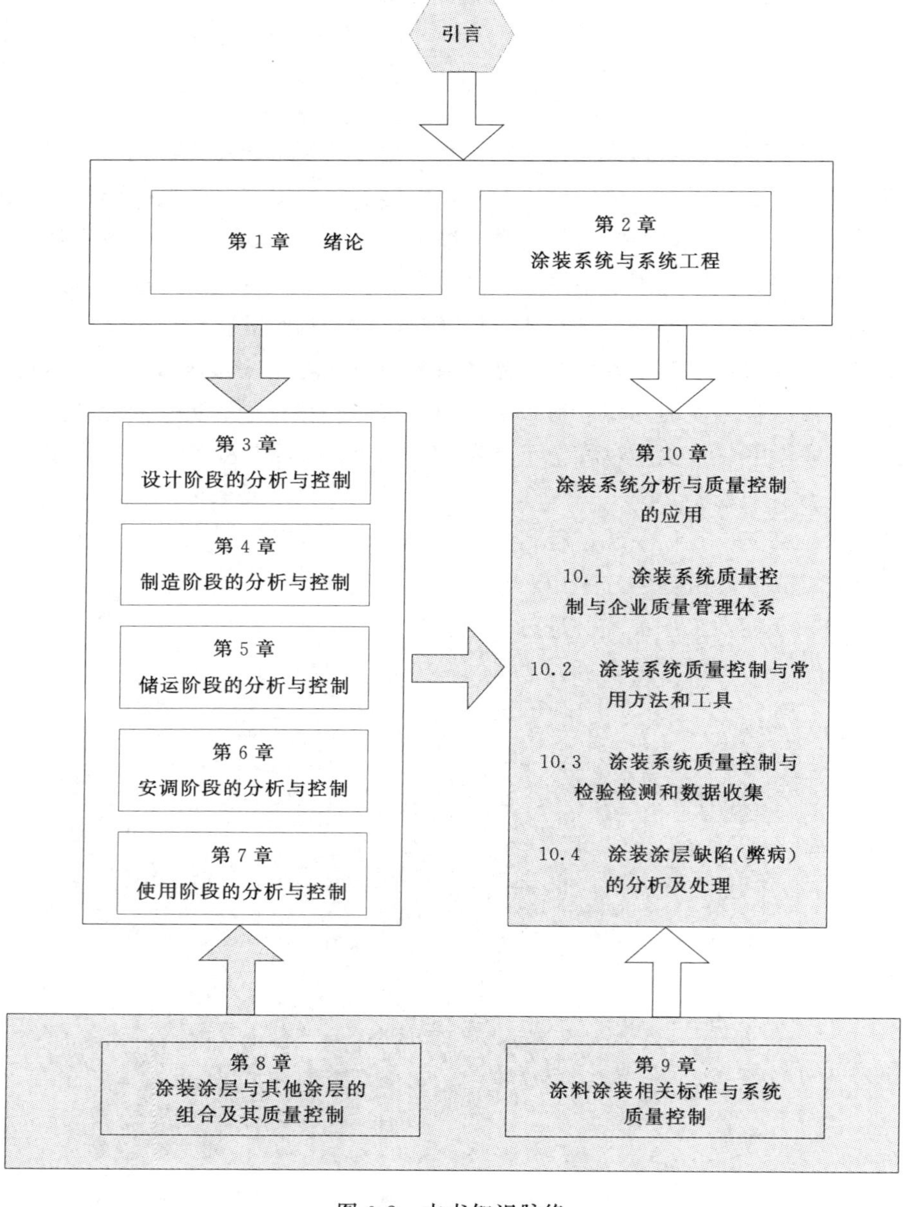

图 0-2 本书知识脉络

术文件怎么会有问题，可能是生产中未严格执行带来的质量问题吧？

涂装工厂：我们使用的是你们甲方公司指定的涂料，执行的是技术部门的技术文件，按生产计划完成的任务，生产部门有现场监理工程师，怎么会有问题！是涂料的问题吧？

涂料供应商：我们涂料已经使用多年，别的厂家未出现过，怎么就你们出现问题？是你们找的涂装工厂不行或涂装过程有问题吧？

至此，问题进入了一个难以理清的怪圈，如图 0-1 所示……

问题到底出在哪里？责任在谁？谁应该来承担经济赔偿责任？质量管理人员烦恼，涂装技术人员痛苦，企业领导气愤！此类问题解决起来非常棘手，可此类问题非常普遍，造成的经济损失也绝非小数目。

当您读过此书后，对此类问题的认识可能会有新的答案，您企业在涂装涂层质量方面的困扰将会减少，经济损失将会降低，企业效益和市场竞争力会大有提高。

为了便于您的阅读，特绘制如下示意图表示本书章节的构成及相互关系：第 1 章是本书的概论，概括介绍了涂装涂层的基础知识和各种影响因素的相互关系；第 2 章是系统工程理论与涂装技术应用的论述；第 3～7 章详细介绍了涂装涂层寿命全过程“五阶段”“五要素”的具体分析；第 10 章是本书的核心内容，主要叙述了在企业应用的具体问题，也是重点；第 8、9 章是对以上章节的补充和对涂装涂层的完整性理解不可缺少的部分。本书知识脉络如图 0-2 所示。

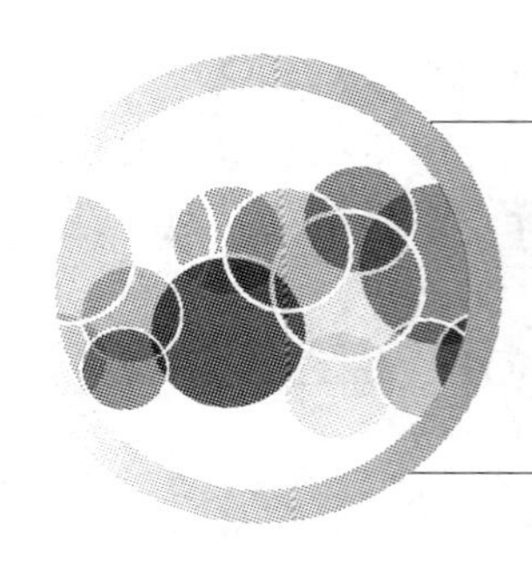

第1章 绪　论

导读图

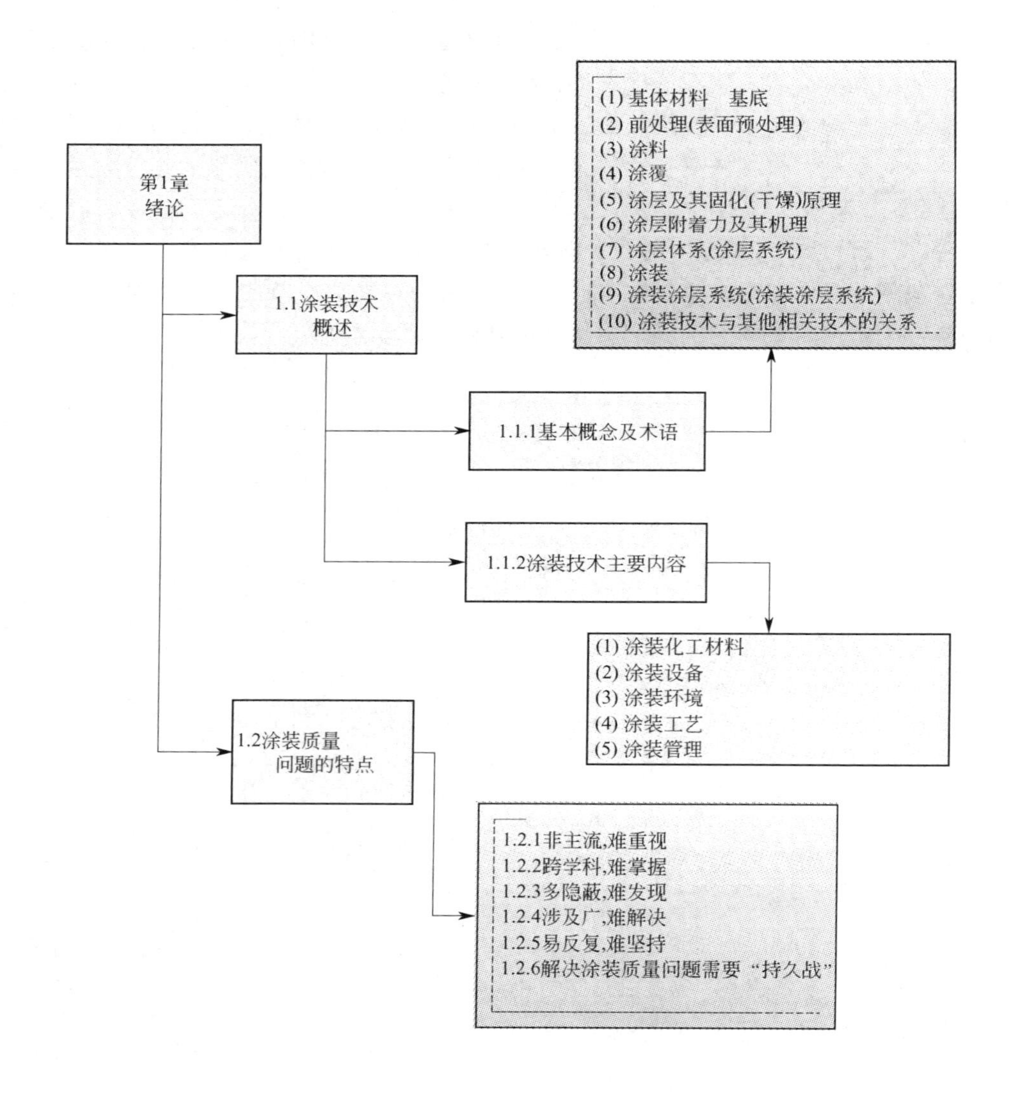

第1章
绪论
1.1涂装技术概述
1.1.1基本概念及术语
(1) 基体材料　基底
(2) 前处理(表面预处理)
(3) 涂料
(4) 涂覆
(5) 涂层及其固化(干燥)原理
(6) 涂层附着力及其机理
(7) 涂层体系(涂层系统)
(8) 涂装
(9) 涂装涂层系统(涂装涂层系统)
(10) 涂装技术与其他相关技术的关系
1.1.2涂装技术主要内容
(1) 涂装化工材料
(2) 涂装设备
(3) 涂装环境
(4) 涂装工艺
(5) 涂装管理
1.2涂装质量问题的特点
1.2.1非主流,难重视
1.2.2跨学科,难掌握
1.2.3多隐蔽,难发现
1.2.4涉及广,难解决
1.2.5易反复,难坚持
1.2.6解决涂装质量问题需要“持久战”

1.1 涂装技术概述

1.1.1 基本概念及术语

涂装技术是一项历史悠久、适用广泛、发展迅速的应用技术，在其快速地发展变化的过程中，曾经使用过各种各样的名词和术语。由于这些术语的流传和使用的不规范，使我们在技术交流、商业谈判、教学培训等过程中，常常会出现概念定义不统一、理解使用有歧义、讨论争论无休止等问题。作者认为，应该以《涂装技术术语》（GB/T 8264—2008）等标准为主要依据，规范地使用各种涂装技术术语。图 1-1 表示了几个基本概念及其相互之间的关系。

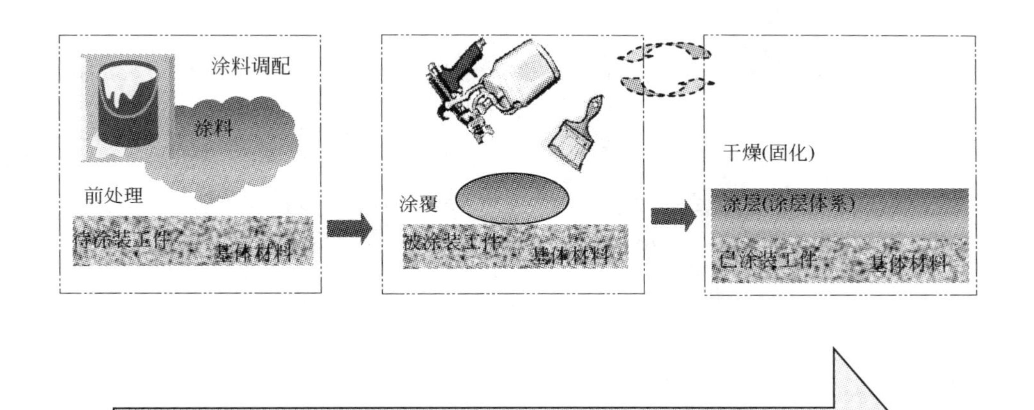

图 1-1 基体材料、前处理、涂料、涂覆、涂层、涂层体系、涂装概念

（1）基体材料、基底

基体材料（basis materials）：需要涂覆或保护的成型构件的主体材料，又叫底材。若此材料为金属，则叫金属基体；若为非金属材料，则叫非金属基体（GB/T 8264—2008）。

基底 substrate：需要涂覆的基体材料的表面，此表面或有涂覆层或无涂覆层（GB/T 8264—2008）。

（2）前处理（表面预处理）

表面预处理（surface pretreatment）：在涂装前，除去工件表面附着物、生成的氧化物以及提高表面粗糙度、提高工件表面与涂层的附着力或赋予表面以一定的耐蚀性能的过程，又叫前处理（GB/T 8264—2008）。

（3）涂料

涂料（coating）：涂于工件表面能形成具有保护、装饰或特殊性能（如标识、绝缘、耐磨等）的连续固态涂膜的一类液体或固体材料的总称（GB/T 8264—2008）。但是，由于涂料过去曾经在很长时期内被称为“油漆”，所以现在制订的一些标准中，对具体的涂料分类和命名、对涂装技术的叙述时，仍允许“××漆”“×漆×”和“涂料”、“××涂料”等词语的共存使用。加上有些文件、标准、规范、规定和宣传媒体对语言使用得不规范，很容易使人误解“油漆”与“涂料”是两种不同的产品和材料。

（4）涂覆

涂料涂覆（representation of coating）：将涂料按施工要求施涂在金属、非金属制品表面，使其形成覆盖层的过程（GB/T 4054—2008）；也是喷涂、淋涂、电泳等工序的总称。

由于涂装方法的迅速发展，“喷涂”“喷漆”等名词已经无法全面概括各种各样的涂装工艺，因此，“涂覆”一词已广泛应用于各种涂装技术文件中。

（5）涂层及其固化（干燥）原理

涂层（coat）：一道涂覆所得到的连续膜层（GB/T 4054—2008）；亦称涂膜、漆膜。

固化（curing）：由于热作用、化学作用或光的作用产生的从涂料形成所要求性能的连续涂层的缩合、聚合或自氧化过程（GB/T 8264—2008）。

干燥（dringy）：涂层从液态向固态变化的过程（GB/T 8264—2008）。

涂层及其固化（干燥）类型的详细内容，见表 1-1。

（6）涂层附着力及其机理

附着力（adhesion）：涂层与基底间结合力的总和（GB/T 8264—2008）。

关于附着力的机理，自 1925 年提出机械互锁理论以来，几十年间出现了多种理论和观点，直至目前还没有一种理论能同时解释附着力的各种现象。但人们从不同角度提出了多种观点，不同程度地从各方面对附着力的本质作了理论阐述，归纳起来有以下 5 种。

① 机械嵌合作用　涂装时涂料渗透到基材表面的小沟和孔隙中，固化后通过“锚合”、“钩合”、“钉合”、“嵌合”、“树根固定”等形式（如图 1-2 所示）把涂料和被涂物连在一起。

② 吸附作用　该理论认为，两种材料的界面紧密接触，分子或原子在界面层

表 1-1　涂层及其固化（干燥）类型

序号	干燥形式	涂层所用涂料	涂层形成机理	备　注
1	自然固化(干燥)涂层	挥发型涂料(硝基纤维素、过氯乙烯、热塑性丙烯酸涂料等)	成膜过程仅靠物理作用，无化学转化作用，通过溶剂挥发，使聚合物分子链相互缠结形成涂层	物理成膜方式：溶剂挥发成膜方式
2		乳胶涂料(苯丙乳胶、丙烯酸乳胶涂料等)	随着分散介质(主要是水和共溶剂)挥发的同时，产生聚合物粒子的接近、接触、挤压变形而聚集起来，最后由粒子状态的聚集变成为分子状态的凝聚而形成连续的涂层	物理成膜方式：聚合物粒子凝聚方式
3		氧化聚合型涂料(油性、醇酸、环氧酯涂料等)	当涂料涂覆于工件表面后，油脂中不饱和脂肪酸的双键与空气中的氧发生氧化聚合反应而形成涂层	化学成膜方式：连锁加聚反应成膜，氧化聚合形式
4		固化剂固化型涂料(双组分环氧、聚氨酯涂料，不饱和聚酯涂料等)	此类涂料多为双包装涂料，两个组分之间有很强的化学活性，因此常温下能进行反应固化成膜，并且混合之后只有 4～8h 的使用期	化学成膜方式：连锁加聚反应成膜
5	加热固化(干燥)涂层	热熔融成膜涂料(粉末涂料等)	固体的粉末涂料在受热的条件下通过高聚物粒子热熔、凝聚而成膜	物理成膜方式：聚合物粒子凝聚方式
6		烘烤固化性涂料(氨基、丙烯酸、环氧烘漆，聚酯、热固性聚氨酯、有机硅涂料、电泳涂料等)	此类涂料的树脂中的各基团，在常温下的化学反应性很弱，但加热到较高温度时，基团之间将快速地发生化学反应使涂膜交联固化	化学成膜方式：连锁加聚反应成膜
7	照射固化(干燥)涂层	光固化涂料(紫外光固化涂料，UV)	在紫外光的作用下，涂料产生活性自由基引发聚合成膜	化学成膜方式：连锁加聚反应成膜，能量引发聚合
8		电子束固化涂料	在辐射能的作用下，涂料产生活性自由基引发聚合成膜	化学成膜方式：连锁加聚反应成膜，能量引发聚合
9	其他	其他		

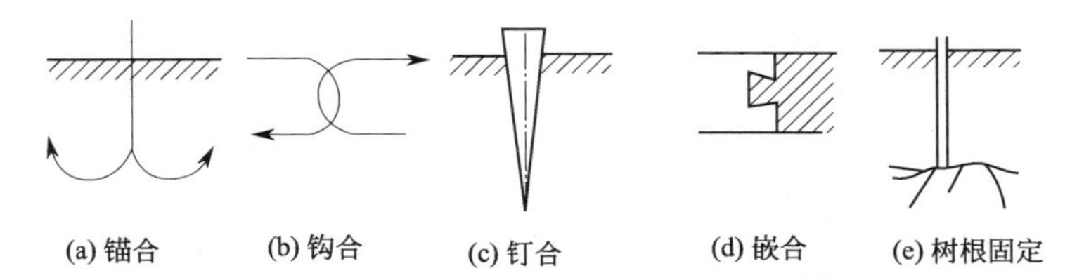

图 1-2　机械嵌合作用模型图

互相吸附产生附着力，是涂料、胶黏剂和被粘物之间牢固结合的普遍性原因。力的主要来源是分子间作用力，包括氢键力和范德华力以及路易斯酸碱相互作用。

③ 化学键作用　化学键作用是涂料的活性基团与工件表面金属发生化学反应，

生成了共价键而产生的附着力。化学键的作用力要较物理吸附作用强得多。化学键键能虽高，但只能在有限的活性原子与基团之间发生化学反应而成键，化学键的密度受到表面活性原子与基团数量和化学活性的制约。

④ 扩散作用　涂料中的成膜物为聚合物链状分子，如果底层材料也为高分子材料，在一定条件下由于分子或链段的布朗运动，涂料中的分子和基材的分子可相互扩散，相互扩散的实质是在界面中互溶的过程，最终可导致界面消失。塑料涂料、带锈涂料、修补涂料具有扩散作用，是涂膜发挥其功能性的重要因素。

⑤ 静电作用　当涂料与基材间的电子亲和力不同时，便可互为电子给体和受体，形成双电层，产生静电作用力。例如，当金属和有机漆膜接触时，金属对电子亲和力低，容易失去电子，而有机漆膜对电子亲和力高，容易得到电子，故电子可从金属移向漆膜，使界面产生接触电势，并形成双电层，产生静电引力。

（7）涂层体系（涂层系统）

涂层系统（coat system）：由同种或异种涂层组成的系统（体系）（GB/T 8264—2008）。

大多数的涂装技术资料和行业习惯较少使用“涂层系统”的说法，而是使用“涂层体系”这一技术术语。在涂装英语中均可使用“system”，译成中文时既可以是“系统”又可以是“体系”。作者建议，根据行业习惯，还是使用“涂层体系”的说法更好。

涂料制造和涂装实施的最终目的，是要在产品或设备的表面，获得人们设计所需要的涂层体系，有的叫做复合涂层。在涂装的实施过程中，根据实际需要的不同，涂层体系将呈现出多种多样的形式。严格地讲，作为涂层体系应该由基体表面//前处理层//底漆层//中涂层//面漆层//后处理层等所组成，视产品或环境的不同涂层体系可以进行添加或省略。各类涂层体系组合的详细内容，参见表 1-2。

表 1-2　涂层体系的组成及类型

<table>
<tr><th>序号</th><th>基体材料</th><th colspan="2">前处理形式及各类涂层</th><th>涂装涂层</th><th>涂装后处理
配套涂层等</th></tr>
<tr><td>1</td><td>黑色金属</td><td rowspan="7">化学表面预处理
电化学表面预处理
机械表面预处理
手工表面预处理
……</td><td>无</td><td>底漆/（中涂）/面漆</td><td rowspan="7">防护蜡/防锈蜡，密封胶，防锈油/脂，可剥塑料薄膜，阴极保护（外加电流法、牺牲阳极法）
……</td></tr>
<tr><td>2</td><td>有色金属</td><td>热喷涂 Zn
或 Zn-Al 合金</td><td>底漆/（中涂）/面漆</td></tr>
<tr><td>3</td><td>塑料</td><td>热浸锌</td><td>底漆/（中涂）/面漆</td></tr>
<tr><td>4</td><td>玻璃钢</td><td>电镀锌等
镀覆层</td><td>底漆/（中涂）/面漆</td></tr>
<tr><td>5</td><td>木材</td><td>磷化层</td><td>底漆/（中涂）/面漆</td></tr>
<tr><td>6</td><td>水泥</td><td>氧化层</td><td>底漆/（中涂）/面漆</td></tr>
<tr><td>7</td><td>……</td><td>硅氧烷涂层</td><td>……</td></tr>
</table>

表 1-3 汽车车身典型涂装涂层体系

工序及工艺 ＼ 涂层及颜色		2C2B		3C3B		4C4B			5C5B			
		卡车/吉普/经济型轿车		中型、大中型轿车		高级轿车			豪华轿车			
		本色	闪光色	本色	金属闪光色	珠光色	本色	金属闪光色	珠光色	本色	金属闪光色	珠光色
涂装前处理		●	●	●	●	●	●	●	●	●	●	●
底漆	阴极电泳	★	★	★	★	★	★	★	★	★	★	★
	烘干	■	■	■	■	■	■	■	■	■	■	■
	打磨	根据需要										
头道中涂	灰或同色			★	★	★	★	★	★	★	★	★
	烘干			■	■	■	■	■	■	■	■	■
	湿打磨			根据需要			◆	◆	◆	◆	◆	◆
二道中涂	灰或同色						★			★	★	★
	烘干						■			■	■	■
	湿打磨						◆			◆	◆	◆
头道面漆	本色	★		★			★			★		
	闪光底漆		★		★	★		★	★		★	★
	罩光清漆		★		★	★		★	★		★	★
	烘干	■	■	■	■	■	■	■	■	■	■	■
	湿打磨							根据需要		◆	◆	◆
二道面漆	本色									★		
	罩光清漆							★	★		★	★
	烘干							■	■	■	■	■
	抛光					根据需要						

注：1. ●前处理；★涂覆；■烘干；◆打磨。

2. 表格中的“C”：是英语 coat，表示涂覆涂层；“B”是英语 bake，表示烘干固化。

① 涂层体系的类型　按照所形成的涂层体系的结构分类，可以分为三涂层体系（如图 1-3 所示），四涂层体系（如图 1-4 所示），多涂层体系。表 1-3 为汽车车身典型的涂层体系。

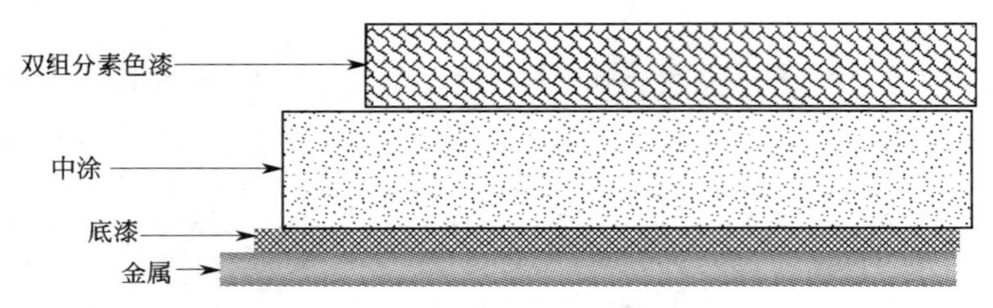

图 1-3　三涂层体系示意

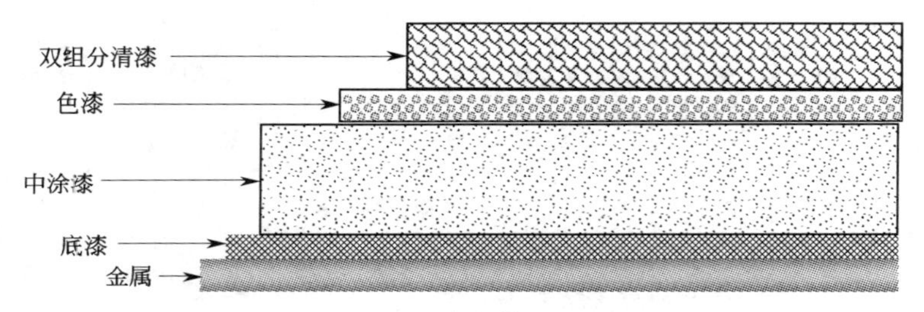

图 1-4　四涂层体系示意

按照其使用功能划分涂层体系可以分为各类涂层，其名称和功能见表 1-4。

② 涂层体系的功能　一般情况下，产品或设备等被涂装的物品，都不是使用单层的涂层，而是根据需要将多层涂层组合起来形成一个涂层体系而使用。因此，一般讲到涂层的功能时，对涂料使用者来讲主要考虑的就是涂层体系的综合功能。

表 1-4　各类涂层及其功能

<table>
<tr><th>序号</th><th colspan="2">涂层的名称</th><th>各类涂层的功能特点</th><th>备　注</th></tr>
<tr><td>1</td><td rowspan="9">底层(priming coat)涂层系统中处于中间层面层之下的涂层，或直接涂于基底表面的涂层(GB/T 8264—2008)又叫底漆涂层</td><td>溶剂型底漆涂层</td><td rowspan="9">底漆涂层是与被涂工件基体材料或前处理层直接接触的最下层的涂层，其主要作用是强化涂层与基体材料或前处理层之间的附着力，提高涂层耐腐蚀能力</td><td>单组分、双组分等</td></tr>
<tr><td>2</td><td>水性底漆涂层</td><td></td></tr>
<tr><td>3</td><td>电泳底漆涂层</td><td>底漆或底面二合一涂层</td></tr>
<tr><td>4</td><td>车间底漆涂层</td><td>可与溶剂型、水性底漆配套使用</td></tr>
<tr><td>5</td><td>磷化底漆涂层</td><td></td></tr>
<tr><td>6</td><td>封闭底漆涂层</td><td>可与溶剂型、水性底漆配套使用</td></tr>
<tr><td>7</td><td>带锈底漆涂层</td><td>可与溶剂型、水性底漆配套使用</td></tr>
<tr><td>8</td><td>自泳漆涂层</td><td>底漆或单一涂层</td></tr>
<tr><td>9</td><td>其他底漆涂层</td><td></td></tr>
</table>

续表

序号	涂层的名称		各类涂层的功能特点	备　注
10	中间层（intermediate coat） 涂层系统中处于底层和面层之间的涂层。（GB/T 8264—2008）又叫中涂层，中间漆涂层	一般溶剂型中涂涂层	中涂层主要是增厚提高屏蔽作用、缓冲冲击力、平整涂层表面；与底、面漆结合良好，起到承上启下作用；在底漆、腻子完成后填平被涂工件表面的微小缺陷；提高涂层的装饰性	单组分、双组分等
11		一般水性中涂涂层		
12		厚浆型中涂涂层		
13		云铁中涂涂层		
14		玻璃鳞片中涂涂层		
15		其他中涂涂层		
16	面层（topcoat） 涂层系统中处于中间层和底层上的涂层（GB/T 8264—2008）又叫面漆涂层	本色面漆涂层（又称为素色面漆涂层、实色面漆涂层）	面漆涂层主要作用是提高装饰性，具有耐环境化学腐蚀性、装饰美观性、标志性、抗紫外线、耐候性等	
17		金属闪光色涂层		与清漆涂层配套使用
18		珠光色涂层		与清漆涂层配套使用
19		清漆涂层（罩光漆层）		
20	其他涂层		各种特种涂层、特殊功能要求的涂层，适合各种各样的表面需要	如：粉末涂料的涂层可以是单层使用，亦可作为底漆使用

a. 腐蚀防护功能

ⓐ 屏蔽作用　金属表面涂覆漆膜后，把金属表面与环境隔开，起到了屏蔽腐蚀介质的作用。屏蔽作用中抗渗性是关键。

ⓑ 钝化缓蚀作用　涂料中的防锈颜料与金属表面反应，使其钝化或生成保护性的物质以提高涂层的保护作用；另外，许多油料在金属皂的催化作用下生成的降解产物也能起到有机缓蚀剂的作用。钝化缓蚀作用对活性防锈颜料很重要。

ⓒ 电化学保护作用　涂料中使用电位比铁低的金属粉为填料（如锌），且其量足以使金属粉之间和金属粉与基体金属之间达到电接触程度，会起到牺牲阳极的阴极保护作用，使基体金属免受腐蚀。

b. 装饰功能　用色彩来装饰我们的环境，是人类的天性，并伴随着人类及其社会整个发展过程。涂料色彩丰富很容易配出成千上百种颜色；涂层既可以做到平滑光亮，也可以做出各种立体质感的效果。

涂层体系的色彩对于企业有着重要的意义：改善企业产品形象、增强企业竞争力；弥补产品外观造型上的不足，增强产品的整体感和现代感；给使用者创造一个舒适友好的工作和生活环境；与企业色彩规划设计配套，树立企业的良好外观形象。

c. 标志功能　标志作用是利用色彩的明度和反差强烈的特性，引起人们警觉，避免危险事故发生，保障人们的安全，方便人们的生活和工作。

d. 特殊功能　根据人类的需要，可以制作各种各样的涂层或涂层体系。例如，力学功能方面：耐磨涂料、润滑涂料等；热功能方面：耐高温涂料、阻燃涂料等；电磁学功能方面：导电涂料、防静电涂料等；光学功能方面：发光涂料、荧光涂料等；生物功能方面：防污涂料、防霉涂料等；化学功能方面：耐酸、碱等化学介质涂料等。

③ 涂层体系的性能指标　按涂层结构区分有单涂层、多涂层、复合涂层的性能指标。一般涂料研究开发部门，对单涂层研究的较多，涂料使用者对多涂层、复合涂层的性能指标会更加关注，考虑综合性能指标较多。

按研究目的区分有涂料开发研究、涂装技术研究、工程/工厂实用等性能指标。科学研究的相关单位，较多关注涂层的电化学性能，如交流阻抗（EIS）性能、电化学噪声（ENM）性能指标等。而在工厂和工程的实际生产中，使用较多的是一些简便、直观、能够快速检测的性能指标。

按对涂层的测试方法区分有实验室测试试验、生产现场测试试验、大气暴晒测试试验性能指标。生产现场的测试和试验，是解决生产过程中以及对所形成的产品进行的质量控制；实验室测试和试验则是为解决重要涂装涂层技术问题、仲裁以及科学研究等需要；大气暴晒测试和试验需要时间较长，对于快速需要性能指标结果的情况不太适合。以上几种性能指标有的具较好的相关性，有的相关性不确定，有的则无法建立相关性，实际使用过程中，需要根据具体情况使用不同的性能指标。

工厂和工程实用性的涂层体系性能指标（表 1-5 和表 1-6）主要有以下几类类型供参考。

表 1-5　涂层体系的主要性能指标分类及定义

序号	性能名称	定　义	备　注
一	涂层外部表面		
1	涂层外观（appearance of coat）	在可见光下，矫正视力的肉眼可观测到的涂膜的表面状态（GB/T 8264—2008）	按照设定的各类标准指标，使用肉眼进行检查和评定涂层外观是否有各种可见缺陷（弊病）
2	色差（colour difference）	以定量表示的色知觉差异（GB/T 5206.3—1986）	使用色彩计、色卡、标准样板、样件等，使产品的外观颜色与所定标准一致
3	光泽（gloss）	涂层表面反射光线能力为特征的一种光学性质（GB/T 8264—2008）	使用光泽计进行检测
4	鲜映性（distinctness of image）	涂膜的平滑性和光泽的依存性质，用数字化等级表示（GB/T 8264—2008）	使用鲜映性仪进行检测
二	涂层厚度		
5	涂层厚度（涂膜厚度/漆膜厚度）（film thickness）	漆膜（涂层）厚薄的量度，一般以微米（μm）表示（GB/T 5206.4—1989） 干膜厚度：涂膜完全干燥后的厚度。湿膜厚度：涂料施涂后，涂膜尚未表干涂膜的厚度（GB/T 8264—2008）	使用各种厚度检测方法进行检测

续表

序号	性能名称	定　　义	备　　注
三	涂层力学性能		
6	附着力(adhesion)	涂层与基底间结合力的总和(GB/T 8264—2008)	使用各种附着力检测方法进行检测
7	柔韧性(flexibility)	涂膜适应其基体变形的能力(GB/T 8264—2008)	使用柔韧性测定器、锥形轴检测方法进行检测
8	硬度(涂膜硬度)(hardness of film)	涂膜抵抗机械压入塑性变形、划痕或磨削作用的能力(GB/T 8264—2008)	使用铅笔硬度计、摆杆阻尼试验方法进行检测
9	耐压痕性(print resistance)	涂膜抵抗外力使其表面压陷的能力(GB/T 8264—2008)	使用杯突试验仪进行检测
10	耐冲击性(impact resistance)	涂膜在冲击作用下保持涂膜完好无损的能力(GB/T 8264—2008)	使用冲击试验器进行检测
11	耐磨性(wear resistance)	涂膜抵抗磨损作用下导致涂膜失效的能力(GB/T 8264—2008)	使用旋转橡胶砂轮法进行检测
12	耐崩裂性(chipping resistance)	涂膜抵抗冲击作用引起涂膜局部碎落的能力(GB/T 8264—2008)	耐石击性是使用石击仪(Gravelometer Chip Tester)进行检测
四	涂层耐久性能	涂膜长期抵抗所处环境的破坏作用而保持其特性的能力(GB/T 8264—2008)	
13	耐候性(weathering resistance)	在阳光、雨、露、风、霜等气候环境中导致的涂膜老化(失光、变色、粉化、龟裂、长霉、脱落及基底腐蚀)的能力(GB/T 8264—2008)	在自然暴晒条件下进行耐候性试验,需要时间较长。(试验标准为GB/T 9278(IDT ISO 2810)涂层自然气候暴露试验方法)
14	耐光性(light rastness)	涂膜抵抗光作用保持其原有光泽和色泽的能力(GB/T 8264—2008)	使用经滤光器滤过的氙弧灯光(氙光法)对涂层进行人工暴露辐射进行检测
15	耐温变性(temperature change resistance)	漆膜经受冷热交替的温度变化而保持其原性能的能力(GB/T 5206.4—1989)	使用恒温箱、低温箱以及其他涂层测试方法进行检测
16	耐湿热性(Humidity resistance)	涂膜在特定湿热环境作用下保护基体不产生锈蚀的能力(GB/T 8264—2008)	使用调温调湿箱试验,然后分别评定试板生锈、起泡、变色、开裂或其他破坏现象
17	耐水性(water resistance)	抵抗水渗透作用导致涂膜发白、失光、起泡、脱落或基底锈蚀的能力(GB/T 8264—2008)	使用可调节水温的水槽并在其中加入足够量的符合要求的去离子水进行检测
18	耐蚀性(耐腐蚀性)(anti-corrosion)	涂膜保护基体耐受环境腐蚀作用的能力,是评价涂膜防腐性能的关键指标(GB/T 8264—2008)	通过中性盐雾(NSS)、乙酸盐雾(AASS)、铜加速乙酸盐雾(CASS)、循环盐雾(CCT)等试验方法检测评定涂层或涂层体系的耐腐蚀性能
19	防霉性[mildew (fungus) resistance]	涂膜防止霉菌在其表面上生长的能力(GB/T 8264—2008)	使用有温湿度交变循环条件的特定霉菌试验箱(室),接种经证实对产品产生腐蚀的菌种,检查试验样品表面,评定霉菌试验结果
五	涂层耐介质性能		
20	耐化学性(chemical resistance)	抵抗酸、碱、盐类物质渗透和溶解作用导致涂膜丧失对基底保护的能力(GB/T 8264—2008)	分别使用浸泡法、用吸收性介质法、点滴法,将单相或两相酸、碱、盐液体与涂层试片接触进行试验

续表

序号	性能名称	定　义	备　注
21	耐油性(oil resistance)	抵抗油类渗透作用导致涂膜脱落和其他损伤的能力(GB/T 8264—2008)	使用柴油、机油、汽油、润滑油等邮品与涂层试片接触,检测涂耐油的性能
22	耐其他介质		
六	涂层的其他性能		
23	耐热性(heat resistance)	在热作用下涂膜抵抗变色、粉化、脱落等的能力(GB/T 8264—2008)	根据涂层的使用受热环境,设计试验方法进行检测
24	电绝缘性(insulating property)	漆膜阻碍电流通过的能力。电绝缘性主要指漆膜的体积电阻、电气强度、介电常数等(GB/T 5206.4—1989)	根据涂层的使用电绝缘环境,设计试验方法进行检测
25	其他特殊性能		

表 1-6　涂层体系主要性能指标应用举例

序号	测试项目	某公司 重防腐涂层	某公司 车载式产品涂层	检验标准或方法	备注
1	涂层外观	☆1	★1		
2	色差	☆2	★2		
3	光泽	☆3	★3	GB/T 9754	
4	鲜映性		★4	GB/T 13492	
5	漆膜厚度	☆4	★5	GB/T 13452.2	
6	附着力	☆5	★6	GB/T 9286	
7	柔韧性		★7	GB/T 11185	
8	硬度(铅笔硬度)	☆6/7 (铅笔/摆杆)	★8	GB/T 6739 GB/T 1730	
9	硬度(杯突试验)		★9	GB/T 9753	
10	冲击强度	☆8	★10	GB/T 1732	
11	耐磨性			GB/T 1768	
12	耐石击性			VDA 62141	
13	耐光性	☆9	★11	GB/T 1865	
14	耐温变性	☆10	★12	GB/T 13492	
15	湿热性	☆11	★13	GB/T 1740	
16	耐水性	☆12	★14	GB/T 5209	
17	耐盐雾性(耐腐蚀性)	☆13	★15	GB/T 1771	耐腐蚀性能
18	耐酸性	☆14	★16	GB/T 9274	耐化学品性
19	耐碱性	☆15	★17	GB/T 9274	
20	耐柴油性	☆16	★18	GB/T 9274	耐油性
21	耐机油性	☆17	★19	GB/T 9274	

注：表中符号表示该公司标准。

a. 涂层外部表面类（外观，颜色，光泽，鲜映性等）；

b. 涂层厚度（基体为金属、非金属、多孔性底材、非多孔性底材，单涂层、多涂层、复合涂层）；

c. 涂层力学性能类（附着力，柔韧性，硬度，冲击强度，耐磨性，耐石击性等）；

d. 涂层耐久性能类（耐候性，耐湿性/耐湿热性，耐温变性，耐水性，耐盐雾性，防霉性等）；

e. 涂层耐介质性能类（耐酸，耐碱，耐柴油，耐机油，耐汽油，其他）；

f. 涂层的其他性能（耐热性，电绝缘性）。

④ 涂层体系的缺陷（弊病）及评价

涂层失效：涂层或涂层体系在使用过程中受到各种不同因素的作用，使涂层的物理化学和力学性能引起不可逆的变化，最终导致涂层的破坏。

老化（weathering）：涂膜受大气环境作用发生的变化（GB/T 8264—2008）。

破坏（perishing）：漆膜在老化过程中呈现的各种性能变坏的现象。例如有漆膜强度、柔韧性、附着力等降低，或出现粉化、开裂和剥落等现象（GB 5206.5—1991）。

涂层缺陷（弊病）：是指涂层或涂层体系在不同的时间阶段内，所体现的各项性能指标不符合正确涂层体系设计所规定的质量标准，即实测的涂层性能与标准规定的性能指标之间有偏差（表1-7）。

表1-7　常见涂层/涂层体系缺陷（弊病）的类型及定义

序号	涂层缺陷(弊病)名称	定　义	同义词/近义词
1	流挂(drop fomation)	在涂覆和固化期涂膜出现的下边缘较厚的现象(GB/T 8264—2008)	
2	颗粒(seed)	涂膜中小块异状物(GB/T 8264—2008)	起粒
3	露底(show-through)	涂于底面(不论已涂漆与否)上的色漆,干燥后仍透露出底面的颜色的现象(GB 5206.5—1991)	不盖底(non-hiding)
4	缩孔(craters)	涂膜表面产生小凹坑(直径1～4mm)的现象,又叫麻坑(GB/T 8264—2008)	鱼眼
5	陷穴	涂膜表面上产生像火山口那样的,不露出被涂面的凹穴,直径为0.5～3mm,这样缺陷称为陷穴、凹洼或凹坑、麻点	凹洼、凹坑、麻点
6	针孔(pin-holes)	在涂覆和干燥过程中涂膜中产生小孔的现象(GBT 8264—2008)	
7	起气泡(bubbling)	涂料在施涂过程中形成的空气或溶剂蒸气等气体或两者兼有的泡,这种泡在漆膜干燥过程中可以消失,也可以永久存在。(GB 5206.5—1991)	
8	咬底(lifting)	在干漆膜上施涂其同种或不同种涂料时,在涂层施涂或干燥期间使其下的干漆膜发生软化、隆起或从底材上脱离的现象(通常的外观如起皱)(GB 5206.5—1991)	咬起

续表

序号	涂层缺陷(弊病)名称	定　义	同义词/近义词
9	起皱(wrinkling)	在干燥过程中涂膜通常由于表干过快所引起的折起现象(GB/T 8264—2008) 漆膜呈现多少有规律的小波幅波纹形式的皱纹,它可深及部分或全部膜厚。皱纹的大小和密集率可随漆膜组成及成膜时条件(包括温度、湿膜厚度和天气污染情况)而变化 注:某些装饰性漆是专门配制成使漆膜产生大体上有规律性的皱纹。英文同义词 crinkling (GB 5206.5—1991)	
10	橘皮(orange peel)	涂膜上出现的类似橘皮的皱纹表层(GB/T 8264—2008) 漆膜呈现橘皮状外观的表面病态。喷涂施工(尤其底材为平面)时,易出现此病态(GB 5206.5—1991)	
11	发花(floating)	含有多种不同颜料混合物的色漆在贮存或干燥过程中,一种或几种颜料离析或浮出并在色漆或漆膜表面集中呈现颜色不匀的条纹和斑点等现象(GB 5206.5—1991)	色花
12	色差	因涂装完的涂膜色相、明度、彩度与标准板或整车的其他相同颜色的被涂物有差异的现象	
13	渗色(bloading bleeding)	涂膜间颜色的迁移所致漆膜变色的现象(GB 5206.5—1991) 来自下层(底材或漆膜)的有色物质,进入并透过上层漆膜的扩散过程,因而使漆膜呈现不希望有的着色或变色(GB 5206.5—1991)	
14	浮色(bloading flooding)	涂膜中的可溶性有色物质从涂膜中扩散出来的现象(GB 5206.5—1991) 发花的极端状况。某些颜料浮升至表面,虽漆膜表面颜色均匀一致,但明显地不同于刚施涂时的湿膜颜色(GB 5206.5—1991)	
15	金属闪光色不匀(aluminum mottling)	在喷涂金属闪光色面漆时,由于铝粉的分散不好,分布不匀,定向不匀,导致有深浅不匀的涂面现象	银粉不匀
16	光泽不良(low gloss)	有光泽涂层干燥后没有达到应有的光泽或涂装后不久涂层出现光泽下降、雾状朦胧的现象	发糊、低光泽
17	鲜映性不良(low distinctness of image)	鲜映性是漆膜表面的投影镜物的清晰度,是与涂膜的平滑性和光泽依存的性质,系表示涂膜外观装饰性能之一。鲜映性不良就是涂层的装饰性差。鲜映性可目测对比,或用专用仪器测定用数值化表示	
18	丰满度不良	同一被涂物上涂料施工次数多,或涂膜涂得很厚,但外表面显得干瘪、很薄的现象	
19	砂纸纹	涂层外表面出现明显的砂纸打磨痕迹	
20	残余黏性(residual tack)	干燥(固化)后的漆膜表面仍滞留黏性的一种病态(GB 5206.5—1991) 涂覆涂料并进行固化(自干或烘干)后,涂层未达到完全固化,手摸涂层有发湿之感,涂层软,未达到规定的硬度或存在表里不干等现象	干燥不良,残留黏性

续表

序号	涂层缺陷(弊病)名称	定　义	同义词/近义词
21	失光(loss of gloss)	漆膜的光泽因受气候环境的影响而降低的现象(GB 5206.5—1991)	倒光。英文同义词:dulling;last of gloss
22	变色(discoloration of film)	漆膜的颜色因气候环境的影响而偏离其初始颜色的现象。它可包括退色、变深、黄变、漂白、变白等(GB 5206.5—1991)	漆膜变色,失色
23	粉化(chalking)	漆膜表面由于其一种或多种漆基的降解以及颜料的分解,而呈现出疏松附着细粉的现象(GB 5206.5—1991)	
24	泛金光(bronzing)	色漆漆膜表面颜色转现出古铜色金属光泽的现象(GB 5206.5—1991)	泛金,铜光
25	沾污(污染痕迹)(stain)	漆膜由于渗入外来物所导致的漆膜局部变色的现象(GB 5206.5—1991)	同义词:污染;污斑;污点。英文同义词:staining
26	长霉(mildew-growing)	在湿热环境中,漆膜表面滋生各种霉菌的现象(GB 5206.5—1991)	同义词:生霉;霉染。英文同义词:old-growing,fungus-growing
27	开裂(cracking)	漆膜出现不连续的外观变化。通常是由于漆膜老化而引起。它的比较重要的几种形式如下:微裂、细裂、小裂、深裂、龟裂、鸦爪裂(GB 5206.5—1991)	裂纹
28	起泡(blistering)	涂膜脱起成拱状或泡的现象(GB/T 8264—2008)	
29	剥落(peeling)	一道或多道涂层脱离其下涂层,或者涂层完全脱离底材的现象(GB 5206.5—1991)	同义词:脱落;脱皮
30	生锈(rusting)	漆膜下面的钢铁表面局部或整体产生红色或黄色的氧化铁层的现象。它常伴随有漆膜的起泡、开裂、片落等病态(GB 5206.5—1991) 生白锈 white rusting:漆膜下面的有色金属表面局部或整体产生白色粉状氧化层的现象。它常伴随有漆膜的起泡、开裂、片落等病态(GB 5206.5—1991)	同义词:锈蚀

对于涂层体系缺陷(弊病)的分类说法比较多,在不同的时间阶段内的会有各种各样的“症状”,即使是同一种缺陷(弊病)也会有不同的表现形式。主要涂层缺陷(弊病)在各个阶段出现的形态种类,见表1-8。

表1-8 主要涂层缺陷(弊病)在各个阶段出现的形态种类

制造阶段涂覆过程中常见的涂层缺陷(弊病)
①颗粒/起粒/灰尘;②流挂;③露底;④缩孔(鱼眼);⑤陷穴/凹洼;⑥针孔;⑦起气泡;⑧咬底;⑨起皱;⑩定向不均匀现象;⑪拉丝;⑫浮色;⑬开花现象(花瓣);⑭反转;⑮落上漆雾/干喷;⑯白化;⑰涂层(漆膜)过厚;⑱其他
制造阶段固化(干燥)成膜后常见的涂层缺陷(弊病)
①橘皮;②发花/色花;③色差;④渗色;⑤掉色;⑥金属闪光色不匀;⑦光泽不良;⑧鲜映性不良;⑨丰满度不良;⑩起皱;⑪气裂;⑫砂纸纹/打磨不均匀;⑬残余黏性/干燥不良;⑭附着力不良;⑮涂层硬度不足;⑯腻子残痕;⑰胶带痕迹/水痕迹;⑱其他缺陷(如拉铆孔痕迹、塞焊痕迹等)
储存运输阶段常见的涂层缺陷(弊病)

续表

①伤痕(划伤,刮伤,压伤,摩擦伤);②失光;③涂层变色/变色;④粉化;⑤沾污;⑥起泡;⑦剥落/脱落;⑧生锈;⑨其他
安装调试阶段常见的涂层缺陷(弊病)
①伤痕(划伤,刮伤,压伤,摩擦伤);②沾污;③起泡;④剥落/脱落;⑤生锈;⑥胶带痕迹/水痕迹等
使用维护阶段常见的涂层缺陷(弊病)
①失光;②涂层变色/变色;③粉化;④泛金光/泛金;⑤沾污;⑥斑点;⑦开裂/裂纹;⑧起泡;⑨剥落/脱落;⑩生锈;⑪发霉;⑫层间附着力不良;⑬涂层体系修复产生的缺陷(弊病)等

涂层体系的评价应该依据ISO、GB、企业标准等系列技术文件中规定的涂层体系技术指标，使用符合标准的仪器设备进行检测和评定。

对于涂层老化性能的评定（天然老化和人工加速老化），可以使用GB/T 1766—2008《色漆和清漆　涂层老化的评级方法》。该标准规定了涂层老化的评级通则、老化单项指标的评级方法及装饰性涂层和保护性涂层老化的综合评级方法。

(8) 涂装

涂装（painting）是将涂料涂覆于基底表面形成具有防护、装饰或特定功能涂层的过程，又叫涂料施工（GB/T 8264—2008）。

(9) 涂装涂层系统（涂装涂层系统）

我们仔细观察与涂装有关的各类因素，如：涂装化工材料、涂装设备、涂装环境、涂装工艺、涂装管理、各个相关阶段、各种管理层次，就会发现这是一个复杂的系统，符合“人造的、比较复杂的、动态的、开放系统”的特点。因此，为了更好地解决各类涂装问题，我们有必要利用系统工程的理论和方法进行分析，进而提出能概括各种因素的理论，这就是“涂装涂层系统”。

涂装涂层系统（简称涂装系统）：是由涂装材料、设备、环境、工艺、各层次及各阶段的管理等诸要素有机结合起来的一个整体，该系统在整个生命周期内，为我们提供腐蚀防护、装饰、标志、特殊功能（详细内容见“第2章　涂装系统与系统工程”）。

(10) 涂装技术与其他相关技术的关系

涂装技术：就是在一定的涂装生产环境中，应用涂装所需要的材料、设备，遵照涂装生产的工艺和管理方式而形成的知识体系。

表面工程技术：是将材料表面与基体一起作为一个系统进行设计，利用表面改性转化技术、涂膜技术和涂镀层技术，使材料表面获得材料本身没有而又希望具有的性能的系统工程。

腐蚀防（保）护：改进腐蚀体系以减轻腐蚀损伤。（GB/T 20852—2007/ISO 11303：2002）。

工业设计：“设计是一种创造性的活动，其目的是为物品、过程、服务以及它

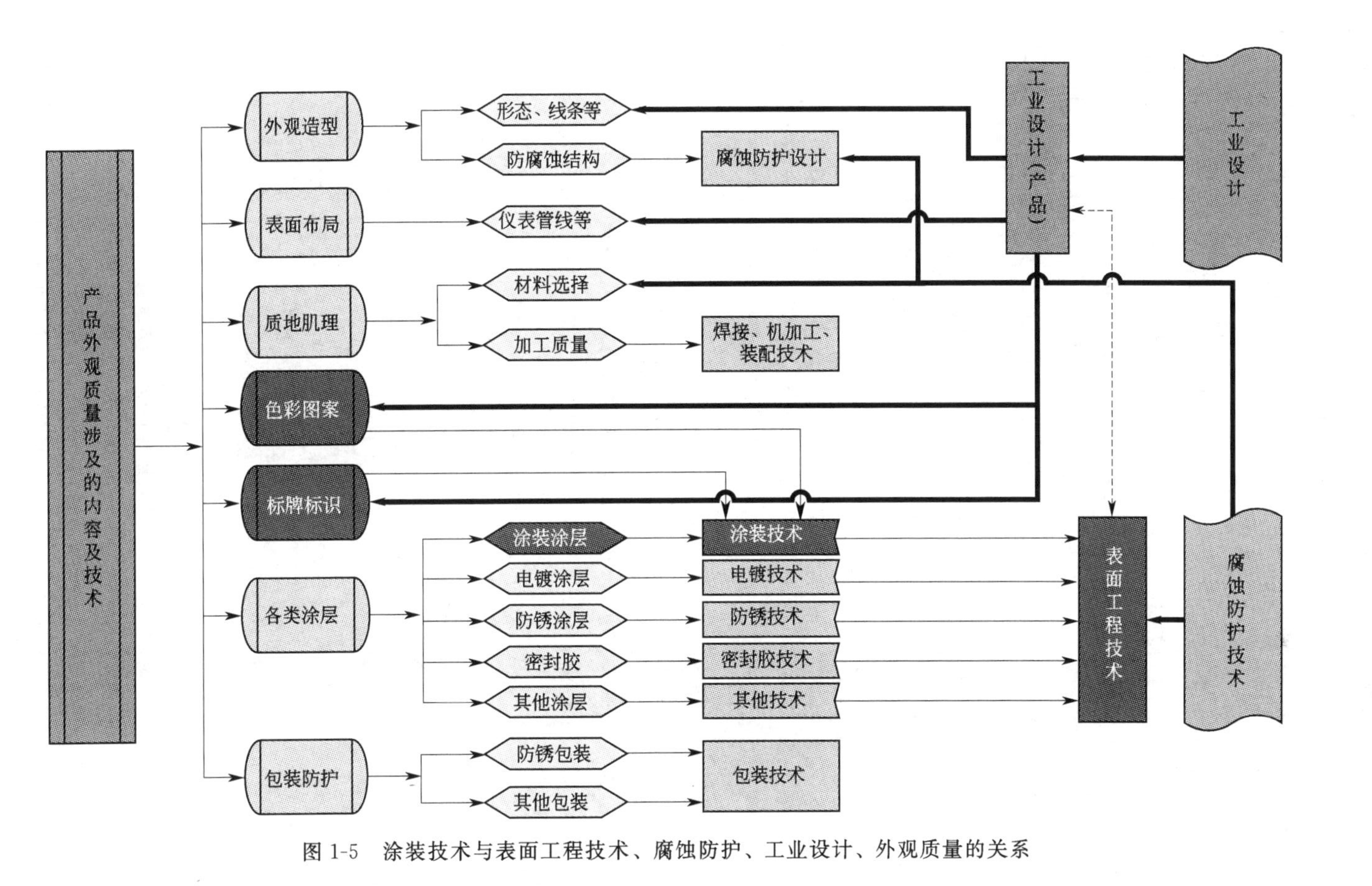

图1-5 涂装技术与表面工程技术、腐蚀防护、工业设计、外观质量的关系

们在整个生命周期中构成的系统建立起多方面的品质。因此，设计既是创新技术人性化的重要因素，也是经济文化交流的关键因素。”

外观质量：所谓外观质量，即实体外表状况满足明确和隐含需要的能力的特性总和，是实体质量的一个组成部分。

根据上述概念和定义可以看出，涂装技术与表面工程技术、腐蚀防（保）护、工业设计、外观质量有着密不可分的关系，同时也有一定的差别，以致我们在讨论某些问题时，常常需要分清其内部联系和区别。图 1-5 是它们关系的简单示意图。

它们是“相互联系”的：在进行涂装技术工作时，需要与其他几项技术密切相关，要考虑到其他相关技术对涂装技术的要求，从设计到实际使用均要做好衔接工作；它们是“相互统一”的：它们均统一到产品或工程设备上，需要兼容并包；它们是“相互制约”的：涂装技术自身的特点，对于其他技术的体现或实现有一定的限制，因此，需要考虑各方面的限制条件，才能达到所要求的目的。

1.1.2 涂装技术主要内容

涂装技术主要内容可以简单概括为五个方面：涂装化工材料，涂装设备，涂装环境，涂装工艺，涂装管理。

（1）涂装化工材料

涂装化工材料是指涂装生产过程中使用的主要化工材料及辅料。包括清洗剂、表面调整剂、磷化液、钝化液、各种涂料、溶剂、腻子、密封胶、防锈蜡等化工材料；还应包括纱布、砂纸及工艺过程中使用的橡胶、塑料件等辅助材料。具体分类见表 1-9。

表 1-9 主要涂装化工材料一览

类别	名称	作用	产品种类
前处理材料	脱脂(除油)材料	利用有机溶剂的溶解力、强碱的皂化反应、表面活性剂的润湿、渗透、乳化作用,从被涂装基体表面去除动植物油、矿物油各类油污,为后续工序做好准备	各类有机溶剂、强碱液脱脂剂、弱碱性脱脂剂、酸性脱脂剂(二合一)等
	除锈材料	利用酸与金属表面上的锈、氧化皮及腐蚀产物起化学反应使其溶解而除去。为提高除锈效果,除锈液中通常加入缓蚀剂、润湿剂等	无机酸除:硫酸、盐酸、硝酸、磷酸、氢氟酸等 有机酸:醋酸、乳酸、草酸、柠檬酸等 除锈膏中常加入白土、硅藻土等惰性填料,配制成半流动状的稠厚膏体
	中和材料	利用碱液中和金属表面(尤其是焊缝、小孔、深孔等部位)残留的酸液,提高被涂装产品的耐腐蚀性能	常用碳酸钠
	磷化材料	使用酸式磷酸盐(锌、铁盐等)处理金属零件时,在其表面上形成磷酸盐覆盖层(磷化膜)。磷化膜能改善涂装涂层与金属基体间的附着力,并能防止腐蚀在涂层下及涂层破坏处的扩展 为获得致密的磷化膜,通常在磷化前进行表面调整(表调)处理	用于涂装的磷化液主要有:磷酸锌系、磷酸锌钙系、磷酸铁系 表调剂(磷化前使用)

续表

类别	名　　称	作　　用	产品种类
前处理材料	钝化材料	使用氧化性强的钝化剂，在金属表面形成钝化膜，以提高金属材料在一般大气介质中能耐腐蚀。为提高磷化膜的耐蚀性，亦有在磷化后进行钝化处理的	亚硝酸盐、硝酸盐、铬酸盐与重铬酸盐等
	氧化材料	铝及铝合金材料在空气中形成的氧化膜薄而致密，涂料直接涂覆时，附着力很差。因此涂装前必须通过电化学或化学方法，来改善氧化膜的结构或使其转化为其他形式的膜，提高涂层附着力	化学氧化：铬酸盐处理液，低铬处理液，铬磷化处理液 电化学氧化：硫酸阳极氧化法
	硅烷系材料	在金属表面吸附了一层超薄的类似磷化晶体的三维网状结构的有机涂层，同时在界面形成的 Si—O—Me 共价键（其中：Me=金属）分子间力很强，将与金属表面和随后的涂装涂层形成良好的附着力	各类型号产品
	脱漆材料	脱漆是涂装涂层破坏后重新涂装前的表面预处理工序。利用脱漆剂中有效成分的溶解、渗透、溶胀、剥离和反应等一系列物理、化学作用，去除工件或产品表面的旧涂层	含苯脱漆剂、无苯脱漆剂、水基脱漆剂；碱性脱漆剂、酸性脱漆剂、中性脱漆剂；浸泡型脱漆剂，喷涂型脱漆剂，刷涂型脱漆剂等
涂料（涂覆材料）	底漆	底漆是与被涂工件基体直接接触的最下层的涂层，其主要作用是强化涂层与基体之间的附着力，提高涂层耐腐蚀能力	溶剂型底漆、水性底漆、电泳底漆、车间底漆、磷化底漆、封闭底漆、其他底漆（自泳）
	中涂（中间漆）	中涂的主要作用是增厚提高屏蔽作用、缓冲冲击力、平整涂层表面；与底、面漆结合良好，起到承上启下作用；在底漆、腻子完成后填平被涂工件表面的微小缺陷。对于防腐装饰性涂装体系，中间层可以提供平整表面，提高涂层的装饰性	溶剂型中涂漆、水性中涂漆、特种涂层（云铁/玻璃）、封闭漆等
	面漆	面漆主要作用是提高装饰性，具有耐环境化学腐蚀性、装饰美观性、标志性、抗紫外线、耐候性等作用	清漆、本色漆（无光漆/有光漆）、金属漆、珠光漆、变色漆（变色龙）、水性面漆、粉末涂料、特种功能涂料等
	固化剂	固化剂是双组分或多组分涂料的组分之一，参与涂膜的干燥（固化）反应，起引发、固化交联反应，用量较大，有的是成膜物质。主料与固化剂在储运中必须分装，在使用前按规定的比例混合，混合后使用寿命短的只有几分钟，长的一般不超过 8h	固化剂因涂料的品种不同而不同，如：双组分环氧树脂底涂料采用乙二胺、己二胺等作为固化剂
	稀料（稀释剂、溶剂）	溶剂是将液态涂料调稀到正确的喷涂黏度（即施工黏度）的挥发性液体，故又称为稀释剂，俗称稀料	每种涂料都有专用稀释剂，都由多种溶剂精心配制混合而成。其主要不同点是挥发速率，对漆基（各种树脂）的溶解力和调稀能力

续表

类别	名　　称	作　　用	产 品 种 类
涂料(涂覆材料)	腻子	用于消除涂漆前较小表面缺陷的厚浆状涂料。腻子层的作用是降低工件表面的平整度，提高外观装饰性	原子灰(不饱和聚酯树脂腻子)、一般树脂腻子、油性腻子(桐油等)
后处理材料	研磨材料	利用研磨剂中摩擦材料的切割以及摩擦产生的热量，消除严重氧化及微浅划痕或减轻表面缺陷，提高涂装涂层的装饰效果	物理切割方式的研磨剂(浮岩型和陶土型) 化学切割方式的研磨剂(微晶体型) 多种切割方式的研磨剂(中性研磨剂)
	抛光材料	抛光剂是一种含颗粒更细的摩擦材料的研磨剂。利用抛光剂清除漆层表面的轻微氧化物和杂质并以化学切割方式填平漆膜表面上如针尖般细小的缺陷，使涂层达到镜面般平滑的效果	抛光剂按摩擦材料颗粒或功效的大小分为微抛、中抛和深抛3种
	打蜡材料	利用蜡的特殊性能，将蜡涂抹在涂装涂层表面，然后进行抛光，清除轻微痕迹，形成蜡膜，隔离微尘、水、酸雨等污染物，保护涂层，提高涂层的光彩和色泽等	固体蜡、乳蜡、液体蜡；强力彩涂上光蜡、防紫外线车蜡、氟烃树脂超级轿车彩涂上光蜡
	密封胶	利用密封胶的密封特性，对涂装后产品各部件的接缝、缝隙、接合面等容易积水、积尘的部位进行密封，防止局部涂层的早期破坏进而提高产品的腐蚀防护能力，是非常重要的	密封胶的种类有很多，按化学成分分类有以下几类 树脂类：环氧树脂、聚氨酯等；橡胶类：丁腈橡胶、聚硫橡胶等；混合类：聚硫橡胶和酚醛树脂、氯丁橡胶和醇酸树脂等；天然高分子类：如虫胶、阿拉伯胶等
	防锈材料	将缓蚀剂添加到油、脂、蜡、膜等载体内，形成防锈油/脂/蜡/膜，涂抹或覆盖到产品零部件上不能进行涂装的局部表面(如孔洞、加工面等)上，可以有效抑制腐蚀的发生，提高产品的腐蚀防护(涂装)效果	防锈油、防锈脂、气相防锈油(气相缓蚀剂)、防锈蜡、防锈塑料薄膜、防锈纸、防锈布等
	其他材料		

① 涂料的分类及组成

a. 涂料的分类

ⓐ 按涂料形态分类：溶剂型涂料、高固体分涂料、无溶剂型涂料、水性涂料、粉末涂料等。

ⓑ 按涂料用途分类：建筑涂料、工业涂料和维护涂料。

ⓒ 按成膜工序分类：底漆、腻子、中涂、面漆、罩光漆等。

ⓓ 按涂膜功能分类：防锈漆、防腐漆、绝缘漆、耐高温涂料、导电涂料等。

ⓔ 按成膜机理分类：转化型涂料和非转化型涂料。非转化型涂料是热塑性涂

表 1-10　涂料分类一览（根据 GB/T 2705—2003 涂料产品分类和命名）

用途	主要成膜物	油脂漆类	天然树脂漆类	酚醛树脂漆类	沥青漆类	醇酸树脂漆类	氨基树脂漆类	硝基漆类	过氯乙烯树脂漆类	烯类树脂漆类	丙烯酸酯类树脂漆类	聚酯树脂漆类	环氧树脂漆类	聚氨酯树脂漆类	元素有机漆类	橡胶漆类	其他成膜物类涂料
工业涂料	1)汽车涂料(含摩托车涂料)					★	★	★			★	★	★	★			★PVC
	2)木器涂料			★		★	★	★			★	★		★			★虫胶
	3)铁路公路涂料					★				★	★		★	★			
	4)轻工涂料			★		★	★			★	★	★	★	★			
	5)船舶涂料			★	★	★				★	★		★	★		★	
	6)防腐涂料			★	★	★				★	★		★	★	★	★	★氟碳
	7)其他专用涂料			★		★	★	★		★	★	★	★	★	★		★氟碳
通用涂料及辅助材料	1)调和漆	★	★	★	★	★											
	2)清漆																
	3)磁漆																
	4)底漆																
	5)腻子																
	6)稀释剂																
	7)防潮剂																
	8)催干剂																
	9)脱漆剂																
	10)固化剂																
	11)其他通用涂料及辅助材料																
建筑涂料	1)墙面涂料	丙烯酸酯类及其改性共聚乳液；醋酸乙烯及其改性共聚乳液；聚氨酯、氟碳等树脂；无机胶黏剂等															
	2)防水涂料	EVA、丙烯酸酯类乳液；聚氨酯、沥青、PVC 胶泥或油膏、聚丁二烯等树脂															
	3)地平涂料	EVA、丙烯酸酯类乳液；聚氨酯、沥青、PVC 胶泥或油膏、聚丁二烯等树脂															
	4)功能性建筑涂料	聚氨酯、环氧等树脂															

注：表格中“★”号是 GB/T 2705—2003《涂料产品分类和命名》中所列举的涂料类型。

料，包括挥发性涂料、热塑性粉末涂料、乳胶漆等；转化型涂料包括气干性涂料、固化剂固化涂料、辐射固化涂料等。

ⓕ 按主要成膜物质分类：根据 GB/T 2705—2003《涂料产品分类和命名》将按用途划分和按主要成膜物质的划分进行组合，列于表 1-10 供读者使用参考。

b. 涂料的组成（表 1-11）

表 1-11 涂料的基本组成及作用

基本组成	典型品种	主要作用
成膜物质	合成高分子、天然树脂、植物油脂、无机硅酸盐、磷酸盐等	是涂料的基础，粘接其他组分，牢固附着于被涂物表面，形成连续固体涂膜，决定涂料及涂膜的基本特征
颜料及固体填料	钛白粉、滑石粉、铁红、锌黄、铝粉、云母等	具有着色、遮盖、装饰作用，并能改善涂膜性能(如防锈、抗渗、耐热、导电、耐磨等)，降低成本
溶剂、分散介质	挥发性有机溶剂(如酯，酮类)、水	使涂料分散成黏稠液体，调节涂料的流动性、干燥性和施工性，本身不能成膜，在成膜过程中挥发掉
助剂	固化剂、增塑剂、催干剂、流平剂等	本身不能单独成膜，但改善涂料在制造、贮存、施工、使用过程中的性能

② 涂料的性能指标　涂料涂覆前的涂料性能指标和涂覆中涂料的施工性能指标是非常重要，对于涂层体系的质量影响是很大的，常见内容见表 1-12 所列。

表 1-12 涂料的性能指标一览

涂料自身的性能指标(涂覆前)		涂料的施工性能指标(涂覆中)	
1	颜色及外观	1	稀释剂的适应性
2	细度	2	活化时间及可使用时间
3	固体分含量	3	遮盖力
4	比重(密度)	4	流平性
5	黏度	5	流挂性(抗流挂性)
6	触变性	6	干燥时间(表杆、实干)
7	挥发速率	7	打磨性
8	VOC(可挥发性有机化合物)含量	8	重涂性
9	酸值	9	湿漆膜厚度(湿涂层厚度)
10	结皮性	10	抗污气性
11	储存稳定性	11	回黏性
12	其他	12	其他

注：涂料成膜后的性能指标见“涂层体系的性能指标”。

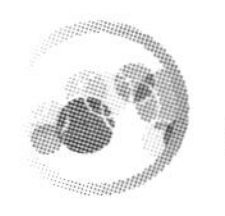

（2）涂装设备

涂装设备是指涂装生产过程中使用的设备及工具（表 1-13）。包括喷抛丸设备及磨料，脱脂、清洗、磷化设备，电泳涂装设备，喷漆室，流平室，烘干室，强冷室；浸涂、辊涂设备，静电喷涂设备，粉末涂装设备；涂料供给装置，涂装机器（专机），涂装运输设备，涂装工位器具；洁净吸尘设备（系统），压缩空气供给设备（设施）；试验检测仪器设备等。如图 1-6 所示，涂覆工具（枪、杯）、操作设备（机器）、喷漆室等有着复杂的组合关系。

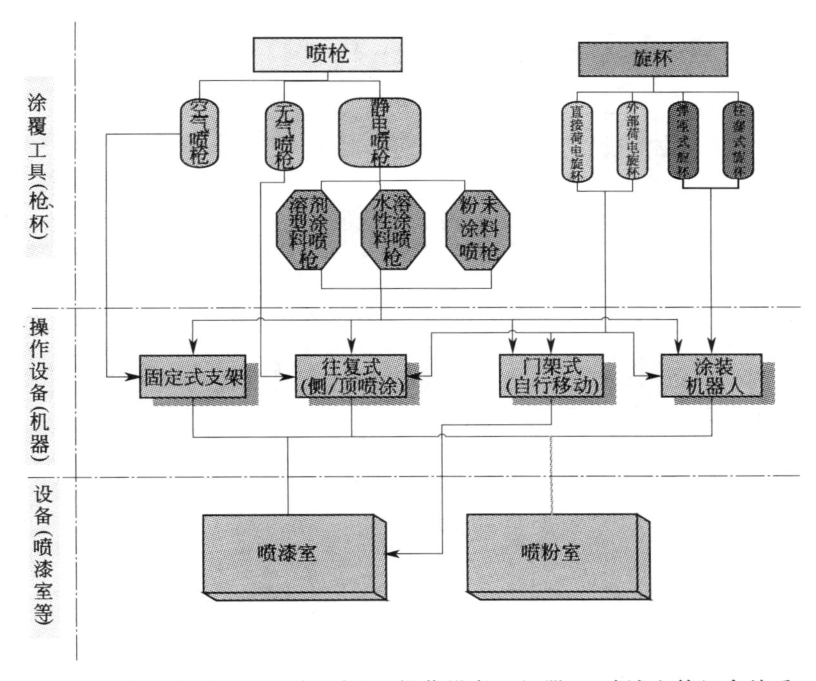

图 1-6　常见涂覆工具（枪、杯）、操作设备（机器）、喷漆室等组合关系

（3）涂装环境

涂装环境是指涂装设备内部以外的空间环境。从空间上讲应该包括涂装车间（厂房）内部和涂装车间（厂房）外部的空间，而不仅仅是地面的部分。从技术参数上讲，应该包括涂装车间（厂房）内的温度、湿度、洁净度、照度（采光和照明）、污染物的控制等。对于涂装车间（厂房）外部的环境要求，应通过厂区总平面布置远离污染源，加强绿化和防尘，改善环境质量。涂装设备内部的空间环境是设备性能参数的一部分，对于设备内部的温度、湿度、洁净度、照度、污染物的控制等，通过设备设计达到，不应列入涂装环境的分类。涂装环境对涂层质量控制一览见表 1-14 所列。

表 1-13 涂装设备分类一览（含工器具/操作设备/检测仪器设备）

<table>
<tr><th>序号</th><th>类别</th><th colspan="2">名称</th><th>主要结构特点及用途</th><th>相关(外围)装置</th><th>备注</th></tr>
<tr><td>1</td><td rowspan="6">前处理类</td><td colspan="2">除油(脱脂)设备</td><td rowspan="4">按照处理方式分类有:浸渍式、喷淋式、浸喷结合式、其他方式等。主要由槽体、壳体、喷射系统、加热装置、通风装置、槽液温度控制系统。主要用于金属薄板件的前处理工序</td><td rowspan="4">槽液过滤装置、油水分离设备、磷化除渣设备、制纯水装置、废水处理设备。如阳极氧化需要配置电源等。电气及控制设备</td><td rowspan="4">根据实际使用情况,可将此类设备组合为多室联合清选机,也可单独使用</td></tr>
<tr><td>2</td><td colspan="2">表调/磷化设备(氧化)</td></tr>
<tr><td>3</td><td colspan="2">钝化设备</td></tr>
<tr><td>4</td><td colspan="2">水洗设备</td></tr>
<tr><td>5</td><td colspan="2">水分干燥设备</td><td>主要由室本体、气封室(进出口端部)、热风循环系统(含循环风机、排风风机、循环风管、吸风口、吹风口)、加热装置(加热器或燃烧炉、热交换器等)、测温系统等组成。用于前处理后的水分干燥</td><td>热风循环使用装置、电气及控制设备</td><td></td></tr>
<tr><td>6</td><td colspan="2">喷抛丸(砂)设备</td><td>喷抛丸(砂)设备多种类有很多。其主要结构一般有弹丸喷(抛)装置、丸料循环输送装置、丸料净化装置、室体、工件运载装置。喷砂的情况基本相同。主要用于钢结构件、铸件等</td><td>除尘设备、吸尘器、专用输送小车和起重设备、电气及控制设备</td><td></td></tr>
<tr><td rowspan="2">7</td><td rowspan="7">涂料涂覆类</td><td rowspan="2">涂覆工具(枪、杯)</td><td>喷枪:空气喷枪,无气喷枪,静电喷枪(溶剂型涂料喷枪,水溶性涂料喷枪,粉末涂料喷枪)</td><td>一般空气喷枪由喷头、调节部件和枪体三部分组成。无气喷枪由动力源、柱塞泵、蓄压器、输漆管、喷枪、压力控制器等组成。静电喷枪由电喷枪、高压静电发生器等组成</td><td>空气供给及过滤装置、涂料容器</td><td rowspan="2">与操作设备(机器)组合配套使用。参见《常见涂覆工具(枪、杯)、操作设备(机器)、喷漆室等组合关系图》</td></tr>
<tr><td>旋杯:直接荷电旋杯,外部荷电旋杯,弹匣式旋杯,柱塞式旋杯</td><td>旋杯、静电发生器、供漆系统、高压电缆等。主要用于汽车制造等大批量生产产品的涂装</td><td>其他辅助设施</td></tr>
<tr><td rowspan="4">8</td><td rowspan="4">操作设备(机器)</td><td>固定式支架</td><td rowspan="4">本体系统、控制系统、液压系统(或电动系统)等。往复式涂装机和涂装机器人主要用于大批量生产的产品涂装线上</td><td rowspan="4">电气及控制设备、附属台架等</td><td rowspan="4">与涂覆工具(枪、杯)配套,安装在喷漆室、喷粉室等设备内部使用</td></tr>
<tr><td>往复式(侧/顶喷涂)</td></tr>
<tr><td>门架式(自行移动)</td></tr>
<tr><td>涂装机器人</td></tr>
<tr><td>9</td><td colspan="2">喷漆室
流平室(闪干室、晾干室)</td><td>由本体、供风系统、排风系统、漆雾捕集装置、循环水系统、废漆清除装置等组成。主要用于溶剂型涂料、高固体分涂料、水性涂料的涂装。可适用于空气喷涂、无空气喷涂、静电喷涂等多种涂装方法</td><td>废水、废气处理装置、压缩空气、涂料供给装置、电气及控制设备</td><td>与涂覆工具(枪、杯)、操作设备(机器)配套使用</td></tr>
</table>

续表

序号	类别	名称	主要结构特点及用途	相关(外围)装置	备注
10	涂料涂覆类	静电粉末涂装设备	由喷涂室、回收装置、排风机、排出装置、筛(过滤器)等组成。专用于粉末涂料的涂装	压缩空气供给系统、电气控制设备	与涂覆工具(枪、杯)、操作设备(机器)配套使用
11	涂料涂覆类	电泳设备	分为阴极电泳涂装(CED)和阳极电泳涂装(AED)。由电泳槽、槽液搅拌循环系统、过滤装置、热交换器、电极和极液循环换系统、备用槽、室体维护结构、泳后清洗设备、超滤装置组成。专用于电泳涂装。适用于大批量生产	直流电源、制纯水装置、制冷机组	
12	涂料涂覆类	自泳设备	由槽体(耐腐蚀性)、搅拌机、冷/热交换器、槽液排放管等组成。专门用于自泳涂料的涂装	电气及控制设备	
13	涂料涂覆类	浸漆设备(浸涂设备)	由浸涂槽、去余漆装置、搅拌装置、涂料加热冷却装置、防火装置。用于溶剂型涂料、水性涂料的涂装。适合于外形简单的产品	悬挂输送装置、储漆槽、电气及控制设备	
14	涂料涂覆类	淋涂/幕帘涂装设备	主要由涂料槽、涂料循环装置、涂料帘幕头(淋涂头)、带式输送机等组成。适合于外形简单的产品	热交换装置、电气及控制设备	
15	涂料涂覆类	辊涂设备	主要由取料辊、涂覆辊、涂料盘、转向支撑机构、驱动电机等组成	电气及控制设备	
16	涂料涂覆类	喷漆烘干二合一设备	由本体、供风排风系统、加热系统、漆雾过滤装置等组成。主要用于汽车修理行业	电气及控制设备	
17	干燥类	烘干室	主要由室本体、气封室(进出口端部)、热风循环系统(含循环风机、排风风机、循环风管、吸风口、吹风口、过滤器)、加热装置(加热器或燃烧炉、热交换器等)、测温系统等组成。用于前处理后的水分干燥	VOC废气处理装置、电气及控制设备	
18	干燥类	冷却室(强冷室)	由本体、送排风机组、送排风管、过滤器(视需要)等组成。主要用于生产线上	电气及控制设备	

续表

序号	类别	名称	主要结构特点及用途	相关(外围)装置	备注
19	干燥类	紫外光固化设备	由光源、反射板、电源装置、冷却装置、传送装置、排气装置,屏蔽装置等组成。广泛用于以塑料、纸张、木材为基材的产品涂装	电气及控制设备	
20	涂料输送类	压力输送罐	由涂料桶(罐体)、搅拌器、压力表、安全阀、加漆孔、输漆管组成。用于小批量产品的涂装		
21	涂料输送类	涂料输送循环系统	由涂料罐、搅拌器、循环压送泵、输漆管道、压力表、过滤器、缓冲器、被压调节器、气动升降器、温度调节器等组成。适用于大批量生产的涂装生产线	热交换装置、电气及控制设备	
22	输送机械类	普通/轻型/双链/积放(推杆)/摆杆式悬挂输送机、地面反向积放(推杆)/板式(鳞板式)/链条输送机等	主要由链条、承载装置、转向(回转)装置、驱动装置、张紧(拉紧)装置等部分组成。广泛用于各类产品涂装生产线中	电气及控制设备	
23	输送机械类	自行葫芦输送机(电动单轨车)	前小车、主动小车、后小车、连杆、环链葫芦、导向装置等组成。适用于批量较少、可间歇式输送的产品,常见于前处理、电泳生产线上使用	电气及控制设备	
24	输送机械类	滑橇输送机	由滑橇、驱动辊床、可升降驱动辊床、移行机、升降机、工艺链式输送机、升降机等多种基本运行单元组成。适用于大批量生产的汽车涂装生产线	电气及控制设备	
25	输送机械类	滑板输送机(地面摩擦式输送机)	由运行驱动系统、移行转运系统、滑板系统及电控系统等组成。适用于大批量生产的汽车涂装	电气及控制设备	
26	输送机械类	全旋反向输送机(RoDip)	主要由上轨道、承载牵引链、滑橇支承托架及支座、锁紧机构、导向滚子等部分组成。适用于大批量少品种汽车的前处理电泳工序	电气及控制设备	

续表

序号	类别	名称	主要结构特点及用途	相关(外围)装置	备注
27	输送机械类	多功能穿梭机(VarioShuttle)	主要由行走驱动装置、旋转驱动装置、摆动驱动装置、旋转臂、摆动手等部分构成。适用于大批量少品种汽车的前处理电泳工序	电气及控制设备	
28	公用动力类	压缩空气供给装置	主要由空气压缩机(往复式、循环式)、除湿净化装置、调压器、空气储罐、管道等组成。广泛用于各类产品的涂装生产中	电气及控制设备	
29	仪器设备	环境及工件的检测	环境温度、湿度、洁净度、照度(亮度)检测;工件表面温度、表面粗糙度、表面油污、表面洁净度(粉尘)、表面可水溶性盐类的检测等仪器设备	相关标准及配套设施	
		涂料及涂料施工性能的检测	涂料细度、涂料黏度、湿膜和干膜厚度、流平性、干燥时间、遮盖力检测等仪器设备	相关标准及配套设施	
		涂层及涂层体系性能的检测	外观及光学性能(外观、光泽、鲜映性、雾影、颜色、厚度的检测量等);力学性能(硬度、耐冲击性、柔韧性、附着力、耐磨性、抗石击性、耐洗刷性等);耐物理变化性能的检测(涂层的耐光性、耐热性、耐寒性及耐温性检测、电绝缘性检测等);耐化学性能及耐腐蚀性能的检测(耐水性、耐盐水性、耐石油制品性、耐化学品性、耐湿热性、耐污染性、抗霉菌性检测、耐腐蚀性检测);耐久性能的检测(大气老化试验、人工加速老化试验)等仪器设备	相关标准及配套设施	
30		其他			

表 1-14 涂装环境对涂层质量控制一览

序号	涂装环境的分类	涂装环境的特点
1	室外环境	依赖室外自然温度、湿度、自然光，无法控制洁净度和污染物。根据自然气候调整涂装施工的进度，难于保证和控制涂层质量。涂装时的自然环境决定涂装质量
2	室内无喷涂设备的环境	依靠室内温度、湿度、采光，可简单控制洁净度和污染物。因厂房的设施不同而部分受自然气候的影响。可部分控制涂层质量，不宜做装饰性涂层。室内环境的好坏，决定涂装的质量
3	室内有喷漆室/烘干室的环境	涂装在喷漆室/烘干室设备内进行，温度、湿度、照度、洁净度和污染物可进行一定程度的控制，质量控制依赖设备的水平。室内外的涂装环境对涂层质量影响不大，对暴露于环境中的工序有影响。可做装饰性涂层
4	室内有涂装生产线的环境	涂装在生产线内进行，温度、湿度、照度、洁净度和污染物可以按照技术要求进行控制，质量控制依赖设备的水平。室内外涂装环境对涂层质量无影响。可做高级装饰性涂层

(4) 涂装工艺

涂装工艺的定义：在涂装生产过程中，对于涂装需要的材料、设备、环境等诸要素的结合方式及运作状态的要求、设计和规定。

涂装工艺的概念应该比我们传统的理解范围要大得多，内容也要丰富的多。涂装工艺应该包括工艺方法、工序、工艺过程；涂装工艺设计及工艺试验；对涂装车间（涂装生产场所）的各种要素进行系统综合考虑、安排、布置；还应包括对其他相关专业提出要求、并根据法律法规提出各种限制条件等工作内容。

① 按被涂物的材质分　金属涂装（包括黑色金属和有色金属）和非金属涂装（木器涂装、混凝土表面涂装、塑料涂装等）。

② 按被涂物的范围分　汽车涂装、船舶涂装、飞机涂装、铁道车辆涂装、桥梁涂装、建筑涂装、机床和机电产品涂装等。

③ 按涂层的性能和用途分　装饰性涂装（分为一般防腐蚀涂装和重防腐蚀涂装），电气绝缘涂装、防声涂装等。

④ 按涂装生产方式分　手工涂装、现场结构物涂装、工业流水化涂装等。

⑤ 按涂装工艺方法分　手工涂装、静电涂装、电泳涂装、粉末涂装等。表 1-15 是按照工艺方法列出的各种形式。

(5) 涂装管理

涂装管理，就是在特定的环境下，对组织所拥有的涂装资源进行有效的计划、组织、领导和控制，以便达成既定的涂装目标的过程。

涂装管理是与一定的企业组织形式联系在一起的，大多数情况下涂装作业企业中的一个车间或分厂，少数情况下是独立经营的法人企业。涂装管理是整个企业管理系统中的一个子系统，我们对与涂装管理的讨论应该在这个前提条件下进行。涂装管理是最高

表 1-15　涂料涂覆工艺方法一览

序号	类别	名　　称	原理简述	主要特点	适用范围
1	手工工具涂敷	手工刷涂	利用漆刷蘸涂料进行涂装的方法	工具简单,施工灵活方便。可弥补喷涂机具不易喷涂到的局部死角或边角。费力费工,生产效率低下	大量应用于建筑工程、机械制造等广大行业,适用于各种各样的设备或工程
2	手工工具涂敷	手工辊涂	利用蘸涂料的辊子在工件表面滚动的涂装方法	省时省力,工作效率比刷涂高。适用多种不同材料的基底表面。窄小及复杂表面不易使用	广泛应用于建筑、家装等行业
3	手工工具涂敷	搓涂	利用蘸涂料的纱团反复划圈进行擦涂的方法,又叫揩涂法或擦涂法	工具简易,可适用于各种复杂的要求较高的小工件表面,可获得美工效果,但生产效率低	常用于家具、装饰装修、工艺美术等行业
4	手工工具涂敷	刮涂	使用刮刀对黏稠涂料进行厚膜涂装的方法	作为涂装必要的辅助工序,常用来刮涂腻子和填孔剂等,有时用来涂布油性清漆、硝基漆等	应用于各类行业、各类涂装的辅助工序
5	手工工具涂敷	气雾罐喷涂(气雾罐自喷漆)	将涂料灌入气雾罐中,利用气雾剂的压力将涂料喷出并雾化的涂装方法	携带方便,使用便捷。只能用于要求不高的局部修补	应用于要求不高的局部修补,维修行业常用
6	手工工具涂敷	丝网涂装(丝网印刷涂装)	将刻印好的丝筛放在欲涂的表面,用刮刀将涂料涂刮在丝网表面并使之渗透到下面而形成图案或文字的涂装方法	可在基材上涂饰多种颜色的套版图案或文字。不使用于复杂工件表面,图案大小受丝网版的限制	应用于各类产品的 LOGO 或复杂的图案、操作指示、标识的等制作
7	机动工具涂敷	空气喷涂	利用压缩空气将涂料雾化并射向工件表面进行涂装的方法	喷涂效率高,适应性强,使用方便,涂层装饰性好。一次喷涂成膜薄,稀释剂使用量大,涂料利用率低	应用于各行各业的各类产品或工程设备,适用范围广泛
8	机动工具涂敷	高压无气喷涂	利用动力使涂料增压,迅速膨胀而达到雾化的涂装方法	喷涂效率高,附着效果好,一次成膜厚,稀释剂使用量小,涂料利用率高,环境污染低。涂层装饰性差,操作复杂。改进型的喷枪,可提高喷涂质量	应用于各种大型和装饰性要求不高的工件,尤其面积较大的工件
9	机动工具涂敷	加热喷涂	利用加热使涂料的黏度降低,以达到喷涂所需要的黏度而进行涂装的方法	涂料固体分高,一次成膜厚,稀释剂使用量小,涂料利用率高,环境污染小。使用于特殊要求的涂装,可获得优异的涂层	根据不同涂料或产品的需要而选用各种方式。如用于聚脲(双组分)的涂装,可广泛用于建筑、工程及装备的很多领域
10	机动工具涂敷	手提静电喷涂	利用静电涂装的原理,将喷枪及附属器件轻型化并由人工操作进行涂装的方法	具有涂料利用率高,涂层质量好,环境污染小,使用简捷方便的特点。操作较复杂,安全性要求高	可以喷涂溶剂型涂料、水性涂料、粉末涂料等,与其他喷涂方式结合可以应用于很多行业

续表

序号	类别	名　　称	原理简述	主要特点	适用范围
11	机械设备涂敷(涂装生产线)	浸涂	将工件浸没于涂料中,取出,除去过量涂料的涂装方法	设备简单,机械化程度高,适用于结构不易兜漆的工件。但溶剂型涂料易产生污染,防火要求严格,涂层厚度均匀性差,易产生流挂	使用于工件不太复杂、可大批量流水线生产的零部件。汽车底盘及其附件应用较多
12		淋涂、幕帘涂装	淋涂:将涂料喷淋或流淌过工件表面的涂装方法 幕帘涂装:使工件连续通过不断往下流的涂料液幕的涂装方法	设备简单,机械化程度高,适用于外形较简单、不易产生涂料留存的工件。但涂层均匀性差,涂层不平整或覆盖不完整。幕帘涂装质量较好	适用于单一工件、大批量连续底漆的涂覆。幕帘涂装最适合于平板式的被涂工件
13		电泳涂装	利用外加电场使悬浮于电泳液中的颜料和树脂等微粒定向迁移并沉积于电极之一的基底表面的涂装方法	涂料利用率高,环保污染小,无火灾危险性,可实现全自动化和无人化涂装生产。被涂工件的涂层均匀,附着力和耐蚀性强。但设备一次性投资大,涂装管理复杂。限于导电、耐高温(≥120℃)烘烤的工件,不适合于小批量生产	有阳极电泳、阴极电泳涂装方法。主要用于大批量涂装生产的底漆。广泛用于汽车、家电、轻工、建材、农机等行业
14		自泳涂装	利用化学反应使涂料自动沉积在基底表面的涂装方法	不耗用电能,不需要严格的温控,有利节能。设备比电泳简单,工序简化。涂层厚度均匀,耐蚀性强。但仅适用于钢铁部件的涂装。前处理的质量和工件表面的粗糙度,对涂层质量影响大	应用于汽车行业和通用机械方面,主要有车架、空调风管、钢制暖气片等
15		静电涂装(液体型涂料静电喷涂)	利用电晕放电原理使雾化涂料在高压直流电场作用下荷负电,并吸附于荷正电基底表面放电的涂装方法	涂料雾化效果好,在工件上附着率高,涂层装饰性能好,环境污染小,便于涂装生产自动化。但工件凹孔、折角内边不易喷到,非导电工件要进行特殊处理。容易发生火灾,操作要求严格	固定式静电涂装设备适于大批单一产品的自动流水生产。静电喷枪有盘式静电喷枪、旋杯式、空气雾化式、液力雾化式等多种形式,应用于各行各业的不同产品
16		粉末涂装	将粉末形态的涂料以静电喷涂、火焰喷涂或流化床涂覆等方式喷涂到被涂物的表面,经烘烤成膜后得到涂层的涂装方法	涂料利用率和生产效率高,环保污染与火灾危险性小,一次喷涂即可得到较厚的涂层。但换色换品种困难,涂层装饰性受限制。限用于耐温性超过200℃的金属材料,有粉尘污染和爆炸的危险	已有静电粉末喷涂、流化床、静电流化床、熔射法等多种方式,广泛应用于家用电器、交通运输、化工防腐、造船等各个领域
17		自动喷涂	利用电器或机械原理(机械手或机器人)程序控制进行的一种喷涂方法	涂装效率高,涂装环境好,自动化程度高,各种涂装技术参数控制精确,可获得优质涂层	使用于自动生产线上,可使用各种喷涂机具,如高级空气喷枪,静电喷枪,高速旋杯喷枪等

注：1. 参考 GB/T 8264—2008 涂装技术术语。

2. 实际生产过程中，可以将各种涂料涂覆模式进行组合，形成高级、复杂的涂装生产线，如将电泳、静电喷涂、自动喷涂进行组合，是汽车涂装生产线上常见的涂装模式。

层次的东西，它是涵盖、指导、控制、制约着涂装材料、涂装设备、涂装环境、涂装工艺因素的更重要的因素，影响范围最广，对涂装质量控制起着关键性的作用。

对于涂装管理应该包括的内容说法比较多，笔者认为涂装管理应该包括：组织（人员）管理、生产（经营）管理、技术及质量管理、设备管理、材料管理、现场管理等，详细内容见表1-16。

表1-16　涂装管理主要内容一览

序号	项目名称	管理的内容
1	组织(人员)管理	车间主任、工艺员、班组长的培养和选任；熟练操作工的培训和养成；完善合理的组织结构
2	生产(经营)管理	制定合理的生产计划；协调与其他部门(或组织)的关系；控制成本、质量、进度；保证安全生产
3	技术及质量管理	做好涂装的技术监督和检验；严格工艺纪律；建立涂装质量保证体系；执行相关的各类涂装技术标准
4	设备管理	做好设备、工装的检修和保养；及时处理设备事故，做好设备的备品备件管理，设备维修保养登记
5	材料管理	控制涂装材料的订货；控制材料在施工过程的质量和数量；降低消耗、节约成本、减少人力和库存
6	现场管理	实施“5S现场管理”：整理(SEIRI)、整顿(SEITON)、清扫(SEISO)、清洁(SEIKETSU)、修养(SHITSUKE)

由于受传统技术思想的长期影响，相当多的涂装技术人员认为：涂装技术只是对涂料、设备、工艺技术的学习和研究。这种认识是不全面的，它对于涂装技术的提高和涂装质量的控制都是不利的。事实上管理与涂料、设备、环境、工艺是紧密相连的、不可分割的，如同计算机的应用软件与操作系统软件的关系。我们必须加强对涂装管理的认识，自觉地学习和研究涂装管理的相关知识，做好具体技术细节与涂装管理的结合工作。

1.2　涂装质量问题的特点

改革开放30年来，我国产品的涂装涂层质量随着各类产品综合质量的提高而“水涨船高”，有了很大的进步。市场经济的发展，也刺激了企业要“货卖一张皮”，外观质量大有改善。但是我们也应看到，各企业虽然进行过诸如“全面质量管理”“零缺陷质量管理”“ISO9000贯标”“Q、E、S三标一体化”等工作，可涂装涂层的质量现状与国际先进水平相比，还是有很大差距。

比如，在某企业对其主产品进行用户走访时，40%的用户反映的是产品表面质量问题，甚至某些企业的产品比例还要高。不少涂装相关的企业特别是出口产品较多的企业，“涂装涂层质量事故”像影子一样，随着产品的增加而变多、随着市场的扩大而蔓延。不少产品和工程在交付使用后不久（2～3 个月、半年或 1 年或 2 年），就出现起泡、脱落、锈蚀等严重的质量问题；“一流的性能，三流的涂装”，频频出现在产品和工程项目中；涂装质量问题在出口国外的产品和设施中屡屡亮起红灯，不但造成了经济损失，而且对商业信誉和企业形象也带来不利影响。更有甚者，有的高新技术企业，解决了不少世界尖端的技术难关，但涂装质量的提高和控制却成了不好解决的难题。凡涉足涂装行业的人士常常感到“剪不断，理还乱。”，涂装涂层的质量控制比焊接、机械加工、装配等其他专业难度要大，甚至有人说，这是解决不了的“老大难”问题。

为什么会有这种现象出现呢？笔者认为除了在企业质量管理、“贯标”过程中的“两张皮”“执行力不够”等共性原因之外，涂装涂层质量控制有着其独有的一系列特点，必须引起我们足够的重视和深入的研究。作者想通过分析涂装涂层质量控制的特点，加深对涂层质量问题的认识，以便找出解决质量问题的有效方法。

1.2.1 非主流，难重视

对于产品或工程来说，涂装后所形成的涂层体系的主要功能就是四项：腐蚀防护功能；色彩装饰功能；标识标志功能（标志功能过去提得比较少，但随着产品标识概念、空间标识导向系统概念的深入发展，涂装的此项功能显得愈加重要，不可忽视）；特殊功能。当然，这些功能它不是/也成不了产品或工程的“心脏”、“骨骼”，它不是关系产品或工程“生死存亡”的部分，可它确确实实是不可缺少、不可忽视的部分，如同我们人类的“皮肤”和“衣服”!

但是，在相当长的历史时期内（特别是计划经济时期），它被放在了非常不公正的位置，在一般的制造业处于被忽视、被轻视的状态。企业在开发新产品、改进新产品设计时，不安排涂层体系的设计内容；在铸造、锻造、加工、焊接、装配排列时，被视为小专业而排不上它的名次；在人、财、物紧张时，就没有了它的投入；节约成本时，它又成了被优先控制的对象。当然，在汽车行业比较重视，把涂装与冲压、焊装、总装并列为“四大支柱专业”；在船舶行业涂装的地位也可以，被称为“三大工艺支柱之一”。但是，在制造业众多的企业之中，这也只是很少一部分的重点企业，大多数企业的情况是不容乐观的。

对涂装工作的不重视，致使涂装涂层的质量控制存在诸多问题。比如：在企业的质量管理体系文件中与此相关的文件不配套，缺少企业质量检验标准和相应的试验检测仪器；当出现涂装质量问题时，被当作无关轻重的问题，轻描淡写得不到根本上的解决；只进行出厂质量的检验，不进行涂装工序的控制；只看到涂层体系的近期的技术指标，不考虑耐候性耐腐蚀性等长期指标……

归纳各种各种模糊认识和错误理解，有如下几点。

① 企业主要领导和管理人员不重视涂装技术工作，未搞清涂装（腐蚀防护）

工作的重要性，未搞清产品或工程的表面质量与企业的经营和经济效益效益的内在联系，因此，对涂装的人、财、物方面投入严重不足。

② 相当一部分人对涂装技术的认识停留在简单日常生活中的理解（如住宅装修等），认为非常简单，不投入足够的时间和技术人员去学习和研究技术，不参加行业的学习培训和交流，不能对涂装管理进行细致分析并采取相应措施，结果总是不能掌握问题的关键所在。

③ 片面认识涂装质量不好只是“涂料”或“涂装”的问题，未认识到这是一个复杂的系统问题，缺少对涂装技术与涂装管理的系统性研究，对涂装质量无论从认知上、还是在实际控制上都存在着许多误区；在解决涂装质量或相关问题时，简单、片面、随意，结果是“按下葫芦浮起瓢”，不能掌握其特点和规律性；对于生产出现的意外状况缺乏分析和应对措施，不能及时查明原因及时解决，以致使各种隐患积累到一定程度，解决起来愈加困难。

④ 对于涂装需要一定的投入认识不够，思想还停留在“一把刷子、一个桶”的落后时代，不能像机加工、焊接、装配等专业那样进行必要的投入；在涂装化工材料选择方面，只重视眼前成本，不管产品的长期成本和效益问题。

因此，要进行涂装涂层质量控制，必须重新认识涂装涂层质量控制的重要作用，要解决各种模糊或错误的认识问题。

（1）外观质量直接影响企业的经济效益

随着市场经济的发展，产品或工程项目的竞争愈加重视外观形象，在主要技术参数大致相同（技术的进步也促使各企业产品性能逐渐趋同）的情况下，表面质量的好坏成为一个重要问题，谓之“货卖一张皮!”。

这张“皮”是由腐蚀防护、色彩装饰、标识标志、特种功能等各种因素综合作用的结果。腐蚀防护是产品或工程在其使用寿命周期内，依靠涂层体系的屏蔽、钝化缓蚀、电化学保护等作用，减缓存在于大气、土壤、水分中的各种腐蚀介质的破坏作用，保护了产品或工程的外部表面的完整性；色彩装饰提高了产品或工程的外观形象，增强了整体感和现代感，消除人们对设备的冷漠感，使用者可获得舒适有效的工作环境；标识标志功能通过运用视觉设计和行为展现，将企业的理念及特性视觉化、规范化和系统化，提高工作效率、方便信息的传导，有利便捷、保障安全；特种功能是根据产品或工程的需要，利用一种或多种功能的组合，提升产品或工程的使用价值，带来各种特殊的作用，提高了在市场上的核心竞争力。一个好的产品，仅从外观就可以感到其“高雅”“气质非凡”，对于制造或销售它的企业产生一种信赖感！很难使人相信，一个连表面质量都做不好的企业，如何能做出性能优良的产品或工程？一个锈迹斑斑、外貌丑陋、粗糙不堪的产品，如何能与“高技术、高科技”、“世界名牌”、“著名商标”联系起来。

当然，这张“皮”不是天上掉下来的，不是随意“糊弄”出来的，是人们经过一系列的人、财、物的投入换来的，特别是需要进行艰苦细致的质量控制工作。

（2）对“涂装硬件”的适当投入可获得良好的综合效益

“工欲善其事，必先利其器”。过去“一把刷子，一桶漆”的理念已经过时，对于涂装进行适度投资，已经成为共识。由于表面工程技术的进步，新材料、新工艺不断出现，还有环保、劳保、消防方面逐日加强的法律法规，相应的涂装设备也不断推陈出新，涂装环境越来越讲究，涂装车间的投资越来越大。在涂装“五要素”中，一次性费用投资比较高的就是涂装设备和涂装车间（环境）的建设。一般情况下，设备和土建公用的投资，少则有几十万、上百万，中等规模的投资有几千万，庞大规模的（如汽车涂装车间）有几个亿甚至十几个亿（人民币）的投资。

相应的涂装设备和涂装环境，会大幅度地提高涂层体系的质量。比如，“尘埃是涂装作业的大敌”，涂装环境不好，造成的后果就是涂层表面的颗粒和杂质的附着等弊病，为了克服这些弊病，不得不反复进行打磨、抛光，所花费的工时和材料，也是很大的浪费。还有，因为环境不能提供涂料所要求的温度、湿度，结果影响到涂层干燥的质量，使其今后的耐腐蚀性、耐候性大打折扣。总之，“巧妇难为无米之炊”，要有一定的涂装设备和环境的硬件，涂装涂层质量控制的工作才能开展。

但是，在具体实施投入决策时，企业主要负责人总会感到：一个油漆（涂装），竟要花那么钱?！总感到费用花得冤枉。其实，这是一种片面的认识。我们进行投入/产出分析时，不能仅仅盯着“钱”，不能“宁肯花钱治病，不肯健身防病”！还要有一个全面的分析和衡量。从表 1-17 中，我们可以看出，进行了适当的“硬件”投入，其综合产出的回报是非常优厚的。

表 1-17 “涂装硬件”投入与产出的定性比较

项　目	企业的涂装	个人的健身	备注
投入内容的比较	涂装设备、涂装车间的土建公用设施需要的适当费用	健身器材；健身房等场地需要的适当费用	一定的投入
产出（收益）内容的比较	①获得优质涂层体系，减少质量事故赔偿 ②减少环境污染、职业病、火灾，有利于解决公共关系紧张和劳务纠纷 ③减少违法、违规的罚款，相对增加经济效益 ④改变脏乱差，提升企业形象，有利于经营	①得到优良体质，减少医疗费用的支出 ②减少肉体及精神的痛苦，有利身心健康，有利于家庭幸福 ③减少病假休息、提高工作效率，增加个人所得 ④呈现健康完美的个人形象，有利于个人价值的体现	综合效益：产出会远大于投入

在一些企业会经常看到，土法上马的前处理场地灰尘飞扬、气味难闻，并经常与紧邻的居民或单位纠纷不断，产品质量难以保证；喷涂涂料无专门的设备和场

地，到处摆地摊，不但影响涂层质量，还严重污染车间生产环境，引起机加工、焊接、装配工人的抗议和反对，留下火灾的隐患，影响安全生产。有的企业宁愿花费大量精力和费用去进行“公关”、去解决质量事故引起的“病”，而不愿去投资涂装设备和改造涂装环境而获得良好健康的形象，持续重复着在涂装方面的恶性循环，岂不是“捡了芝麻，丢了西瓜”。

一些企业为了摆脱涂装“疾病的纠缠”，将涂装作业全部或部分外协到城乡交界处或偏远山村、农村，认为是省心、省力、省钱。其实，并不尽然。制造外协是普遍采用的方法，但为了保证产品的涂层质量，甲方（主机厂）绝不能放手不管，反而要以几倍于自制的管理精力去提高这些外协企业的涂装涂层质量控制水平。因为，相当一部分涂装企业缺技术、缺人才、缺资料、缺管理，但“糊弄事”的技巧并不缺。

根据笔者的经验，甲方（主机厂）不但要制定严格周密的涂层标准、工艺方文件、检验规程，还要派得力的现场监督进行工序质量的控制；对他们的操作、技术、管理人员进行不间断的培训和提高；限制外协之后再进行外协的“层层转包”等。否则，由此引起的麻烦比自己生产还要大，岂能省心、省力、省钱！

（3）涂装质量要一次性到位，不能寄希望于“以后再修！”

在企业进行涂装技术相关工作的同行可以经常碰到这样一种现象：产品或工程设备急需发货，可是涂装工作还未完成，如不发货将会耽误进度（特别是出口产品或设备的船期），企业将承受较大的经济损失。决策者情急之中只能牺牲涂装质量要求，“先发出去，大不了今后再刷一道漆修补！”。偶尔一次，尚可理解，但经常进行这类应急处理的事件可能不在少数。实际上，“以后再修”的代价非常大，远远超出管理者的想象！大致有如下几点。

① 涂层修复时将中断产品或设备的使用，影响甲方工作，造成经济损失。

② 涂层修复时辅助设施（如脚手架、安全网等）及辅助时间，比在工厂涂装车间内会大量地增加。

③ 修补涂装时，只能使用简陋的设备，施工环境又比较恶劣，很难保证涂层体系的各项技术参数，质量问题堪忧。

④ 修补涂装时，其工序比在工厂涂装车间内要复杂得多，劳动生产率下降，需要增加很多工时。

⑤ 修复现场远在外地，各项费用（包括材料的运输费、人员的差旅费在内的各项费用）要昂贵得多。特别是在国外，在国内一台几万元就可以涂装好的设备，在国外委托别人去修复就需要几十万人民币！

⑥ 在很短的时间内（几个月、半年或 1 年）就发生涂层质量事故，并且要在甲方的众目睽睽之下进行修复，产品的质量形象和商业信誉的损失是不言而

喻的。

引起此类问题的原因在于：企业与甲方签署合同时，未将涂装所需时间计算其中；有的虽然计算了，但在实施中缺少对过程的有力控制，以致各部门各阶段拖期，直至挤得涂装没有时间进行；有的将涂装作为“可有可无”的缓冲地带，成为“以后再修”的病源。解决的方法就是把“科学发展观”落实在具体的企业管理之中，要靠科学的生产计划管理，留出必需的时间，减少各种不良的干扰；否则，就要为此付出巨大的代价。

（4）要进行“全寿命周期经济效益分析”

在进行涂层体系设计或选择涂料时，经常碰到也是非常难解决的一个重要问题，就是成本费用问题。一般情况下，技术人员偏重于技术指标优异的涂料，行政（或财务）领导偏重于费用的节省，最终的结果往往是选择了费用较低、技术指标（质量保证）也很低的涂层体系。降低成本、提高质量，本是无可非议的，但是，问题在于如何进行经济效益的分析。

随着社会的进步，材料和制品的质量、耐用度和可靠性已成为提高市场竞争力的关键因素。如果制造或建造成本的提高，可换取维修成本和间接损失的大幅度下降，社会将会更有条件接受“在使用寿命期内总费用的技术/经济综合分析”等新的概念，即“全寿命周期经济效益分析（Life Cycle Cost Analysis）”。

从图1-7我们可以看出，一般在涂层体系设计或选择涂料时，往往倾向于A类的投入方式，即：首期投入所花费用较低，但今后使用过程的费用很高，全寿命周期内总费用较大，经济效益较差。但如果选择B类的投入方式，即：首期投

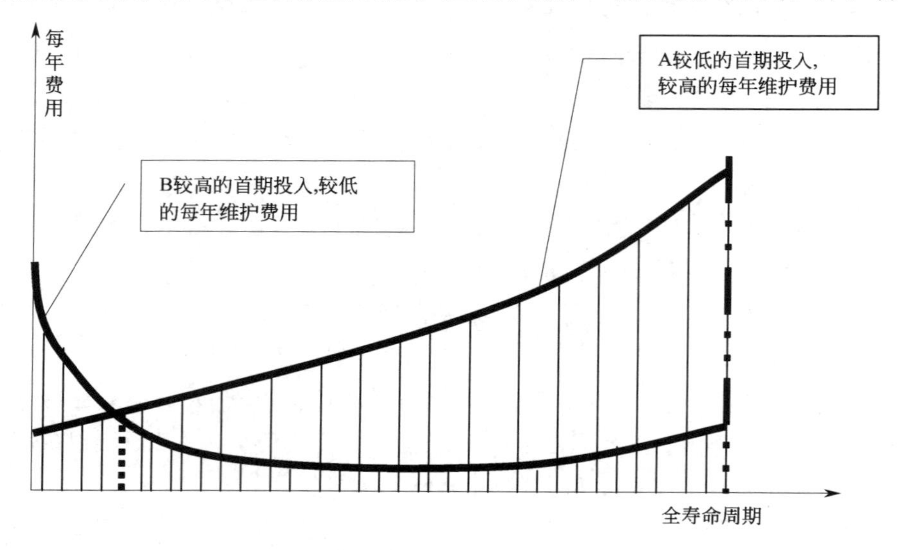

图1-7 全寿命周期经济效益（LCC）分析及对比

入所花费用较高，但今后使用过程的费用较低，全寿命周期内总费用较小，经济效益较好。曾经有过这样的案例：某设备按 10 年的腐蚀防护周期进行计算，使用首期投入低的涂装方法（原有方法，A）：每年的维修费用约 3 万元，十年需 30 万元，加上初次的费用 9.6 万元，合计为 39.6 万元。如果改为首期投入高的涂装方法（改进的方法，B）：十年之内不需要维修，初次费用约 20 万元以下，十年合计为：20 万元。比较分析的结论：可以节省费用 19.6 万元，约为原有方法 50%的费用。此外，还有质量保证的提高、外观形象的改善、对销售市场的广告效应等效益。

1.2.2　跨学科，难掌握

涂装技术是一个跨学科比较多的一个专业，因此，涂装涂层质量控制所涉及的专业技术问题就更多，从事此项工作的高中级技术人员，就需要学习更多的相关知识。

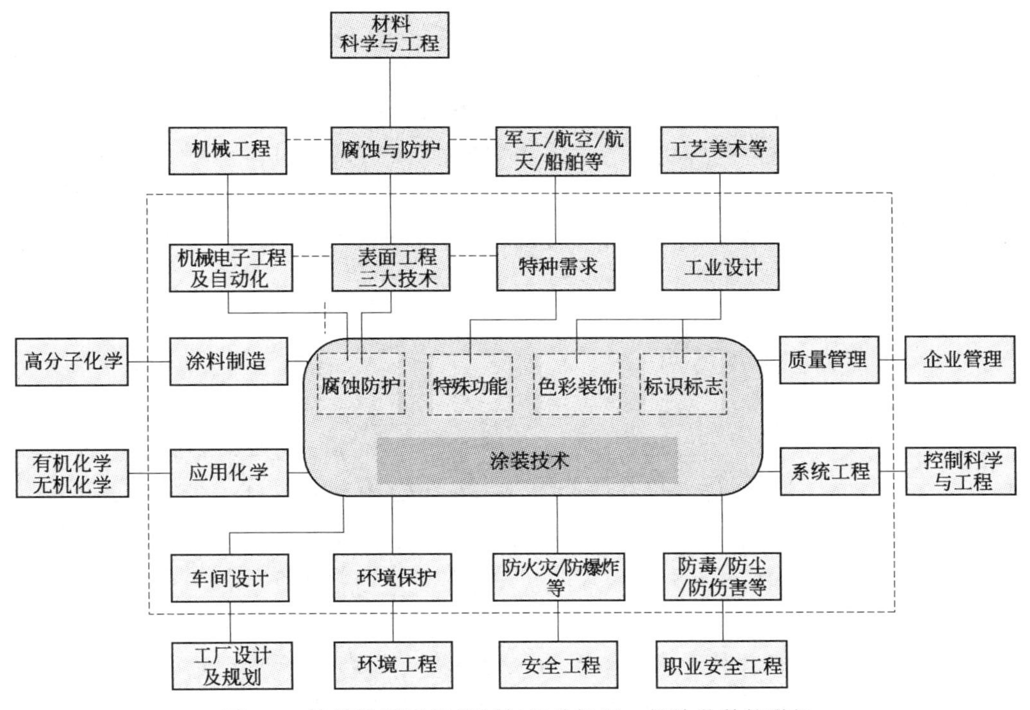

图 1-8　涂装涂层质量控制与相关知识、相关学科的联想

从事涂装技术工作的人员多数是来自腐蚀与防护专业、材料工程专业、高分子专业、化学化工专业、机械制造专业以及其他相近专业等，有的专业在学校学习的内容比较接近实际的需要，有的离实际需要则相差甚远。作为涂装技术人员，必须

在实际工作中不同程度（或有侧重）地掌握“涂装技术五要素”，它是“非机械、非化工”的跨学科的专业技术，其本身就是一个比较复杂的问题，也不是容易掌握的一门综合技术知识。

但是，对于涂装涂层质量控制来说，仅此还不够，质量控制需要各专业知识的综合，必须要学习在图1-8中虚线框内所包含的专业内容。其中包括了管理知识、环保、劳保、消防、安全等知识。特别是对于企业管理、质量控制、系统工程之类的知识，往往不被重视。涂装技术人员缺少管理专业知识，管理人员缺少涂装技术专业知识。可是在实际解决质量问题的工作中，这些管理知识起到了“纯涂装专业技术”所无法起到的作用。作为涂装技术人员，不能寄期望于质量管理人员、行政领导都能精通涂装技术，其实也不可能实现，关键在于涂装技术人员要懂管理，及时为领导或质管人员提出综合各方面因素的改进措施和可以分步实施的合理化建议。这样就可以减少为沟通而花费的大量时间，降低各部门因工作摩擦而引起的内耗，最大限度地提高企业的经济效益。

另外，我国高等院校、科研设计院所、制造企业的涂装部门、涂装专业公司、涂料/化工制造企业等虽然都有涂装技术和管理人员，如研发、设计、质量、现场技服、涂装工等人员，都进行着与涂装有关的工作。但是，各自重点关注内容是不同的，有的是进行课题、产品（化工材料/设备等）方面的研究，有的是进行涂装设备和工厂设计，有的是解决涂层体系和生产技术细节以及质量控制/涂装检测等问题，还有的是进行教育培训、技术标准等方面的工作。因此，当需要利用社会资源进行涂装技术协作时，就要“用其所长，避其所短”，才能最有效地解决实际问题。

1.2.3 多隐蔽，难发现

涂装涂层质量问题的出现（或叫做被发现），大多数情况下是在出厂时或工程验收时，或者是在产品/工程投入使用一段时间后。其实，届时看到的只是质量问题恶化的最终结果，恶化发展的过程被隐蔽了，留下的隐患往往看不到，无法及时被纠正。成为质量问题（质量事故）后，解决的难度和成本也很大，因此，我们必须要研究：如何及时发现过程中出现的问题，如何及时解决存在的问题，将质量的隐患消灭在萌芽状态之中。

在设计阶段，如果对于涂层体系的设计方案、设计依据、试验验证中存在疏忽、错误等问题不能及时发现，其中隐藏的危害是全局性的，“差之丝毫，失之千里。”在制造过程中，不合格的工序操作（特别是前处理工序）不容易发现，具有“隐蔽工程”的性质。涂层防护的好坏与施工过程的质量控制密切相关，如：涂装前表面处理，要求磨料控制要达标，被处理的金属表面的除锈等级、粗糙度、洁净度、可溶性杂质离子的含量；涂料的涂装方法；两道漆涂装间隔；不

同温度、湿度条件下的涂层施工……如不尽心做过细的工作，很不容易发现问题。

产品售出（出厂）或工程验收时，往往只能检查涂层外观、色差、光泽、厚度、硬度、附着力等非破坏性和易检查的技术指标，不能检查耐冲击性、耐水性、耐温变性、耐介质性等长期指标，更无法检验耐湿热性、耐候性、耐腐蚀性等重要指标。如图 1-9 的水中冰山模型所示，有可能大量的质量问题被隐藏了起来，质量检验人员无法判定涂层体系是否真正符合设计（或合同技术要求）所规定的技术指标。

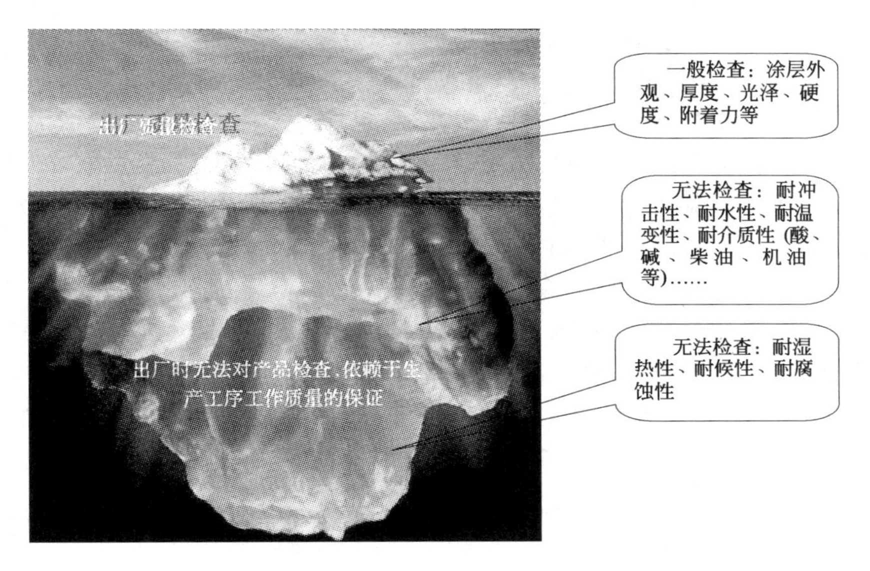

图 1-9　产品出厂或工程验收时涂层体系质量检验的局限性

如果是带着质量隐患问题的产品或工程进入客户使用阶段，需要经过一段时间（半年或一年以上）才会形成质量事故而暴露，我们才能够发现。在发现前，企业在这段时间内又会把大批量的带着质量隐患问题的产品送到客户手中，形成并出现一大批有质量事故的产品。未及时发现的时间越长，形成的质量事故产品就越多，造成的经济损失就越大。

由于涂层体系的出现质量问题，是一个渐进的缓慢过程，快的一年以内，慢的要经过几年时间或更长时间。在这漫长时间内，无论是乙方（生产者）还是甲方（客户），对于涂层体系的质量变化过程都容易放松警惕，陷于“熟视无睹”状态，因此，对于局部的损伤或老化等小质量问题不能得到及时修补，不经意发觉时，已经成了重大的质量事故。另外，尚有部分客户或生产者，对于涂层体系的长期技术指标和测试方法等相关标准缺少基本的常识，所以，很多问题说不清楚或者不了了之。

1.2.4 涉及广，难解决

您可能经常遇到或听到这样的情况：某类型号的机电产品出口到某国家，1～3 年内（产品质保期一般 5～10 年）涂装涂层出现了起泡、脱落、锈蚀等严重的质量问题……客户投诉并要求索赔，可是当您去调查、解决这些问题时却发现，这是一个非常复杂的问题！与此相关的企业销售及售后服务部门、安装调试部门、质量检查部门、生产及外协部门、技术部门，外协涂装工厂，涂料供应商，均有各种各样的事实和理由，证明问题不是出在他们所在的部门或企业。如何对问题进行分析，进而找出妥善解决的方法，确实是一件非常重要且非常困难的事情。

问题是出在哪个阶段？在“五阶段”即产品设计阶段、产品制造阶段、储存运输阶段、安装调试阶段、使用维护阶段，都有出质量事故的影响因素，均有可能出问题。例如常见的有：产品设计阶段选择了不合适的涂层体系和实施方案；产品制造阶段工序间质量控制不严以及质量控制点落实不到位；储存运输阶段不注意对涂层体系进行防止机械损伤和环境的腐蚀破坏；安装调试阶段不注意对产品涂层体系的保护和及时修补；使用维护阶段未进行日常维护和对局部损坏及时的修复等。

问题是由哪些因素引起的？“五要素”即：涂装材料、涂装设备、涂装环境、涂装工艺、涂装管理，在每一阶段中均会产生或重或轻的程度不同的影响，致使涂层体系出现各种质量事故。例如：涂料的“张冠李戴”，化工辅料的“鱼目混珠”；涂装设备的选用和带病运行；涂装环境的温度、湿度、洁净度、污染源的控制不力；涂装工艺中的随意性及严重违反工艺纪律的现象屡禁不止；涂装车间（工程队）、工段、班组的不健全，涂装现场管理的混乱等。

问题是在哪些管理层次出的问题？“三层次”即：企业管理层次、行业管理层次（国家层次）、国际组织管理层次（国际层次），在每一个层次中，均有管理不到位、适用标准不当及执行不力的问题。例如：在企业层次上，当涂装涂层的生产跨企业、跨部门、跨车间时，放松对相关组织的控制与管理，任其放任自流、“层层转包”，致使质量管理失控；在行业管理层次方面，缺少对涂装技术标准的推广和应用，导致相当一部分制造厂家和客户“不知道，不了解，不会用”，有的甚至在合同技术附件中未写入腐蚀防护（涂装）方面的技术条款，出了问题极易引起纠纷或诉讼；面对复杂的国际贸易环境，相当部分的中国企业缺少对国际水平的腐蚀防护（涂装）技术知识的了解，签订合同选择适用标准时不慎重，或者干脆就不指定标准，出了质量问题就只好认输、赔钱了事，带来了很多不应有的经济和信誉损失。

涂装涂层质量控制的问题，就是如何使“涂装涂层系统”优化运行的问题。从上述的分析来看，涂装涂层的质量控制是一个“涉及广、难解决”的问题。根据对“涂装涂层系统”的分析可知：控制涂层体系达到我们期望的四大功能的输出，就是要运用系统工程的方法，使系统用最优化的方式进行运行。否则，系统功能不全、局部或大部分崩溃，就会产生很多的质量事故，出现涂装涂层质量问题“老开会，老解决，总不能根除”的“滚刀肉”。

1.2.5　易反复，难坚持

涂装技术（过去叫油漆）存在已久，不是“高新技术”，应该说是传统工业技术。在漫长的时间长河中，人们积累了丰富的技术经验，留下了各种各样的习惯做法。我国改革开放30年期间，引进了大量的涂装新材料、新工艺、新设备，极大地促进了我国涂装技术和涂装涂层质量的提高。作者在解决涂装涂层质量问题的过程中感到，过去习惯做法中的“糟粕”，严重影响质量问题的提高，稍一松劲就会出现质量事故的反复。比如，对涂装技术不重视的传统观念，“糊弄事”的理念，“差不多”的思想，实施中的落后做法，生产中的粗放式操作，都不是一朝一夕可以改变的。有时候“习惯的力量是可怕的!”，因此，这就注定了解决涂装质量问题时容易不断出现反复，不能立竿见影地一揽子解决所有的问题。解决涂装涂层质量问题需要韧性，要像对待“皮肤顽症”一样坚持不懈地努力。特别要做好管理人员、技术人员、操作工人的技术培训，切实贯彻新的标准和规定，在长时间的过渡中，养成新的良好习惯。

1.2.6　解决涂装质量问题需要“持久战”

涂装涂层是广泛应用的表面工程技术之一，与其他腐蚀防护方式相比，其年费用占全国各行各业总腐蚀防护费用的76.53%，约为1518.44亿元人民币/年(2000年统计数据，包括涂料费和涂装作业费)。而且，其应用范围极其广泛，如果将各行各业的涂装技术应用情况归纳，如图1-10所示。主要是两大类：产品类的涂装和工程类的涂装，虽然行业不同，但它们有着相同的质量控制的共性，笔者愿与各位同行共同探讨其质量控制的内在规律性。

对于广泛应用、问题普遍在涂装涂层质量控制的问题，虽然任重道远，但我们要立足脚下。根据笔者的经验，在解决涂装涂层质量控制问题时，有图1-11所描述的几种状态。

状态1：始终处于不被重视的状态，如不改进，将会连续不断地产生严重的涂装涂层质量事故。

状态2：尚处于分析、弄清问题来龙去脉的阶段，需要请教专家，进行较多的技术咨询。

状态 3：处于规划和分步实施阶段，与企业的质量策划同步进行，效果最好。

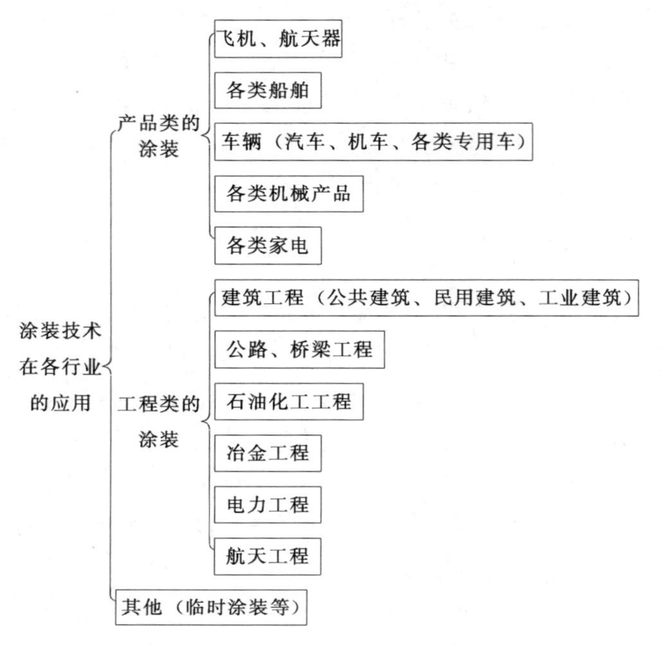

图 1-10　涂装技术在各行各业的应用归纳

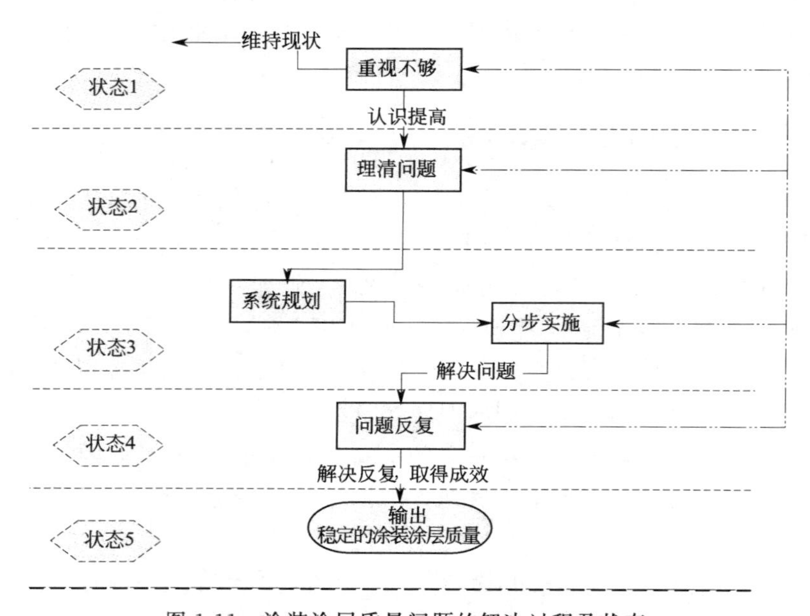

图 1-11　涂装涂层质量问题的解决过程及状态

状态 4：处于质量问题反复阶段，质量水平时好时坏，处于不断的波动之中。

重要的问题是进行不间断的“PDCA”，持续提高质量水平。

状态 5：经过一定时期的质量改进工作，涂装涂层质量事故大大减少，系统处于优化阶段，不间断地输出优质的涂层体系。

我们要根据企业目前所处的状态，积极开展相应阶段的质量管理工作，通过不间断地努力，就可以取得理想的涂装涂层质量。

参考文献

[1] 郑红军著. 中国产品质量的综观研究. 北京：中国经济出版社，2007.

[2] 齐祥安. 涂装技术知识体系的结构及其内容分析. 现代涂料与涂装，2006，9 (01).

[3] 齐祥安. 涂装涂层系统与系统工程. 现代涂料与涂装，2009，4.

[4] 柯伟主编. 中国腐蚀调查报告. 北京：化学工业出版社，2003.

[5] 李国英主编. 表面工程手册. 北京：机械工业出版社，1997. 8.

[6] 高瑾，米琪编著. 防腐蚀涂料与涂装（防腐蚀工程师必读丛书）. 北京：中国石化出版社，2007.

[7] 王锡春，包启宇编著. 汽车修补涂装技术. 第 2 版. 北京：化学工业出版社，2010.

[8] 魏金营，杨光明主编. 汽车美容一本通. 合肥：安徽科学技术出版社，2009.

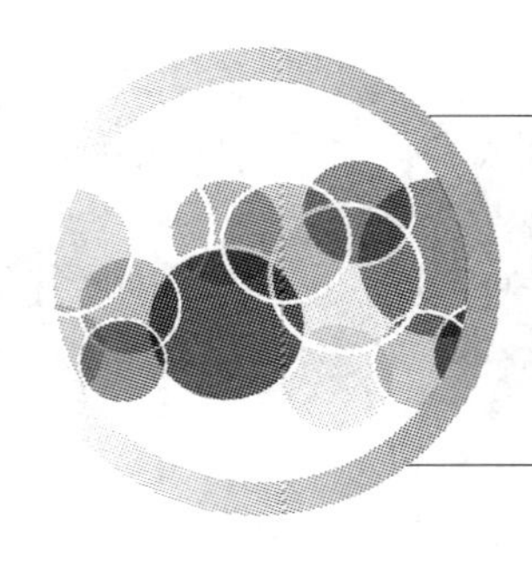

第2章
涂装系统与系统工程

导读图

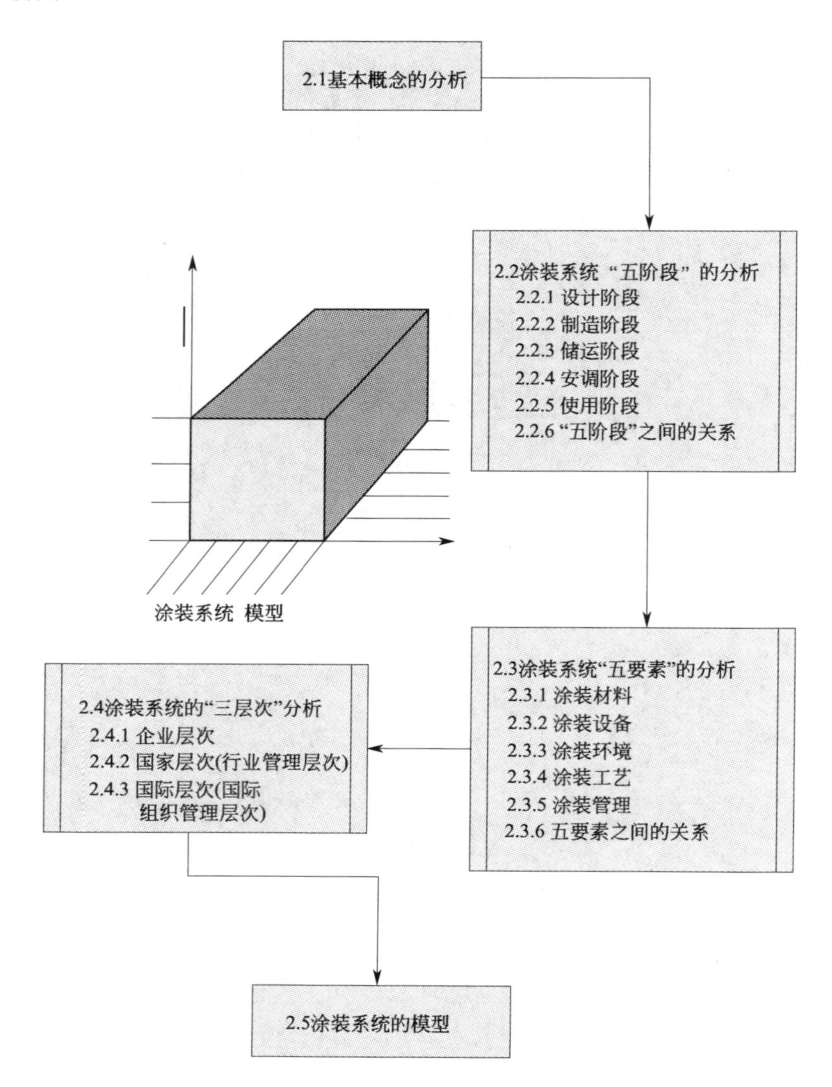

在本书的“前言”中我们曾经提到，涂装质量问题，令“质管人员烦恼，涂装技术痛苦，企业领导气愤！此类问题解决起来非常棘手，经济损失巨大!”为什么会有这种情况且在企业内会长期存在呢？

一般情况下，对于一个产品或一项工程，腐蚀防护（包括涂装）所占的投资不是最大，产生的也不是“生死攸关”的问题，人们往往重视不够、研究不透，可以说是问题的起源；涂装质量问题牵扯到方方面面，人人都知道一点，但不一定人人都明白自己应承担的责任；涂装质量问题隐蔽，孕育和产生的时间长，久拖成自然，见怪不怪；同时在解决涂装质量问题时，短期内不能看到效果，不能立竿见影，老开会老解决总不能根除；即使暂时解决了，稍不留神就会“反复出现”，成了名副其实“老大难问题”。

曾经有“三分材料，七分施工”的说法，强调了施工的重要性。但此说并未包括涂层体系设计、储存运输、安装调试、使用维护过程的内容，且更未涉及企业管理等方面。因此，此说并不能全面解释涂装技术和质量方面出现的问题。

为解决腐蚀防护（包括涂装）的难题，曾有的专家提出“腐蚀控制系统工程”的概念：从产品的设计开始，贯穿于加工、制造、装配、贮存、运输、使用、维护、维修全过程，进行全员、全方位的控制，研究每一个环节的运行环境和周围环境及其协同作用，提出控制大纲和实施细节，以获得最大的经济效益和社会效益的系统工程。作者曾查阅过1980～2008年的中文论文资料，发现有“涂装系统工程”的提法，但感到有必要对这些概念和提法进行深入细致的探讨和研究，以便加深对此类问题的了解。

笔者根据自己30余年在涂装行业的经历，深深感到有必要学习和应用系统工程的理论、方法，对涂装行业的普遍问题进行系统分析、归纳和综合，进而初步提出了“涂装涂层系统”（简称：涂装系统）的概念。这一概念的提出，不是为了把涂装问题搞得“玄乎”，以此提高涂装的“地位”，确实是现实工作的需要。这一概念的提出，不仅对于企业的涂层质量控制，而且对于涂装方面的管理（含企业管理）、涂装相关商务谈判、涂层体系故障诊断及处理、涂料及涂装技术研究开发，均具有重要的参考价值。

本章试图使用系统工程的方法，分析现有涂料、涂装、涂层等的基本概念和实际产品或工程生产运作的各种因素，初步建立“涂装系统”的概念和模型，从而解决对各种涂装、涂层的认识问题，以便于今后各类问题的分析和解决。

2.1　基本概念的分析

关于涂装、涂层、涂层系统在《涂装技术术语》（GB 8264—87）中的定义是：

"涂装（painting）将涂料涂覆于基底表面形成具有防护、装饰或特定功能涂层的过程，又叫涂料施工"。"涂层（coat）一道涂覆所得到的连续膜层。""涂层系统（coat system）由同种或异种涂层组成的系统"。目前，"涂层系统"与"涂层体系"二词在涂装行业内被认为是同一概念，并且均在使用。根据多数人的使用习惯和本人的理解，仍沿用"涂层体系"的说法。

分析以上所定义的基本概念，"涂装"只定义了施工阶段，未包含（也不需要包含）涂层设计、储存运输、安装调试、使用维护过程的内容；"涂层、涂层体系"所指的只是一种物质的存在形式而已，不含有时间、空间和管理的意思。其实，从我们涂装的目的来看，我们所花费大量物料、能量、信息、资金的最终目标，就是要获得符合所定标准的"涂层体系"，并且该"涂层体系"在其有效生命期间内，为我们提供：腐蚀防护功能；装饰功能；标志功能；特殊功能。按照系统工程的输入/输出观点，我们可以用图 2-1 表示。

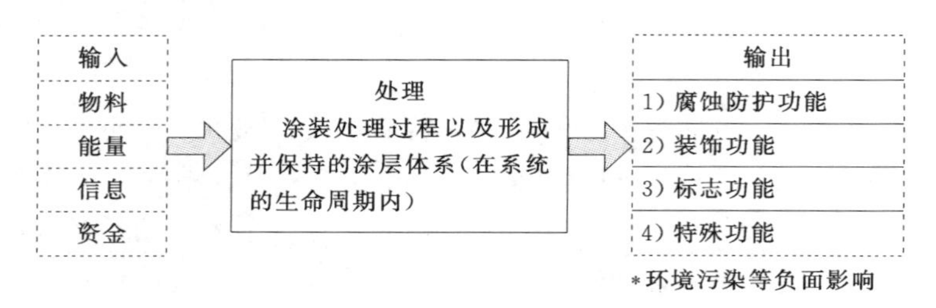

图 2-1 系统的输入/输出

由上图我们可以看出，该"系统"已经不仅仅是涂装过程或物质的涂层体系，而是包括了涂层体系从孕育（设计）到死亡（涂层体系失效）的全过程的各个阶段；包含了涂装材料、设备、环境、工艺、管理的各个因素；包含了企业、国家、国际的各层次管理的内容。于是，这就涉及一个复杂的系统概念。使用原有的概念和定义，很难表达如此复杂系统的内涵和外延，在此不得不考虑使用新的概念——"涂装涂层系统"（可以简称：涂装系统）。作者初步的定义为：涂装涂层系统是由涂装材料、设备、环境、工艺、各层次及各阶段的管理等诸要素有机结合起来的一个整体，该系统在整个生命周期内，为我们提供腐蚀防护、装饰、标志、特殊功能。

为了研究问题的方便，我们需要对该系统的环境和边界进行分析，以下列出几个主要方面，参见图 2-2"涂装涂层系统的环境与边界"。

（1）涂装涂层系统与化工材料制造行业是上下游的关系

该系统所使用的化工材料，基本上都是精细化工的产品。对于系统来说，只是原材料之一的输入，与钢结构使用钢材同样道理。对于涂料而言，系统功能输出好坏（即过程的优劣），直接影响涂料功能的实现。

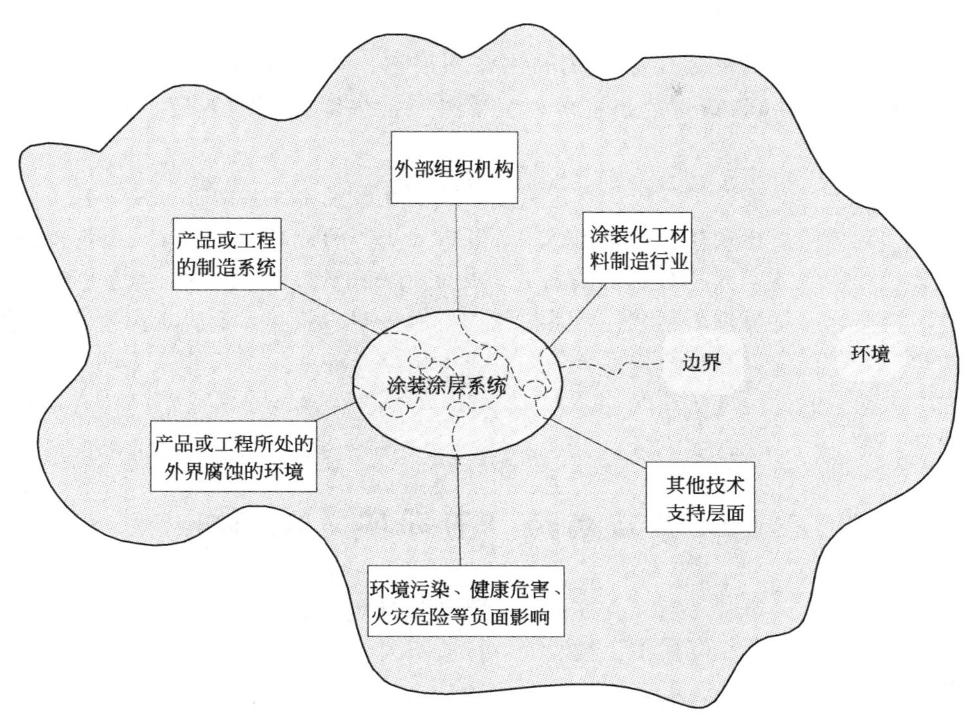

图 2-2　涂装涂层系统的环境与边界

（2）涂装涂层系统与产品或工程系统是大系统与子系统的关系

该系统是产品或工程这一更大的系统不可缺少的部分，也可以说是它们的子系统，它们是“共生共存”的关系，如同皮肤、衣服与人体的关系。正因为如此，需要我们更为密切地联系产品或工程的实际，分析相互的制约和联系的条件，做好它们之间的接口关系。

（3）外界腐蚀环境是造成涂装涂层系统失效的重要外部原因

在涂装涂层系统存续的整个生命周期内，外界的大气腐蚀、水下腐蚀、土壤腐蚀、磨损、损伤、老化等因素，形影不离，伴随终生。要提高涂装涂层系统的输出功能，必须要重视这个界面的研究。

（4）其他技术层面对涂装涂层系统是非常重要的

该系统需要很多的其它技术支持，比如：机械制造、自动控制、自动化输送、环境保护、消防、劳动保护等；系统工程，管理科学等。

（5）系统的外部组织机构及其管理对涂装涂层系统的影响很大

不同的国家、不同的行业、不同的企业对涂装涂层系统需求是不同的，对涂装涂层系统的管理也是不一样的。即使同样的产品或工程，因外部组织管理机构的设置不同，其系统的形式会有很大的差别。

(6) 涂装涂层系统在其存续的生命周期内，会向环境排放污染物质，会危害人们的生存和健康，会产生火灾造成财产损失等负面的效应，我们必须加以控制

通过以上对涂装涂层系统的界定之后，我们大致观察体系内部可以看到：该系统符合“人造的、比较复杂的、动态的、开放系统”的特点；该系统是由许多相对独立又相互依赖的单元构成的具有特定功能的有机整体；这个系统是一个目的明确、对输出有严格要求的系统；该系统结构层次分明、相互关系清晰。为了获得更多的信息，我们要详细分析该系统的内部各方面以及各单元之间的关系，主要有以下三个方面：时间维度的问题——“五阶段”；影响要素的问题——“五要素”；管理层次的问题——“三层次”。

2.2 涂装系统“五阶段”的分析

系统工程的一个基本原理就是系统有生命周期过程，涂装涂层系统也是一样。根据涂装涂层系统的实际运作一般情况（行业不同、产品不同会有差别，但不会影响我们对问题的分析。），可以将系统的生命周期分为“五阶段”：设计阶段、制造（实施）阶段、储运阶段、安调阶段、使用阶段。这五个阶段与产品或工程的大系统，都呈一一对应的关系，只是具体的内容不同，参见图 2-3。

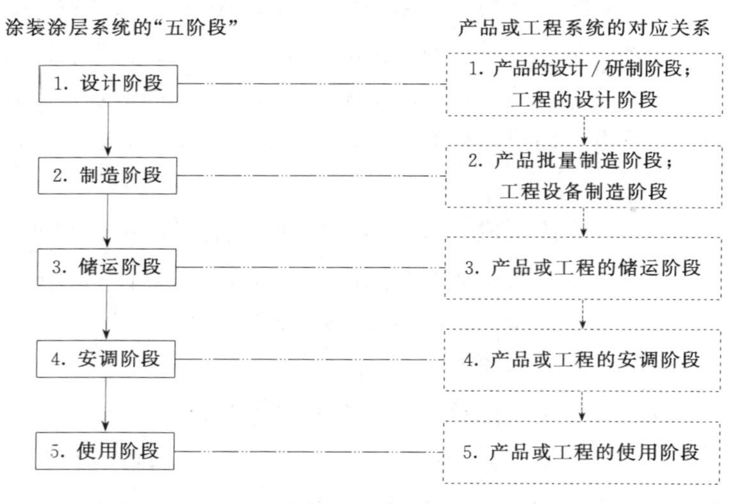

图 2-3 涂装涂层系统的“五阶段”以及与产品或工程大系统的对应关系

2.2.1 设计阶段

设计阶段所进行的工作，就是对整个涂装涂层系统的方案进行设计。“五阶段”

中，设计阶段投入的费用是比较少的，但系统的生命周期内 50%～75%的成本是在此阶段决定的，此阶段是根本性的、关键性的影响阶段。根据笔者的了解，我们现在对此阶段的重视不够，缺少涂装涂层系统的设计或根本就未进行设计，从而引起涂装质量问题的情况比较多。

腐蚀专家说："腐蚀是从绘图板上开始的"——即"腐蚀是从设计开始的"。在设计时就采取结构合理化以及涂装等表面工程技术措施避免腐蚀的发生，就是实行"预防为主"的方针。可以将设计阶段的工作细化为三个步骤，设计流程如图 2-4 所示。

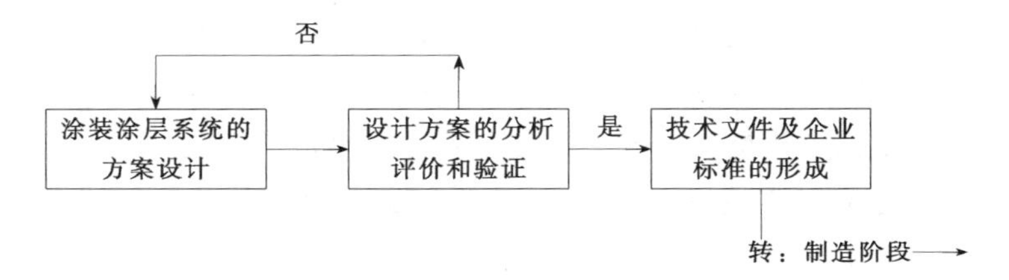

图 2-4　涂装涂层系统的设计阶段的三个过程

对于一般机电产品或工程，可以按照上述流程与产品或工程的大系统同步进行。设计工作流程，随着行业的不同、企业的不同、产品的不同会有很大的差别。有的行业（比如船舶制造行业）还将此阶段细化为初步设计阶段、详细设计阶段、生产设计阶段。

在设计阶段的目的及任务就是：根据腐蚀环境的不同类别和腐蚀防护年限的要求，为产品选择最适宜的腐蚀防护技术组合，设计技术经济指标合理的腐蚀防护涂层体系（层数、厚度等各项指标），同时考虑实施的可能性即工艺、管理等方面的影响因素。

2.2.2　制造阶段

制造阶段（实施阶段）的主要任务是：将经过验证的系统设计方案进行从技术文件到实物的实现，产生一个与实际情况相符合的实物涂层体系。产品或工程的涂装制造阶段的流程是各种各样的，为了叙述问题的方便，我们可以根据一般情况进行抽象和细化，图 2-5 中的流程是批量生产（正式生产）制造阶段的流程。

制造阶段的几个特点如下。

① 涂装的各工序与下料、焊接、加工等其他专业同步进行，而且复杂工件还有工序的交叉，对于涂层体系的质量有很大影响。

② 在整个涂装涂层系统中，此阶段的实际使用的费用最高，是成本控制的重点。

③"过程决定质量，细节决定成败"，此阶段对过程管理（工序管理、质量管

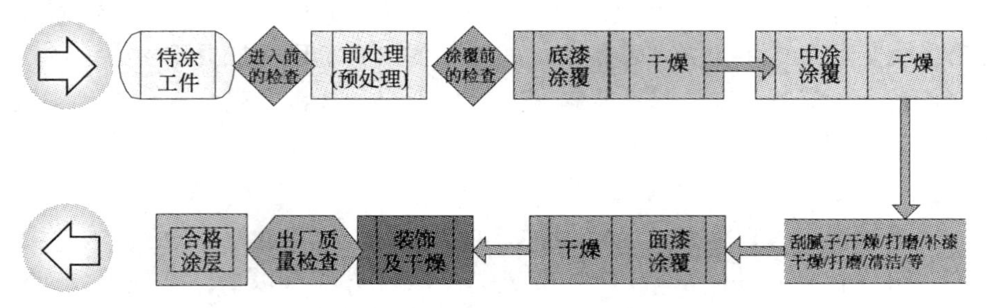

图 2-5　涂装涂层系统的制造阶段的细化

理）的要求也最高。涂层的每一道工序都具有被后一道工序遮蔽的特点（最后的涂层除外），不合格的工序过程不容易被发现。而产品售出（出厂）时，一般进行涂层外观、厚度、光泽、硬度、附着力等简单检查，对于耐腐蚀性等长期指标不能进行检查，无法判定是否真正符合腐蚀防护的标准。客户使用时，要经过一段时间（3 个月或半年以上）才会发现腐蚀问题。在发现问题前，又会有大量的同样不合格的产品被送到客户手中。

2.2.3　储运阶段

储运阶段（储存运输阶段）的主要任务就是要对在工厂已完成的涂层体系进行各种保护，避免机械磨损碰撞等伤害和各种腐蚀介质的腐蚀，保证涂层体系安全到达安装（客户）场地现场。

被涂装的产品或工程设备，在运输过程中会被擦伤、撞伤或划伤，这种现象经常发生；有些涂层的薄弱环节在储运过程中会发生锈蚀、淌黄水，特别是运往国外的出口产品，长期的海上运输或长途陆路运输，或因库存时间较长，涂层受海水、高温潮湿侵蚀而损坏的现象更为突出；被昆虫、鸟粪、周围环境所污染，造成涂层体系的破坏，直接影响商品价值。在条件比较差的安装（或使用）现场修复被损坏的涂层，是一个比较困难的问题，同时也给企业带来了一定的经济损失。长期以来，此类问题未引起足够的重视和研究。已有的防锈、防潮、防水包装国家标准，亦未列入在储运阶段对涂层保护的内容。随着我国工业企业技术水平的提高和产品的大量出口，该问题的严重性就愈加明显，这是一个不容忽视的阶段。

在此阶段应该做好装箱前涂防护蜡、保护塑料薄膜、保护涂料（可剥涂料）、密封胶等；设计专用的存放、运送的工位器具和包装箱，在装卸吊装时需要专用吊具或保护措施。根据产品或工程的实际情况的不同，其保护方式会有较大差别。

另外，如果涂装过程不是在一个工厂完成的，就存在各外协厂之间进行的储存运输中的保护问题。由于是多个生产厂家分阶段周转生产，在生产中的某些工序中，就要进行储存和运输。例如，从焊接、机械加工到涂装工厂；从底漆、中涂到

面漆涂装；从金属热喷涂到面漆涂装；从总装到最后的修补涂装等存在多个环节。在这些环节中，涂层损坏的问题会出现很多，更需要加以重视。

2.2.4　安调阶段

安调阶段（安装调试阶段）的主要任务就是要避免涂层体系的安装损坏，完善设备在工厂未进行的涂密封胶、封堵工艺孔洞等工作，同时修复已经损坏的局部涂层。

存在的涂层体系的问题可以分为产品自身的问题和基础、预埋件的处理问题。

（1）产品自身涂层被损坏的问题

一般大型设备在安装时，都要进行运输起吊，然后安装。其中，很难避免对设备某些部位的涂层（特别是涂装涂层）造成破坏，如不进行及时的修复，将会引发腐蚀问题。

另外，在设备制造过程中会产生尺寸误差，在设备基础施工时，因影响因素很多也会产生尺寸误差，这些累积的尺寸误差，将会引起设备某些部位的现场修改。因为现场腐蚀防护施工条件较差，很难处理好，或者根本未进行处理，于是便潜伏了涂层下的腐蚀隐患。

（2）基础及预埋件的处理不当的问题

基础及预埋件的处理往往容易被忽视，如果无专业涂装技术（腐蚀防护）人员的参与，这些基础、预埋件的外露部分涂层质量会受到影响，从而埋下了涂层破坏的隐患。

2.2.5　使用阶段

使用阶段（使用维护阶段）的主要任务就是：在产品或工程投入使用后，做好日常保养、检查、维护，以提高涂层体系的使用寿命。在涂装涂层系统的整个生命周期内此阶段时间最长，也是体系输出功能的重要阶段。低耐久性的涂层体系使用寿命在 5 年以下，中耐久性的在 5～15 年，高耐久性的在 15 年以上，甚至有的涂层体系使用寿命可以达到 50～100 年。

涂层体系在漫长的使用阶段，始终处在各种腐蚀环境之中，随着外界不规则的变化而缓慢损坏及老化，且不断恶化，直至失效，这也是一个动态的过程。在这个过程中，一旦局部涂层被损坏而露出基体或基体锈蚀，如得不到及时的修复，在腐蚀介质的作用之下，形成“大阴极小阳极”的腐蚀模式，该局部将会加速腐蚀。腐蚀结果使涂层损坏面积增大，同时腐蚀介质增加，局部破坏又被加速，变成了恶性循环。所以，在使用过程中，要及时除掉腐蚀性很强的介质（如局部的积水、积雪、污泥、鸟粪等），经常检查涂层体系中有否损坏的局部，尽快对损坏的局部进行修复，以延长涂层体系的使用寿命。

关于“涂层体系使用寿命”概念的说法较多，目前未查到统一的标准定义。作者认为，涂层体系使用寿命应该是：自投入使用之日到第一次维修的时间（维修周期）段，加上历次维修后持续的时间段，直至涂层体系彻底失效无法维修。因此，日常保养进行得好、维修及时的涂层体系，就会有较长的使用寿命（实际使用寿命），甚至超过设计的使用寿命（预期使用寿命）；日常保养不好、维修不及时的涂层体系，就会有较短的使用寿命，不能达到设计的使用寿命。

2.2.6 “五阶段”之间的关系

通过以上的分析我们可以看到，“五阶段”是涂装涂层系统的重要部分，是系统在时间维度的全过程，它描绘了涂层体系从“出生”到“死亡”在各阶段的表现。“五阶段”环环相扣、互相制约，任何一个环节出现问题，我们将无法得到所需要的涂装涂层系统。“五阶段”与系统边界的各种影响要素关系密切，特别是与“产品或工程的制造大系统”关系最为密切。

同时，我们还可以看出，“五阶段”又有各自的特点。设计阶段是关键，它决定了系统的大的走向和主要方面；制造阶段要严格，它使用了系统资源中最重要的费用；储运阶段要保护，避免各种干扰因素对涂层体系的破坏；安调阶段要完善，弥补前面过程的不足，以完美的形态投入使用；使用阶段要维护，克服局部破坏带来的损失，最大限度延长涂层体系的使用寿命。

2.3 涂装系统“五要素”的分析

涂装涂层体系的“五阶段”，仅仅是该系统在时间维度的一个方面。我们在每个阶段还会遇到涂装材料、设备、环境、工艺、管理（简称“五要素”）方面的问题。“五要素”不但是涂装技术的重要组成部分，在分析涂装涂层系统构成的过程中发现，“五要素”也是该系统的一个重要方面。

2.3.1 涂装材料

涂装材料是指涂装生产过程中使用的化工材料及辅料，包括清洗剂、表面调整剂、磷化液、钝化液、各类涂料、溶剂、腻子、密封胶、防锈蜡等化工材料；还包括纱布、砂纸及工艺过程中使用的橡胶、塑料件等。

从涂装涂层系统的角度看，材料是系统与化工材料制造行业界面上的重要内容，没有该系统的存在，涂装化工材料的生产就没有必要；没有涂装化工材料的生产，该系统就失去了存在的基础。我们应该重点了解所使用的化工材料的各种技术性能，对涂装环境、设备的要求，需要的工艺过程，根据实际情况选择涂装化工材料和辅料。如何制造这些产品，应该是精细化工技术（涂料技术）研究的范围。

2.3.2　涂装设备

涂装设备是指涂装生产过程中使用的设备及工具。包括喷抛丸设备及磨料，脱脂、清洗、磷化设备，电泳涂装设备，喷漆室，流平室，烘干室，强冷室；浸涂、辊涂设备，静电喷涂设备，粉末涂装设备；涂料供给装置、涂装机器（专机），涂装运输设备，涂装工位器具；洁净吸尘设备（系统），压缩空气供给设备（设施）；试验仪器设备等。

涂装设备是涂装化工材料所要求的，在系统界面上，受“其他技术层面”的影响很大，例如机械制造、自动控制、自动化输送等，对涂装设备的使用功能影响很大。

2.3.3　涂装环境

涂装环境是指涂装设备内部以外的空间环境。从空间上讲应该包括涂装车间（厂房）内部和涂装车间（厂房）外部的空间，而不仅仅是地面的部分。从技术参数上讲，应该包括涂装车间（厂房）内的温度、湿度、洁净度、照度（采光和照明）、通风、污染物质的控制等。对于涂装车间（厂房）外部的环境要求，应通过厂区总平面布置远离污染源，加强绿化和防尘，改善环境质量。涂料、涂装设备都要求有一定的使用环境，不重视对涂装环境的技术要求，就会影响系统中其他要素的作用，特别是在制造阶段是必须要特别引起重视的大问题。

另外，当涂层体系形成之后（即在使用阶段），涂层体系所处的外界腐蚀环境，是影响涂层体系使用寿命的重要界面。

2.3.4　涂装工艺

涂装工艺是指：在涂装生产过程中，对于涂装需要的材料、设备、环境等诸要素的结合方式及运作状态的要求、设计和规定。涂装工艺应该包括工艺方法，工序，工艺过程；包括涂装工艺设计及工艺试验；包括对涂装车间（涂装生产场所）的各种要素进行系统综合考虑、安排、布置；还应包括对其他相关专业提出要求、并根据法律法规提出各种限制条件等工作内容。

涂装工艺作为“软件”，将材料、设备、环境等“硬件”进行串联起来，形成有机的生产模式；同时，五阶段中的每个阶段，工艺的形式会有不同。好的工艺会使系统内各部分的单元更为协调地组合。

2.3.5　涂装管理

这里所说的涂装管理，是限于涂装车间或者专业的涂装工厂（或涂装承包公司、承包队）的管理。涂装管理，就是在特定的环境下，对组织所拥有的涂装资源进行有效的计划、组织、领导和控制，以便达成既定的涂装目标的过程。对于涂装管理应该包括的内容说法比较多，笔者认为涂装管理应该包括第1章中表1-16 涂装管理主要内容一览所示的内容。该表重点强调了制造阶段的管理，实际上在设计阶段、储运阶段、安调阶段、使用阶段也有大量的管理工作，也是很重要的。管理是系统中覆盖面最大的要素，它对材料、设备、环境、工艺等要素，处于最高层次的地位。

2.3.6 五要素之间的关系

通过分析涂装涂层系统中五要素各自的特点，可以看出：材料、设备、环境是看得见、摸得着的有形物质和空间，是硬件；而工艺、管理是无形的、内在的，是软件；五要素是由“三硬二软”构成。而且各个要素之间是有机联系，相互影响，不是孤立存在的。材料对于设备有功能要求；环境对于材料、设备有很大影响；工艺涵盖了“三硬”；管理是最高的层次，涵盖了其他四要素，影响范围最广。如果使用图面表示，则如图2-6所示。

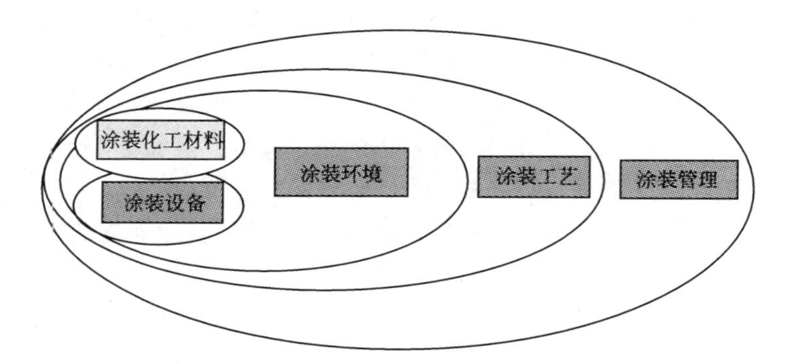

图2-6 涂装涂层系统中的五要素及其相互关系

2.4 涂装系统的“三层次”分析

使用系统工程的方法对涂装涂层系统进行分析时，有一个重要问题是不能忽视的，这就是企业、国家、国际有关组织对涂装工作的行政管理、强制限定、一般指导等作用。企业运作模式的不同，国家行业的不同，国际组织机构的不同，对于形成的涂装涂层系统的影响作用也是有差别的。

2.4.1 企业层次

企业组织形式主要有直线制、职能制、直线职能制、事业部制、矩阵式、模拟分权组织结构等几种，各企业会根据各自的规模、特点等实际情况，合理划分管理

层次和管理幅度，并由此决定涂装工作的形式和人财物的投入。

图 2-7 是我们目前比较常见的一种外协类公司组织结构与涂装工作的关系，图中的虚线表示的部门与涂装工作关系不大（间接相关），实线表示的部门与涂装工作关系非常密切（直接相关）。在该图中我们可以看到，设计阶段在研发部门（或技术管理部门）进行；制造阶段、储运阶段在生产部门（生产管理部门）的外协、采购、总装调试以及外协厂进行，特别是涂装工作基本上都在外协厂（或一级，或二级，或三级）进行；安调阶段在安调部门进行；使用阶段一般在用户（甲方）进行；质量管理部门进行每一阶段的质量检查和控制。由此所形成的企业管理层次就比较复杂，失控环节很容易出现，很难保证系统最优化，涂层体系的使用寿命也会受到很大的影响。但是，因为环保、劳保、消防、成本等原因，很多企业特别是在城区内的企业都在采取这种生产方式，因此更需要我们加强对此类问题的研究。

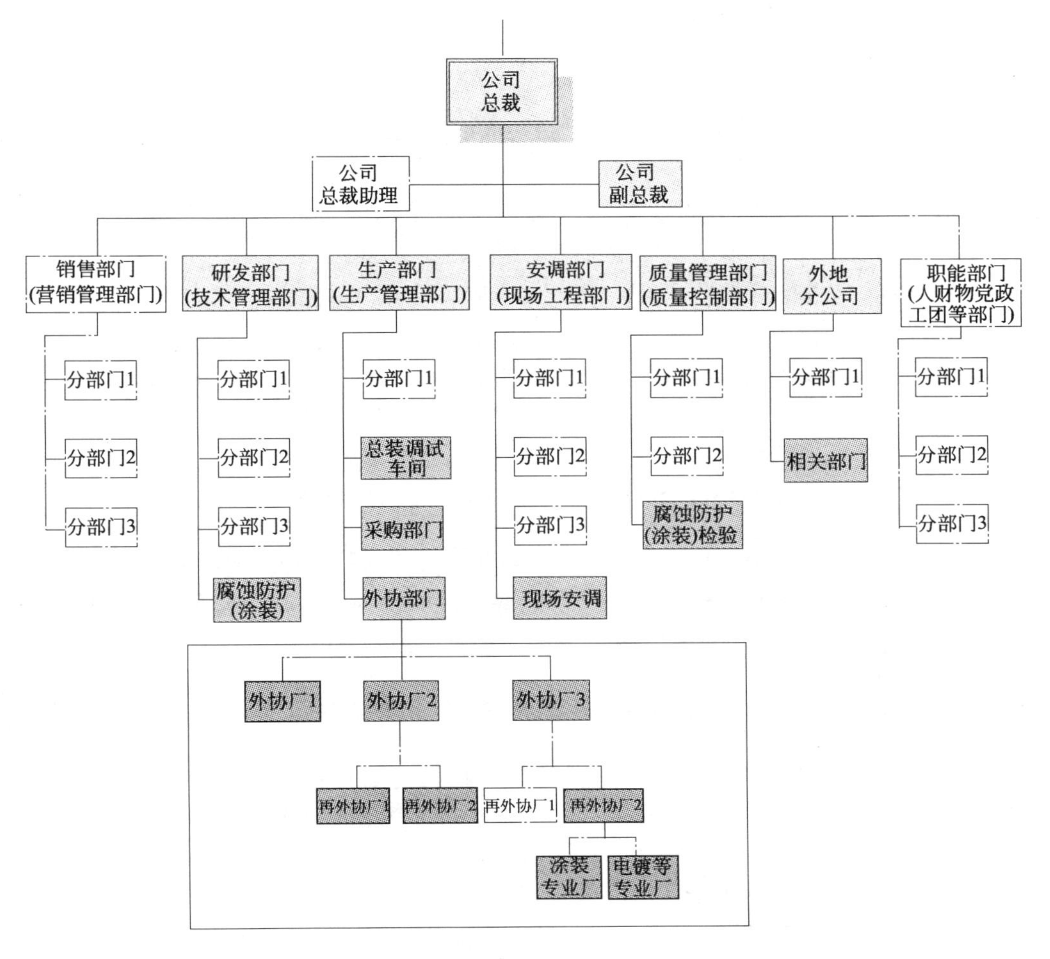

图 2-7　外协类公司组织结构与涂装工作的关系

图 2-8 是比较传统的非外协类公司（工厂）组织结构与涂装工作的关系，图中的虚线表示的部门与涂装工作关系不大（间接相关），实线表示的部门与涂装工作关系非常密切（直接相关）。分析此图我们可以看出，设计阶段、制造阶段、储运阶段、安调阶段均有一个企业进行控制，涂装工作全部封闭在一个企业内进行（即使有部分外部人员承包，也是在该企业的直接控制之下），对于系统优化和涂层体系的质量控制非常有利，特别是对于需要跨车间跨工序的复杂工件更为有利。

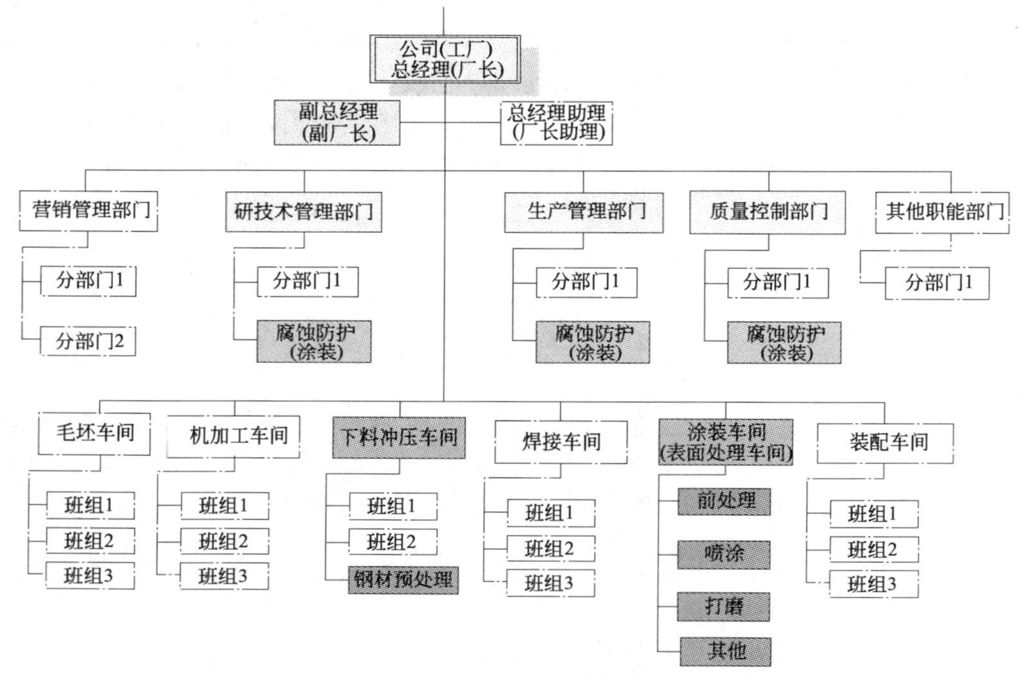

图 2-8 非外协类公司（工厂）组织结构与涂装工作的关系

当然，各类企业的组织模式有很多，在此不一一列举。由此可以说明，企业的不同会给涂装涂层系统带来很大的影响，是非常重要的组成部分。另外，企业所制定的各种企业涂装标准，也是企业管理的一个重要内容。

2.4.2 国家层次（行业管理层次）

国家对于涂装行业的管理，主要是通过国家法律、法规进行鼓励、支持、约束、限制和禁止，我们常见的法规，例如：《中华人民共和国环境保护法》《中华人民共和国大气污染防治法》《中华人民共和国水污染防治法》《中华人民共和国固体废物污染环境防治法》《中华人民共和国安全生产法》《中华人民共和国职业病防治法》《中华人民共和国消防法》《危险化学品安全管理条例》等。有的地方政府也出台了相关的地方法规文件，也应该引起我们的重视。

根据国家有关规定，行业内还设立了与涂装相关的协会、学会等组织机构，如：全国涂料和颜料涂漆前金属表面处理及涂漆工艺标委会（TC 5/SC 6）、非金属覆盖层涂装工艺及设备标委会（TC 57/SC 5 ）、全国安全生产标准化技术委员会涂装作业安全分技术委员会（AC/TC288/SC6）、涂料产品及试验方法标委会（TC5/SC7）、钢结构防腐涂料体系标委会（TC5/SC9）等。这些行业组织不断制定修改国家标准，规范涂装行业中各企业的行为，起到了很大的作用。比如，GB 7692《涂漆前处理工艺安全及其通风净化》、GB 6514《涂漆工艺安全及其通风净化》、GB 12367《静电喷漆工艺安全》、GB 14444《喷漆室安全技术规定》、GB 14443《涂层烘干室安全技术规定》、GB 12942《有限空间作业安全技术要求》等，因篇幅所限，在此不再赘述。

行业及其产品的不同，其涂层体系的质量要求就会有很大的差别，涂装涂层系统就各具特色，我们进行系统分析时，就需要区别对待。

2.4.3　国际层次（国际组织管理层次）

世界各国、地区都有自己的法律法规和标准，特别是主要经济发达国家的国家标准和通行的团体标准（包括知名跨国企业标准在内的其他国际上公认先进的标准），被称为“国际先进标准”，对于涂装行业都有很大的影响，对我们从事国际商务和技术合作也非常重要。例如，欧洲：EUEE 指令（1976 年、1984 年、1993 年）SMP（溶剂管理规划），英国：环保法（1990 年），北美：清洁空气法令（Clean Air Act 1970 年制定，1997 年、1990 年修订），欧洲色漆和清漆技术委员会（CEN/TC139）、颜料和体质颜料技术委员会（CEN/TC298）、ASTM DO1 委员会制定的各类标准，美国钢结构涂装协会制定的《SSPC 规范-油漆 20》，等。

当然，国际化组织制定的有关涂装的标准和技术文件，其使用范围和影响力最大。比如，国际标准化组织涂料和颜料技术委员会（ISO/TC35）制定的《ISO 4628-1～5：2003 色漆和清漆 涂层老化的评定　表面缺陷数量和大小以及均衡变化程度的评定》、《ISO 12944-1～8 油漆和清漆——防护漆系统对钢结构进行防腐蚀保护》等标准，国际海事组织（IMO）制定的《船舶压载舱保护涂层性能标准（PSPC）》等标准，对世界各国的涂装行业均有很大的影响。

世界各国对产品涂层质量的要求有着很大的差别，同样的产品在我们国家是合格的，但到了欧美等工业先进国家就不一定是合格产品，因此，我们在分析涂装涂层系统的时候，要充分注意到这种因国家不同带来的差别。

2.5　涂装系统的模型

以上我们对“涂装系统”分为三个方面（五阶段、五要素、三层次）进行了分析，通过分析我们看到，不仅五阶段、五要素、三层次自身的各单元有广泛的联系和逻辑关系，就是这三方面之间也有一定的联系，根据系统工程的理论和方法，可以建一个系统模型，如图 2-9 所示。

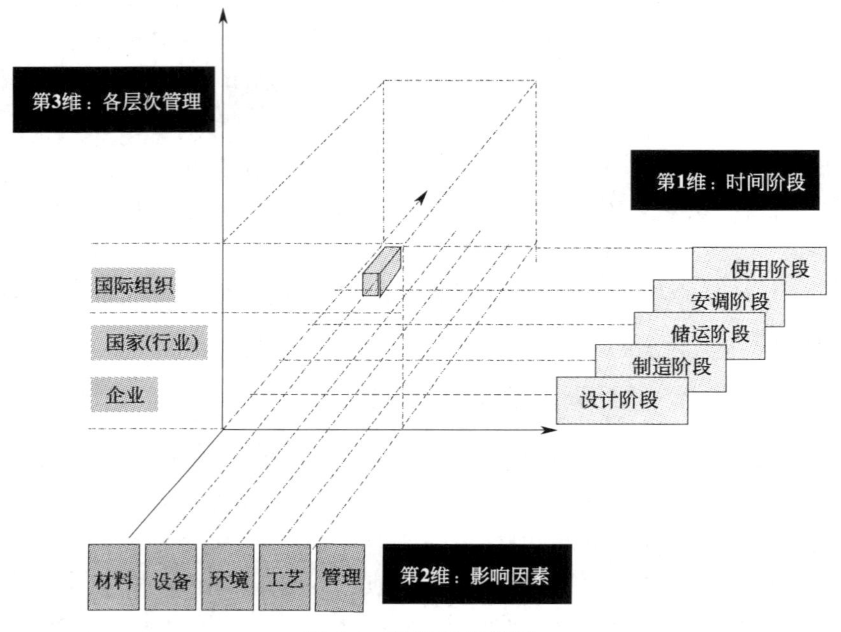

图 2-9　涂装系统模型

通过上述的模型我们可以看到，“涂装系统”是一个“人造的、比较复杂的、动态的、开放的系统”，系统的各个方面以及各方面的每个单元，都是相互联系、相互制约、相互影响的，系统是一个有机的不可随意分隔的整体。如果进行更详细地定性或定量的分析，将会有大量的内容，因文章篇幅的限制，在此不再一一展开说明。

同时，这个系统模型也说明了我们在解决涂装问题时为什么会经常感到“棘手”“难办”的原因。如果我们从系统模型去考虑问题，有很多事情就会条理清晰，层次分明，容易进行分析研究和解决问题。在分析涂装问题时，不能“盲人摸象”，要使用系统工程的方法进行系统分析，找到问题的病因；解决、控制涂装问题时，不能“头痛医头，脚痛医脚”，要使用系统工程的方法，内外兼治，综合治理。

笔者在实际工作中曾利用这种分析问题/解决问题的方法，处理过本文前言中提到过的“涂装、涂层质量问题”，取得了较好的效果。希望更多的涂装同行，更渴望系统工程专业技术人员与涂装技术人员合作，使用系统工程的理论和方法，进行定性定量的研究，结合具体情况对涂装涂层系统进行优化，使“涂装系统”输出更多的价廉物美的优秀功能。

参　考　文　献

[1] 李金桂主编．腐蚀控制设计手册．北京：化学工业出版社，2006.

[2] 邱波峡．涂装工程管理．材料保护，1998，31（04）：37-38.

[3] 王依众．关于涂装工程管理．材料保护，1988，（02）：37-40.

[4] 郝勇，范君晖编著．系统工程方法与应用．北京：科学出版社，2007：9-11.

[5] 胡保生，彭勤科编著．系统工程原理与应用．北京：化学工业出版社，2007：45-48.

[6] 齐祥安，龙磊军．重防腐涂装技术应用研究（三）．现代涂料与涂装，2007，10（10）：57-60.

[7] 徐忠苹等．应当重视外防腐涂层维护周期的研究．石油工程建设，2008，34（01）：40-41.

[8] 齐祥安．涂装技术知识体系的结构及其内容分析．现代涂料与涂装，2006，9（01）：38-42.

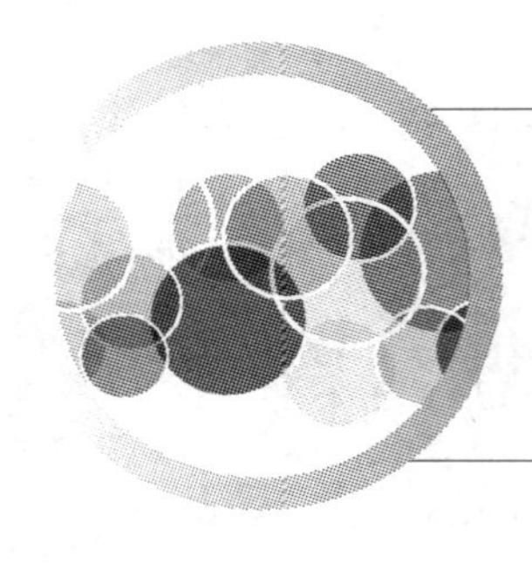

第3章 设计阶段的分析与控制

导读图

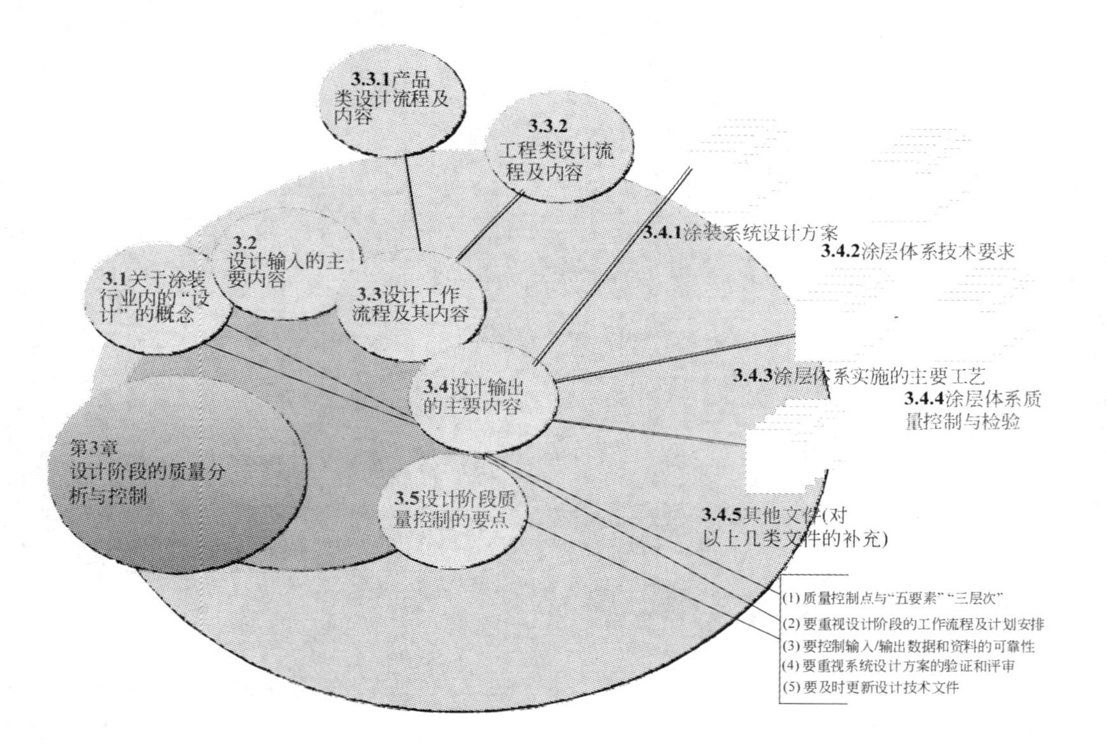

3.1　关于涂装行业内“设计”的概念

在有关涂装技术的杂志或书籍上，经常会看到涂装设计、涂层设计/涂层体系设计、涂装车间设计、涂装工艺设计、涂装设备设计、涂料配套设计等与设计有关的技术术语，如果查找并查不到有关国标（GB）对这些概念的定义。有些概念的含义很容易引起歧义或误解，为了讨论和分析问题的方便，作者在此进行了汇总，并做了一些注解和说明，详看表3-1。

“涂装设计”含义比较广，可以将其分成“涂层体系设计”、“涂装工艺设计”，这样便于对问题的分析和理解。至于涂装初步设计、涂装详细设计、涂装生产设计，是在不同时间段内的表现形式的差异，不会影响各概念间的逻辑关系。如果将表3-1中术语之间的关系表示出来，如图3-1所示。

表3-1　涂装行业常用“设计”概念汇总

序号	术语	主要含义的说明与解释	应用范围及领域
1	涂装设计	主要是为解决“产品或工程需要达到以及如何达到防腐蚀、防污和装饰的目的”而进行的设计。涂装设计不仅需要制订除锈涂装的技术要求，而且要制订工艺措施和管理方法。有时将涂装设计分为涂装初步设计、涂装详细设计、涂装生产设计	造船行业、金属钢结构工程等（如，建筑、桥梁，化工设备等）工程类的项目，比较常用
2	涂层设计/涂层体系设计/涂料配套设计	根据腐蚀环境的不同类别和腐蚀防护年限的要求，为产品选择最适宜的腐蚀防护/装饰技术组合，设计技术经济指标合理的具有腐蚀防护/装饰等功能的涂层体系（层数、厚度等各项指标），同时考虑实施的可能性即工艺、管理等方面的影响因素	机电产品、汽车、机车车辆等制造行业比较常用。在工程行业亦与涂装设计概念一起使用
3	涂装车间设计	对于已有涂装车间进行技术改造或新建涂装车间时，组织与车间设计的各相关专业参加的设计，包括工艺设计、设备设计、建筑及公用设计等	主要集中在设计院、工厂设计专业公司，有时将涂装设备设计与涂装车间设计分开委托设计。各行业均有涂装车间（工厂）设计问题
4	涂装工艺设计	工艺设计是根据被涂物的特点、涂层标准、生产纲领、物流、用户的要求以及国家的各种法规，结合涂装材料、能源、资源状况等设计基础资料，通过设备的选用，经优化组合多方案评选，确定出切实可行的涂装工艺和工艺平面布置，并对涂装厂房、公用动力设施及生产辅助设施等提出相应要求的全过程	各行业均有涂装工艺设计问题。根据情况可分为： ①涂装车间设计用的涂装工艺设计 ②涂装生产用的涂装工艺设计
5	涂装设备设计（生产线设计）	根据涂装工艺的要求和涂装车间等的限制条件，设计能够完成前处理、涂覆（喷涂）、干燥等工序过程的装备，或者对已有设备进行改善、改造的设计	设计中涉及工艺流程、车间布置等问题。各行业均有涂装设备设计问题。可分为设备新建和设备改造设计

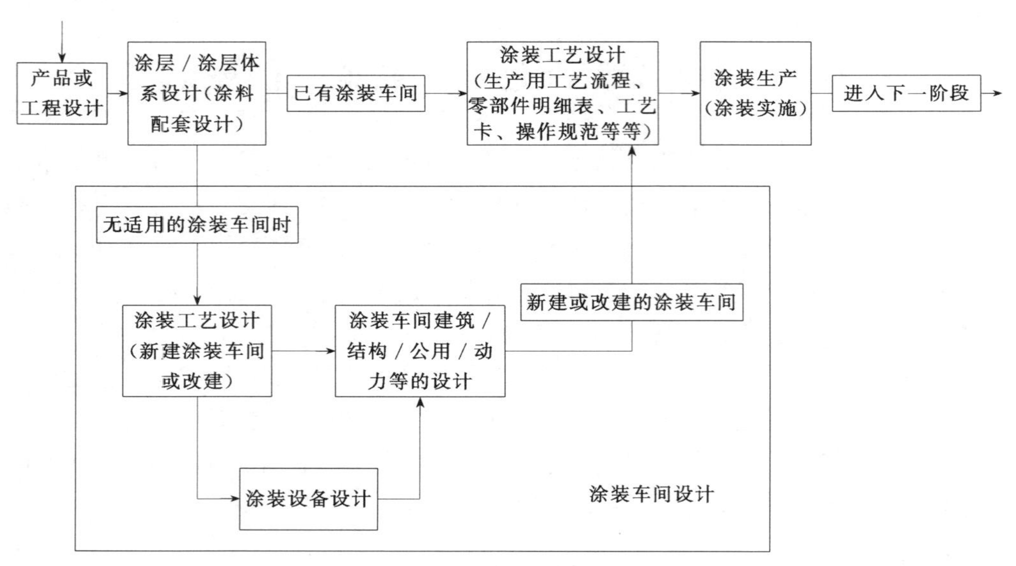

图 3-1　涂装技术相关术语之间的关系

从图 3-1 中我们可以看出，涂层体系设计是其他设计的工作基础和依据标准，是非常重要的。传统意义上的涂层体系设计中存在着一些问题和不足，比如：没有考虑到五要素（涂装材料、涂装设备、涂装环境、涂装工艺、涂装管理）之间的相互关系，没有衔接五阶段（设计阶段、制造阶段、储运阶段、安调阶段、使用阶段）之间的先后次序等问题，在实际工作中，带来一系列的问题。

要彻底解决这些问题，就要把涂装及涂层体系看作“涂装系统”，看作是一个“人造的、比较复杂的、动态的、开放的系统”，我们进行的设计就是对“一个系统”的设计，与传统的仅仅关心涂料配套的涂层体系设计是不同的。

本章就是从“涂装系统”设计的理念出发，分析设计阶段的输入、输出以及流程的内容及方法，重点指出设计过程中质量控制的要点，以便提高整个系统的质量水平。

另外，涂装系统设计与涂装车间设计、涂装生产设计是既有联系又有区别的概念，为了避免误会和便于区别，在表 3-2 对涂装系统设计、涂装车间工艺设计、涂装生产工艺设计进行了分析和对比。

表 3-2　涂装涂层系统设计与涂装车间工艺设计、涂装生产工艺设计的区别

序号	比较项目	涂装系统设计	涂装车间设计中的工艺设计	涂装生产中的工艺设计
1	设计开始的时机	新产品开发、新的工程项目(或已有产品、老工程改造)设计的同时进行涂装系统设计	当需要开展涂装生产，缺少合格的涂装车间(工厂)，欲进行新建涂装车间或改造现有涂装车间时	新产品试制或工程设计阶段完成，且已有合格的涂装车间，欲投入涂装生产时

续表

序号	比较项目	涂装系统设计	涂装车间设计中的工艺设计	涂装生产中的工艺设计
2	设计工作的重点	根据腐蚀环境和防护年限的要求，选择最佳技术经济指标的涂层体系，同时考虑系统的其他各种关系和因素	以涂层体系的批量制作产品/工程为重点，提供涂装车间设计的各项工艺技术要求；重点解决工程设计问题	以获得批量生产产品/工程的优质涂层体系为中心，决定生产的产品是否具有腐蚀防护/装饰等功能。重点放在解决生产中的工序问题
3	涂装材料	涂料品种的选择及涂层体系的构成；与之相配套的其他材料的选择	如何储存、输送到涂装位置等(如涂料输送系统)；与之相配套的其他材料的使用	如何购买、储存、输送到涂装位置等(如：涂料输送系统)；与之相配套的其他材料的使用
4	涂装设备	根据性能指标的需要，确定设备种类及范围	根据产品生产纲领、车间面积计算设备的数量、形式及规模	利用已有设备(或局部)改进和维护设备，以适应涂装生产的需要
5	涂装环境	提出涂装实施时的环境指标	根据产品生产纲领、设备及相关规范，确定建筑结构形式、车间内分区域净化等；提出公用动力耗量(水、电、气、汽、暖通等)	按照技术要求对涂装环境的温度、湿度、洁净度、亮度、通风及污染物进行控制，管理涂装现场的环境
6	涂装工艺	确定工艺类型及工艺流程等	设计总平面布置中涂装车间(工段)的位置；涂装车间内工艺流程及平面布置	细化涂装工艺中工序的每一环节，严格控制技术指标
7	涂装管理	提出涂装管理要点	落实组织机构、外协层次、车间分工、涂装作业组织形式、安全、卫生、消防、环保等	强化组织管理，加强质量控制，严格工艺纪律，保持设备运转正常
8	执行部门	公司、工厂内部的产品开发(技术部、技术中心等)部门	公司、工厂内部的项目规划(基建、技改等)部门，工厂设计院工艺设计部门	公司、工厂内部的涂装车间、技术管理、生产管理、质量管理等部门

关于涂层体系设计的问题，需要进行详细地分析。目前，存在的主要问题如下。

(1) 不进行任何形式的涂层体系设计，连传统意义的涂层体系设计也不进行

在产品设计阶段缺少认真、系统的涂层体系设计，有相当多的涂装质量问题源于未进行涂层体系的设计。应该说，各类涂装技术书籍和文献对于传统涂层体系的设计已经有了比较详尽的研究和论述，如果按照其进行涂层体系的设计应该不会引起涂装质量问题。根据作者的调查发现：不是“无法可依”，而是“有法不依”。主要原因有如下几点。

① 相关人员对涂装技术和涂层体系设计认识不足，认为可有可无，未放到应有的位置上，或者有的企业就根本就没有其位置。

② 产品开发设计部门缺少有经验的腐蚀防护工程技术人员，亦未找有经验的工程技术专家咨询，无法在开发研究阶段进行涂层体系设计。

③ 盲目相信或片面理解供应商的宣传、推荐，受商业运作的干扰，无法按正

常的程序进行涂层体系的设计。

④ 照抄照搬适合别人的涂层体系的经验，未考虑到本企业此类产品的特点及使用的腐蚀环境。

(2) 只进行传统意义上的涂层体系设计，即仅仅关心涂料配套的涂层体系设计，不理解当然也无法进行“涂装系统设计”

“涂装系统设计”与“传统涂层体系设计”有很大的区别，主要有以下几点。

①“传统涂层体系设计”只是考虑到涂料和底漆/中涂/面漆与基体材料的组合和配套性，涉及的范围比较窄；“涂装系统设计”将设计对象看作是一个“人造的、比较复杂的、动态的、开放的系统”，从时间维度（设计阶段、制造阶段、储运阶段、安调阶段、使用阶段即“五阶段”）、影响要素（涂装材料、涂装设备、涂装环境、涂装工艺、涂装管理即“五要素”）、国家行业企业层次（国际、行业、企业即“三层次”）方面去考虑，涉及的范围很大。

②“传统涂层体系设计”只是考虑到涂料、涂层自身的问题，对其他各种表面处理技术（如电镀、热喷涂、防锈、阴极保护等）和其他各种专业（如工业设计、下料、焊接、装配、安调、售后服务等）注重不够；而“涂装系统设计”则考虑到方方面面的关系，其设计过程中就可以很好地利用各种技术方法，其设计成果就能更好地适应各种腐蚀环境。

③“传统涂层体系设计”考虑产品质保期或保修期内降成本的问题较多，不进行进行“全寿命周期经济效益分析”；“涂装系统设计”则分析“涂装系统生命周期”内的情况，与产品或工程的全寿命周期是一致的，可以获得最好的经济效益。

3.2 设计输入的主要内容

“涂装系统设计”时需要收集和输入的资料（包括产品类设计和工程类设计）有如下几点。

① 产品或工程的用途、结构、特点、特殊要求，使用方法和要求等；产品或工程设计人员与涂装（腐蚀防护）设计人员对于腐蚀防护特点的探讨意见。

② 需进行涂装设计的产品或工程的表面状态［落实是新建造（新制造）？是全部更新修复？还是局部修复?］。

③ 调研、分析产品使用的自然环境和工作环境，使用的区域位置，收集腐蚀环境数据，按照腐蚀分类等级进行分类。

④ 确定产品或工程的涂层体系使用寿命（腐蚀防护期限），耐久性要求（至第一次修复的期间）。

⑤ 关于将来进行维修的时间（次数）及方式的要求。

⑥ 在涂层体系实施和维护期间，对于施工人员的健康影响（职业卫生方面）和安全保障（消防、机械伤害等）的要求。

⑦ 在涂层体系实施和维护以及使用期间，环境保护方面的要求。

⑧ 有可能被选用的涂装化工材料（涂料、清洗剂、磷化液、密封胶等）的技术资料。

⑨ 甲方（客户）提出的其他涂装和腐蚀防护的技术要求。

⑩ 相关涂装（腐蚀防护）技术参考标准和规范。

3.3　设计工作流程及其内容

3.3.1　产品类设计流程及内容

随着行业的不同、企业的不同、产品的不同，涂装系统设计工作流程会有很大的差别，因此，需要根据具体情况进行具体分析。而且产品类设计流程还有新产品设计和既有产品设计的区别，图 3-2 是以机电新产品的设计开发为例，绘制了设计流程以及与整个产品设计流程的关系。对于既有产品的设计，请读者参考新产品的流程和工作内容开展设计工作。下面以图 3-2 所表示的流程为顺序，介绍一下新产品的工作流程及设计内容。

“涂装系统设计流程”一般分为三个阶段：

系统方案设计阶段，图 3-2 中序号（1）～(7)；

试验及验证阶段，图 3-2 中序号（8）；

标准编制及形成阶段，图 3-2 中序号（9）～(11)。

后续的“涂装工艺设计”，根据具体情况的不同可分为涂装车间设计的工艺设计和涂装生产的工艺设计，其相互关系如图 3-1 所示。

（1）综合考虑产品自身的腐蚀防护能力和涂层体系实施的可能性

当进行产品的总体设计时，特别在进行结构设计、材料选择时，必须考虑到腐蚀防护的问题。为此，《ISO 12944-3 油漆和清漆——防护漆系统对钢结构进行防腐蚀保护第三部分：设计要点》专门论述，建议：“产品或工程设计者在设计过程的最初阶段，应该向一名腐蚀防护专家进行咨询”；提出了“可维修性、缝隙处理、防止沉淀物和水分滞留的预防措施、边缘处理、焊接表面缺陷要求、螺栓连接方法、箱式构件和空心组件的处理、凹槽的处理、加强板的处理、防止电偶腐蚀、装卸/运输和安装过程的保护”等。

第一，要考虑到产品自身的腐蚀防护能力，哪些结构、哪些材料、哪些表面处理方式，容易引起或加速对涂层体系腐蚀破坏，禁止、限制、减少不利涂层体系腐

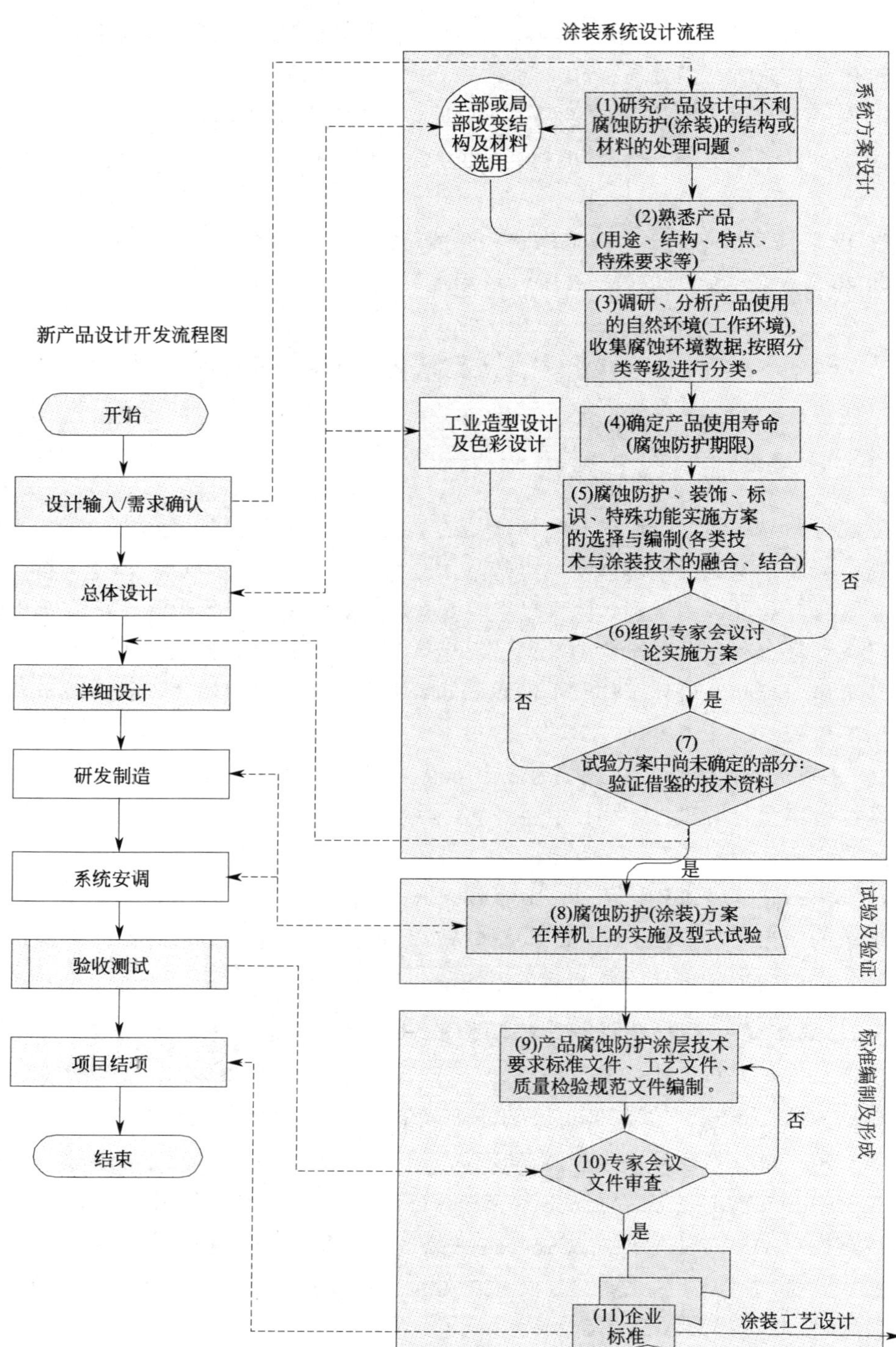

图 3-2 新产品设计开发与“涂装系统”设计流程

蚀防护的结构形式和材料，增强产品或工程自身的“免疫力”。

第二，要考虑到哪些结构形式不便于涂装前处理、喷涂、涂装质量检查和维修等操作的进行，以便于整个体系在过程中的涂装生产和维护。

表 3-3 列出了在大气环境中主要腐蚀因素与产品结构的设计有关问题，供读者在实际工作中参考。

表 3-3　大气环境中主要腐蚀因素与产品结构的设计

序号	大气环境中的主要腐蚀因素	产品结构与腐蚀的相互作用	腐蚀形态的具体表现	结构设计中需要采取的措施、方法
1	总体环境	整体、全面影响	呈现大面积、多形式	总体设计(系统设计)
1.1	年平均温度、日照时数；年平均湿度、年80%以上湿度时数、年降雨量、年降雨日数；雨水 pH、雨水中 SO_4^{2-} 浓度和 Cl^- 浓度；H_2S 和 NH_3 浓度，Cl^- 浓度，SO_2 浓度，NO_2 浓度；非溶性降尘、水溶性降尘；风速等	结构总体设计时，未考虑产品(设备)环境腐蚀等级的差别，低腐蚀防护等级的产品在严酷环境下使用，缺少系统化设计的考虑	产品(设备)整体上的各种材料、各类涂层发生大量、大面积的脱落、生锈，腐蚀类型多样	按照环境的腐蚀等级进行总体设计，当遇到多种环境时，要用严酷的环境等级
1.2		混淆或忽视室内/室外环境的差别，将室内产品的结构形式用到室外环境。无厂房，工棚，防护罩等保护设施	产品被风吹日晒雨淋，各种类型的腐蚀加剧。如：涂装涂层失光、失色、粉化、脱落、生锈等	要严格区分室内外的结构设计，对室外产品的腐蚀特点要有充分的认识
1.3		产品(设备)整体外观复杂，可分解性(特别是易腐蚀的部分可分解性)组合性差，无法在储运过程中进行腐蚀防护包装	因无法进行腐蚀防护，致使没有防护涂层的或不能进行防护的部分零件锈蚀	总体设计时，外形要尽量简单，必需对易腐蚀的部件提出分解组合要求，考虑储运中的腐蚀防护和包装问题
1.4		设计时未考虑今后腐蚀防护的维护台架、位置，工具和人员可进入维护性差	无法定期进行腐蚀防护的维护，对于小的腐蚀现象不能及时修补，加剧产品(设备)使用过程中的腐蚀	总体设计时要预留今后腐蚀防护维护需要的空间和构件，考虑可达、可检、可修的问题
1.5		对与产品(设备)整体配套的外购件，缺少腐蚀防护(各类涂层)的要求或设计	外购件最先被腐蚀破坏，不能达到整体产品的腐蚀防护使用寿命	整体考虑所有零部件特别是外购件，一定要与整机耐腐蚀性(使用寿命)一致
2	局部环境(工作环境)	产品(设备)不同部位	呈现小面积、局部性	分系统设计(部件设计)
2.1	温度，露点温度，湿度，积水 pH、水中 SO_4^{2-} 浓度和 Cl^- 浓度；H_2S 和 NH_3 浓度，Cl^- 浓度，SO_2 浓度，NO_2 浓度；非溶性降尘、水溶性降尘；风速等	产品(设备)紧靠腐蚀性物质的挥发源，处于腐蚀介质的氛围之中	因腐蚀介质的局部浓度大，致使该部分腐蚀严重	对局部腐蚀介质的处理或者避开
2.2		产品(设备)的受地基(混凝土或土壤)的影响，特别是地下部分，与基础接触的部分，比高于地面的其他部分腐蚀严重	呈现缝隙腐蚀、微生物腐蚀等各种形态。保护涂层会产生各种破坏形态	减少缝隙，密封不可避免缝隙。处理好与混凝土等材料的界面
2.3		局部未进行防水设计，造成经常性积水，加上各种粉尘(电解质)的溶解，腐蚀速度远高于其他未积水部位	呈现孔蚀(点蚀)、缝隙腐蚀、微生物腐蚀等各种形态。保护涂层会产生各种破坏形态	防止积水，防止水分对内部的渗入，进行密封设计

续表

序号	大气环境中的主要腐蚀因素	产品结构与腐蚀的相互作用	腐蚀形态的具体表现	结构设计中需要采取的措施、方法
2.4	温度，露点温度，湿度，积水pH、水中SO_4^{2-}浓度和Cl^-浓度；H_2S和NH_3浓度，Cl^-浓度，SO_2浓度，NO_2浓度；非溶性降尘、水溶性降尘；风速等	局部未进行通风设计，造成局部湿度明显高于其他部位，使该处腐蚀加剧	呈现孔蚀（点蚀）、缝隙腐蚀、微生物腐蚀等各种形态。保护涂层会产生各种破坏形态	注意零部件的结构不产生凝露、积水，使表面光滑，不易凝露
2.5		联结/焊接等产生的缝隙，在其局部累积众多腐蚀介质，比平面等未有缝隙处的腐蚀速度要大若干倍	呈现孔蚀（点蚀）、缝隙腐蚀、微生物腐蚀等各种形态。保护涂层会产生各种破坏形态	避免或减少断续焊焊缝的数量；对联结/焊接焊缝进行密封处理
2.6		异种金属的接触面未采取绝缘措施，因电极电位的差异和电解质液体的存在，会产生电偶腐蚀	电偶腐蚀	对不同种类金属（特别是电极电位相差较大的金属）的接触面，进行绝缘处理
2.7		当局部温度高于或低于周围温度时，不同温度会形成电位差；局部冷凝液介质增加腐蚀	热电池腐蚀	对不同温度的金属部件设计隔热处理方式
3	具体环境（微观环境）	零部件的不同点、线	呈现极小面积、点或线	零件设计
3.1	温度，露点温度，湿度，积水pH、水中SO_4^{2-}浓度和Cl^-浓度；H_2S和NH_3浓度，Cl^-浓度，SO_2浓度，NO_2浓度；非溶性降尘、水溶性降尘；风速；应力，振动等	在零部件设计时，未考虑到腐蚀因素会破坏强度，造成过早失效	会有各种腐蚀状况发生，均匀腐蚀，局部腐蚀等	设计时，需要考虑到腐蚀环境的影响因素，加大安全系数
3.2		设计图纸上未对零部件的尖锐边缘、毛刺、焊接飞溅等提出处理的技术要求，埋下腐蚀的隐患	涂层的主要腐蚀破坏形式发生在边缘，而其他部位不发生腐蚀	设计图纸中一定要提出处理要求，如边缘的$r \geqslant 2mm$，清除焊接飞溅等
3.3		对于阳角（向外凸出的角）、阴角（向内凹的角）未考虑腐蚀及防护的问题，引起角腐蚀	发生角腐蚀，局部涂层比其他部位破坏严重	设计时，要充分考虑各种角的特殊性，进行腐蚀防护处理
3.4		各类孔洞（盲孔、透孔、罗纹孔等），容易积累、残留腐蚀介质，在制造、储运、安调、使用过程中，易产生早期的锈蚀	各类涂层对于孔洞处理有一定的难度，内部及边缘常常发生严重腐蚀	设计时，尽量减少孔洞的数量。不可避免时，图纸上要注明使用何种材料（如塑料、橡胶、密封胶等）进行密封处理
3.5		不完全密封的箱形件，制造时影响涂装、电镀等工艺的实施；使用时，容易积累各类腐蚀介质，加速局部的腐蚀。密封的空心件，制作时如果密封措施不当，会产生缝隙腐蚀	各类腐蚀现象均可发生，特别是缝隙腐蚀、小孔腐蚀等现象较多	对于箱形件和空心筒的设计要考虑到制造时的腐蚀防护工艺的实施，同时要有一定的密封措施
3.6		机械应力或残余应力在一定的腐蚀环境中均会引起应力腐蚀破裂。如，拉伸应力、焊接应力等与腐蚀环境共同作用，就会引起更大的破坏作用	在腐蚀过程中，只要微裂纹一旦形成，其扩展速度要比其他类型局部腐蚀快得多，而且材料在破裂前没有明显征兆，所以是腐蚀中破坏性和危害性最大的一种	设计中使用耐应力腐蚀的材料；避免应力集中；严格控制残余应力；选择合适的表面工程技术对表面进行保护

续表

序号	大气环境中的主要腐蚀因素	产品结构与腐蚀的相互作用	腐蚀形态的具体表现	结构设计中需要采取的措施、方法
3.7	温度，露点温度，湿度，积水pH、水中SO_4^{2-}浓度和Cl^-浓度；H_2S和NH_3浓度，Cl^-浓度，SO_2浓度，NO_2浓度；非溶性降尘、水溶性降尘；风速；应力，振动等	金属材料在循环应力或脉动应力的腐蚀介质的联合作用下引起的断裂。设计中，如果不能注意交变应力与环境介质共同作用，就会造成腐蚀疲劳的问题，影响零部件的使用寿命	疲劳裂纹通常呈现为短而粗的裂纹群，裂纹多起源于蚀坑或表面缺陷处，大多为穿越晶粒而发展，只有主干，没有分枝，断口大部分有腐蚀产物覆盖，断口呈脆性断裂	设计中，要根据使用环境正确选用耐腐蚀疲劳的材料；注意结构平衡，防止颤动、振动或共振出现；采用表面防腐层（涂层、镀层等），注意涂层的完整性和光洁度
3.8		腐蚀介质与金属构件之间的相对运动，会引起金属构件遭受严重的腐蚀损坏。如运动部件的腐蚀磨损，就是金属构件表面与周围环境（液固汽）发生相对运动而引起的。腐蚀磨损与环境、温度、滑动速度、载荷和润滑条件有关，相互关系极为复杂	腐蚀磨损既不同于单纯的腐蚀，也不同于单纯的磨损，其破坏作用大大超过单纯的腐蚀或磨损。材料的腐蚀磨损失效形式经常发生在腐蚀介质中服役的摩擦副（如动密封面及轴承等零部件）中，以及齿轮、导轨等运动机构摩擦面	正确地选择耐磨损腐蚀的材料；合理设计以减轻磨损腐蚀破坏；对腐蚀介质进行处理，去除对腐蚀有害的成分（如去氧）或加入缓蚀剂；采用阴极保护与涂装涂层联合保护等

（2）熟悉产品的用途、结构、特点、特殊要求

即使在相同的外界腐蚀环境条件下，由于产品或工程设备的不同部位因受力、积水、通风的不同，会对涂层体系产生不同的腐蚀影响；即使同一台产品或设备，在不同的腐蚀环境条件下，涂层体系所产生的腐蚀结果是不一样。因此，我们要熟悉产品或工程的用途、结构、特点、特殊要求，以便对症下药，使用涂层体系以及电镀、金属热喷涂、密封胶、防锈油等技术组合进行腐蚀防护，避免单独使用涂层体系而产生不良后果的产生。

（3）调研、分析产品或工程使用的自然环境和工作环境，收集腐蚀环境数据，进行腐蚀等级分类

对于腐蚀环境的分类，有不少可供参考的标准，如：ISO 12944-2 油漆和清漆——防护漆系统对钢结构进行防腐蚀保护第二部分：环境分类；GB/T 15957—1995 大气环境腐蚀性分类；GB/T 19292.1—2003 金属和合金的腐蚀 大气腐蚀性分类；BS EN 12500—2000 金属材料的防腐蚀 大气环境下的腐蚀概率 大气环境腐蚀性的分类、测定和评估；ISO 9223—1992 金属和合金的耐腐蚀性 大气腐蚀性 分类（详见表3-4）等。当然，在实际使用时如果有实际测得的腐蚀数据，会有重要的参考价值，可以从有关腐蚀试验数据中心查找，如：“国家材料环境腐蚀试验站网”，“材料环境腐蚀数据积累及规律性研究的试验数据”，世界各国腐蚀试验站的腐蚀试验数据等。

表 3-4 大气腐蚀性类别和典型环境实例

腐蚀等级分类	单位面积质量失重/厚度减薄(暴晒1年)				温带气候下典型环境实例(供参考)	
	低碳钢		锌			
	质量失重 /(g/m²)	厚度减薄 /μm	质量失重 /(g/m²)	厚度减薄 /μm	外部	内部
C1 非常低	≤10	≤1.3	≤0.7	≤0.1		用清洁大气供暖的建筑物,例如办公室、商店、学校和宾馆
C2 低	(10,200]	(1.3,25]	(0.7,5]	(0.1,0.7]	低污染的大气。主要在农村地区	可能会发生冷凝现象的不供暖的建筑物,例如仓库和体育馆
C3 中	(200,400]	(25,50]	(5,15]	(0.7,2.1]	城市大气和工业大气,二氧化硫中度污染。含盐量低的沿海地区	湿度高且有一定空气污染的生产车间,例如食品加工厂、洗衣店、酿酒厂和牛奶场
C4 高	(400,650]	(50,80]	(15,30]	(2.1,4.2]	工业地区和含盐量适中的地区	化工厂、游泳馆、沿海船只和造船厂
C5-I 非常高(工业)	(650,1500]	(80,200]	(30,60]	(4.2,8.4]	湿度高且具有腐蚀性大气的工业地区	具有几乎永久性凝露且高污染的建筑物或地区
C5-M 非常高(海洋)	(650,1500]	(80,200]	(30,60]	(4.2,8.4]	含盐量高的沿海地区和近海地区	具有几乎永久性凝露且高污染的建筑物或地区

注：1. 用于腐蚀性类别的失重值等同于 ISO 9223 号标准所规定的值。

2. 在热带和湿润带的沿海地区，质量失重或厚度减薄可以超过 C5-M 的限值。因此，在这些地区为钢结构选择防护涂层体系时，必须特别注意。

另外，可考虑年潮湿时间、二氧化硫的年平均浓度和氯化物的年平均沉淀物的共同影响，来评估环境因素的腐蚀性类别。

对于产品（设备）腐蚀环境而言，仅仅了解在大气腐蚀环境分类还是不够的，必须要知道产品（设备）所处的工作环境（局部环境）和具体环境。当分析产品（设备）腐蚀状态时我们可以看到以下几点。

① 同一类产品，处在大气腐蚀环境恶劣的分级条件下（如 C5-I、C5-M），比条件好的（如 C2、C3）腐蚀要严重得多。

② 处在某大气腐蚀环境下的某台产品，即使是相同的材料（金属或非金属），其腐蚀的程度是不一样的。例如，处在靠地面、易积水的局部的零部件的腐蚀程度，比处在有一定高度且通风好的零部件的腐蚀程度要严重。

③ 呈现腐蚀状态的零部件在大多数情况下不是均匀腐蚀，总是在该零部件的某点、线或面积很小的部位发生，除了该零部件的内因（合金成分、组织结构、表面状态等）外，该零部件的具体部位所受的腐蚀环境影响也是不同的。例如，孔洞、缝隙、异种金属的接触、应力等，将引起此部位的腐蚀，而其余部位受影响较少。

（4）确定产品或工程涂层体系的耐久性和使用寿命（腐蚀防护期限）

为了更明确地说明此类问题，在此以腐蚀防护涂层体系为例进行分析，参见图3-3的示意。由图3-3可以看出，从交付使用之日起到第1次维修，应视为涂层体系的耐久性（有效保护期）；从交付使用之日起且经过多次维修之后，涂层体系失去其应用价值（死亡），应视为涂层体系的使用寿命（使用年限，使用期限）。

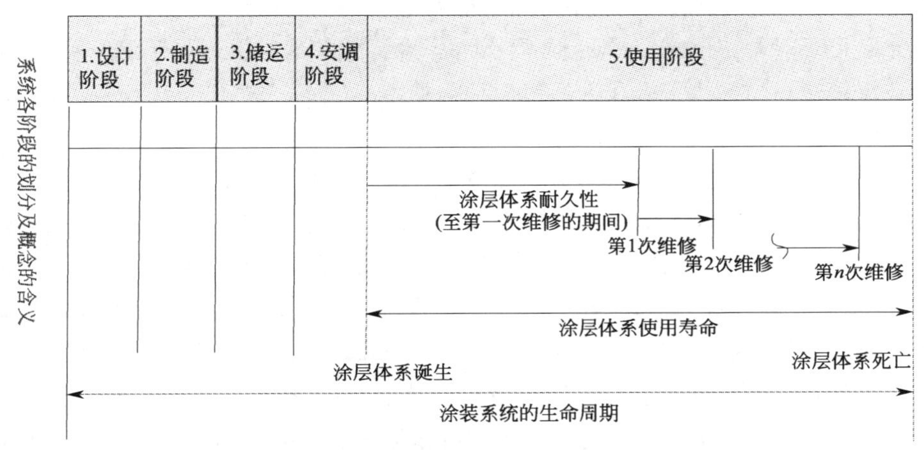

图3-3　涂层体系耐久性、涂层体系使用寿命、涂装系统生命周期的示意

由于现有研究对象的复杂性和技术水平的滞后的限制，人们还不能非常精确（比如精确到月、天）地设定和判定腐蚀防护耐久性、使用寿命，但可以大致判断一个范围。ISO 12944将涂装涂层的耐久性设定为三个档次：低耐久性2～5年；中耐蚀性5～15年；高耐蚀性15年以上。该分类的时间跨度太大，在实际使用过程中会遇到诸多问题，建议读者要根据自己的实际情况参考该标准进行详细划分。

值得说明的是，设计耐久性、使用寿命与实际耐久性、使用寿命是不同的，有时会发生很大的偏差，其中有各种影响因素会加大或缩小这种偏差，主要看是否“合理设计”、“正确施工”和“正常使用和维护”。

任何涂层体系在使用环境中，在各种腐蚀因素的作用下都会发生不同程度的降解，出现粉化、失光、退色等现象。只要这些现象处于设计所定的保证期以内，并且未对涂层体系的四种功能作用造成本质的影响（通过标准的技术参数进行界定），那么这种质量的降低应该称为涂层体系质量的正常递减。

在所设定的期间内，使涂层体系的物理化学和机械性能引起不可逆的变化，最终导致涂层的破坏，则称之为涂层失效。涂层体系失效的外观表现为起泡、开裂、软化、脱落、变色，粉化等现象。质量控制的目的就是要在所设定的涂层体系耐久性期间内控制涂层体系失效的发生。

(5) 系统分析腐蚀防护、装饰、标识、特殊功能，全面考虑涂装系统生命周期内的各种因素，确定系统设计方案

系统设计方案要描述出涂装系统生命周期内“五阶段”（即设计阶段、制造阶段、储运阶段、安调阶段、使用阶段）中的过程及工作内容，特别要强调对于生产制造的指导作用；要将“五要素”（即材料、设备、环境、工艺、管理）进行具体分析并落实到位，特别是涂层体系的选择和配套，要综合技术、经济的可行性确定最佳方案；要对“三层次”（即企业层次、国家行业管理层次、国际组织管理层次）进行分析，选择何种执行方式，适用何种标准（ISO、ASTM、GB 等），以保证系统的实施和质量。

同时，要考虑系统的边界问题：要解决好与产品或工程大系统的协调及接口的关系问题，特别要避免对涂层体系不利的各种材料和结构问题，能够对于机械设计的人员给予腐蚀防护（涂装）方面的指导和限定；认真分析使用环境的大气腐蚀、水下腐蚀、土壤腐蚀、磨损、损伤、老化等等因素的变化和规律，使所选定的涂层体系以及今后的维护措施有更强的针对性；对于涂料制造企业乃至所涉及的精细化工行业，要有深入细致的了解，以避免因这些企业的非技术因素造成对系统的干扰；对于涂装设备（生产线）所涉及到的机械制造、自动控制、自动化输送支持性的技术要有了解，以便减少实施时的困难；涂层体系在生产和使用过程中，会向环境排放污染物、产生火灾、使现场操作人员中毒等现象，在系统设计方案中要充分考虑。

涂装技术与表面工程技术、腐蚀防（保）护、工业设计、外观质量有着密不可分的关系，同时也有一定的差别（详见“第 1 章 概论”图 1-5），在系统设计方案中一定要充分兼顾。例如，工业设计中的造型设计、色彩设计等内容，在系统设计方案中要结合具体情况予以体现和融合，以避免相互脱节引起涂装工作量的增加和产品涂装质量的失控。

(6) 组织专家会议讨论系统设计方案

与机械制造等专业相比，腐蚀防护（涂装）专业的应用技术人才比较缺少，在每个企业中都不会太多。邀请国内专家对系统设计方案进行讨论和评审，可以用最小的投入获得高水平的设计方案，减少企业自己摸索的时间和成本。

(7) 试验验证系统设计方案中尚未确定的部分

在进行系统设计方案的过程中，总会碰到各种难以确定的问题或者各方争论比较大的问题，这时一定要进行试验验证，绝不能将没有把握的方案直接使用在生产制造（研发制造）中，以避免产品或工程生产出来之后再进行修复而造成更大的损失。

（8）系统设计方案在样机上的实施及型式试验

“型式试验”和“样机实施”是对系统设计方案的一个实际的检验，是必须要进行的一个环节。否则，将无法证实设计涂层体系是否正确、是否合理。将未经过验证的涂层体系直接进行批量生产，有造成重大经济损失的可能；如果产品在客户手中出现重大涂层的质量问题，将无法证明是涂层体系设计本身的问题，还是在涂层实施过程中出现的问题，使质量问题的解决更加困难。

（9）产品涂层技术要求文件、工艺技术要求文件、质量检验规范文件编制

系统设计方案只是指导新产品研制过程中的重要技术文件，对于今后如果要进行定型、批量生产，则需要将系统设计方案转化为企业技术标准文件。产品的技术文件主要有如下三类，文件的具体内容详见“3.4 设计输出的主要内容”。

① 涂层技术要求文件　通过“型式试验”和“样机实施”对所设计的涂层体系进行验证后，要将各类涂层（包括涂装涂层、金属涂层等）的技术参数、涂层体系的组成、不同部位的差别等，编制成涂层的技术标准文件。

② 工艺技术要求文件　为了达到设计的涂层体系的技术标准，必须要将主要材料、设备、工序过程（工艺方法）、组织模式等形成工艺技术要求文件，以便于生产部门根据这些技术文件进行细化（如编制零件明细表、工艺卡、操作规程等）。

③ 涂层质量检验规范文件　为了检验经过生产系统制造的涂层体系是否达到了涂层体系的技术标准，必须为质量检验（控制）部门编制质量检验规范文件。鉴于涂层质量检验中的“隐蔽性”，不光对最终的涂层体系进行检验，必须对涂装过程中的关键工序（质量控制点）进行检验。

（10）专家会议文件审查

为了保证产品涂层技术要求文件、工艺技术要求文件、质量检验规范文件的正确性、规范化和实用性，一定要进行技术文件的审查。

（11）形成“企业技术标准”文件

按照企业标准化管理、“ISO 9000 贯标”、“Q、E、S 三标一体化”的要求和流程，形成企业技术标准文件。

在进入制造阶段后，如果没有合格的涂装车间，需要为新建或改造涂装车间进行的工艺设计，此后还需要进行生产用的工艺设计，其相互关系详见图 3-1。

3.3.2 工程类设计流程及内容

产品类涂装和工程类涂装的分类请参考第 1 章图 1-10，它们虽然有着相同的质量控制特性，但是也存在各种各样的特点，如表 3-5 所示。

由表 3-5 可以看出：工程类［大型、单机（船舶）产品］涂装特点，决定了其

表 3-5 产品涂装与工程涂装的特点及区别

序号	产品类涂装	工程类涂装
1	在工厂内实施，涂装设备、环境、工艺较完善较好	在工厂和现场分别涂装或只在现场涂装，涂装施工设备、环境、工艺一般较差
2	项目招标对产品涂装只是间接的影响	伴随工程项目的招标进程，预算、工期等影响很大
3	一次涂层体系的设计，可以多次使用于产品的制造	一般一次涂层体系的设计，只是针对一项工程，由于各种因素的影响，很难多次使用
4	对质量控制较容易预先进行设计	对质量控制的设计较困难

系统设计的不同，一般将整个设计过程划分为初步设计（合同设计）、详细设计、生产设计三个阶段。船舶涂装设计为此类设计做了很好的标准，详见 CB/Z 235《船舶涂装设计技术要求》。笔者以船舶涂装设计为模板，提出了工程类涂装涂层系统设计的程序，供读者参考。

（1）方案设计阶段（可行性研究阶段，初步设计阶段）

大型工程进行设计时，一般都包括涂装内容的设计。在可行性研究、初步设计阶段、招投标方案都需要涂装设计方面的资料和数据。为了满足工程建设的需要，该阶段的设计应该包括但不限于如下的内容。

① 原材料表面预处理的方法，质量等级和粗糙度要求（包括引用何种标准），以及车间底漆的种类及膜厚要求。

② 各部位涂装前表面处理（二次除锈）的方式、质量等级要求（包括所引用的标准）。

③ 各主要部位涂装配套方案，包括涂料类型，涂装道数、每道干膜厚度和颜色等；涂层膜厚分布要求。

④ 可供选择的涂料厂商。

⑤ 涂装实施的主要设备和工位器具。

⑥ 涂装作业的方式、方法；或者工艺流程、工艺方法；预涂装要求；焊缝涂装的要求；与其他腐蚀防护方法（金属热喷涂、牺牲阳极保护、外加阴极电流保护）的结合方式。

⑦ 涂装气候、环境条件的要求。

⑧ 涂层损伤处理（修补）方法。

⑨ 除锈、涂装质量验收要求。

⑩ 涂装工程估算或概算。

⑪ 涂装工程实施计划。

⑫ 安全、卫生、环保等。

以上内容无论对于甲方和乙方或者第三方，都是很重要的。

（2）详细设计阶段（施工图设计阶段）

详细设计（施工图设计）是在工程的“方案设计”（可行性研究，初步设计）

被批准以后或者是乙方投标项目中标以后所进行的工作，也是对前期设计的深化，从技术要求、工艺方法和质量管理等方面充分表达涂装工作的具体要求，通常需要设计和编制以下图纸文件。

① 涂装说明书（涂装设计规格书）　涂装说明书是反映涂装技术要求和质量标准的重要技术文件，是涂装工作的基本依据。该文件应由以下内容组成。

a. 概述　对除锈、涂装工作的方法、标准、质量等方面的技术要求分项确定。

b. 涂科种类表　以表格形式将工程所用的各种涂料的型号、名称、推荐膜厚、干燥时间、复涂时间、可使用时间（熟化时间及涂料适用期）、颜色、稀释剂和稀释量等物理化学性能指标详尽列出。

c. 涂料明细表　以表格形式列出工程各部分（系统、分系统、部件）所用涂料种类、涂装道数、颜色、涂层厚度、涂装面积等。

必要时，要绘制各系统、分系统、复杂部件的涂装图纸。

② 涂装工艺　要实现涂装说明书所规定的各项技术指标和要求，应根据实施能力、工作负荷、周期安排等，对涂装规定原则性的工艺要求。该文件应包括以下内容：表面处理的方法及主要工艺参数；涂装的方式方法及主要工艺参数；涂装工艺程序（以表格形式列出）等。

③ 涂装质量验收要求　涂装质量验收要求，通常应以企业和行业的标准形式进行，如果编制文件，主要内容有以下几点：验收标准，包括原材料表面预处理、二次除锈、涂层外观，涂层厚度分布等有关标准；验收项目，以表格形式列出各部位、各阶段的涂装作业甲方和乙方验收的各项目内容；验收原则与程序，应规定各项目验收的最终代表、报验和交验的程序等。

④ 采购资料　项目究竟需要多少涂料和稀释剂，在施工过程中各阶段的需要量为多少，应根据各部位面积，生产周期安排和工厂材料定额标准等计算出。以订货清单形式列出各种涂料稀释剂的名称、规格、颜色、数量和分批到厂的日期要求，以供采购部门订货。

（3）涂装生产设计

涂装生产设计是在详细设计（施工图设计）的基础上，为了协调各方面的关系和实施所设计的各项指标，将涂装技术要求、工艺措施、管理方法和安全技术等融为一体的工作。

当实施的工程规模比较大时，由于各分系统、各大部件所用涂料往往不同，工艺要求也不相同，就需要将每个分系统和大部件的各种技术资料汇总，编制施工图册，以便于现场实施。

另外，ISO 12949 系列标准，就涂装设计的程序也进行了规定，详细内容请看图 3-4 的设计流程。该流程列出了全部过程，设计只是其中的一部分。

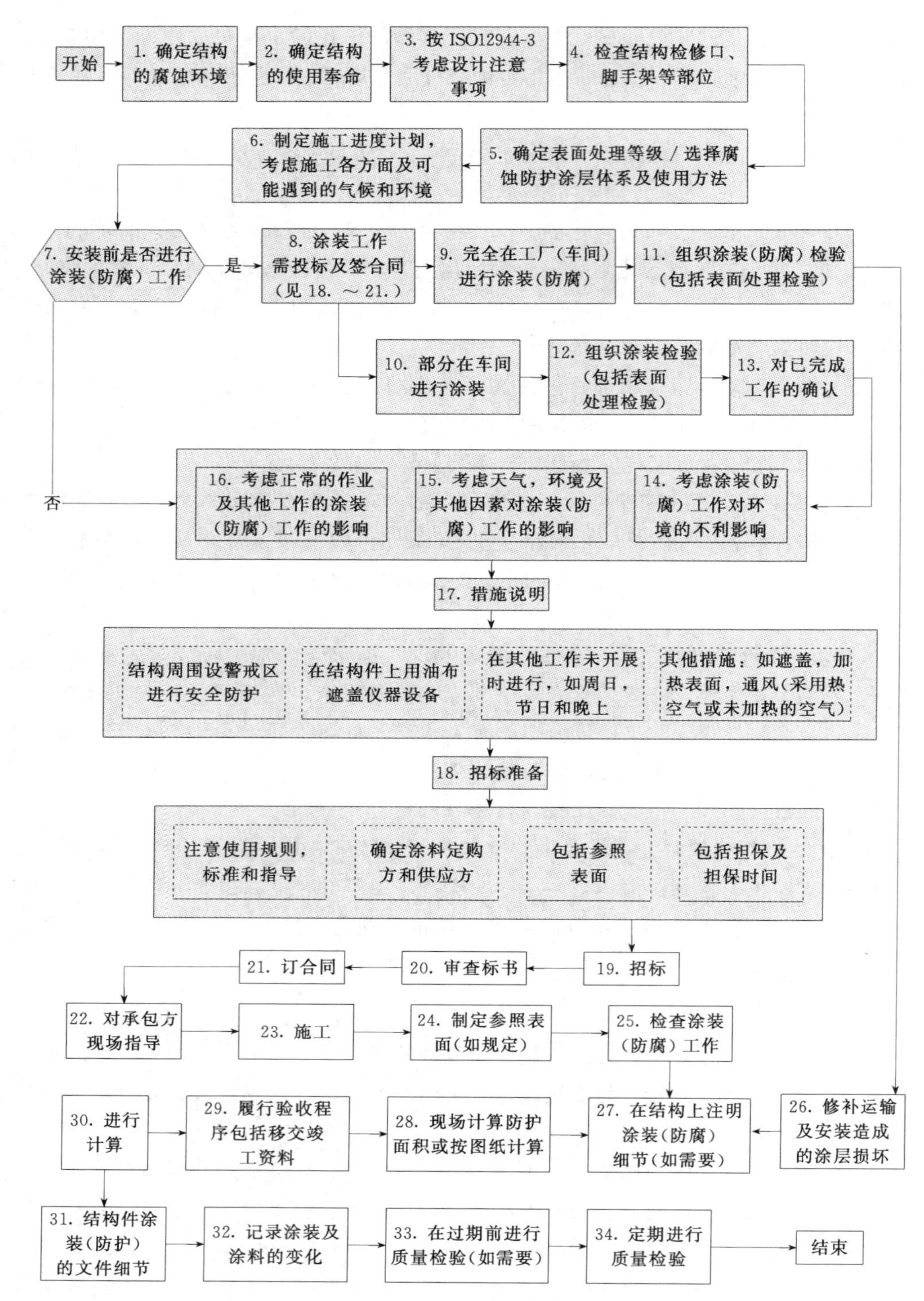

图 3-4　ISO 12944 标准中关于工程类“涂装系统”设计流程

3.4 设计输出的主要内容

产品类腐蚀防护设计阶段输出的技术文件如下述几节所述，但也不是普遍应用的内容，可以看作是举例说明。工程类腐蚀防护设计阶段输出的主要内容，在“3.3.2 工程类设计流程及内容”一节中已经简单叙述，本节将不再赘述。

3.4.1 涂装系统设计方案

涂装涂层系统设计方案主要是应用于新产品的样品（或小批量）试制阶段，探讨和研究产品的涂装和各种腐蚀防护方法，相当于图3-2中的（4）～(7）步骤所使用的文件。

（1）产品（或工程）基本情况

产品的用途、结构、特点、特殊要求，使用方法和要求，腐蚀防护特点等；要注意区别是新制造，全部更新修复，还是局部修复等类型。

（2）产品（或工程）使用的腐蚀环境分析

叙述所调研产品使用的自然环境和工作环境、使用的区域位置、收集腐蚀环境数据，进行分析并确定其腐蚀分类等级。如果产品是移动的，就应该按照最严酷的腐蚀环境进行确定。

（3）产品（或工程）涂层体系的耐久性及使用寿命

根据客户的要求或市场调研的需求，确定产品的涂层体系使用寿命（腐蚀防护期限），耐久性要求（至第一次修复的期间）；注意：不要腐蚀保护不足，以免满足不了使用要求；也不要腐蚀防护过度，以免造成经济损失。

（4）涂装（腐蚀防护）“五阶段”的划分、任务及技术要求（表3-6）

表3-6 “五阶段”的划分、任务及技术要求

序号	阶段划分	主要任务	责任部门
1	设计阶段	分析腐蚀环境及产品特点，设计防腐蚀实施方案和技术要求，编制技术文件（文件主要内容有标准、工艺要求、质检控制要求等）	产品设计部门（或工艺设计部门）
2	设备制造阶段	编制腐蚀防护零部件明细表和零部件工艺卡，并实施所有自制件的腐蚀防护工作；按照腐蚀防护设计技术要求，提出外协件、外购件、标准件的防腐蚀条件，并进行采购	工艺设计部门（或制造部门）
3	储存运输阶段	按照腐蚀防护设计技术要求，编制储运防腐蚀实施方案并进行实施	物流部门（或制造部门）

续表

序号	阶段划分	主要任务	责任部门
4	安装调试阶段	按照腐蚀防护设计技术要求，现场修补涂层，涂抹防锈油、密封胶等	安装调试部门（或制造部门）
5	使用维护阶段	按照腐蚀防护设计技术要求，编制使用维护防腐蚀规程，并进行实施	使用维护部门（产品销售方提出腐蚀防护使用维护说明书）

(5) 各分系统或部件的腐蚀及防护（涂装）的描述（分类分组）（表 3-7）

表 3-7 零部件分类分组与表面工程技术关系表（举例）

序号	设备零部件分类	金属热喷涂	涂装	电镀	锌铬涂层（达克罗）	密封胶	防锈油	防锈包装	备注
1	金属结构件	★	★				★		局部涂防锈油，安装之后对装配缝隙涂密封胶
2	机加工件			★			★		
3	预埋件	★	★						外露部分涂装
4	与混凝土面接触的零件	★	★						
5	钢轨	★	★						轨道与车轮接触面不涂装
6	电镀件		★	★			★		部分镀锌件需要涂装
7	标准件		★		★			★	安装后的修补需要涂装
8	外购件		★	★	★	★	★	★	向供应商提出相应的技术指标要求
9	存储运输状态的部件					★	★	★	
10	已安装好的整体设备					★	★		
11	其他零部件						★		
12									
13									
14									
15									

注：★代表需要进行此类表面工程技术的处理；（空格）代表不需要进行此类表面工程技术的处理。

(6) 各类涂层体系选择与配套体系性能指标

必须详细地列出产品所使用的各种涂层体系及其详细的指标，见表 3-8 所列。

表3-8 涂层体系与性能指标的举例（部分内容）

涂层等级	涂层的主要质量指标	备注
外部涂层	(1)涂层外观 颜色符合标准样板，由业主确定样板 涂层表面平整光滑，无缺漆、遮盖不良、起泡、脱落、生锈、裂纹、流痕、明显颗粒、杂漆、砂纸纹、缩孔及针孔等缺陷，无明显橘皮 (2)厚度 封闭底漆涂层 25μm(20～30μm) 中间涂层 110μm(100～120μm) 面漆涂层 60μm(55～65μm) 总厚度为 195μm(175～215μm) (注：不包括金属热喷涂涂层厚度) (3)光泽(60°光泽仪) 有光漆≥70；亚光漆 30～40；无光漆≤20 (4)力学性能 ◆耐冲击性＝50cm ◆硬　度≥2H ◆摆杆硬度≥120s ◆附着力 0～1 级 ◆对于复合涂层(含金属热喷涂涂层)施工之前要进行3种试验： a)漆膜柔韧性测定法；b)漆膜弯曲试验(锥形轴)；c)杯突试验 (主要测试轨道梁的变形对于复合涂层的影响)	
内部涂层(非封闭箱型)	1. 涂层外观 涂层表面平整光滑，无缺漆、遮盖不良、起泡、脱落、生锈、裂纹、明显颗粒、杂漆、缩孔及针孔等缺陷 2. 厚度 底漆涂层 90μm(85～95μm)(不含表面粗糙度) 中间涂层 110μm(100～120μm) 面漆涂层 40μm(35～45μm) 总厚度为 240μm(220～260μm) (密闭的箱形梁内部表面可以不涂面漆，总厚度为 200μm) 3. 力学性能 ①耐冲击性＝50cm ②硬　度≥2H ③摆杆硬度≥120s ④附着力 0～1 级	

(7) 涂层体系的实施

需要列出涂层体系实施的各方面内容的要点（不是详细的全部内容，是主要内容），可以使用文字描述，也可以使用表格描述，至少应该包括以下几个方面的内容：配套涂料的检验与调配等；应有的涂装设备要求；涂装环境的要求；涂装工艺；涂装管理等。涂层体系实施的举例见表3-9所列。

表 3-9　涂层体系实施的举例（表格形式）

序号	类别	主　要　内　容	说　明
1.2.1	材料	1)金属热喷后的涂装 快干型环氧漆(封闭底漆)25μm(20～30μm) 快干型环氧漆(中间涂层)110μm(100～120μm) 聚硅氧烷面漆 60μm(55～65μm) 总厚度为 195μm(175～215μm)(注:不包括金属热喷涂涂层厚度) 2)钢结构件直接进行涂装 环氧富锌底漆 90μm(85 ～95μm)(不含表面粗糙度) 快干型环氧漆(中间涂层)110μm (100～120μm) 聚氨酯面漆 40μm(35～45μm) 总厚度为 240μm(220～260μm) (密闭的箱形梁内部表面可以不涂面漆,总厚度为 200μm) 3)电镀锌件表面的涂装 环氧磷酸锌底漆 120μm(100～140μm) 聚硅氧烷面漆 60μm(55～65μm) 总厚度为 180μm(155～205μm)	推荐使用产品:×××涂料公司系列产品
1.2.2	设备	空气压缩机,无气喷涂设备或空气喷涂设备,工业除尘器,涂料搅拌器,磅秤或调漆尺,气动(或电动)打磨设备,角磨机、砂轮片、钢丝轮、电动升降操作台等	
1.2.3	环境	喷砂及金属热喷涂时的严格遵照如下工作环境要求: a)环境温度 5～40℃,超出该温度范围时,必须采取措施,或者停止施工 b)基体金属表面温度至少高于露点 3℃ c)一般情况下,空气相对湿度≤85%。进行面漆喷涂时,要控制空气相对湿度≤80%。雨、雾天气不得在室外施工,必须在室内进行 d)底漆、中涂喷涂必须远离喷砂场地,防止灰尘的污染,控制空气的洁净度。面漆(特别是有一定装饰要求的涂层)施工时,最好在喷漆室内进行,或者有密闭条件的比较好的涂装车间内进行 e)当气温较低(低于 15℃)或冬季施工(温度低于 5℃)时,为了保证正常的施工进度,工件可以进入烘干室烘干,烘干温度≤80℃,烘干时间以涂层实干为限	
1.2.4	工艺要点	在工厂涂装车间内进行的涂装 (1)按照说明书的要求进行精确配漆,确保熟化时间,稀释后的涂料(底漆、中间涂层、面漆)须用 80～120 目的铜丝网或相当的其他材料过滤,方可进行喷涂 (2)根据工件的大小,将喷枪调至适宜的喷漆幅度,控制喷枪与工件的喷涂距离 (3)漆膜厚度的控制:根据每道涂层设计干膜厚度,算出湿膜厚度,然后在喷涂之前进行喷漆试验,量出湿膜厚度的准确数,以指导正式的喷涂操作。每层涂装完工后,必须进行干膜的厚度的测量,如果干膜厚度低于设计的干膜厚度,必须补喷到标准规定的干膜厚度 (4)表面清洁的控制:喷涂底漆前/喷涂中涂前/喷涂面漆前,均要检查表面清洁度,如果有油污和手汗等其他污物,要用溶剂性清洗剂或稀释剂清洗干净;如果有粉尘需用吸尘器吸净。洁净度检测要达到 GB/T 18570.3—2005 中规定的 1 级或 0 级的要求 (5)涂装时间间隔的控制:底漆干燥 4h 以上(25℃)才能进行中涂的施工。中涂至面漆施工最短复涂时间间隔 12h(25℃),最长不超过 48h(25℃)。如超过最长的复涂时间,必须对工件进行全部拉毛处理后才能喷涂面漆(机械打磨用 120～180 目砂纸;手工打磨用 240～320 目砂纸)。此处如与涂料说明书不同,以说明书为准 (6)所有边、角及不易喷涂的部位,必须先进行底漆预涂装,然后进行底漆的喷涂 (7)中涂喷涂前,要用 80～120# 砂纸进行手工粗化底漆表面	

续表

序号	类别	主　要　内　容	说　明
1.2.4	工艺要点	(8)在喷面漆之前,如底漆和中涂两者的厚度之和低于涂层标准规定的厚度,必须补喷中涂,然后等到12h(25℃最短的复涂时间)以后才能喷涂面漆 (9)中涂施工完毕干燥12h后,必须仔细检查表面缺陷,缺陷严重处刮涂原子灰(腻子)弥补。原子灰只能局部刮涂,不能采用满刮。原子灰干燥40min后,采用机械打磨平整,砂纸采用80～180目。在补原子灰处补喷中涂,必须完全覆盖原子灰 (10)底漆、中涂、面漆的干燥,必须在自然干燥时间24h以上或在烘干室内烘干(实干)后,才能进行翻面或转运/吊装等 (11)标志和彩条涂装:按施工图纸(或效果图)标注的色彩和尺寸进行涂装,不喷彩条或标志部位必须用胶带和遮蔽纸遮挡 (12)喷涂防锈蜡:对于容易积水和无法喷涂涂料的钢结构工件的一些部位,可以使用专用喷枪喷涂防锈蜡 安装现场涂装施工 (1)预埋板的处理:在设备到达安装现场前,将预埋板表面的灰尘、杂物等清理干净,然后用溶剂将被涂表面清洗干净。需要涂装时,按照规定进行涂装 (2)破损涂层表面的修复:现场修补涂装工作应包括对所有漆膜损坏的区域进行修复。仔细检查包括运输和吊装过程的撞伤和擦伤的表面,检查安装过程中的焊接、气割和撞击损坏的表面,作出标记待修复 (3)修补打磨技术要求:漆膜修补的原则应为损坏到哪一层,就从哪一层进行修补。对于损伤到底漆的修补区域的表面处理,打磨至边缘有一定的斜坡过渡区域(即磨成坡口状),再补喷底漆、中涂、面漆;对于损伤到中涂的修补区域的表面处理,打磨至边缘有一定的斜坡过渡区域(即磨成坡口状),再补喷中涂、面漆;对于只损伤到面漆的修补区域的表面处理,打磨至边缘有一定的斜坡过渡区域(即磨成坡口状),再补喷面漆	
1.2.5	质量控制要点	(1)为确保重防腐涂装质量,不仅应检验涂层质量,还应对工厂涂装过程进行检查,并对涂装件组合安装后的涂层修补情况进行检验。重点应对涂装的各工序进行过程检验 (2)涂料品种的检查:按涂层配套涂料要求购进涂料品种,在使用前应审读产品说明书,检查产品包装上的说明,包括产品名称、型号、出厂日期、有效期、存储条件等,是否与要求相符 (3)涂料质量的检查:为确保涂料质量,在储存期内应按涂料说明书标明的技术指标进行抽样复验。用洁净的金属棒或木棍插入涂料中,试验有无沉淀,有沉淀是否搅起。检查合格后再复验黏度、固体含量、颜色、混合性能、施工性能等。认定产品符合要求后,才能使用 (4)若涂料的储存超过其规定的储存期,则应逐桶进行常规指标检测后再决定能否继续使用(需送到具有资格检验的单位进行各种指标的检测,所有指标达到规定后方可使用) (5)涂装施工环境的检查:对环境温度、基体金属表面温度、空气相对湿度、洁净度,进行严格控制,达不到要求不能进行施工。施工场地周围不应有飞扬的粉尘及粉尘发生源,应有适当的通风条件等 (6)严格控制每道涂层的涂装间隔时间。在涂覆涂料时,应检查每道涂层的涂装间隔期,严格按涂料说明书规定进行涂装,一般建议在最短涂装间隔时间至最长涂装间隔时间内涂覆下一道涂层。若超过了最长涂装间隔时间以后再涂覆下一道涂层,则应检查是否先采用细砂纸将前道涂层打磨,并清除灰尘等杂物,然后才能涂覆下一道涂层 (7)对涂装设备、工具的检查:重防腐涂层的涂装,宜采用无气喷涂底漆、中间涂层(或者空气喷涂底漆、中间涂层),面漆必须使用空气喷涂。对于边角、焊接部位或不易喷到表面的部位,允许采用刷涂。喷涂前,应检查喷涂设备是否完好无损,喷嘴及软管等应保持流畅	

（8）涂装系统的质量控制、质量保证

涂装涂层系统设计方案中应该包括质量控制、质量保证方面的要求，以便于今后的质量文件的编制和制造过程中的质量控制。主要有：涂料的储存质量要求，未处理的工件表面质量要求，金属表面前处理质量要求，涂层膜厚（湿膜厚度与干膜厚度）的要求膜厚的控制原则，涂层质量指标的要求，涂装后的质量管理，涂装施工检查记录等。

（9）涂装系统的安全、卫生及环境保护

列出应遵照的国际或国家或行业的法律法规，重要指标的要求，污染源、危险源的控制等。

（10）涂装系统的其他要求

根据产品或企业的实际情况，提出比较特殊的要求内容。

3.4.2 涂层体系技术要求

经过新产品的试制或小批量的生产，就会逐步形成企业的涂层体系的技术标准。涂层体系技术要求相当于图 3-2 中的第（11）步骤所使用的文件。同时，由于产品在实际使用时，除涂装涂层以外常常会涉及到各种各样的表面工程技术，比如：镀覆、金属热喷涂、锌铬涂层（达克罗）等，因此涂层体系技术要求要根据实际使用的具体情况进行编制，主要内容应该包括如下几点。

（1）涂层体系等级的分类

由于产品的不同部位需要涂层体系的类型是不同的，因此，需要将涂层体系分类，并分别表示出使用的零部件种类等，详见表 3-10 的举例。

表 3-10　涂层等级

涂层等级	涂层名称及特性
XX-1	长效防腐蚀装饰性涂层 具有优良的耐候性、耐腐蚀性、耐湿热性、耐水性、装饰性和机械强度等
XX-2	长效防腐蚀涂层 具有优良的耐候性、耐腐蚀性、耐湿热性、耐水性和机械强度等
XX-3	优质耐磨性涂层 具有优良的耐磨性、耐候性、耐腐蚀性等，外露部分需要装饰性
XX-4	非碳钢基体材料涂层 具有优良的耐候性、耐腐蚀性、耐湿热性、耐水性、机械强度等，外露部分需要装饰性

（2）涂层体系一般技术要求

主要内容包括：涂层体系配套涂料要求；钢材表面处理要求/铝合金表面处理要求/镀锌钢材表面的处理要求/玻璃钢涂装前处理要求等；涂装作业环境条件。

（3）涂层体系技术指标

① 各等级、各类型涂层性能技术指标　该涂层体系技术指标是《涂装系统设

计方案》经过试验验证和专家论证后的指标，主要包括：涂层外观、厚度、光泽、鲜映性、力学性能、耐冲击性、硬度（摆杆硬度）、附着力、耐候性、耐腐蚀性、耐水性、耐湿热性、耐介质性（耐酸性、耐碱性、耐柴油性、耐机油性）、耐温变性、抗拉结合强度、耐磨性等。

② 外观色彩的确定及设计图。

③ 图纸及技术文件中的标记。

(4) 检验方法及条件

要详细列出每种涂层体系每个技术指标所适用的标准编号、名称等。

(5) 检验规则

主要内容包括：检验分类；型式检验（型式检验的条件、检验项目、抽样、判定规则）；常规检验（概述、检验项目、判定规则）。

3.4.3 涂层体系实施的主要工艺

经过新产品的试制或小批量的生产，就会逐步形成企业的涂层体系实施的主要工艺技术标准，涂层体系实施的主要工艺相当于图3-2中的第（11）步骤所使用的文件，主要内容应该包括如下几点。

(1) 涂装施工工艺一般技术要求

① 涂料配套方案及辅助材料。

② 主要涂装设备。

③ 涂装环境。

④ 一般涂装操作要求。

⑤ 被涂件的表面状态、分类分组。

⑥ 漆膜厚度的控制。

(2) 工厂腐蚀防护（涂装）施工工艺流程及操作要点

① 涂装前处理。

② 底漆施工工艺。

③ 中间涂层施工工艺。

④ 不连续焊缝的处理。

⑤ 面漆施工工艺。

⑥ 装饰面的涂装。

⑦ 喷涂防锈蜡。

⑧ 热喷涂锌或锌铝合金封闭涂层。

(3) 包装运输技术要求

① 组合件的涂抹密封胶。

② 喷涂防锈蜡。

③ 涂抹防锈油。

④ 零部件存放与吊装。

⑤ 安装时所需的化工材料。

⑥ 防锈包装的等级。

(4) 安装现场腐蚀防护（涂装）施工工艺流程及操作要点

① 预埋板等部件的处理。

② 涂抹密封胶。

③ 破损涂层表面的修复。

④ 安装现场需要临时焊接件的腐蚀防护（涂装）。

⑤ 工艺孔洞的密封。

(5) 其他腐蚀防护表面处理的工艺要求

3.4.4 涂层体系质量控制与检验

经过新产品的试制或小批量的生产，要逐步形成企业的涂层体系质量控制与检验的技术标准。涂层体系质量控制与检验相当于图 3-2 中的第（11）步骤所使用的文件，主要适用于产品涂装质量检验范围内的各项工作，其内容要包括如下几点。

(1) 涂装涂层检验

① 涂层检验指标要求　汇总涂层体系的每种不同等级的指标，列表以供检验类的工作使用，如表 3-11 所示的举例。

表 3-11　检验项目表

序号	检验项目	涂层等级			
		FQ-1	FQ-2	FQ-3	FQ-4
1	涂层外观	1. 颜色应符合标准样板及色差范围，色差≤0.7 2. 涂层表面应平整光滑，无缺漆、遮盖不良、起泡、脱落、生锈、裂纹、流痕、可见颗粒、杂漆、砂纸纹、缩孔及针孔等缺陷，无明显橘皮	涂层表面应平整，无缺漆、遮盖不良、起泡、脱落、生锈、裂纹、明显颗粒、杂漆、缩孔及针孔等缺陷	1. 金属热喷涂涂层涂层外观：肉眼观察，金属喷涂层表面均匀亚光面，涂层外观色泽均匀一致；应无开裂、无鼓泡、脱落现象；无翘皮、粗大熔融粒等宏观缺陷存在 2. 加上封闭底漆、面漆的涂层涂层外观：外露直接可见面同 FQ-1 涂层的要求，非外露面和非直接可见面同 FQ-2 涂层的要求	整体组装后外露直接可见面同 FQ-1 涂层的要求，整体组装后非外露面和非直接可见面同 FQ-2 涂层的要求

续表

<table>
<tr><td rowspan="2">序号</td><td rowspan="2">检验项目</td><td colspan="4">涂层等级</td></tr>
<tr><td>FQ-1</td><td>FQ-2</td><td>FQ-3</td><td>FQ-4</td></tr>
<tr><td>2</td><td>厚度</td><td>钢材涂层厚度：底漆涂层 70～90μm（不含表面粗糙度），中间涂层 90～120μm，面漆涂层 40～60μm，总厚度为 200～270μm，不包括腻子层</td><td>底漆涂层 70～90μm（不含表面粗糙度），中间涂 90～120μm，面漆涂层 40～60μm，总厚度为 200～270μm</td><td>1. 金属热喷涂涂层厚度：金属喷涂层厚度控制在 100～120μm 范围内
2. 加上封闭底漆、面漆的涂层厚度：封闭底漆涂层 70～90μm，面漆涂层 40～60μm，含金属热喷涂涂层的总厚度不低于 210μm</td><td>1. 厚度：镀锌板、铝板上漆层厚度底漆层：100～140μm，面漆层：40～60μm
2. 玻璃钢涂层厚度底漆层：70～90μm，面漆层：40～60μm</td></tr>
<tr><td>3</td><td>光泽</td><td>光泽（60°光泽仪）：
有光漆 ≥60
亚光漆 16～60
无光漆 ≤15</td><td>—</td><td>加上封闭底漆、面漆的涂层光泽：外露面同 FQ-1 涂层的要求，非外露面不要求</td><td>外露面同 FQ-1 涂层的要求，非外露面不要求</td></tr>
<tr><td>4</td><td>硬度</td><td>≥2H</td><td>≥2H</td><td>≥2H</td><td>≥2H</td></tr>
<tr><td>5</td><td>附着力（级）</td><td>无腻子部位 0～1；
有腻子部位 0～2</td><td>0～1</td><td>无腻子部位 0～1；
有腻子部位 0～2</td><td>无腻子部位 0～1；
有腻子部位 0～2</td></tr>
</table>

注："—"为不检项目，有关涂层缺陷用语的解释见有关资料。在质量检验 FQ-1 时，涂层外观以 1.7m 处为中心，下部 1.0m、上部 1.0m 之间区域为质量确保区，其他部位的涂层外观要求按±10%的指标进行。

② 检验方法　要详细列出每种涂层体系每个技术指标所适用的标准编号、名称等，并具体列出检验原则、仪器设备等详细内容。

（2）工厂涂装过程质量检验

① 对涂料的检验　包括：涂料品种的检查；涂料质量的检查。

② 对涂装前的工件表面进行检查。

③ 对涂装施工环境的检验。

④ 每道涂层的涂装间隔时间的检验。

⑤ 对涂装设备、工具的检验等。

（3）在工厂其他腐蚀防护表面处理质量的检验

如：镀锌、化学镀镍磷合金、电镀光亮镀铬层、镀硬铬、铝合金阳极氧化、金属热喷涂、金属热浸锌、锌铬涂层等。

（4）安装（客户）现场腐蚀防护涂层体系的质量检验

① 涂装修复（损坏涂层的修复，色差及外观）质量检验。

② 预埋件等除锈，涂装质量检验。

③ 电镀件的处理（涂装、涂防锈油）质量检验。

④ 锌铬涂层的质量检验。

⑤ 密封及密封胶的质量检验。

⑥ 防锈油的涂覆质量检验等。

(5) 检验结果记录及汇总

3.4.5 其他文件(对以上几类文件的补充)

《涂层体系技术要求》、《涂层体系实施的主要工艺》、《涂层体系质量控制与检验》三类企业标准技术文件，对于下一步需要进行的涂装车间设计、涂装生产设计及质量检验，已经基本上是满足的。但是，由于产品经常升级换代或为满足客户的要求而进行定制(非标准产品)，使文件内容与实际情况之间会有一些变化。因此，必须随着制造图纸等其他技术文件编制一些补充文件，如：《制造技术要求/腐蚀防护(涂装部分)》《质量检验规范/腐蚀防护(涂装部分)》等，以免某些细节的疏忽造成涂层体系的质量下降。

3.5 设计阶段质量控制的要点

(1) 质量控制点与“五要素”“三层次”(表 3-12)

表 3-12 涂装系统设计阶段涉及“五要素”“三层次”的质量控制点

三层次 五要素	企业层次	国家层次 (行业管理层次)	国际层次 (国际组织管理层次)
涂装材料	所定涂层体系的涂料及辅料是否符合环境腐蚀等级、耐蚀性、客户需求等技术要求；是否为最佳的技术经济选择；涂料供应商质量、信誉及可靠性是否合格；对类似产品的企业是否进行过调研	涂料种类是否被限制或禁止；是否国家认证的化工企业；执行何种质量管理标准(行业标准，国家标准)；是否为涂装有关的各方所同意	出口产品或工程项目是否符合所在国家的法律和标准；适用何种涂料技术标准；如使用 ISO 标准，是否符合 ISO 12944-5 的有关规定
涂装设备	是否有满足涂装生产需要的涂装设备(规格、型号)；是否可以对涂层体系质量有保证	涂装设备是否符合国家标准；是否在国家强制淘汰之列	如果在国外施工是否有适合涂层体系的涂装设备；是否符合有关国家的法律法规或 ISO 标准的要求
环境	涂装生产时需要的环境技术要求是否提出(温度、湿度、照度、洁净度、污染物等)；企业是否有合适的环境条件	涂装车间是否符合环境保护标准、安全卫生、消防标准等	如果在国外施工是否有适合涂层体系的涂装环境；是否符合有关国家的法律法规或 ISO 标准的要求
工艺	涂装涂层系统的生产、维护、修复时的工艺流程是否完善、合理；是否充分考虑了各种涂装材料的工艺特点；涂装企业是否有所定工艺的实施条件；被涂物涂覆前的表面状态技术参数的描述是否准确	是否符合国家洁净生产的标准要求；是否符合有关行业的工艺要求	是否符合有关国家的法律法规或 ISO 标准或所在国家标准的要求

续表

三层次 五要素	企业层次	国家层次 （行业管理层次）	国际层次 （国际组织管理层次）
管理	是否提出系统寿命周期内全过程各阶段、各要素、各层次的管理问题；设计方案的输入/输出/验证/评审/更改等，是否有明确的规定；校审批准制度是否健全；是否符合业主、施工者、涂料供应商合同中的条款；对不确定的问题是否进行了试验验证；是否请专家对系统设计方案进行过评审	设计单位、施工单位是否符合国家的资质管理规定；试验检验是否有第三方进行独立的测试认可等	国际组织和国际标准（如ISO）对涂装管理等的要求是否落实，比如检验员制度；是否符合有关国家的法律法规或所在国家标准的要求

（2）要重视设计阶段的工作流程及计划安排

腐蚀专家说："腐蚀是从绘图板上开始的。"——即"腐蚀是从设计开始的。"解决涂层体系质量问题，必须从设计开始。根据笔者多年的经验，在众多的涂装质量问题中，其中重要的和往往容易被忽视的问题是：在产品或工程的设计阶段缺少认真、系统的涂层体系设计，有相当多的涂装质量问题源于设计阶段。

"差之丝毫，失之千里"。对此阶段的重视不够，缺少涂装涂层系统的设计或根本就未进行设计，从而引起涂装质量问题的情况比较多。主要表现为以下几点。

① 管理人员对涂装涂层系统设计认识不足，在产品或工程设计时认为可有可无，未排列应有设计程序和工作计划。

② 产品开发设计部门缺少有经验的腐蚀防护（涂装）工程技术人员，在产品开发研究阶段亦未找有经验的腐蚀防护（涂装）专家咨询。

③ 盲目相信或片面理解供应商的宣传和推荐，设计时受商业运作的干扰较大。

④ 照抄照搬别人的涂层体系，未考虑到本企业此类产品或工程的腐蚀特点及使用环境。

要克服此类现象，重要的就是在产品或工程设计时，真正把腐蚀防护（涂装）作为一个不可缺少的专业，将涂装涂层体系设计的流程列入产品或工程的大流程之中，制作并按照工作流程，做好各专业设计的连接接口，正式进入公司或企业的管理流程。

在制定设计工作计划时，要为涂装涂层体系的设计留出所必须的设计时间周期，与各专业之间搞好沟通和协调。

（3）要控制输入/输出数据和资料的可靠性

在输入和输出的技术文件中，有些数据是不能做到很精确的。比如，涂层体系的耐久性（有效保护期）和寿命周期，不能精确到日或月的数量级。这是因为：

① 加速预测技术尚在研究阶段，只能做相对评价；

② 实际使用的腐蚀环境复杂，试验模仿条件难以做到；

③ 因各种因素的影响，对涂层体系的质量控制难以精确；

④ 有些新材料的使用，缺少长期的时间验证。

这种情况下，很容易使人误解涂层体系的耐久性和寿命周期的控制问题，进而影响到设计时的认真态度以及对于输入输出数据的可靠性的理解。

其实，虽然有精确度较差的问题，但不能因此影响也不应影响我们输入输出数据的可靠性。对于耐久性和寿命周期的问题，要借助于已有产品或工程的数据，以及加速腐蚀试验和老化的数据作为依据。

(4) 要重视系统设计方案的验证和评审

当所制定的方案中有些问题不确定时，一定要进行试验验证，以避免生产试制中出了问题之后再去解决的被动局面。

各企业从事腐蚀防护（涂装）的技术人员数量比较少，当只限于本单位进行验证和评审时，可能会有较大的局限性。应该聘请国内同行的专家，吸取他们的经验教训。

(5) 要及时更新设计技术文件

在设计涂装涂层体系时，各个企业（公司或工厂）的具体条件不同，为了兼顾高标准与可实施的操作性，每年的标准技术文件都要进行更新（升级），使实际执行的水平逐步提高，最终达到一个比较高的水准。

通过以上的分析和论述，作者认为要重点做好如下几点：

① 充分理解有关涂装涂层系统设计的概念，才能做好对整个系统的设计；

② 建立适合具体情况的设计工作流程非常重要；

③ 要控制好输入/输出数据和资料的可靠性；

④ 要重视系统设计方案的验证和评审；

⑤ 要及时更新设计技术文件。

参 考 文 献

[1] 齐祥安. 涂装技术知识体系的结构及其内容分析. 现代涂料与涂装，2006，9 (01)：38-42.

[2] 齐祥安. 涂装涂层系统与系统工程. 现代涂料与涂装，2009，(04)：28-35.

[3] 汪国平. 船舶涂装基础知识（五）船舶涂装设计（Ⅰ）. 涂料工业，1990 (05)：52-55.

[4] 汪国平. 船舶涂装基础知识（五）船舶涂装设计（Ⅱ）. 涂料工业，1991，(01)：49-51.

[5] 王锡春主编. 涂装车间设计手册. 北京：化学工业出版社，2008：4-16.

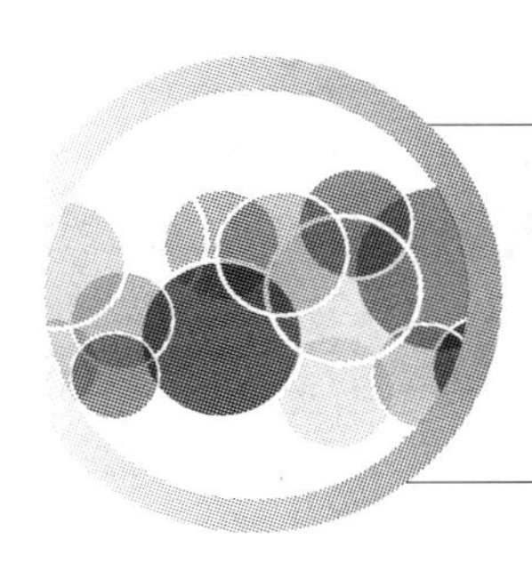

第4章 制造阶段的分析与控制

导读图

4.1制造阶段的涂装生产工艺文件

4.1.1 产品零部件涂装(腐蚀防护)分类、分组明细表

4.1.2 产品零部件涂装(腐蚀防护)工艺卡(工艺规程)

4.1.3 重要涂装设备(生产线)操作规程(操作指导)

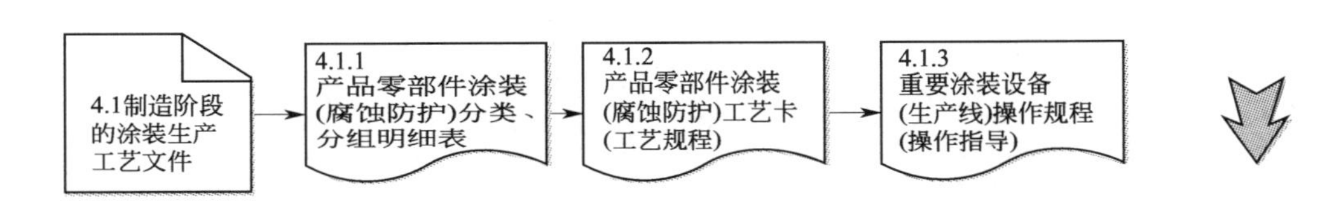

4.2涂装材料的影响及质量控制分析

4.2.1 涂料供应商的选择及涂料产品的检验

4.2.2 涂料(原漆)质量的检查

4.2.3 涂覆时所用涂料质量的控制

4.2.4 涂装化工材料与涂层弊病关联的分析

4.3涂装设备的影响及质量控制分析

4.3.1 涂装设备的优劣与涂层体系质量控制

4.3.2 涂装设备的检查、维护与涂层体系的质量控制

4.3.3 涂装设备与涂层弊病关联的分析

4.4涂装环境的影响及质量控制分析

4.4.1环境温度的影响
4.4.2湿度及露点
4.4.3照度(采光)
4.4.4洁净度
4.4.5涂装环境与涂层弊病关联的分析

4.5涂装工艺的影响及质量控制分析
4.5.1生产中所用材料表面锈蚀等级的限定
4.5.2被涂装零部件(工件)表面缺陷的处理及验收
4.5.3涂覆涂料前表面处理状态的检验
4.5.4钢材预处理、工序间交叉涂装与预涂装
……
4.5.10涂装工艺对涂层质量的影响一览

4.6 涂装管理的影响及质量控制分析

4.6.1 组织构成及人员培训

4.6.2 生产(经营)计划进度的控制

4.6.3 质量检验与管理

4.6.4 工艺执行的控制

4.6.5 涂装现场管理 6S

4.6.6 设备维护及保养

4.6.7 材料采购及储存

4.6.8 系统供货(涂料涂装一体化)的理模式

4.6.9 涂装管理对涂层质量的影响一览表

在涂装涂层系统中，按照时间维的坐标我们将全过程分为五个阶段，即：设计阶段、制造阶段、储运阶段、安调阶段、使用阶段。在五阶段中，制造阶段实际上就是涂装涂层系统设计方案的物化阶段，如同将建筑设计图纸变为实际的建筑物一样。制造阶段的主要任务是：将系统设计方案进行从技术文件到实物的实现，产生一个与实际情况相符合的实物涂层体系。在此阶段涉及的“五要素”“三层次”的内容最多，也最容易出现质量问题。因此，一直被涂装技术及管理人员认为最重要的阶段，倍加重视。

产品或工程涂装制造阶段的生产模式是各种各样的，比较复杂。认真研究各种各样的涂装生产模式和相关技术资料，可以借鉴各行业的技术、管理优势，提高涂层体系的质量控制。表 4-1 是将各行业涂装生产模式分析归纳的结果。

表 4-1 涂装生产模式分类及其特点

序号	涂装施工场地的区别	涂装设备/设施的对比	生产模式或方式的对比	质量控制特点	使用行业举例	被涂装工件举例
1	涂装车间外施工（室外施工）	只有简单的喷涂、涂覆设备和工具	单件、小批，以人工及简单的涂覆工具为主	受气候等自然条件的影响很大，质量控制很困难	建筑钢结构、桥梁、石化、船舶、大型室外机电产品等行业	起重运输困难的大型钢结构件，大型设备等。特别是总装后的面漆涂装
2	涂装车间内施工（室内施工）	无喷漆室、烘干室等设备，在厂房内简单涂覆	单件、小批，以人工及简单的涂覆工具为主	部分受气候等自然条件的影响，质量控制较为困难	建筑钢结构、桥梁、石化、船舶、飞机、大型机电产品等行业	起重运输较为容易的中型钢结构件、铸件、锻件，中等设备等
3		有喷漆室、烘干室等基本设备，在设备内、厂房内涂覆	多品种、中小批量，可节拍式生产	受设备及设施的技术水平影响较大，质量控制较为容易	建筑、桥梁、石化、船舶、飞机、机电产品等行业	可以使用简单输送设备进出喷漆室、烘干室的中、小型零部件，种类多，批量较小
4		有自动化程度高、设备齐全的涂装生产线，在生产线上实施涂覆全过程	品种比较少，批量较大，可按照生产线的节拍或速度，进行流水式涂装生产	受生产线及设施技术水平的影响较大，质量控制容易	汽车、家电、中小型机电产品等行业	可以使用复杂、快速、多功能输送设备，且产品结构、外形种类较少，批量较大的中小型零部件或整机

表 4-1 中所列的各行业的涂装生产中，涂装施工场地、涂装设备/设施、生产模式或方式、质量控制特点、被涂装工件虽然不同，但如果仔细分析其涂装生产全过程，可以看到它们均有比较接近的共性工艺流程，我们可以将其简化为图 4-1 所示的简图，虽然有的行业和产品会有较大的区别，但是，对于我们进行质量控制方面的分析，还是非常有益的。

对于在制造阶段影响涂层质量因素的分析问题，历来有各种各样的观点，影响最大的就是英国钢铁研究协会的报告。他们曾将 2 层红丹油性底漆＋2 层油性面漆的涂层体系在工业大气环境进行暴晒试验，得出了相关的各种因素对涂层体

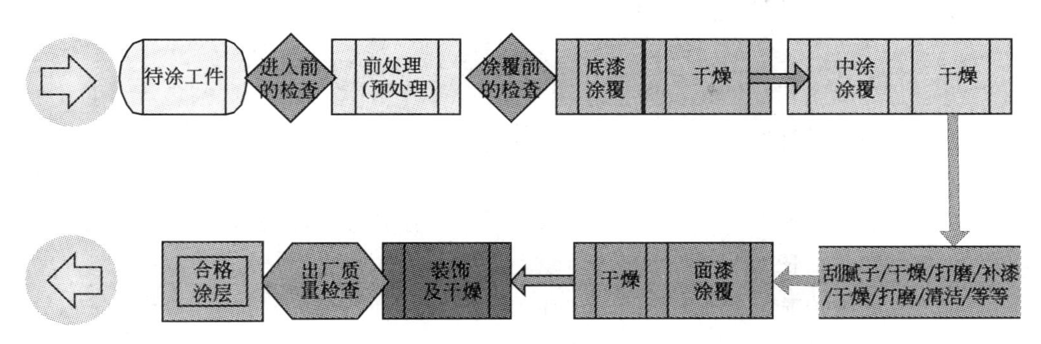

图 4-1　涂装涂层系统的制造阶段工艺流程
（根据不同行业和不同产品可增删其中的工序内容）

系保护寿命影响的关系。但是，按照笔者涂装涂层系统的观点，这种分析方法还不全面，应该进行补充，具体内容详见表 4-2。使用定量的分析方法，研究涂层体系的影响因素很有必要，但是有很大的难度。复杂多变的生产现状对于涂装涂层质量的控制将带来很多变数，使用定性分析的方法将会更全面地认识复杂的问题。

表 4-2　各种因素对涂层质量影响程度的分析

序号	影响因素	所占比率/%	作者的建议和意见
1	选用的同类品种质量的差异	5	此两类问题，应该属于涂装材料的范畴
	涂层层数和厚度	19	
2	（未列出涂装设备的影响）		研究报告中未提出涂装设备的影响，实际上不良设备会造成各类涂层质量问题，影响涂层的保护寿命，详见表 4-7
3	环境条件	7	环境条件应该属于涂装环境的问题
4	材质表面处理的质量	49	材质表面处理、涂装方法和技术，应该归纳为涂装工艺类的问题
	涂装方法和技术	20	
5	（涂装管理的影响）		研究报告中未提及涂装管理的问题，是不全面的，实际上因管理不善造成诸多质量事故，影响涂层的保护寿命，详见表 4-20

制造阶段的涂装质量控制虽然复杂，但可以总结出以下几个特点。

① 在整个涂装涂层系统中，此阶段实际使用的费用最高，是质量成本控制的重点。

② 涂装的各工序与下料、焊接、加工等其他专业同步进行，而且复杂工件还有工序间的交叉与反复，对于涂层体系的质量有很大影响。

③“过程决定质量，细节决定成败”，此阶段对过程管理（工序管理、质量管理）的要求也最高。涂层的每一道工序都具有被后一道工序遮蔽的特点（最后的涂

层除外)，不合格的工序过程不容易被发现。

④ 产品售出（出厂）时，一般进行涂层外观、厚度、光泽、硬度、附着力等简单检查，对于耐腐蚀性等长期指标不检查或不能进行检查，无法判定是否真正符合腐蚀防护的相关标准。

⑤ 客户使用时，要经过一段时间（3 个月或半年以上）才会发现腐蚀问题。在发现问题前的期间内，又会有大量的同样不合格的产品被送到客户手中。质量问题发现的滞后性，比较明显。

本章拟从制造阶段的涂装质量控制的特点出发，研究制造阶段的涂装生产工艺设计问题，分析“五要素”、“三层次”对于涂层体系的影响，加强对于各质量控制点的认识，以便提高涂层体系的质量的自觉性。

4.1 制造阶段的涂装生产工艺文件

在企业经常被说到的“工艺文件”，实际上指的是企业工艺技术标准。按照 GB/T 15497—2003《企业标准体系　技术标准体系》的定义，工艺技术标准系指产品实现过程中，对原材料、半成品进行加工、装配和设备运行、维修的技术要求以及服务提供而制定的标准。用得最多的是“工艺规程”，根据行业的不同，其名称可以是操作规程、运行规程、维修规程、作业指导书或服务提供规范等。为形成各类工艺文件而进行的工作，就是工艺设计。

在第 3 章对比了涂装涂层系统设计、涂装车间设计中的工艺设计、涂装生产中的工艺设计的特点和区别，在实际生产过程中需要引起重视。涂装生产中的工艺设计是在涂装涂层系统设计、涂装车间设计中工艺设计的基础上，细化涂装工序中的每一细节，制定工艺文件，形成一系列的规定，避免施工中的随意性，严格控制技术指标，保证产品质量。

工艺文件是指导工人操作和用于生产、工艺管理的主要依据，因此，各企业都非常重视。由于行业的不同和各企业具体情况的不同，文件内容会有千差万别。作者认为，在涂装车间（工厂）至少有 3 种工艺文件是不能缺少的，即：产品零部件涂装（腐蚀防护）分类、分组明细表；产品零部件涂装（腐蚀防护）工艺卡（工艺规程）；重要涂装设备操作规程。其他工艺文件，可以根据实际需要进行增添。

4.1.1 产品零部件涂装（腐蚀防护）分类、分组明细表

任何产品或工程在腐蚀防护方面采取的措施都不是单独的涂装问题，将会使用到涂装、电镀、金属热浸镀、金属热喷涂、锌铬涂层（达克罗）、密封胶、防锈油等各种各样的表面工程技术，这些技术之间还有相互的交叉和融合。因此，在生产

前必须按照不同的类型进行分类、分组进行统计，确定各种产品的工艺路线。此类统计，对于比较复杂的产品或工程是非常必要的。

按照成组技术原理，对于相同材料、尺寸相近、工艺大致相同的工件进行分类、组合，以典型制品为基础编制工艺和进行生产，安排工艺路线和设备，避免不必要的重复劳动和组织管理中的繁琐和多样化，提高设备利用率，减少能量的损失。这对于多品种、中小批量生产的模式，是非常有益的。利用计算机的 AutoCAD、Excel 等软件的功能，可以很容易地制作各种表格，并与工艺过程进行链接，用于生产简单方便。表 4-3 是零件分类明细表举例，还可以在此基础之上，制作各种细分类的表格。

表 4-3　零件分类明细表（总表）举例

"××××"腐蚀防护(涂装)零件分类明细表(总表)														
序号	零件图号	名称	数量	材料	部件类型	喷砂+涂装	磷化+涂装	氧化+涂装	电镀	氧化	达克罗	热浸锌	其他	备注

另外，生产中经常出现外购件、标准件、外协件达不到涂装（腐蚀防护）技术标准要求的质量问题。比如，要求进行重防腐涂装的产品，经常装配有一般腐蚀防护的外购件、标准件、外协件，在使用过程中就发生严重腐蚀，这与产品零部件涂装（腐蚀防护）分类、分组不到位、技术标准不明确有很大关系。

4.1.2　产品零部件涂装（腐蚀防护）工艺卡（工艺规程）

在对涂装涂层质量问题分析时可以看到，即使是同一个产品或部件，这个批次生产合格，下一个批次又不合格；研制产品时合格，定型之后生产又不合格；这个外协厂合格，那个外协厂生产不合格。质量因时、因地、因人的不同而时好时坏，就连资历很久的技术或管理人员，也常常如同"雾里看花"，难辨究竟。这种情况，很多都是由于未进行生产工艺设计，或者虽有工艺设计但没有工艺卡（工艺规程），或者只是有形式上的工艺卡（工艺规程）而实际并未落实。

涂装工艺卡（工艺规程）是指导涂装生产的重要技术文件，是企业进行生产、实施工艺、提供服务和质量控制活动中不可缺少的可追溯性原始资料档案，亦是贯彻实施 ISO 9000 系列标准中第 4.8、4.9、4.14、4.20 条等有关要素的具体工作，也是生产组织和管理工作的基本依据。工艺流程卡既可作为质量可追溯性和实施过程控制的可查原始资料，又能够为质量统计提供真实的分析依据。无论生产规模大小，都必须有工艺规程，生产调度、技术准备都将以此为依据组织生产，不能自己想怎么干就怎么干；否则生产将陷入混乱。工艺规程也是处理生产问题的依据，如产品质量问题，可按工艺规程来明确各生产单位的责任。涂装工艺卡（工艺规程）的形式多种多样，企业可以参照标准 GB/T 15497—2003《企业标准体系 技术标准体系》，并根据自己的具体情况进行编写，在此不再赘述。表 4-4 为零部件涂装工艺卡的举例，实际应用中可以根据企业的实际情况，采用多种表现形式。

表 4-4 ×××零部件涂装工艺卡举例

<table>
<tr><td>零件号</td><td></td><td>材料</td><td></td><td>单台数量/件</td><td></td><td>转入</td><td></td><td>转出</td><td></td><td>第 页</td><td>共 页</td></tr>
<tr><td>零件名称</td><td></td><td>尺寸</td><td></td><td>重量/kg</td><td></td><td>工序</td><td>工序名称</td><td>工具、设备或材料</td><td colspan="3">操作内容</td></tr>
<tr><td colspan="6" rowspan="15">（此框内可以填写：图、照片、各种经过编辑的说明和解释）</td><td>1</td><td></td><td></td><td colspan="3"></td></tr>
<tr><td></td><td></td><td></td><td colspan="3"></td></tr>
<tr><td></td><td></td><td></td><td colspan="3"></td></tr>
<tr><td>2</td><td></td><td></td><td colspan="3"></td></tr>
<tr><td></td><td></td><td></td><td colspan="3"></td></tr>
<tr><td></td><td></td><td></td><td colspan="3"></td></tr>
<tr><td>3</td><td></td><td></td><td colspan="3"></td></tr>
<tr><td></td><td></td><td></td><td colspan="3"></td></tr>
<tr><td></td><td></td><td></td><td colspan="3"></td></tr>
<tr><td>4</td><td></td><td></td><td colspan="3"></td></tr>
<tr><td></td><td></td><td></td><td colspan="3"></td></tr>
<tr><td></td><td></td><td></td><td colspan="3"></td></tr>
<tr><td>5</td><td></td><td></td><td colspan="3"></td></tr>
<tr><td></td><td></td><td></td><td colspan="3"></td></tr>
<tr><td>6</td><td></td><td></td><td colspan="3"></td></tr>
<tr><td colspan="6">说明：</td><td colspan="6"></td></tr>
<tr><td colspan="6"></td><td colspan="2">编 制</td><td></td><td colspan="2"></td><td></td></tr>
<tr><td></td><td></td><td></td><td></td><td colspan="2"></td><td colspan="2">校 对</td><td></td><td colspan="2"></td><td></td></tr>
</table>

4.1.3 重要涂装设备（生产线）操作规程（操作指导）

随着我国工业产品生产能力的增强和技术进步，涂装设备（生产线）在生产领域中的应用越来越广泛，技术水平、复杂程度和自动化水平越来越高。因此，涂装设备（生产线）的操作规程（操作指导），不仅仅是安全生产的需要，更是涂层体系质量的重要保证，尤其是在 ISO 质量保证体系认证中，这类文件的规范编制是必不可少的。实际上，除了大型生产线之外，相当一部分企业未编制涂装设备（生产线）的操作规程（操作指导），严重影响了涂层体系的质量和生产的安全。

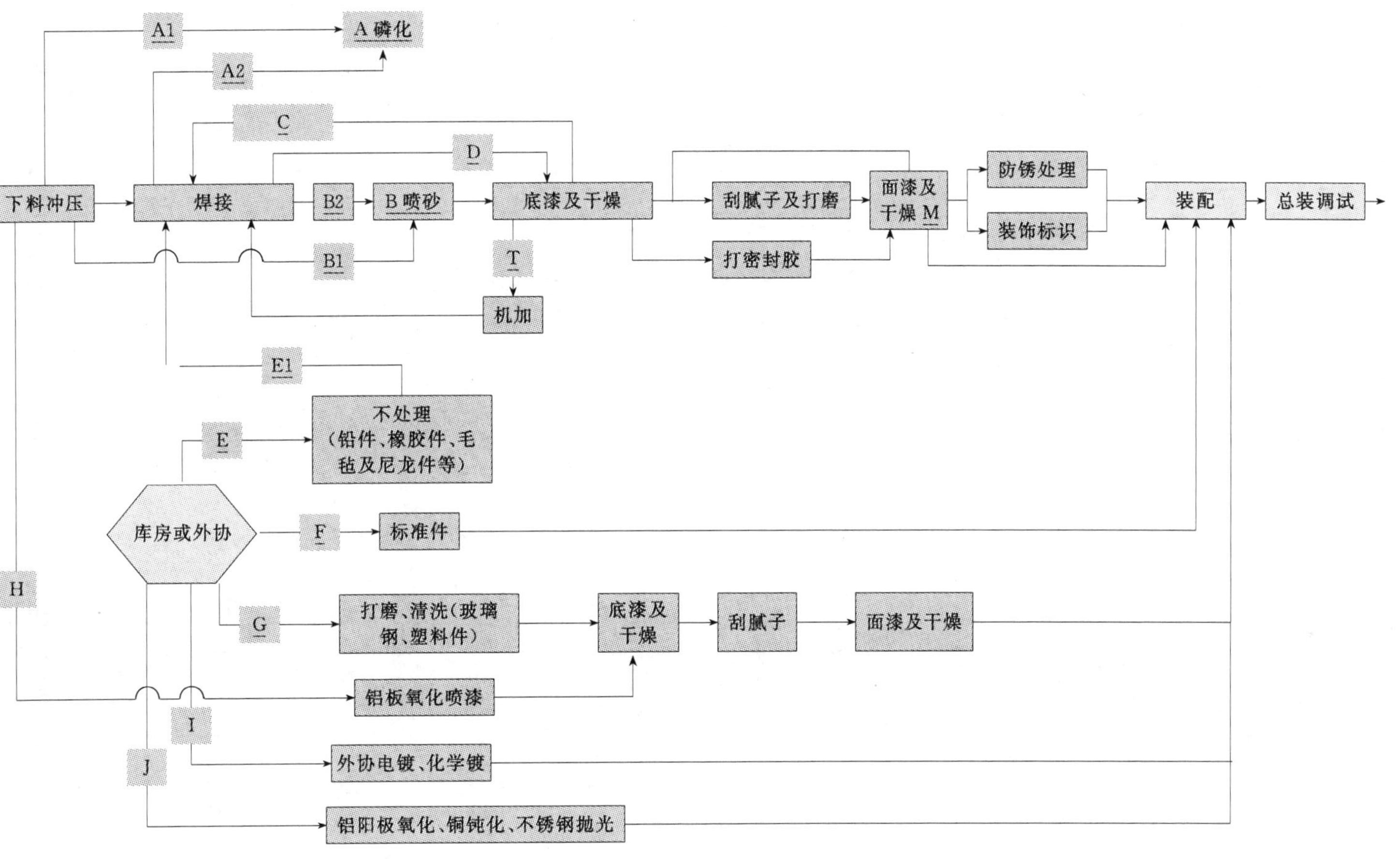

图 4-2　零部件明细表/工艺卡与流程图的相互链接

涂装设备（生产线）的操作规程（操作指导）的内容，主要应该包括：①设备的主要性能、规格、允许最大负荷；②正确的操作方法、操作步骤和操作要领，如启动和停车的操作顺序及注意事项等；③保证设备与人身安全的注意事项，对可能出现的紧急情况的处理方法和步骤；④设备清扫、润滑、检查设备是否正常的方法和要求等。

如果是大型的产品或者是比较复杂的产品，在没有专用操作软件的情况下，使用“零件分类明细表”“工艺卡”是一件很烦琐的工作。笔者曾经使用 Word、Excel 简单办公软件，将“零件分类明细表”“工艺卡”之间相互链接起来，在有计算机的条件下，应用简捷、直观，可以大幅度提高工作效率。图 4-2 中，字母和方框都进行了超级链接，对于每条工艺路线上均可以查到零件分类明细表，每个零件明细表内都可以查到重点零部件的工艺卡，在涂装生产过程中使用非常方便。

4.2 涂装材料的影响及质量控制分析

涂装材料是指涂装生产过程中使用的化工材料及辅料，包括：清洗剂，表面调整剂，磷化液，钝化液，各类涂料，溶剂，腻子，密封胶，防锈蜡等化工材料；还应包括纱布、砂纸，工艺过程中使用的橡胶、塑料件等。经过涂装涂层系统设计之后，涂装材料的品种就被确定下来，即承认了其性能完全可以胜任被涂装产品所使用的腐蚀环境及腐蚀防护年限。

优质的涂装材料不能保证优质的涂层体系，劣质的涂装材料肯定产生劣质的涂层体系。在施工时所使用的涂装材料的质量控制，是非常重要的。本章以涂料为重点，分析、研究涂装材料的影响及质量控制问题。

4.2.1 涂料供应商的选择及涂料产品的检验

涂料相对于涂层体系来讲是“半成品”，要实现合格的涂层体系就要对涂料进行严格的质量检验。但是，实际生产过程中，只能进行抽检或定期检验，很难对涂料进行全部检验。于是，涂料供应商的优劣就成为一个重要的问题，选择涂料供应商也是涂装质量控制的重要环节。图 4-3 是选择涂料供应商的推荐程序。

(1) 产品涂层技术要求

根据《涂装涂层系统设计方案》或《涂层体系技术要求》、《涂层体系实施的主要工艺》、《涂层体系质量控制与检验》企业涂装技术标准文件的要求，起草商务用的技术协议书。

（2）涂料类别选择

① 需要对所购置的各种涂料的类别进行分类列表。

② 列出所需各种不同涂料的主要技术性能参数。

（3）一般收集涂料供应商相关资料

① 通过各种非正式途径，如：采购业务中的接触、圈子中的会议、媒体积累等获得供应商的信息。

② 直接通过正式途径，如：商品目录、行业期刊、企业名录、行业协会、中介机构、销售代表、互联网等系统获得。

③ 填写《涂料供应商基本情况一览表》。

④ 先进行粗略的筛选，淘汰明显不合格的供应商。确定 3～4 家基本符合要求的涂料供应商，进行详细考察和研究。

（4）汇总调研资料进行分析评价

对供应商进行合理的评价，按书面表格要求进行一系列考核和调查，然后认真进行填写、最后根据评价的分数进行筛选、确定。

必须到涂料供应商的生产现场进行考察、评价，评价的内容应包括以下方面：

① 供应商信誉（可靠性）的评估；

② 供应商产品质量的评估；

③ 供应商价格的评估；

④ 供应商的技术水平评估；

⑤ 供应商能力的评估；

⑥ 供应商供应及后续服务的评估；

⑦ 供应商地理位置的评估。

通过考察和评价之后，填写《供应商的基本评分表》，选定参加试验室试验和型式试验的涂料供应商及其涂料。

（5）试验室试验、型式试验

将选定的涂料供应商的涂料进行试验室试验，确定是否符合公司产品涂层技术指标。试验内容详见《涂料技术性能指标试验一览》。

然后，选用符合公司产品涂层技术指标的涂料（1～2 种体系的涂料）进行型式试验，试验内容详见《涂料技术性能指标试验一览》和其他相关涂装技术要求。型式试验合格后，再进行小批量的试用，通过小批量试用合格后方可确定供应商。

（6）与涂料供应商谈判并确定供货合同关系

进行有关商务谈判，并将涂料的相关技术指标写入供货合同之中，确定供货合同关系。

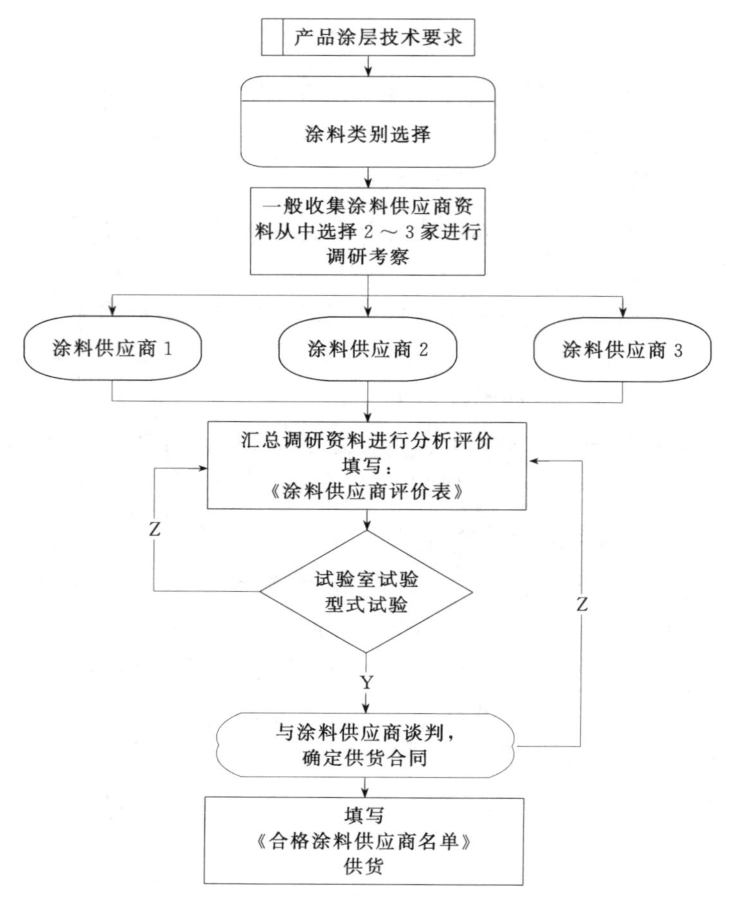

图 4-3　涂料供应商的选择程序

(7)　填写《合格涂料供应商名单》及批量供货

最后，填写《合格涂料供应商名单》，并对公司或外协厂进行批量供货。

涂装现场使用时，按涂层体系配套涂料要求，购进涂料品种（含各种组分、稀料）。在使用前，检查涂料供应商是否是按程序确定的合格厂家，供应商必须有批量质量检验的数据和批量的留底样品，以备发生问题时进行验证试验。审读产品说明书；检查产品包装上的说明，包括产品名称、型号、出厂日期、有效期、存储条件等，是否与订货标准的要求相符合。此检验可以避免订货过程产生的各种误差对今后涂装涂层质量的影响。

4.2.2　涂料（原漆）质量的检查

涂料的质量检验指标比较多，“涂料一般性能”检验有：颜色及外观、黏度、细度、相对密度、结皮性、触变性、固体分含量、挥发速度、酸值、储存稳定性、活化期；“涂料的施工性能”检验有：干燥时间、遮盖力、流平性、抗污气性、稀释剂的适应性、打磨性、重涂性、回黏性、漆膜厚度控制等。但在企业实际使用涂料时，条件和时间都不允许就每一批涂料（原漆）进行全面的质量检验，主要依靠涂料供应商的质量保证体系，检查涂料的质量证明文件。

尽管如此，为确保涂料质量，应该配备一定的检测仪器，在储存期内按涂料说明书的技术指标进行不定期的抽样复验，如复验黏度、固体含量、颜色、混合性能、施工性能等。若涂料的储存超过其规定的储存期，则应逐桶进行常规指标检测后再决定能否继续使用。(需送到具有资格检验的单位进行各种指标的检测，所有指标达到规定后方可使用)。应该避免涂料质量责任不清的问题，如进厂验货时涂料合格，但在实际喷涂时出现涂料不合格的现象，质量责任难以分清，所造成的人力、材料的浪费无法补偿，还会影响供应商和使用厂家双方的合作关系。

4.2.3　涂覆时所用涂料质量的控制

涂覆时所用涂料的质量控制，是涂装工序中不可忽视的重要工作。涂覆时涂料色彩的调配、双组分或多组分涂料的比例、黏度的大小、过滤的细度、搅拌是否均匀、是否进行熟化等等，直接影响着涂层体系的质量。表4-5以溶剂型涂料的调配为例（不含涂料配色），列举了调配工序及质量控制点。

表4-5　涂覆所用涂料的调配工序及质量控制

工序号	工序内容	质量控制要点	说　　明
1	开桶	涂料(原漆)在开桶前,最好用专用机械振动设备进行振动,如无专用装置可人工把涂料桶上下晃动几次,然后开桶检验外观质量	如涂料存放地与使用场地温差较大,应放置一段时间,使其逐渐一致
2	搅拌	开桶后用气动或电动搅拌1～5min,如使用人工搅拌,所需时间要延长	
3	混合	根据需喷涂面积计算出涂料用量,在洁净容器内,按规定的混合比例A组分∶B组分(体积比),用调漆尺(或刻度容器)准确计量,将B组分(固化剂)倒入A组分,搅拌均匀。单组分涂料不需此工序。其他多组分类型涂料的比例,按说明书上的要求执行	各组分混合不充分或混合比例不正确,会导致成膜性差,固化不完全、不均匀,或施工后出现各组分部分分离现象
4	稀释	加入稀释剂,调整到标准所规定的涂料施工黏度,搅拌均匀	根据不同的涂装方法和环境温度,确定涂料黏度
5	熟化	涂料静置10～30min进行熟化,方可使用。根据供应商说明书要求进行	此工序可以使树脂和固化剂慢慢混合,聚合反应在涂料中能均匀进行
6	过滤	为防止混入涂料中的杂质、颗粒、沉淀物对涂装质量的影响,必须要进行过滤	根据涂料类型及喷涂设备和喷枪喷嘴的类型选择过滤网的型号

对于大批量生产的涂装生产线上的涂料输送，最好选用输调漆设备（系统）。它替代了传统的重力式、虹吸式、增压罐式的供漆方式。能对涂料的黏度、颜色和

温度的均一性进行较好的控制；供漆系统为密闭状态运行，避免了外来杂质进入涂料内而产生的污染；系统的不断循环，能保证涂料供给的连续性；改善了涂装环境和车间内涂料的运输方式；最大限度地减少了涂装车间的火灾危险性。

对于双组分或多组分涂料，一定要注意不超过混合后允许的施工时间（活化期）。当主要树脂（基料）与固化剂相混合时，聚合反应就已开始。从涂料混合时到允许时间的终点，涂料的黏度在增加。如果使用稀释剂去稀释过期的并还呈液态的涂料，减少它的黏度而进行喷涂，涂料的施工性能会变差，容易出现流挂和涂层变薄，固化不充分。最后形成的涂层会出现完整性差、气泡、针孔、涂层厚度不均匀等缺陷，从而影响涂层体系的各项技术性能。

涂覆时所用涂料的黏度是经常变化的，如图 4-4 所显示的黏度变化曲线。引起黏度变化的是环境温度的改变、溶剂的挥发、双组分或多组分间的反应等因素。黏度的加大变化，会影响涂料输送系统的正常运行，影响喷涂设备的各项运行参数，进而产生各种涂层的质量问题。涂装时如果涂料黏度变大，则雾化不良，涂面粗糙或出现涂层橘皮；如果涂料黏度变小，则容易产生流挂或缩孔，影响涂层厚度，出现涂层质量问题。因此，采取各种措施，控制涂覆时所用涂料的黏度是非常重要的。

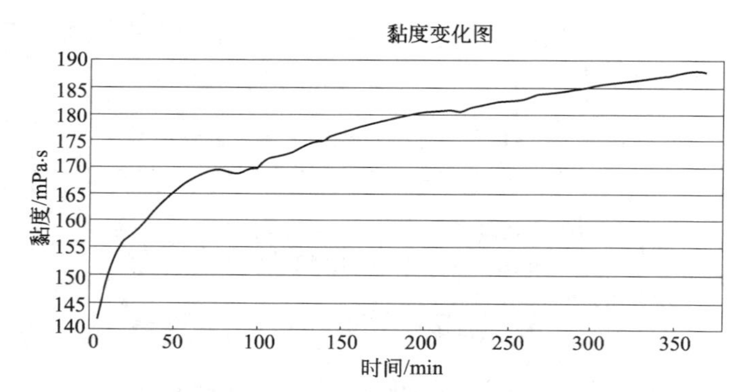

图 4-4 在线黏度计测试的涂料黏度变化（摘自丁晓炯网络文章）

关于涂料颜色调配的质量问题，多数来源于涂料调配时未解决好所调涂料与标准色板的色差问题。一般企业使用涂料供应商调配好颜色的涂料，自己不再配色。但因涂料色彩的影响因素复杂，同一厂家不同批号的同种涂料间都会存在色差。因此，涂料调配时应进行测试板与标准色板的比对，如发现色差应及时进行微调，以避免产品喷涂后再进行返工。汽车修理行业的调色是非常重要的问题，要严格按照电脑调色法、全自动电脑调色法所规定的工序进行，以免影响修车质量。

4.2.4 涂装化工材料与涂层弊病关联的分析

涂装化工材料对涂层质量影响极其明显，由于篇幅所限，在此仅以溶剂型涂料为例，分析其影响作用。因为涂料所形成涂层弊病的种类很多，在此仅选一些常见

的弊病进行分析。为了研究的方便，将涂层弊病区分为涂层缺陷和涂层破坏状态二种情况是非常必要的。涂层缺陷：系指漆膜质量与所规定技术要求的偏差，一般产生于涂装过程中，表4-6中序号1～20为常见涂层缺陷。涂层破坏状态：是漆膜在腐蚀介质的作用下或在特定的使用条件下，产生的综合性能变化的外观表现，表4-6中序号21～30为常见涂层破坏状态。涂层弊病的名称基本按照GB 5206.5—1991《色漆和清漆 词汇 第五部分 涂料及涂膜病态术语》的规定，同时参考行业的习惯说法。因文章篇幅所限，无法将涂装涂层的各类弊病进行一一分析，现将常见的涂装涂层各类弊病30种列在表4-6。

表4-6 涂装材料对涂层质量影响一览

序号	涂层弊病	涂装材料(以溶剂型涂料为例)对涂层质量影响的原因分析
1	流挂	1)涂料的触变性小,阻止涂料向下作用力的黏性阻力较小 2)涂料中溶剂挥发慢,树脂干燥慢 3)稀释剂使用不当,使用了干燥速度慢的稀释剂或使用了过量的稀释剂 4)涂料黏度太低
2	颗粒/起粒	1)调配涂料时,有灰尘、涂料颗粒、破碎的涂料皮、金属粉粒、砂粒、纤维状物等杂物混入涂料中,且过滤不好 2)漆罐盖未盖紧,使灰尘进入,使用锈的或脏的容器装漆料的稀释剂,在使用前又未经过滤 3)涂料变质,如漆基析出或返粗,颜料分散不佳或产生凝聚,有机颜料析出,闪光色漆中铝粉分散不良等 4)易沉淀的涂料在稀释前搅拌不均匀或稀释时未按要求逐渐稀释,造成颜料絮凝返粗;溶解性差的树脂析出 5)溶剂挥发太快,黏度过高
3	露底	1)涂料在使用前没有进行充分的搅拌,颜料沉积在容器底部,导致喷涂的涂料中树脂含量过高,颜色变浅 2)所用涂料的遮盖力差 3)使用了过多的稀释剂或稀释剂选用不当,涂料的施工黏度偏低 4)使用过量的慢干稀释剂 5)底、面漆的色差太大,如在深色漆面上涂亮度高的浅色涂料
4	缩孔/鱼眼	1)涂料本身混入异物 2)所用涂料的表面张力偏高,流平性和释放起泡性差,涂料自身的抗缩孔性差 3)涂料黏度小,对底层润湿性差,刷涂不易形成膜层的,易发生收缩发笑现象 4)在涂料液表面上存在比涂料液表面张力还低的不连续相便产生了凹瘪、缩孔
5	陷穴/凹洼	1)涂料本身混入异物 2)所用涂料的表面张力偏高,流平性和释放气泡性差,涂料自身的抗缩孔性差
6	针孔	1)涂料的流动性不良,流平性差,释放气泡性差,尤其色漆喷涂到有粗膜现象的底漆或面漆层上 2)涂料中混入异物(如水) 3)涂料中使用了错误种类或数量的稀释剂
7	起气泡	1)稀释剂挥发快,涂料的黏度偏高 2)由于使用劣质稀料或使用错误稀料或使用的稀料不足 3)因过度的搅拌而又未进行充分的静止引起涂料中产生多数的气泡,搅拌时混入涂料中的气体未释放尽 4)所用涂料的耐水性或耐潮湿性差 5)稀释剂使用不正确,涂料黏度偏高

续表

序号	涂层弊病	涂装材料(以溶剂型涂料为例)对涂层质量影响的原因分析
8	咬底/咬起	1)涂层不配套,底材(如苯乙烯塑料)和底涂层的耐溶剂性差 2)面漆含有能溶胀底涂层的强溶剂 3)面漆和底漆间发生了化学反应
9	起皱	1)稀释剂选用不当或使用了错误的稀释剂 2)涂料中过量使用催干剂;或一次性涂覆过厚 3)在硝基旧漆膜上,用聚氨酯面漆重喷涂后,如果再次修补时,则易发生起皱现象 4)桐油制的油性漆易发生起皱现象
10	橘皮	1)涂料的黏度太高,流平性差 2)稀释剂选用不当或质量太差,不正确的稀释剂比例,挥发速度过快 3)涂料在长时间存放后会出现底层沉淀的现象,涂覆时搅拌不充分,出现各部分干燥不均匀,从而导致橘皮现象的产生
11	发花/色花	1)使用单色漆调制复色漆时,未加防浮色发花助剂 2)涂料中的颜料分散不良或两种以上的色漆相互混合时混合得不充分 3)所用溶剂的溶解力不足 4)施工黏度不适当
12	色差	1)所用涂料各批之间有较大的色差 2)更换颜色时,输漆管路未洗净
13	渗色	1)底层涂料中的颜色被面漆层中的溶剂溶解吸收,使颜色渗入面漆涂层中 2)所选涂料品种不好,涂料中所含的颜料(尤其是有机颜料)渗透到涂膜表面所致 3)面漆中含有溶解力强的溶剂(如酯类酮类)
14	浮色	1)在涂装含两种以上颜料的复色涂料时,由于溶剂在涂层的里表挥发不一,易出现对流而产生浮色现象 2)涂料中颜料的密度相差悬殊
15	金属闪光色不匀	1)涂料配方不当(如铝粉含量偏低,溶剂的密度大,树脂的相对分子质量低,树脂的触指干燥慢等) 2)金属色漆:①涂料黏度低、稀释剂挥发速度慢,故喷涂后的涂料液的湿膜黏度下降,铝粉容易产生移动;②涂料液黏度高、稀释剂挥发快,喷涂后的湿膜黏度变高,流平性下降;③涂料中铝粉的粒径分布大,所以一部分地方出现了粒径大小的差异;④涂料的颜料分散不良,涂料稀释剂的溶解能力不足 3)罩光清漆:稀释剂的溶解力高,造成金属色漆和清漆之间过度对流,致使铝粉产生自由移动 4)金属色漆和罩光清漆:金属色漆和罩光清漆的极性相近,两者亲和性高,引起了两者之间过度对流,使铝粉产生了自由移动
16	光泽不良	1)涂料中颜料分太高,颜料的选择、分散和混合比不恰当,溶剂的选配不当,涂料中溶剂相对本体系树脂溶解力差,树脂的混溶性差,涂料中两种或两种以上树脂之间的混溶性不良;涂料中树脂与颜料湿润性差 2)稀释剂选用不当,例如冬季使用夏季的稀释剂;或使用含有大量水、醇、酸的稀释剂;涂料中使用的稀料质量太差或型号不对 3)溶剂型漆混入水或相对于该体系较弱溶解力的溶剂 4)涂料液黏度高,流平性不好;涂料中选用流平剂不合适 5)金属漆:①金属色漆和罩光清漆之间发生回粘不良时产生此现象;②因铝粉粒径过大所以在色漆表面上凸出,导致在罩光清漆上出现微小凸面 6)使用双组分漆时,固化剂用量不足或未使用厂家配套的固化剂,或者使用了其他不配套的助剂可导致此现象

续表

序号	涂层弊病	涂装材料(以溶剂型涂料为例)对涂层质量影响的原因分析
17	鲜映性不良	1)所选用涂料的展平性差,光泽差和细度不达标,鲜映性不良 2)涂料施工黏度及溶剂选用不当
18	丰满度不良	1)使用高聚合度的漆基制的涂料,其本身丰满度差 2)涂料黏度不适当,所用稀释剂挥发太快或涂料过稀
19	砂纸纹	1)所选用的打磨砂纸太粗或质量差 2)使用了不当的稀释剂或稀释剂的比例不当,新喷的面漆中的稀释剂会渗入旧漆层中,它会使砂纸痕迹扩张
20	残余黏性/干燥不良	1)双组分涂料使用了错误的固化剂或固化剂配比例不正确 2)自干型涂料所含干燥剂失效,或表干型干燥剂用量过多 3)涂料一次涂得太厚(尤其是氧化固化型涂料)或底漆未干燥便在其上涂中涂涂面漆
21	失光	1)所选用涂料的耐候性差,或误将室内涂料用于室外环境 2)涂料配方有问题,或树脂含量不多,或配合成分不能相容,或漆料过分聚合,或稀料太多等 3)使用双组分涂料时,固化剂用量不足或未使用厂家配套的固化剂 4)涂料中使用的稀料质量太差或型号不对,或者使用了其他不配套的助剂,或使用含有大量水、醇、酸的稀释剂
22	漆膜变色/变色	1)所用涂料的耐候性差或不适用于室外;在涂膜老化、增塑剂析出等过程中,有机颜料通过涂层迁移 2)未按规定的配方调色选用固化剂不合理,导致涂膜变黄;面漆误用了易变黄的底漆或中涂的固化剂 3)未遵照规定的配方调色
23	粉化	1)所选用涂料的耐候性差,或将室内用涂料产品用于室外环境 2)使用了错误的稀释剂,使面漆层的耐久性受到损害 3)涂料未混合均匀 4)涂料中含有不匹配或不合格的材料,致使涂料耐候性差
24	泛金光/泛金	1)某类特定颜料会在喷涂中显现出亮铜色。由于红色,蓝色等颜料的迁移造成,尤其是在所用颜料颗粒在约 0.1μm 以下的情况 2)未遵照规定的配方调色,有些颜料在用量超出其使用上限时,即会显现出严重的亮铜色缺陷
25	沾污	1)所用涂料的耐酸、碱性等腐蚀性介质差,不耐环境中的污物,如灰尘、焦油、酸性物质、鸟粪等 2)涂料形成涂层之后的自洁性很差
26	长霉	所用涂料的基料或底材本身可能是霉菌的养料(如油性涂料的基料、木材等)
27	开裂/裂纹	1)涂层体系配套不适当,如底漆层涂层比面漆层涂层软;底涂层未干透就涂面漆 2)面漆层涂得过厚,且所用面漆的耐候性差,耐寒性或耐温变性不佳,涂层易老化开裂 3)本色面漆中加入过量的清漆或在上面的罩光清漆层过薄 4)为增加面漆层的光泽及干燥速度而混入规定外的添加物 5)使用了错误的添加剂。各种非面漆层专用的添加剂会使漆面更容易开裂 6)涂覆涂料前,涂料混合不均匀,稀料不足或型号不对
28	起泡	1)所用涂料的涂膜耐水性或耐潮湿性差 2)底漆和面漆涂层厚度都不足,稀释剂使用不正确
29	剥落/脱落	1)涂层体系中的涂料配套不适当 2)所选用底漆与底材或旧漆面不配套;底层漆未干固透 3)室外用漆的耐候性、耐水性、抗高低湿循环性差 4)稀释剂的品质不佳(溶解能力差)
30	生锈	1)所用涂料的耐腐蚀性差,不能适应高温高湿、有腐蚀介质酸、碱、盐等恶劣的腐蚀环境 2)在修补部位露出金属基体时,未喷涂防锈底漆,直接喷涂面漆

分析表4-6中常见的30种涂装涂层弊病情况我们可以看出，涂料对于涂装涂层体系质量状况的影响，主要有如下几点。

① 若涂层体系各配套的涂料选择不正确、品种不合适，所形成的涂层就不能适应周围的使用环境，会产生各种涂层破坏状态。

② 若涂覆时所用调配的涂料质量控制不好，特别是其中混有异物，最容易引起各种涂层质量问题。

③ 若稀释剂使用错误或添加比例不合适，也很容易产生涂层质量问题。

④ 黏度对于涂层质量影响很大，一定要严加控制。

⑤ 混合搅拌对于涂料特别是多组分的涂料是非常重要的

⑥ 严格按照技术要求进行配色、调漆，是保证涂层质量的重要一环。

4.3 涂装设备的影响及质量控制分析

涂装设备是指涂装生产过程中使用的设备（生产线）及工具。包括喷抛丸设备及磨料，脱脂、清洗、磷化设备，电泳涂装设备，喷漆室，流平室，烘干室，强冷室；浸涂、辊涂设备，静电喷涂设备，粉末涂装设备；涂料供给装置（系统）、涂装机器（专机），涂装运输设备，涂装工位器具；洁净吸尘设备（系统），压缩空气供给设备（设施）；试验仪器设备等。

“工欲善其事，必先利其器”。在市场竞争中越来越重视产品表面质量的情况下，涂装设备及其对涂层质量的影响，引起了各企业的高度重视。通过对涂装设备进行较大幅度的投入，提高了产品外观质量，减少了原材料和能源的消耗，改善了劳动条件，减少了环境污染等，取得了良好的经济效益和社会效益。但是，必须清醒地认识到，我国大型涂装生产线有了很大的进步，可仅局限于少数的汽车、工程机械和家电行业等大批量生产的企业。大量的多品种小批量、单件化、柔性化的生产企业，在涂装设备方面还存在各种各样的问题。这些企业的涂装设备可靠性低、性能差，造成产品涂装涂层质量的各种问题。面对企业现有设备已明显落后市场要求的状况，必须加大对涂装设备的投入，加强涂装设备的日常管理，以便提高涂装涂层质量。

4.3.1 涂装设备的优劣与涂层体系质量控制

(1) 涂装设备的形式多种多样，必须慎重选择

从最原始的刷子和漆桶到高度自动化涂装机器人的生产线，同时存在于涂装行业的生产之中，设备种类、性能不胜枚举，价格高低千差万别，这也是涂装行业的一大特点。为此，需要涂装专业技术人员进行选择或者进行设计，制造出符合企业实际情况的设备。现在一般的涂装专业设备供应商提供的设备，其性能和质量可以

满足涂装车间的生产需要，而有些技术水平较低的涂装设备供应商提供的设备，会影响涂层的质量。因此，要根据涂装生产的实际情况选择价廉物美的设备，避免设备选型不当带来的质量隐患。

（2）涂装设备的非标特性突出，要考虑各种具体情况

由于涂装生产的多样性和工艺的复杂性，从而使涂装设备具有非标准设备的特点。特别是涂装生产线，多数是非标设计，一旦建成很难移动和改造。还有大量的形状怪异的结构复杂的工位器具、吊装和输送装置，种类繁多，很费脑筋。虽有部分设备进行标准化、系列化生产，但也有很大的局限性。不少有涂装生产的工厂企业，为了节省费用而自行设计、制造的涂装设备问题很多。例如（如图4-5所示），喷漆室内部的密封及过滤问题、风速及通风形式问题，烘干室的热风循环形式、室体密封等，均未很好地解决，为今后的涂装生产留下很难克服的问题。

图4-5　某工厂用于装饰性涂装的喷漆室与烘干室

（3）对于涂装设备技术性能方面，要考虑全面和仔细

有些涂装设备看起来简单，实际上有比较复杂的原理和独到的技术要求，要做好并不容易。比如，喷漆室不仅仅是为了改善操作人员的劳动条件和减少环境污染，重要的是要为涂装作业提供合适的风速、温度、湿度、洁净度，为涂层的形成提供物理变化、化学反应最佳条件，才能保证涂层的质量。为此，喷漆室要解决好风量平衡和风速的合理分布；进入喷漆室空气的调温、调湿和净化；工件的输送、操作空间的大小和照明等。如果不注意诸如此类的问题，结果制造出来的涂装设备很容易使涂层易产生针（缩）孔、橘皮、颗粒等缺陷，无法保证涂装涂层的质量。

（4）涂装设备与涂层质量的关系密切

通过对表4-7涂装设备对涂层质量影响一览的分析我们可看出，经常出现的涂装质量问题，大多数都与涂装设备有直接的关系。技术先进、经济适用、质量优良的涂装设备是获得优质涂层体系的硬件保证，必须引起足够的重视。

4.3.2　涂装设备的检查、维护与涂层体系的质量控制

设备使用效果不仅与设计、制造、安装质量有关，而且与设备的维护保养有关。良好的设备，依赖于良好的维护。涂装设备使用维护不规范，会影响其的应用

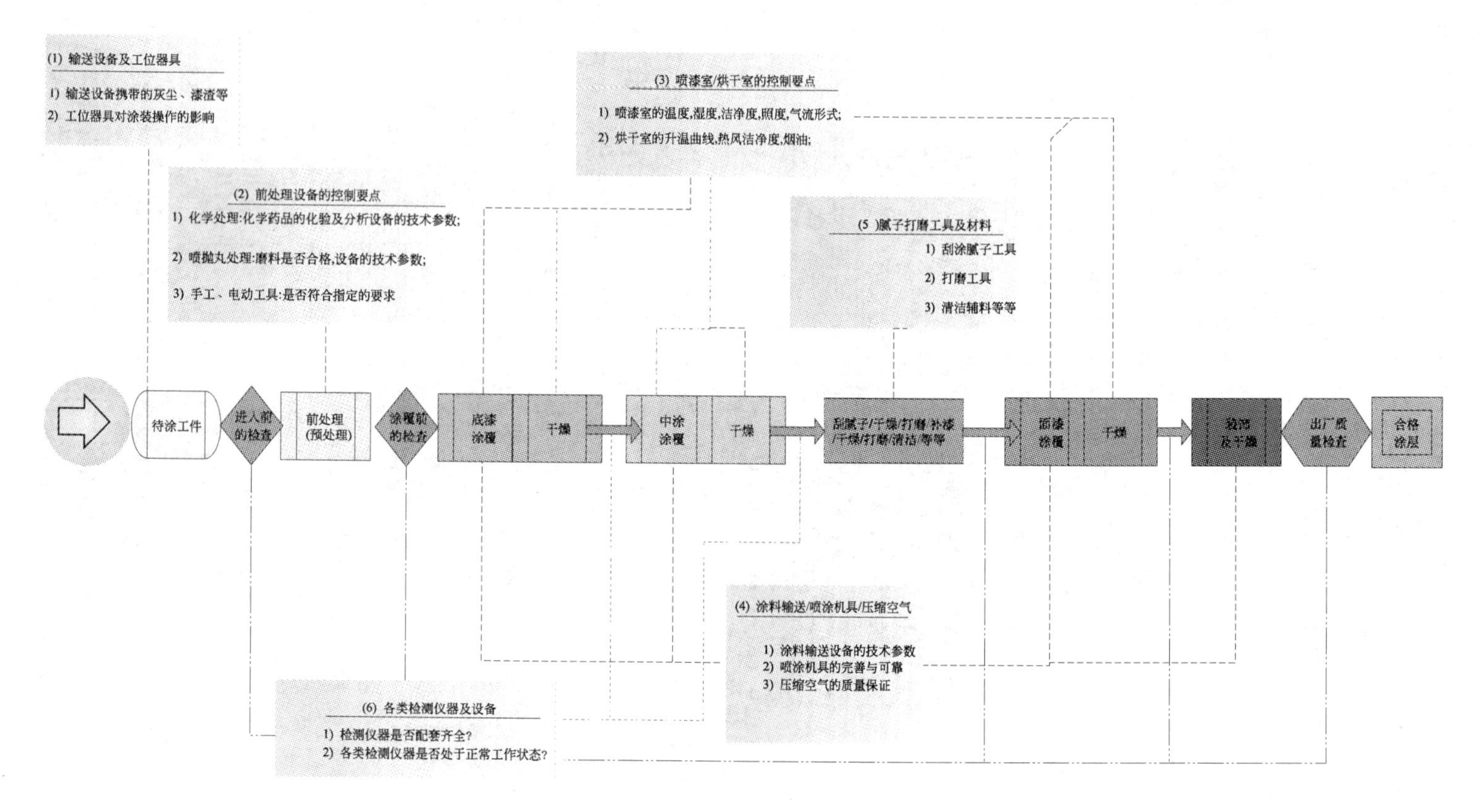

图 4-6 涂装车间各类涂装设备质量检验维护要点汇总

效果，带来质量问题。应编制关键设备的检修和保养计划，做好日常保养和定期维修，这是保证涂装设备正常运行的一个重要环节。图4-6简单汇总了涂装车间各类设备检查维修的要点。

例如，喷漆室实际使用过程中，像汽车涂装线上的喷漆室检查维护做得比较好。在一般情况下，有的企业不能按规定及时更换送风系统的过滤装置（层），在运行一段时间后，静压箱（均压箱）及空调过滤段的过滤布因积尘而使阻力加大，送排风系统风量不匹配，影响系统平衡，喷漆室外灰尘侵入，而影响涂层体系的表面质量。有的喷漆室因维护不当，室内气流不能形成或保持自上而下的层流，紊流很多，漆雾四处飘逸。当积累漆雾到一定程度时，就会形成二次污染，降落到涂层表面造成质量事故（图4-7）。

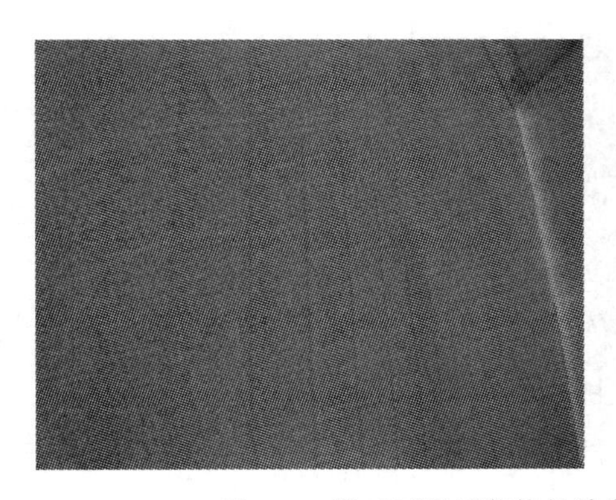

图4-7 某工厂用于装饰性涂装喷漆室内的灰尘黏附照片

再例如，当烘干室电热元件损坏而不能及时修复时，烘干室温度达不到要求，涂层干燥缓慢，影响涂层的平滑度、光泽度和耐腐蚀等性能。当烘干室内进入的待烘干工件超过设计的容量时，设备加热能力不足，涂层就不能彻底烘干，从而降低了涂层的性能。对于在涂装生产线上的烘干室，当生产任务加大而引起链速增加时，需要增加烘干室的热量输入，否则又会引起涂层干燥不良的问题。

4.3.3 涂装设备与涂层弊病关联的分析

从表4-7所列举的常见弊病，我们可以看出以下几点规律。

(1) 涂装设备对于涂层体系的耐候性、耐腐蚀性的指标影响很小，如失光、变色、粉化、沾污、长霉、裂纹、剥落、生锈等指标，与设备质量及运行状况没有直接关系。在分析这些质量问题时，可以较少考虑涂装设备的影响因素。

(2) 涂装设备对于涂层体系的颜色缺陷影响较小，如发花/色花、色差、渗色、掉色等缺陷，在解决此类质量问题时，分析重点应放在涂料、工艺等方面。

(3) 涂装设备对于涂层体系的外观光泽缺陷有较大影响，如光泽不良、鲜映性不良、金属闪光色不匀，对于喷漆室、烘干室、喷涂机器（工具）运行状态关系较大，如遇到此类质量问题时，要分析涂装设备的好坏以及运行状况。

（4）涂装设备对于涂层体系的外观平滑性缺陷有很大影响，如露底、缩孔、陷穴、针孔、起气泡、起皱、橘皮等缺陷，与喷漆室、烘干室、喷涂机器（工具）运行状态关系很大，一定要结合涂装设备综合分析各种影响因素。

（5）涂装设备对于涂层体系的外观异物附着、颗粒等缺陷影响最大，如颗粒/起粒、流挂等缺陷，与喷漆室、流平室、烘干室、喷涂机器（工具）的质量水平和运行管理直接相关，要克服此类质量缺陷，必须解决好涂装设备的问题。

表 4-7　涂装设备对涂层质量影响一览

序号	涂层弊病	涂装设备(以溶剂型涂料为例)对涂层质量影响的原因分析
1	流挂	①喷枪设定不当,喷涂气压过低,喷涂量与喷幅不协调;喷涂操作不当,一次喷的过厚 ②喷涂室温度过低,喷涂的涂膜干燥较慢 ③喷涂室湿度高造成漆膜中溶剂挥发慢 ④烘干设备温度控制过低
2	颗粒/起粒	①喷漆室、晾干室或烘干室的空气未经过滤或过滤不当,洁净度不够 ②飞散漆雾或灰尘大量黏附在喷漆室内、晾干室、烘干室的内壁表面上或缝隙之中,喷涂时飞落工件上 ③输送设备(悬挂输送机、运送工件的小车等)携带有灰尘、纤维等 ④调漆设备、供漆设备带有灰尘 ⑤喷枪、漆刷等涂覆工具不洁,粘有杂物 ⑥压缩空气未过滤或过滤不当
3	露底	①喷涂设备特别是自动喷涂设备的动作设置不当,有不能喷涂到的部位或有些部位喷涂太薄 ②涂料输送系统有问题
4	缩孔/鱼眼	①喷枪所用的压缩空气未进行严格的过滤,经常发现硅酮物来源于压缩空气管道;压缩空气不净,混入油或水 ②涂覆、调漆工具及设备不清洁,有害物质混入涂料中 ③手套、工作服不干净
5	陷穴/凹洼	①调漆、喷漆工具及设备洁净度差,有害物质混入涂料中 ②手套、工作服不干净 ③压缩空气不净,混入油或水
6	针孔	①喷涂时压缩空气中的水分伴随漆雾黏附在工件上形成针孔 ②烘干时烘干设备升温过急
7	起气泡	①压缩空气的压力太高。压缩空气不净,混入油或水 ②因烘干室的升温过快、喷漆室的风速过快而引起涂膜表面速干
8	咬底/咬起	
9	起皱	①烘干升温过急,表面干燥过快 ②烘干室中的“污气”(通常系由通风不良或燃烧的氧化物造成)引发
10	橘皮	①喷涂时压缩空气压力低,出漆量过大和喷具不佳,导致漆料雾化不良 ②喷涂室内风速过大,致使溶剂挥发过快
11	发花/色花	喷涂设备未清洗干净
12	色差	在更换颜色时,输漆管路或调漆设备未清洗干净

续表

序号	涂层弊病	涂装设备(以溶剂型涂料为例)对涂层质量影响的原因分析
13	渗色	设备未清洗干净
14	浮色	乳胶类涂料搅拌不均匀可能会导致漆膜产生浮色
15	金属闪光色不匀	①喷漆雾化压力小,涂料微粒化不好 ②喷枪吐出量大,喷枪喷涂的涂层过厚或膜厚不均匀,喷涂操作不熟练 ③喷涂金属色漆喷涂图案是球形(最好是哑铃形状) ④喷涂室温度低、湿度高,使涂料液的湿膜黏度下降,并引起了金属色漆和罩光清漆之间的过度对流致使铝粉产生了自由移动 ⑤喷涂室温度高、湿度低,使喷涂后的湿膜黏度变高,流平性下降 ⑥喷漆室内环境温度低、湿度高
16	光泽不良	①喷漆室的排气不良或空气流向不对,使喷雾回落在已喷好的表面上,或局部补漆造成 ②在高温高湿、缺少通风或极低温的喷漆室环境下涂装 ③烘干时换气不充分,低温烘干室中空气污染 ④在单色漆中高速回转雾化型喷涂机转速较高、吐出量大产生此现象 ⑤喷涂气压过高和/或黏度低,使雾化过度
17	鲜映性不良	①喷漆室涂装环境差,涂层表面产生颗粒,影响鲜映性 ②空气压缩机产生的气压不稳,气体中含有水分和油污 ③喷涂设备或工具不好,喷涂时涂料雾化不良,涂层表面的橘皮严重
18	丰满度不良	
19	砂纸纹	所选用的打磨设备或工具以及砂纸太粗或质量差
20	残余黏性/干燥不良	①烘干室的技术状态不良,温度偏低或烘干时间不足 ②烘干室内的被烘干物过多,热容量不同的工件同时在一个烘干室内烘干
21	失光	烘干设备失控,造成烘干温度过高,涂层容易失光
22	漆膜变色/变色	
23	粉化	
24	泛金光/泛金	喷涂用的压缩空气中有油
25	沾污	
26	长霉	
27	开裂/裂纹	压缩空气管路内有油和水的污染
28	起泡	喷涂用的压缩空气不清洁
29	剥落/脱落	
30	生锈	喷涂时使用的压缩空气中含有水分,水分接触金属底材后造成锈蚀

4.4 涂装环境的影响及质量控制分析

涂装环境是指涂装设备内部以外的空间环境。前面已就其概念给出了定义,表4-8列出了各种涂装环境与各种技术参数的联系,并进行了简单分析。

表 4-8　涂装环境对涂层质量控制一览

序号	涂装环境的分类	温度	湿度	洁净度	照度	污染物	涂装环境对涂层质量控制的影响
1	室外环境	室外自然温度下进行涂装	室外自然湿度下进行涂装	无法控制涂装	自然光或灯光	受周围环境影响	影响很大，根据自然气候调整涂装施工，难于保证和控制涂层质量
2	室内无喷涂设备的环境	室内温度下涂装	室内湿度下涂装	可简单控制后涂装	灯光/采光	有各种污染的可能	影响较大，因厂房的设施不同而部分受自然气候的影响。可部分控制涂层质量，不宜作装饰性涂层
3	室内有喷漆室/烘干室的环境	喷漆室/烘干室内涂装	喷漆室/烘干室内涂装	在可控制下涂装	灯光	可控制污染物	涂装在设备内进行，质量控制依赖设备。涂装环境对涂层质量影响不大，对暴露于环境中的工序有影响。可作装饰性涂层
4	室内有涂装生产线的环境	生产线上(内)涂装	生产线上(内)涂装	高精度控制下涂装	灯光	可严格控制	涂装在生产线内进行，质量控制依赖设备。涂装环境对涂层质量无影响。可作高级装饰性涂层

4.4.1　环境温度的影响

表 4-9 将环境温度与涂层质量的影响进行了较详细地分析。

表 4-9　环境温度对涂层质量的影响

序号	涂装环境的分类	环境温度的影响分析
1	室外环境	涂装涂层质量受环境温度的影响很大。温度过低时，涂料可能会不干燥或不固化。温度过高时，涂料对工件表面润湿性不良，并会产生气泡各种涂层质量问题，进而影响涂层的长期性能。一般环境温度要控制在 5～35℃(根据涂料的具体情况确定)。露点是整个涂装过程中需要注意的重要问题，被涂装工件的表面温度至少比环境大气的露点高 3℃
2	室内无喷涂设备的环境	在无涂装设备的情况下，温度对涂层质量的影响与室外环境大致相同。但要充分发挥涂装车间内温度可以部分控制的优点，为涂装提供合适的温度范围，以保证涂层质量
3	室内有喷漆室/烘干室的环境	在有涂装设备的情况下，喷涂及干燥时的温度均可控制，涂层质量有较可靠的保证。但要注意被涂装工件由其他温差较大的空间进入喷漆室/烘干室时，由于温差较大，湿气容易在工件表面结露等现象，引起涂层质量问题
4	室内有涂装生产线的环境	在有涂装生产线的情况下，温度对涂层质量的影响与有涂装设备的情况大致相同。但要注意大量干燥设备产生的热量使涂装车间内温度升高，与其他车间产生温差，局部空间会影响涂层的质量

4.4.2　湿度及露点

表 4-10 将环境湿度及露点与涂层质量的影响进行了较详细地分析。

表 4-10　环境湿度及露点对涂层质量的影响

序号	涂装环境的分类	环境湿度的影响分析
1	室外环境	涂装前被涂装工件表面是否干燥，对涂层的附着力有直接影响。涂装时一般环境相对湿度要低于 85%，被涂装工件表面温度至少高于露点 3℃。如不满足上述条件进行涂覆时，工件表面可能会发生结露(湿气)，容易引起涂层泛白、裂纹、附着力下降、涂层剥落、生锈等弊病 如果涂层干燥期间湿度较高也可能损害涂层的性能，例如干燥时间延长、面漆失光发白、双组分涂料的化学反应推迟。雨雪天气时，空气温度的变化、工件表面温度低于周围空气温度时，均容易引起结雾(凝结水)，对涂层质量影响很大，必须引起足够的重视。以上所述不包括大漆、聚硅酸盐无机富锌底漆、湿固化聚氨酯、带水涂料等的特殊情况
2	室内无喷涂设备的环境	在室内无涂装设备的情况下进行涂覆干燥，可以通过通风、除湿等方法控制湿度。具体参数和要求见“室外环境”的数据
3	室内有喷漆室/烘干室的环境	在有涂装设备的情况下，喷涂及干燥时的湿度均可控制，涂层质量有较可靠的保证。但要注意被涂装工件由其他温差较大的空间进入喷漆室/烘干室时，由于温差较大，容易在工件表面结露(湿气)等现象，引起涂层质量问题
4	室内有涂装生产线的环境	在有涂装生产线的情况下，湿度对涂层质量的影响与有涂装设备的情况大致相同

温度、湿度和露点这三者在一定的条件下存在函数关系，当通过测量已知温度、湿度后，可以查专用数据表得到露点温度。被涂装工件表面温度可由表面温度计测得。

例如，当环境相对湿度 80%、温度 15～30℃时，查得露点温度为 11.5～26.2℃，环境温度与露点温度相差 3.5～3.8℃。此种情况下如果要求被喷涂工件表面温度至少高于露点 3℃时，被涂装工件表面温度应该是 14.5～29.2℃，当被涂装工件表面温度与环境温度（即 15～30℃）同样时，是符合涂装技术要求的。

当环境相对湿度 85%、温度 15～30℃时，查得露点温度为 12.5～27.2℃，环境温度与露点温度相差 2.5～2.8℃。此种情况下如果要求被喷涂工件表面温度至少高于露点 3℃时，被涂装工件表面温度就应该是 15.5～30.2℃，比环境温度（即 15～30℃）要高。为了符合涂装技术要求，要么加热被涂装工件，要么改变局部空间的温度并使被涂装工件与局部空间的温度同温，要么降低局部空间的湿度。这样就要增加涂装成本，且非常不便。这就是规定“环境相对湿度要低于 85%，被涂装工件表面温度至少高于露点温度 3℃”的原因。

在室外环境进行涂装施工，要综合考虑合适的温度、湿度、露点以及被涂装工件的表面温度，避免恶劣条件，选择良好条件，以保证涂层的质量。图 4-8 是根据有关资料汇总的涂装环境温度、湿度的选择示意图，供室外室内涂装施工时参考。

4.4.3 照度（采光）

照度：采光亮度强弱的指标。涂装环境一般使用自然光和强制采光。表 4-11 进行了较详细地分析。

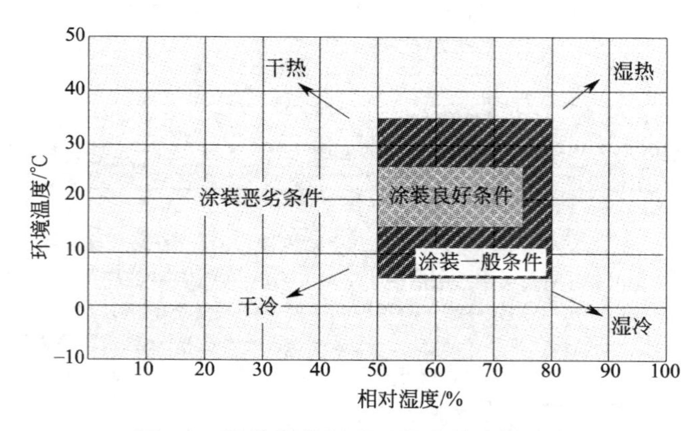

图 4-8 涂装环境温度、湿度的选择示意

表 4-11 环境照度（采光）对涂层质量的影响

序号	涂装环境的分类	环境照度的影响分析
1	室外环境	在室外的涂装施工受自然光线的影响很大。光线很差(夜间、黄昏、阴天)时,会影响操作工人对表面状态的判断(除锈等级、湿涂层状态是否合格等);涂装质量的检查时,会产生较大的误差,影响涂装涂层质量。因此,要根据实际情况进行采光,以提高照度(参照室内标准)。对于较为封闭的内部空间(内腔)喷涂时,照度应该在 300lx 以上,照明设施应该是防爆型的
2	室内无喷涂设备的环境	室内采光的好坏直接影响被涂产品的外观涂装涂层质量,如表面的腻子麻眼、砂纸痕、刮涂缺陷、打磨缺陷、喷涂缺陷等各种细节缺陷,如照度不够将难以发现和解决。涂装作业要有适当的照度,一般涂装 300lx,装饰性涂装为 300～800lx。在密闭或通风不良的室内施工,对于涂装质量的检查,需要较高的照度,照明设施应该是防爆型的。在涂层检查、喷漆室、修补涂层等精细操作工位,还应使用局部照明,光照度应不低于 400lx。为了便于正确识别涂料颜色,这些工位宜采用天然日光色光源或天然白色光照明
3	室内有喷漆室/烘干室的环境	在有喷漆室的内部,一般涂装和自动静电涂装为 300lx,装饰性涂装为 300～800lx,高级装饰性涂装 800lx 以上,超高装饰性涂装在 1000lx 以上。在涂层检查、喷漆室、修补涂层等精细操作工位,还应使用局部照明,光照度应不低于 400lx。为了便于正确识别涂料颜色,这些工位宜采用天然日光色光源或天然白色光照明
4	室内有涂装生产线的环境	在有喷漆室的情况下,一般涂装和自动静电涂装为 300lx,装饰性涂装为 300～800lx,高级装饰性涂装 800lx 以上,超高装饰性涂装在 1000lx 以上。在涂层检查、修补涂层等精细操作工位,还应使用局部照明,光照度应不低于 400lx。为了便于正确识别涂料颜色,这些工位宜采用天然日光色光源或天然白色光照明

4.4.4 洁净度

环境环境洁净度一般是指空气洁净度，即衡量空气中尘埃存在多少的一种量度。一般以洁净度等级表示。国内对于涂装环境的洁净度尚无统一的标准，表 4-12 所列仅供参考。

表 4-12　涂装环境尘埃许可程度

区　分	举　例	粒度/μm	粒子/(个/m^3)	尘埃量/(mg/m^3)
一般涂装	建筑、防腐涂装	10以下	6亿	7.5以下
装饰性涂装	公共汽车、载重车车身	5以下	3亿	4.5以下
高级装饰性涂装	轿车车身等	3以下	1亿	1.5以下

环境中的尘埃等污染物质，在涂装过程中通过各种途径影响涂层质量。在涂覆之前已经降落在被涂装工件表面，如不除去将影响涂层附着力等综合性能；在涂覆过程中尘埃混入湿漆膜内，影响涂层的长期性能；在涂覆结束后尚未表干前，尘埃降落在湿漆膜上，影响涂层的外观质量，造成大量的返工。具体分析详见表4-13所列。

另外，有的物质会对涂装车间造成污染，影响涂层质量，如有机硅油类、蜡类等。

表 4-13　环境洁净度对涂层质量的影响

序号	涂装环境的分类	粉尘/尘埃等的种类	洁净度对质量的影响	说　明
1	室外环境	主要有大气中的灰尘、风沙、煤烟、树叶、纸屑、昆虫、纤维、金属细屑、毛发头屑、铁锈粉尘、磨料颗粒、打磨灰粒、过喷漆雾等	尘埃及杂物如混入基体金属表面或漆膜内，将影响附着力、耐腐蚀性、耐水性等长期性能指标；粘在涂层表面将会影响涂层的外观质量。室外不能进行装饰性涂装	防止风、气流吹起的粉尘/灰尘，当风速大于3m/s不宜喷涂作业。远离尘埃的发生源，条件不好时禁止涂装施工
2	室内无喷涂设备的环境	主要有灰尘、焊接烟尘、纸屑、昆虫、纤维、金属细屑、毛发头屑、铁锈粉尘、磨料颗粒、打磨灰粒、过喷漆雾等	室内环境好于室外，可适当控制涂装车间内的尘埃。对涂层质量的影响如同室外环境。不宜进行装饰性涂装	重点控制建筑物(墙面、天花板、地坪等)的起尘和积尘，车间通风系统的过滤等问题
3	室内有喷漆室/烘干室的环境	主要有灰尘、焊接烟尘、纸屑、昆虫、纤维、金属细屑、头屑、铁锈粉尘、磨料颗粒、打磨灰粒、过喷漆雾等	有合格喷漆室、流平室的情况下，可以较好地控制洁净度，尘埃及杂物对涂层质量的影响减少。要解决好环境对喷漆室/流平室的污染。将涂装车间划分为非清洁区、一般清洁区、高度清洁区	控制进入涂装车间不同区域的工件及输送设备、人员所带的污染物。注意将喷砂、打磨等工序进行隔离
4	室内有涂装生产线的环境	主要有灰尘、纤维、头屑、铁锈粉尘、金属细屑、打磨灰粒、过喷漆雾等	有合格的涂装生产线，可使被涂装工件全过程置入洁净空间。涂层可获得高级装饰性外观，各种尘埃产生的涂层弊病最大限度减少。全封闭车间，划分涂装设备与一般清洁区、高度清洁区，全部过滤进入车间的空气，并保持微正压	要解决好环境对涂装车间及生产线的污染，控制安全出入口、货物运输出入口、人员出入口，防止尘埃的进入

4.4.5 涂装环境与涂层弊病关联的分析

分析表 4-14 我们可以看出，除了个别色彩方面的弊病之外，绝大部分涂层质量问题都与涂装环境有关系。不光对于涂层的外观质量，而且对于涂层的耐腐蚀性、耐水性等长期性能指标也有很大的影响。

对于在室内有喷漆室/烘干室、有涂装生产线的环境，其温度、湿度、洁净度、照度、污染物等的控制，是比较容易保证涂层的质量的。对于室内无喷涂设备、室外涂装的环境，存在的问题比较多。图 4-9 是将腻子打磨、喷涂中涂等工序集中于一处的室外喷漆场地，涂层质量无法保证，其中有的工件在喷涂中涂面漆前，已经被积水浸泡，严重影响涂层质量。

图 4-9　某厂的室外涂装环境及雨后有积水的工件

图 4-10 是将腻子打磨、喷涂中涂面漆等工序集中于室内的涂装车间，各种垃圾、灰尘、打磨灰尘全都集中在通风欠佳的室内。如图 4-10 中的右图所示，腻子打磨工序，被安排在紧靠喷漆室的区域，喷漆室的周围全部是被打磨下来的粉尘。在此种涂装环境下所形成的涂层，无法保证产品的涂层技术要求。

图 4-10　某厂的室内涂装环境及喷漆室前的腻子打磨

表4-14　涂装环境对涂层质量影响一览

序号	涂层弊病	涂装环境(以溶剂型涂料为例)对涂层质量影响的原因分析
1	流挂	①无喷涂室等设备时,涂装环境温度过低或干燥温度过低,喷涂的涂膜干燥较慢 ②湿度高造成漆膜中溶剂挥发慢 ③周围空气的溶剂蒸气含量过高
2	颗粒/起粒	①涂装环境的空气洁净度差,达不到相应涂装等级的要求;晾干和烘干的空间有灰尘、树叶、纤维等杂物的污染 ②涂装工厂的水泥或其他会产生灰尘的地坪未曾封固或未予以润湿 ③在喷涂区域内进行干打磨、研磨、抛光等,有打磨、研磨、抛光粉尘 ④操作人员带来的灰尘,工作服上的灰尘、污土及纤维等 ⑤涂装遮盖纸(物)有易脱落的颗粒、粉尘
3	露底	因环境温度过低,引起涂料黏度下降形成露底
4	缩孔/鱼眼	①环境空气不清洁:有灰尘、漆雾、聚硅氧烷、硅油、打磨灰、蜡雾灰等,或从邻近工厂而来的空气污染了已准备完的被涂面或湿漆面 ②接触聚硅氧烷的操作(如打蜡,抛光)离涂装车间很近或在同一场所进行 ③被涂物的温度低或在高温或低温高湿的环境中涂装等
5	陷穴/凹洼	①涂装环境空气不清洁,有尘埃、漆雾、硅油、抛光膏和蜡的喷雾等污染物质 ②被涂物的温度低或在高温或低温高湿的环境中涂装等
6	针孔	①环境空气湿度过高 ②涂装环境干热或空气流动过速
7	起气泡	环境空气湿度过高,在无喷漆室等涂装设备的环境涂覆涂料时,要注意控制环境的温度、湿度
8	咬底/咬起	
9	起皱	①低温、高湿或喷涂后表面上的空气流动量过大,或不通风 ②喷漆车间温度过高,表面的涂料干燥较快并收缩,当内层涂料干燥时,将会使表面涂料出现收缩现象 ③高温或太阳暴晒,使膜内外干燥不均,表面已干燥结膜,内部尚未干燥形成皱纹
10	橘皮	①涂装环境的温度偏高,当喷涂作业的环境温度过高时,涂料颗粒在到达喷涂表面的过程中就已经过度干燥,从而导致流平不佳、干燥不当 ②喷涂空间(无喷漆室时)内风速过大,导致溶剂挥发过快
11	发花/色花	在涂装现场附近有能与涂膜发生作用的气体(如氨、二氧化硫等)的发生源
12	色差	
13	渗色	
14	浮色	
15	金属闪光色不匀	环境温度不合适,如环境温度低
16	光泽不良	①在高湿度或较低温下施工,涂膜中吸收空气中水分产生此现象 ②在低温、高温和缺少通风的环境下涂装干燥 ③漆膜表面受到了蜡、油、肥皂水或水的污染
17	鲜映性不良	涂装环境差,涂层表面产生颗粒或光泽不足
18	丰满度不良	
19	砂纸纹	
20	残余黏性/干燥不良	①自干场所换气不良,湿度高 ②温度偏低
21	失光	①涂层使用环境:(因阳光照射、水气高温高湿作用和腐蚀气体的沾污,暴露于大气中的涂层逐渐受损,使表面不平失去光泽。) ②其他外界原因造成;涂层表面受到了蜡、油、肥皂水或水的污染

续表

序号	涂层弊病	涂装环境(以溶剂型涂料为例)对涂层质量影响的原因分析
22	漆膜变色/变色	涂层体系受使用环境的影响: ①涂层受阳光照射(主要是短波区段的紫外线)、潮湿、高温等作用所致,使涂层中的颜料、树脂变质 ②涂层长期暴露在有腐蚀气体或有污染的空气中(如二氧化硫),使涂层的颜色发生变化
23	粉化	①涂层在使用过程中受紫外线、氧气和水分的作用,发生老化,漆基被破坏,粘接性变差,露出颜料,从而导致涂料表面逐渐呈粉状剥落 ②涂层使用太久,使用环境苛刻
24	泛金光/泛金	①使用环境的影响:受日光紫外线的照射或受高温影响 ②受煤烟、二氧化硫等作用而变色
25	沾污	①受环境空气中的污物(如灰尘、水泥灰、焦油、煤烟、酸性物质、昆虫和鸟类的粪便等)的侵入、沾污 ②有许多物质(如路面柏油、润滑油、液压油、防冻剂、电瓶水以及合成或天然胶等)停附涂层上能导致表面斑迹(staining),有许多媒介剂具有水溶性,能侵入涂层内
26	长霉	①被涂物的使用环境潮湿,不见阳光或背光 ②具有霉菌生存的环境
27	开裂/裂纹	①涂覆涂料时,基底的温度太高或太低 ②涂层干燥场所的空气中,含有酸性气体(如二氧化硫、二氧化碳、一氧化碳等),易引起气体裂纹 ③涂层在使用环境中,经受不住高低温变、干湿和浸蚀液体的交替变化
28	起泡	①固化(干燥)后的涂层体系长期被放置在高温高湿下的氛围(如已进水且密闭的包装容器)中 ②涂层持续暴露于严重潮湿气候及高温环境,如在梅雨季节等,涂层易起泡 ③使用环境的积水长期浸泡,是造成涂层气泡的原因之一
29	剥落/脱落	①涂覆中涂层时天气潮湿,稀释剂挥发太快或者底涂层准备好后在潮湿环境中过夜,在中涂漆面形成看不见的水膜,立刻喷涂面漆 ②涂装施工温度过高
30	生锈	①涂覆涂料时,工件表面温度没有高于露点3℃以上 ②涂装时周围环境差,高温、高湿或有腐蚀介质的侵蚀 ③涂层体系形成后所处的使用环境差,如高温、高湿,有腐蚀介质(酸、碱、盐等)的侵蚀

注:表格中斜体字部分的文字,是指涂层体系的“使用环境”,而不是“涂装环境”。

4.5 涂装工艺的影响及质量控制分析

由表4-2我们可以看出,工艺因素对于涂装质量的影响是很大的,图4-12列出了工艺过程中需要重视的质量控制点。

(1) 相关车间(专业)的限制和干扰会影响涂层质量

在一般机械产品制造企业中,涂装只是生产流程中诸多环节的一个环节(或二三个环节),因此,涂层质量会受相关车间(专业)的限制和干扰,同时也会给其他车间(专业)带来影响和弊端。如图4-11所示,涂装被分割在三个区域,与切割下料、焊接、机械加工、装配等车间(专业)相互影响、相互制约。

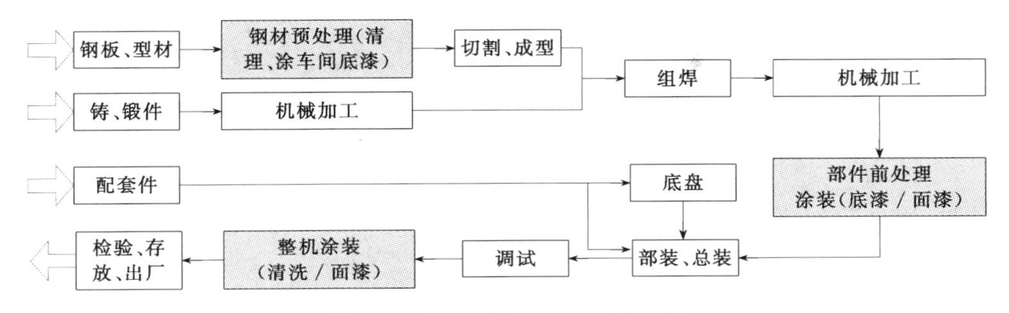

图 4-11　某类型工程机械生产流程

进行质量控制时，必须考虑到涂装专业之外的其他问题。例如，如果冲压成型工件的平整性不好，或者焊接所形成的焊缝高低不平，为了外观装饰性的质量，必须要刮涂腻子，而腻子对于涂层质量将会产生负面影响。再例如，部装、总装时，由于对涂层保护不够，造成漆面划伤、碰伤的情况经常发生。为了保证涂层质量，有时要对局部涂层打磨、补涂底漆，刮涂腻子、打磨，再喷中涂/面漆等工序；有时不得不整个表面重新喷涂面漆。

(2) 工艺流程中的工序安排不当会影响涂层质量

在生产工艺设计时，未考虑到产品的特点而进行工序安排，会间接影响涂层质量。例如，空间分布比较大的结构件，如果焊接之后再去喷砂，就会在很多边角及隐蔽部位产生除锈质量达不到标准要求的情况。如果对型材进行钢材预处理，质量和效率就会有很大的提高。再如，镀锌钢板喷涂前的打磨处理，破坏了锌镀层的腐蚀防护作用，不如进行磷化或者选用其他工艺。

(3) 工艺的技术参数制定偏差会影响涂层质量

不同涂料、不同产品要应用不同的涂装技术标准（ISO、GB、行业标）制定工艺的技术参数；否则，将会带来质量隐患和问题。例如，有的企业使用汽车修补漆的标准应用于需要重防腐产品的工艺中，其结果只能是涂层严重失效。

(4) 实施操作的行为偏离工艺文件的要求会影响产品质量

有了合理的工艺，必须要严格执行。执行不到位，势必要影响产品涂层质量。

涂装各工序中质量控制点示意如图 4-12 所示。

4.5.1　生产中所用材料表面锈蚀等级的限定

为了减少腻子（原子灰）的使用量和提高工件表面的外观质量，对于热轧板、型材等碳钢材料，一定要选用表面锈蚀等级为 A、B 的材料，尽量不使用 C、D 级的材料，具体要求参见 GB 8923.1。由于下料时的操作不在涂装车间，因此，控制

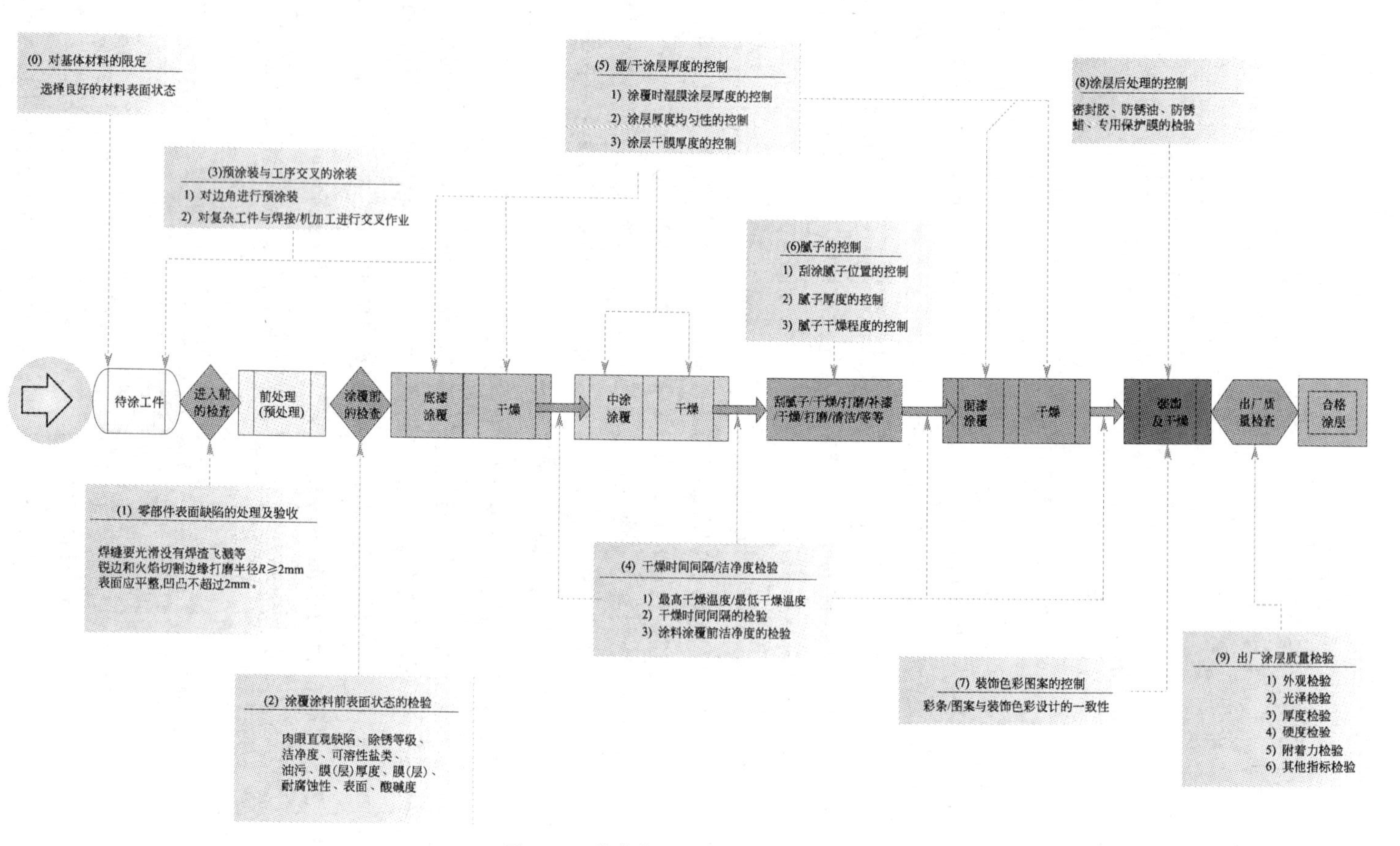

图 4-12 涂装各工序中质量控制点示意

所用材料表面锈蚀等级的任务，应有企业技术综合管理部门协调推进，或者由产品设计部门在图纸上标注：外露的工件表面，一定要使用表面锈蚀等级为 A、B 的材料，限制使用 C、D 级的材料。

4.5.2　被涂装零部件（工件）表面缺陷的处理及验收

为了保证涂层质量，已焊接或加工过的钢铁件，在前处理或喷涂前，应将焊接的气孔和不连续焊、焊渣飞溅等修整光滑，锐边和火焰切割边缘要打磨成半径 $R \geqslant$ 2mm 的状态。设备表面应平整，凹凸不超过限定的数值。具体标准可参考《ISO 8501-3：2006 涂覆涂料前钢材表面处理 表面清洁度的目视评定第 3 部分：焊缝、切割边缘和其他区域的表面缺陷的处理等级》，与此等效的国家标准 GB/T 8923.3 已经颁布。

在进行喷砂（喷、抛丸）之前，一定要对被涂零部件进行验收，并办理书面交接工作，不符合标准要求且问题严重的工件要进行返工整改。

4.5.3　涂覆涂料前表面处理状态的检验

如果将表面处理前工件表面进行分类，大致有以下几种情况：无涂层表面、金属镀层表面（热喷涂、热浸镀锌、电镀锌、渗镀锌）、涂有车间底漆的表面、有涂层的其他表面。在表面处理后、喷涂或刷涂涂料之前，要根据产品的实际使用条件和现有的涂装条件制定检查内容并执行相应的技术指标。表 4-15 是作者推荐的涂装生产常用检查项目的内容，因篇幅所限，在此重点叙述一下除锈等级、表面粗糙度、洁净度（粉尘）、可溶性盐类的指标。

表 4-15　涂覆涂料前工件表面处理状态的需检验内容

序号	材料类型	肉眼直观缺陷	除锈等级	表面粗糙度	洁净度（粉尘）	可溶性盐类	油污	膜层厚度	膜层耐腐蚀性	表面酸碱度
1	钢结构件	★	★	★	★	★	★			
2	薄钢板磷化膜	★			★	★	★	★	★	★
3	铝合金钝化膜	★		★	★	★	★	★	★	★
4	电镀锌层	★		★	★	★	★	★	★	★
5	金属热喷涂层	★			★		★			
6	塑料	★		★	★		★			
7	玻璃钢	★			★		★			

注：★表示需进行检验。

（1）除锈等级

全部表面进行喷（砂）或喷（抛）丸后的工件表面的除锈等级是非常重要的技

术指标，要根据腐蚀防护设定等级和涂料的工艺要求，参照《GB/T 8923.1—2011 涂覆涂料前钢材表面处理 表面清洁度的目视评定 第1部分：未涂覆过的钢材表面和全面清除原有涂层后的钢材表面的锈蚀等级和处理等级》的等级要求确定并执行。根据所用基体和涂层体系的要求，选择 Sa2½、Sa3 等各种等级。

已涂覆过的钢材表面局部清除原有涂层后的处理等级，参照《GB/T 8923.2—2008 涂覆涂料前钢材表面处理 表面清洁度的目视评定 第2部分：已涂覆过的钢材表面局部清除原有涂层后的处理等级》的等级要求确定并执行。根据所用基体和涂层体系的要求，选择 PSa2½、PSa3 等各种等级。

对于高压水喷射清理后的表面要求，请参照《ISO 8501-4：2006 初始表面条件、预处理等级及高压水喷射清理后的闪锈等级》。

(2) 表面粗糙度

表面粗糙度对于涂层的附着力和耐腐蚀性有着相反的作用。对于喷砂后的钢结构表面，附着力随着粗糙度的增大而增加，但耐腐蚀性则降低；粗糙度减小耐腐蚀性增加，但附着力变小。因此，需要选择合适的粗糙度范围。对于防护性涂层一般选择中等级别的粗糙度，参见《GB/T 13288.2—2011 涂覆涂料前钢材表面处理 喷射清理后的钢材表面粗糙度特性 第2部分：磨料喷射清理后钢材表面粗糙度等级的测定方法 比较样块法》。根据经验，粗糙度 R_z（单位为微米）的选择上限，是涂层体系总厚度的三分之一。

(3) 表面清洁度（粉尘）

喷砂或抛丸处理过的钢材表面上附着的粉尘会降低涂装效果，引起涂料附着力下降，并且还可能因为灰尘吸潮进而加速钢材的腐蚀。按照《GB /T 18570.3—2005 涂覆涂料前钢材表面处理 表面清洁度的评定试验 第3部分 涂覆涂料前钢材表面的灰尘评定（压敏粘带法）》，最好选择1级或者2级。

(4) 表面可水溶性盐类

Fe^{3+}、Cl^- 等这些可水溶性盐类，有的来自腐蚀产物，有的来自于大气，也有的来自于人体的接触或化学物质的接触。它们残存于钢材表面、缝隙及孔隙中，会严重影响涂层与金属基体的附着力，在产品的使用过程中会产生涂层下的腐蚀，造成涂层剥落。因此，需要严加控制。例如，船舶行业对于“海水压载舱和散货船双舷侧处”水溶性盐的限制越来越严格，过去船厂一般不测量涂装前钢板表面盐分含量，如果检测大多数是在 50～100mg/m^2，有的地区要超过 100mg/m^2。IMO《船舶压载舱保护涂层性能标准》要求≤50mg/m^2 NaCl（相当于氯化钠电导率测定依据 ISO 8502-9），并要求在钢材预处理和分段二次表面处理都要检测。实际使用中，可以根据涂层体系的防护要求，使用《GB/T 18570.9—2005 涂覆涂料前钢材表面处理 表面清洁度的评定试验 第9部分：水溶性盐的现场电导率测定法》等系列标

准，进行检测和控制。

4.5.4　钢材预处理、工序间交叉涂装与预涂装

钢材预处理是指在原材料状态（加工前）对表面进行抛（喷）丸并涂车间底漆的工艺。对于钢结构件而言，此种工艺可以提高除锈/涂装效率和钢材的表面耐腐蚀性，避免了焊接成型后的处理死角，并且有利于下料切割，不影响焊接质量。为了保证涂层体系的质量，在涂覆底漆时，要根据车间底漆的完好性和底漆/车间底漆的配套性，决定清除或者保留车间底漆层，最好进行涂层试验、工艺试验确认。有条件的企业应该重视使用此种工艺。

工序间交叉涂装是指为了毫无遗漏地将涂料涂覆在工件的所有表面上，而使涂覆工序与焊接、加工、装配之间的工序交叉，主要是与焊接工序间的交叉。例如，对于箱形件、半封闭件以及有死角不能进行全面喷砂/涂底漆的工件，分别在下料后进行喷砂/涂底漆处理，或焊接为一定形状后进行喷砂/涂底漆处理；在喷涂底漆时，对于下一步工序需要焊接的钢板边缘，使用不干胶纸带进行屏蔽，待不需焊接的表面漆膜干燥后，在焊接之前将不干胶纸带除掉；焊接完毕，人工打磨焊缝，然后修补焊缝及其周围的涂层。对于复杂工件，这是保证涂层质量的重要环节，必须引起足够的重视。

预涂装是指在对工件大面积喷涂之前，对于工件的局部焊接区、锐利的边缘、内部角落、搭接板之间的裂缝等处，先进行局部涂覆涂料一定厚度，然后再进行大面积涂装，以避免这些部位的涂层低于涂层厚度的要求。根据对涂层体系的案例分析，最先出现涂层失效、锈蚀的部位，均在边、角位置（图 4-13）。这是因为涂料通常有收缩和从边缘处向后拉的倾向，留下一层很薄的、保护性相对较差的涂层。在涂装过程中，边缘应予预涂装，最好是每道涂层预涂一次，以在边缘处提供附加的涂层厚度。

图 4-13　被涂装工件的边角处锈蚀严重（其他部位完好）

4.5.5 每道涂层的涂装间隔时间及清洁度

涂层体系一般都是由多层涂膜组成的，最常见的为底漆/中涂/面漆组成的三涂层体系。对于多涂层体系，保持涂层间的附着力是非常重要的。如果层间附着力不好，在使用过程中就会出现层间脱落，造成质量事故。对于转化型的溶剂型涂料而言，层间附着力与每道涂层的涂装时间间隔和表面洁净度有着密切的关系。例如，环氧树脂、聚氨酯树脂、醇酸树脂类涂料，在涂层干燥成膜后形成了不溶于原溶剂的三维网状结构，第二层涂料的溶剂不能再溶解其表层，而出现三种附着力的情况：①底层虽已初步干燥，但树脂未充分交联，可以接受第二层涂料树脂分子的渗入，两层之间的树脂分子相互吸附或缠结，层间附着力最好；②底层已干燥而充分交联，且交联密度高，第二层涂料树脂分子难以渗入，层间附着力很差；③底层若经长期固化，第二层涂料无法附着，层间附着力最差。

因此，涂覆涂料时，应检查每道涂层的涂装间隔期，严格按涂料说明书规定进行涂装，一般建议在最短涂装间隔时间至最长涂装间隔时间内涂覆下一道涂层。表4-16是环氧富锌/环氧中涂/丙烯酸聚氨酯组成的重防腐涂层体系的例子。若超过了最长涂装间隔时间以后再涂覆下一道涂层，则应检查表面状态的质量，然后采用细砂纸将前道涂层打磨，并清除灰尘等杂物，然后才能涂覆下一道涂层。对于底漆表面涂覆中涂，中涂表面涂覆面漆，同样需要洁净度的要求。

表 4-16 环氧富锌/环氧中涂/丙烯酸聚氨酯重防腐涂层体系涂装间隔时间

涂层之间名称	最短涂装间隔时间(25℃)	最长涂装间隔时间(25℃)
底漆-中涂	4h	7天
中涂-面漆	6h	48h
面漆-翻转、运输	24h	无限制

在涂装生产线上的涂层间的涂装间隔时间是经过工艺试验确定好的，很容易控制。问题最大的是多品种、小批量的涂装生产，控制的难度很大，更需要加强涂装间隔时间的管理。

4.5.6 干燥工艺对质量的影响

每种涂料的烘干温度和时间，可以在一定的范围内发生变化而不影响涂层的性能参数，烘干温度和烘干时间必须要选定在这个一定的范围内，否则将会影响涂层的质量。这个“一定的范围”，就是我们平常所说的“烘干窗口”，详见图4-14涂装“烘干窗口”示意。

干燥工艺对涂层质量的影响很大，生产实际中需要根据涂料的类型严格控制干燥工艺，以保证产品的涂层质量。表4-17汇总了干燥工艺对于各类涂料形成涂层

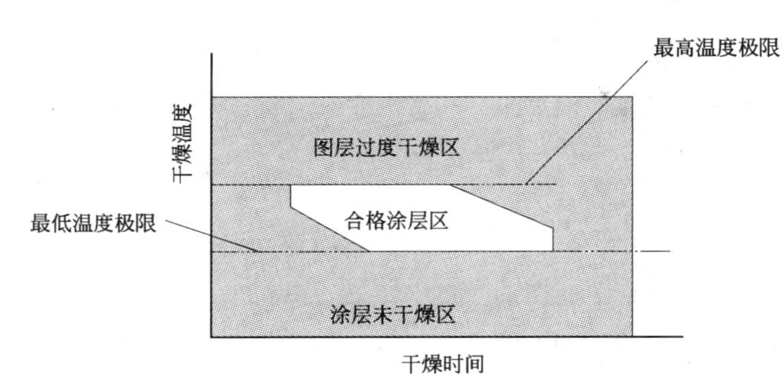

图 4-14　涂装“烘干窗口”示意

表 4-17　干燥工艺对涂层质量的影响分析

序号	干燥形式分类	涂料的类型	干燥工艺对涂层质量的影响分析	说明
1	自然干燥	挥发型涂料（硝基纤维素、过氯乙烯、热塑性丙烯酸涂料等）	温度过高涂层干燥虽快，但易产生表面粗糙、刷痕、橘皮等弊病。湿度过大，涂层表面易产生结露而发白。施工环境的湿度太大（>85%）或温度太低（<10℃），通风不良，会常出现流挂、流淌、慢干等弊病	涂层的干燥受环境温度高低/湿度大小/洁净程度/时间长短的影响较大 为改善干燥工艺，自然干燥类涂料，均可低温（<100℃）烘干
2		乳胶涂料（苯丙乳胶、丙烯酸乳胶涂料等）	施工环境的湿度太大（>85%）或温度太低（<10℃），会常出现流挂、流淌、起皮、脱落的弊病	
3		气干型涂料（氧化聚合涂料：油性、醇酸、环氧酯涂料等）	氧化聚合涂料情况与挥发型涂料类似	
4		固化剂固化型涂料（双组分环氧、聚氨酯涂料，不饱和聚酯涂料等）	温度过高涂层干燥虽快，但易产生表面粗糙、刷痕、橘皮等弊病。湿度过大，涂层表面易产生结露而发白。施工环境的湿度太大（>85%）或温度太低（<10℃），通风不良，会常出现流挂、流淌、慢干等弊病	
5	加热干燥	热熔融成膜涂料（粉末涂料等）	加热温度过低，粉末涂料熔融流平、交联固化不足，会造成涂层表面粗糙、光亮度差，附着力差，强度和硬度下降；加热温度过高，轻则造成涂层失色，重则使涂层焦化，机械强度严重下降	加热设备的升温曲线/温度高低/保持时间的影响很大
6		烘烤固化性涂料（氨基、丙烯酸、环氧烘漆，聚酯、热固性聚氨酯、有机硅涂料等）	喷涂之后烘干之前，应该进行流平（闪干，晾干），以避免针眼、橘皮等缺陷。要动态跟踪控制烘干温度/时间，避免过烘烤和烘烤不足引起的涂层质量问题。使用辐射对流结合的加热方式并合理布置烘干设备的内部，避免工件有的局部过烘烤而有的局部烘干不足，影响整体涂层质量	

时的影响。干燥升温曲线随着被烘干涂料的类型、被烘干工件的材料种类及热容量、加热设备的形式的不同而有较大区别。例如，粉末涂料的升温时间可短一些，溶剂型涂料的厚涂层升温时间可长一些，水性涂料要在升温过程中增加中间保温区然后再升温，才能保证涂层的干燥质量。

4.5.7 湿/干涂层厚度的控制

(1) 涂覆时湿膜涂层厚度的控制

一般情况下，当涂层类别确定时，涂层厚度与保护寿命有近似正比例的关系，因此必须控制涂层的厚度。当然，需要将涂层厚度控制在合适的范围之内，否则会引起各种涂层弊病。为此，每道涂层喷涂前，要根据每层设计干膜厚度，算出湿膜厚度，然后在喷涂之前，在一块光滑平整的板上进行喷漆试验，量出湿膜厚度的准确数，才能进行后续的喷涂工作。干、湿膜厚度的计算关系：干膜厚度＝湿膜厚度×涂料固体分%。湿膜厚度在施工后应当立即检测，湿膜厚度的检测应根据《GB/T 13452.2—2008 色漆和清漆　涂层厚度的测定》中的规定进行。

对于多层的涂层体系，要求总厚度要达到涂层体系的设计要求，同时要控制好每一层的厚度均按涂层体系的设计要求，不可有的涂层厚有的涂层薄。

(2) 涂层厚度均匀性的控制

如果被涂装产品涂层厚度的不均匀（即厚薄不均），其局部的耐腐蚀、耐久性等就会有较大的影响。因此，要对测量点的选择以及涂层厚度分布的均匀性进行控制。由于产品所属行业的不同，对于涂层厚度测量的标准也有不同，以下仅举几例。

《CB/T 3718—1995 船舶涂装膜厚检测要求》：85%以上的检测点干膜厚度不小于规定膜厚，其余检测点的干膜厚度不小于规定膜厚的85%。

《ISO 12944.7 油漆和清漆——防护漆体系对钢结构的腐蚀防护　第七部分：油漆工作的实施和监督》建议钢结构件，某单一涂层的实际干涂层厚度如未能达到施工标准干涂层厚度的80%，则视为不合格。如果某单一涂层的实际干涂层厚度在施工标准干涂层厚度80%～100%之间，且所有涂层平均实际干涂层厚度达到或超过施工标准干涂层厚度的，则应视为合格。一般实际干涂层最大厚度不应超过施工标准干涂层厚度的3倍。

有的资料介绍防腐蚀涂层干膜厚度的测量要遵守80-20或90-10原则，即：80%的测量值不得低于规定干膜厚度，其余20%的测量值不能低于规定膜厚的80%；对于集装箱等要求严格的涂层来说，90%的测量值不得低于规定干膜厚度，其余10%的测量值不能低于规定膜厚的90%。

有的涂装质量控制书籍介绍，大面积的平整表面：$2m^2$ 测一点，每点测3次，计算算数平均值。面积较小的区域部件：每一面要有3个以上的监测点。判定要

求：所有测定点的平均值≥规定干膜厚度的 90%，合格的点数≥ 90%；合格率在 80%～90%的应根据情况做局部涂装；合格率≤80%的须全面补涂一道；当膜厚超过规定最大干膜厚度的 10%，应设法解决。

4.5.8　腻子及打磨的质量控制分析

很多涂层质量分析证明，腻子（原子灰）的质量好坏直接影响涂层的质量。对于大量生产的汽车及其零部件产品，通过冲压/焊接工艺的改进，可以提高工件的表面质量，减少腻子的使用量，可以提高涂层质量。对于单机、多品种小批量、柔性生产方式的产品，因为其产量的批量比较少，无法大量投资改进模具和生产线，因此，做好腻子的选择和刮涂工序，是控制涂层质量的重要工作。腻子本身含有大量填料，附着力与涂料相比较差，固化后在使用中的冷热交替、湿热、振动等作用中，会加速涂层的开裂和脱落，详见表 4-18 的分析。因此，腻子少用为好，越薄越好，要坚决杜绝大面积刮涂厚腻子层的现象，最好只进行点补腻子。

表 4-18　腻子（原子灰）与涂层弊病原因分析

序号	腻子(原子灰)与涂层弊病	涂层弊病原因分析
1	涂层(含腻子层)起泡	涂层之间残存有打磨灰等亲水性物质。腻子及底漆(含中涂漆)打磨及清洗用水的电导率过高，易造成涂层之间存在有可溶性盐微粒，从而造成在高温高湿环境下面漆大面积起泡
2	腻子与底漆或中涂附着力不良(开裂、脱落)	被涂物表面残留有水、油、打磨灰等物质。底漆未干透刮涂腻子。双组分原子灰混合比例不当，或调拌不均会造成局部组分过量或不足。被刮腻子的表面过分光滑 烘烤型腻子的温度过高，时间过长。工件局部刮涂较厚或厚薄差别较大时，在腻子较厚处产生开裂而与底漆脱落。腻子与被涂层的配套性差。原子灰粉尘在底漆膜上处理不净，严重影响底漆与中涂间附着力。在结晶较粗的磷化膜或磷化底漆上直接刮涂腻子
3	腻子残痕(涂层表面刮过腻子的部位产生缎痕印或失光等现象)	刮腻子部位打磨不足。刮腻子部位未涂封闭底漆，腻子层的吸漆量大，或颜色与底漆层不同。腻子的收缩性大，磨平后和涂层使用过程中继续产生收缩
4	打磨缺陷(打磨划伤、打磨不足、打磨坑等)	在湿打磨时由打磨工具或掺入的砂子造成的漆膜划伤。打磨后涂面仍留有底层状态。局部打磨产生的凹洼。打磨工的技术状态不良或操作不认真。砂纸质量差，有掉砂现象。在打磨平面时未采用磨块，局部用力过猛。打磨后未检查被打磨面的质量

4.5.9　涂层后处理的控制

在涂覆干燥之后形成的涂层体系，为了避免装配过程、储运过程中对面漆的擦伤和污染，需要贴敷了专用防护塑料薄膜。要注意所要求的部位是否按照规定执行，有否遗漏。

为了提高产品的整体腐蚀防护性能，需要对缝隙、易积水部位喷涂防锈蜡。要检查防锈蜡的型号、喷涂量及喷涂部位是否正确。

4.5.10 涂装工艺对涂层质量的影响一览

涂装工艺对涂层质量的影响见表 4-19。

表 4-19 涂装工艺对涂层质量影响一览

序号	涂层弊病	涂装工艺(以溶剂型涂料为例)对涂层质量影响的原因分析
1	流挂	①涂膜过厚：a. 喷涂吐出量大；b. 喷枪喷涂距离近 ②喷涂操作不规范，喷涂的距离和角度不当，重枪过多，一次涂得过厚 ③喷涂时涂料液的喷涂黏度低 ④喷涂不均匀，局部易流挂 ⑤湿碰湿喷涂时，间隔晾干时间不足；在被污染或粘油的表面上，或在光滑的漆膜上涂布新漆时，也易发生垂流
2	颗粒/起粒	①基体金属表面有焊渣飞溅点，焊后未清理；金属毛刺等缺陷处理不彻底 ②被涂物表面不清洁，在喷涂前被涂面上黏附的密封胶、PVC涂料未除净和未用黏性纱布擦净 ③涂覆涂料前，未将工件缝隙、沟槽的灰尘未吹净； ④使用带有粉尘、纤维的遮盖纸
3	露底	①喷涂过薄，或喷涂层数太少 ②喷涂不仔细或被涂物外形复杂，发生漏涂现象
4	缩孔/鱼眼	①因被涂表面受水、蜡、抛光剂、灰尘、硅酮、油或润滑油、遮蔽胶带的胶等污染；受到肥皂、清洁剂或底材表处理剂的残渍污染 ②表面准备完毕后待喷涂时被涂面或湿漆膜又被污染：落上其他不同涂料的漆雾，尤其是含抗缩孔剂(硅油型)漆料的干喷或漆雾所至；干的抛光残渣；喷雾罐释出媒介物 ③旧涂层打磨不完全，存在凹陷、缩孔的缺陷
5	陷穴/凹洼	①因被涂表面受水、蜡、抛光剂、灰尘、硅酮、油或润滑油、遮蔽胶带的胶等污染；受到肥皂、清洁剂或底材表处理剂的残渍污染 ②表面准备完毕后待喷涂时被涂面或湿漆膜又被污染：落上其他不同涂料的漆雾，尤其是含抗缩孔剂(硅油型)漆料的干喷或漆雾所至；干的抛光残渣；喷雾罐释出媒介物 ③旧涂层打磨不完全，存在凹陷、缩孔的缺陷
6	针孔	①被涂物面有小孔。在重新涂装前所做的整平工作未能将留存在原有漆面上的针孔完全清除 ②喷涂后晾干不充分，烘干时升温过急，表面干燥过快；湿涂层过厚 ③涂刮腻子时涂刮填平技术不良；在喷涂前腻子层又未能封固隔绝 ④被涂物的温度过高或被涂物面有污染(如焊药等)
7	起气泡	①底材(如木材、玻璃纤维板)、底涂层(尤其腻子层)或被涂面含有(或残留有)溶剂、水分等 ②在刷涂、刮涂、喷涂时混入空气 ③腻子层涂得太厚，或有破坏性的缝隙未能封闭，或腻子、填眼灰、底漆的施工方法不当；涂层盖在缝隙或死角上，使漆膜下面形成空隙，没有正确地处理及封闭基底，特别是在喷涂玻璃钢表面时 ④因喷枪的吐出量大，喷涂时的压力又低，引起微粒化不足致使涂膜中残留气泡；漆膜层喷涂过厚 ⑤晾干时间短，涂层烘干时升温过急 ⑥因过度的搅拌或搅拌时混入涂料中的气体未释放尽就涂装 ⑦涂层连接处的羽状边处理不当 ⑧烘干涂层时温度太高

续表

序号	涂层弊病	涂装工艺(以溶剂型涂料为例)对涂层质量影响的原因分析
8	咬底/咬起	①涂层未干透(处在半干不干状态)就涂覆其上面的涂层 ②一次喷涂得过厚
9	起皱	①烘干升温过急,表面干燥过快 ②漆膜过厚,导致漆膜表干内不干或在浸涂时产生“肥厚的边缘”
10	橘皮	①在喷涂表面的涂料颗粒流平之前,进行了强制干燥的工序,就会提高漆膜出现橘皮的概率 ②在进行多次喷涂时,如果前次喷涂的漆膜过度干燥,则再次喷涂的涂料中的溶剂会被底层吸收,而使再次喷涂的涂料颗粒无法流平 ③被涂物的表面温度偏高 ④喷涂方法不良,喷嘴调节不当,喷涂距离太远或太近,涂层喷得过厚或过薄 ⑤晾干(流平、闪干)时间偏短,过早进入高温烘烤 ⑥压缩空气压力低,出漆量过大和喷具不佳,导致雾化不良
11	发花/色花	①涂膜厚度不匀,厚膜处使涂膜中的颜料产生里表对流 ②喷涂技术不良,喷幅重叠不适当,喷距太近,未能保持喷枪与工作表面的正确角度,这是产生喷涂色差的主要原因
12	色差	①干燥工艺要求不一致,尤其是在烘干的情况下 ②补漆未喷涂好造成的斑印,在修补漆涂装场合,调配色精度不够
13	渗色	①被喷涂表面被有渗色倾向颜料的漆料所污染(如落上漆雾等) ②底层漆膜中含有的有机颜料或溶剂能溶解的色素渗入面涂层中 ③底材(如木材)含有有色物质或底层上附有着色物
14	浮色	①施工黏度较低 ②喷涂涂膜过厚 ③涂装方法不合适
15	金属闪光色不匀	①涂底色漆与罩光清漆采用“湿碰湿”工艺时,中间晾干时间过短 ②喷漆距离近,所以湿膜膜厚较高,使铝粉产生自由移动 ③在喷涂时金属色漆时闪蒸、流平时间短造成金属色漆和罩光清漆之间过度对流致使铝粉产生了自由移动 ④雾化差和喷涂操作不熟练,喷涂金属色漆时膜厚不均匀,产生了局部色差 ⑤喷涂金属色漆时,在遮盖力膜厚以下这部分膜厚有差异,此时遮盖力差也产生发花现象
16	光泽不良	①被涂面粗糙,被涂面对涂料的吸收量大,且不均匀;喷涂表面污染未洁净;喷涂虚雾附着或由补漆造成 ②涂膜涂得过薄;在喷涂单色漆时涂膜过薄;由于喷涂气压过高和/或黏度低,使雾化过度;底漆未彻底固化就在其上喷涂面漆;过烘干 ③溶剂蒸气或其他气体或水分侵入了漆膜表面 ④喷涂金属漆:a. 金属色漆涂膜过厚;b. 罩光清漆过薄;c. 金属色漆和罩光清漆之间闪蒸时间短 ⑤在新喷涂的漆膜上使用了太强洗涤剂或清洁剂,或者喷完面后过早(涂层未干透)进行抛光,或者使用的抛光膏太粗
17	鲜映性不良	①涂物表面的平整度差,表面粗糙,打磨砂纸粗或打磨精度不够 ②喷涂工具不好,涂装时涂料雾化不良,涂面的橘皮严重 ③涂层的厚度不足,丰满度差
18	丰满度不良	被涂面不平滑且吸收涂料
19	砂纸纹	①涂层未干透或未冷却就打磨 ②被涂物表面状态不良,有较深的锉刀纹或打磨纹

续表

序号	涂层弊病	涂装工艺(以溶剂型涂料为例)对涂层质量影响的原因分析
20	残余黏性/干燥不良	①被涂物表面有蜡、油、硅油、水 ②自干或烘干的温度和时间未达到工艺规范 ③一次涂得太厚,尤其是氧化固化型涂料
21	失光	涂装不良,未按工艺执行,如涂得过薄、过烘干和被涂面粗糙等
22	漆膜变色/变色	
23	粉化	①施工时涂料未充分搅拌,基材处理不良,未充分干透或表面碱性过大 ②涂层太薄或在干燥之前受到雨、雾、露以及化学介质的侵蚀也易产生粉化 ③粉末涂料固化温度过低,粉末涂料组分间不能充分交联,易造成涂层出现“粉化”弊病
24	泛金光/泛金	使用红或褚红漆料采用热喷涂法涂装时,容易产生
25	沾污	
26	长霉	涂层表面在使用过程中不经常清洗维护
27	开裂/裂纹	①在已有开裂而未经察觉的旧涂层面上涂覆修补涂料 ②面漆层涂得过厚(面漆或整体涂层喷涂过厚),在正常使用中面漆层越厚(尤其自干型喷漆),耐寒性或耐温变性越差,越易开裂 ③底涂层未干透就涂面漆,各道涂层之间的流平时间不够 ④由于腻子开裂导致面漆层开裂 ⑤利用压缩空气吹干涂层表面造成涂层内部的溶剂不能及时挥发 ⑥基底表面处理方法不当、砂纸太粗、清洗不洁净或者缝隙填补不当 ⑦在未充分固化,或热塑性丙烯酸涂层上喷涂了热固性涂料
28	起泡	①被涂装表面有油、汗、指纹、盐碱、打磨灰、可水溶性盐类等亲水物质残存 ②清洗被涂装表面的最后一道用水的纯度差,含有杂质离子 ③涂层干燥固化得不充分 ④涂层实干之前暴露于潮湿气候或高湿环境中 ⑤底漆和面漆涂层厚度不足,水分易于渗入 ⑥使用过程中对涂层保护不当,表面残留清洁剂等
29	剥落/脱落	①涂覆涂料前表面受到污染,如蜡、有机硅、树脂、油污、水、锈、肥皂、硬脂酸粉、打磨污物、发动机排出物,涂装表面预处理不佳 ②被涂面太光滑,粗糙度不适合;工件表面、底层涂层太光滑,都会使面漆和底漆之间失去应有的黏附力 ③基体表面处理不当,如水泥或木材表面未经打磨就嵌刮腻子或上漆,使面漆的油分被其吸收面脱落,木材或水泥表面未经有效的封闭 ④表面处理后至涂漆的间隔时间过长 ⑤底漆层未干固透或底涂层过烘干;腻子层未干透 ⑥在双色调系统中第一种色面漆未适度干固前即予贴纸 ⑦在取除遮盖胶带前让面漆干固得太久 ⑧金属底色漆喷涂后放置时间过长(超过漆厂推荐许可的时间),喷涂清漆,罩光层与底色漆层间附着力变差
30	生锈	①基体金属表面处理不好,铁锈、酸液、盐水、水分等未清除干净 ②在涂覆涂料前氧化皮、锈点、焊接飞溅和焊缝内杂质等未能彻底除净 ③涂覆涂料前钢材表面受到污染,如手印,在表面上任其自干的水迹 ④磷化处理不完全或磷化膜与涂层配套不佳 ⑤表面处理工序完成后未能及时涂覆涂料 ⑥喷涂时使用的压缩空气中含有水分,水分接触金属底材后造成锈蚀 ⑦在修补部位露出金属基体时,未喷涂防锈底漆,直接喷涂面漆 ⑧涂层划伤处未被涂覆 ⑨涂层不完整,有针孔、漏涂等缺陷,例如点焊缝中未涂到涂料又未密封,易淌黄锈 ⑩漆层开裂,使水分能够从表面漆层渗入到底部漆层和金属底材

4.6　涂装管理的影响及质量控制分析

涂装管理，就是在特定的环境下，对组织所拥有的涂装资源进行有效的计划、组织、领导和控制，以便达成既定的涂装目标的过程。在涂装“五要素”中，涂装管理是最高的层次，对其他因素起到制约作用。在涂装需求、涂装供给、涂装监理以及涂料供应商等各方关系中，涂装管理对涂层质量的影响是很大的。

涂装实施企业或部门有各种各样的形式：整机厂内的专门涂装车间（分厂）；外协厂的专业涂装分厂或涂装车间；专业涂装工程公司；专业防腐蚀工程公司；涂料公司系统供货或工程承包；其他形式的涂装企业。图 4-15 简单描述了这些形式和相互之间的关系。

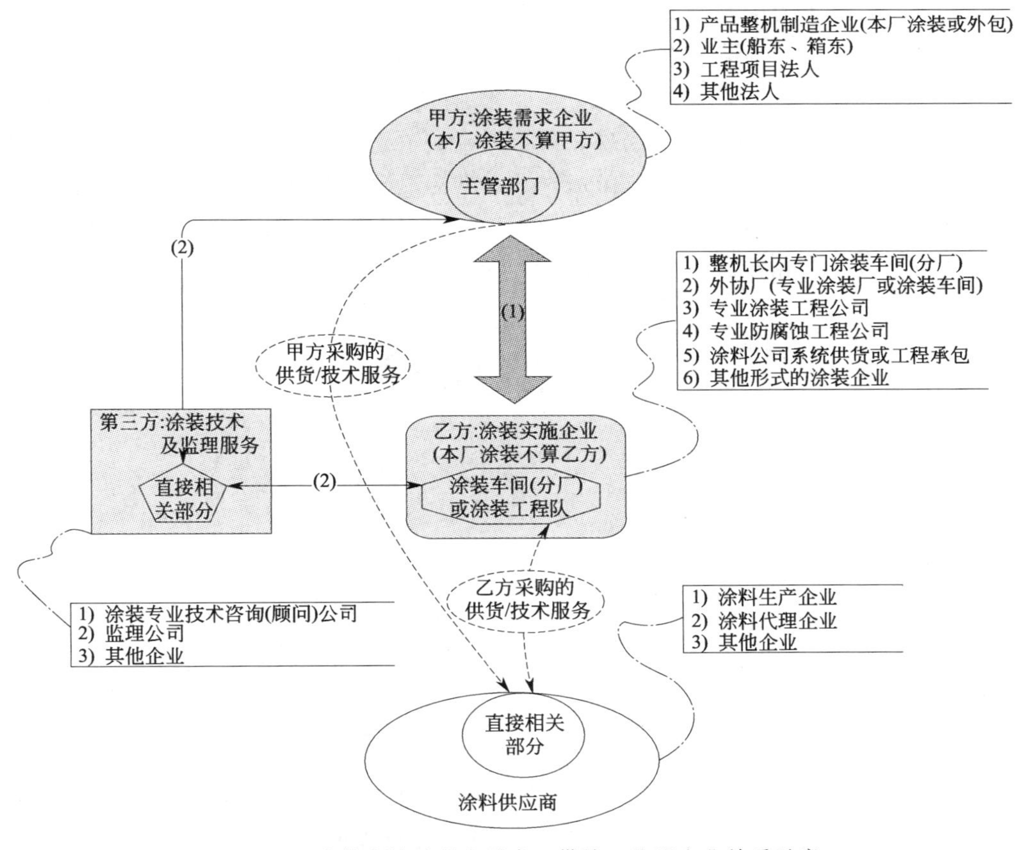

图 4-15　涂装实施过程中需求、供给、监理企业关系示意

在涂装运行机制方面也有各种各样的模式：自建自管涂装车间运转模式（传统模式）；涂装外协模式（全部或部分对外协作模式，在本厂或在外厂协作）；涂装系

统供货的模式（或涂料涂装一体化模式）；涂装BOT模式（Build建设-Operate经营-Transfer移交）。

无论何种形式和模式，都离不开涂装管理，而且关系越复杂、形式越创新，对管理的要求就越高，对管理人员的素质要求也越高。况且这些管理对涂装质量的影响，均有着其共同的规律性，因此，需要我们更加详细地研究涂装管理的问题。

涂装管理是企业管理的一部分，除了做好"以人为本、分配机制、奖惩措施、生活条件"、"要建立涂装质量保证体系，建立并健全全面质量管理"等企业管理的共性的管理外，还要注意组织的构成和人员的培训、生产计划进度控制、质量检验以及对涂装的工艺执行/涂装现场/涂装设备/涂装材料的管理工作。

4.6.1 组织构成及人员培训

（1）配备人力资源，健全涂装组织

专业涂装施工的企业（车间、分厂、工程队等）应有专业知识丰富、责任心强、善于管理的车间主任（或现场经理）、负责技术质量与安全的工程师；应有一定数量，比较稳定（固定）的素质较好的骨干队伍（如班组长、技师等），有高、中、低资格证书的喷漆工，形成有力的组织机构，图4-16所示为最基本的组织结构。生产线的操作人员都应该采用定岗、定职、定责进行管理，必须要建立明确的人员管理制度，严格按照规章制度执行。

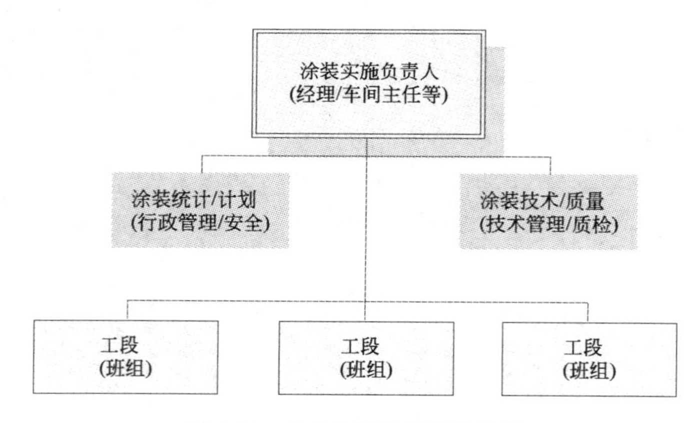

图4-16 专业涂装组织机构示意

现在，有的涂装企业没有固定的涂装队伍，全部或大部分工作外包，管理难度比较大；多数涂装工是临时工，人员更换频繁；文化程度比较低，有不少人无任何资格证书（或真实技能）匆匆上岗，熟练工人数量不能满足涂装行业的需要。涂装技术人员和质量检验人员缺少，无法对涂装涂层质量进行内部控制。这些都是造成涂装涂层质量事故的重要原因。

（2）加强对员工的在职培训

涂装生产中，涂装工操作方法的失误、动作不到位都会产生质量问题，而这些问题相当一部分是由于培训不严格，职工不知操作要领所产生的。因此，要抓好对涂装工人的在职培训。在上岗前对涂装工必须进行严格的职业培训，包括涂装理论培训和操作技能培训，合格后持证上岗。

4.6.2　生产（经营）计划进度的控制

对于生产计划进度的控制，关键是要制定切实可行的生产计划，使生产连贯、流畅、合理，避免出现生产无序的情况，避免因单纯赶进度、赶发货时间无视工艺纪律和质量控制的要求的现象。因计划进度控制不当引起的涂层质量问题非常普遍，例如，底漆/中涂/面漆间的干燥时间和涂装间隔不够，造成涂层干燥不良的质量问题，并且在运输途中容易产生各种各样的创伤和破坏；在涂装生产线生产时，为完成临时增加的产量而提高输送链速度，而其他工艺参数未作相应改变，造成预处理、电泳时间缩短，严重影响漆膜附着力、漆膜厚度、耐划痕性、耐候性等。

解决此类问题的方法，就是要“学习实践科学发展观”，要科学地安排生产计划，留出涂装生产所需的时间，减少各种突发事件的干扰，减少不尊重涂装技术的瞎指挥。在非常规的情况下（赶工期、紧急任务、意外事故等），涂装技术要有应急措施。例如，使用烘干手段缩短自然干燥时的时间；调整使生产线上的各种技术参数（温度-时间、电压、溶液浓度等），加大生产线的吞吐能力；增加临时人力资源（需培训），加班加点完成任务等。总之，要使用各种方法保证各项涂装技术措施的执行。

4.6.3　质量检验与管理

将质量问题消灭在涂装实施的过程之中，消灭在萌芽状态，是提高涂层体系质量的最重要环节。因此，要重点做好专业涂装施工企业（车间、分厂、工程队等）的质量检验与管理。操作者自检、班组长督检、质检员专检，控制好出厂质量关，可以减少涂装需求、涂装供给、涂装监理以及涂料供应商各方的纠纷和处理质量问题的工作量。

一般认为，涂装质量的好坏最终体现在涂层质量的优劣上，所以比较重视对涂层性能的检测，主要有涂层外观、色差、光泽、附着力、硬度、厚度等。对于涂装生产线的质量控制，就是要提高“交检直行率”（交检合格的涂装工件数除以总受检工件数得到的百分比）。

但是，对于涂层体系的耐候性、耐盐雾性、耐水性、耐酸碱性、耐油性等长期保护指标和破坏性的检测，由于试验复杂和周期较长，在专业涂装施工企业（车间、分厂、工程队等）是不方便检测的。因此，除了便于现场检测的项目外，提出了要对工作质量进行控制的概念。对于涂装工作的每一个环节都要有专人检查，按企业标准的要求书面记录工作过程及细节。

外购件、外协件、标准件的涂层质量控制是容易被忽视的，也是最难控制的。例如，外购的零部件涂层质量如果未按企业标准执行，一定要重新涂装；色差如果超出标准范围，一定要使其一致；外协加工的玻璃钢零部件，要注意控制玻璃钢的质量，使之符合企业的质量标准要求，防止玻璃钢树脂质量差、脱模蜡残留、固化不良加热变形等引起的质量问题。

4.6.4　工艺执行的控制

在涂装施工现场，由于现场条件、突发事件、公共关系等各种干扰因素，常常影响已有的工艺文件的执行。对于专业涂装施工企业（车间、分厂、工程队等）而言，重要的就是克服各种干扰，严格执行涂装生产工艺卡等技术文件，避免生产过程的随意行为。某工厂涂装现场管理不善的照片如图 4-17 所示。

图 4-17　某工厂涂装现场管理不善的照片

涂装生产工艺卡和作业标准书，是企业进行生产、实施工艺、控制质量活动的依据和标准。要根据所制定的涂装施工工艺流程，确定重要工序管理点。对重要工序的管理点，依据涂装工艺文件编制工序质量表，以控制可能会影响涂装施工质量的主要因素的发生，抓好关键工序点的控制。涂装生产线中设备运行参数的控制，应根据涂装的工艺流程、生产计划、设备状况等条件，确定相适应的工艺参数。在生产的过程中，必须按照工艺文件的要求，严格控制涂装各设备、各工序的工艺参数，定期控制和检测工艺参数。比如，涂装生产线的运行速度，在每次上班开机时都必须检查；对于涂装前处理工序，每天都要测量槽体液体的相关参数；在烘干室启动前，要检查温度-时间的设定等。此外，当外部条件发生变化时，要及时调整各个工艺参数。

工艺部门一定要做好工艺纪律检查。定期或不定期对涂装工艺执行情况进行抽查，检查涂装工艺文件是否齐全、是否及时更新；实际操作与工艺文件的要求是否有差别；现场修改或更动情况及审批程序是否符合企业标准等。

4.6.5 涂装现场 6S 管理

“6S 现场管理”包括整理（Seiri）、整顿（Seiton）、清扫（Seiso）、清洁（Seiketsu）、素养（Shitsuke）、安全（Safety）六方面的内容（表 4-20）。与其他生产现场相比，对于涂装车间（涂装实施现场）而言，6S 现场管理所要求的内容与涂装现场管理密切相关，直接影响着产品的涂层质量。因此，应该大力推广“6S 现场管理”。

表 4-20 6S 管理对涂装现场管理要求

序号	6S 管理项目	对涂装现场管理要求的内容
1	整理(Seiri) 确定物品的“要与不要”、“场所所在”以及“废弃处理”	在现场移走所用多余的涂料；清理工位器具（挂具、工具等）到专用存放地；除掉涂装辅助用品（废屏蔽纸、废胶带、黏性纱布）等
2	整顿(Seiton) 对留下的物品明确场所、明确放置方法、明确标识，合理生产流程，使用者方便取放	将现场使用的涂料分门别类放置在专用涂料架子之上，不能摆地摊儿；喷涂机器、输送小车、打磨机械、吸尘器等移动设备，使用后要放置在规定的区域内等
3	清扫(Seiso) 使用合适的清扫方法和设备，不但例行清理灰尘、脏污等，还要对生产现场的设备进行日常清理、检查和维修	定期清扫涂装车间的地面、门窗、天花板、屋架等（根据洁净等级不同，有所区别）；清扫生产线上与工件密切相关的全部表面；定期清扫前处理、电泳、喷漆、流平、烘干等设备，使其保持较高的清洁度。每天清扫车间内走道、输送设备等与外界接触频繁的设备和物料等
4	清洁(Seiketsu) 认真维护已取得的成果，使生产现场始终保持完美和最佳状态，将成果进行制度化、标准化	安排专门的清扫和监督人员，监督进入涂装车间（施工现场）的物流、人流，动态处理各种事项，保持整理、整顿、清扫的成果等
5	素养(Shitsuke) 其对象是“人”，即直接提升人的素质。与其他几个“S”相互渗透。人与环境的关系是一个相互影响的过程	对于在涂装车间（涂装场地）的工作人员，要有高度的质量意识和安全责任感，要能做好劳动保护，服装、鞋帽、防护用品按照现场的要求进行佩戴等
6	安全(Safety) 既关系到操作人员的人身安全，也关系到产品、设备的安全；对生产现场的安全隐患进行识别，确定安全通道，布设安全设施，以及进行必要的安全培训	严格控制现场存放的涂料数量，控制喷（抛）丸（砂）、移动设备、高空脚手架等造成的机械伤害；严格控制各种设备的运行参数，防止爆炸、火灾的产生；防止“三废”对环境的破坏等

4.6.6 设备维护及保养

涂装设备是涂装质量的硬件，是确保涂装生产秩序和涂装质量的必备条件之一，而且越是先进的设备对检修和保养等管理要求越高。如果对涂装设备管理不当，设备带病运转，不但会严重影响设备使用性能而影响涂装涂层质量，还会导致设备损坏，造成不可估计的损失。例如，输送链、水泵、风机等运转设备，需要做好润滑、密封、冷却等，需要在生产中经常检查和维护；对喷漆室、烘干室等需要净化送风系统的设备，要定期清理（清洗）过滤器，以防净化过滤器上的积累的灰尘造成堵塞并污染涂层表面。

因此，要及时处理设备事故，做好设备备品管理，设备维修保养登记，在不影响生产的情况下做好设备维护和修理工作。主要有：关键的设备应备有操作规程；各台设备应有专人负责，工长、调整工或操作人员、机动维修人员每班都应定期检查设备运转状况并做好记录；应编制主要关键设备的检修和保养计划，做好定期检修保养；做好工具、设备的管理，包括工具、设备的存放保养及领取审批、所用仪器仪表的定期送检等。

4.6.7 材料采购及储存

涂装车间（工厂）使用的材料品种比较多，包括有涂料、溶剂、前处理药液、密封胶、辅料等等。因为多数为化工产品，在采购、贮运、领取过程中很容易出现问题。例如，采购时未考虑到使用量的问题造成积压，为节约进行涂层体系的改变；保存不当（环境不良、过期）易引起变质；发料时搞混品种/型号（特别是多组分、稀料等），造成涂层质量事故等。

因此，需要根据定额计算材料的需要量，控制涂装材料的订货、控制材料在施工过程的质量和数量，以便保证生产的正常进行和涂层质量；严格控制材料质量，防止不合格产品投入生产或采取必要的工艺措施后才能投产应用，以确保生产秩序和涂装质量；严格控制涂料采购的数量，避免因涂料存货造成混用，控制好限额领发料环节。

4.6.8 系统供货（涂料涂装一体化）的管理模式

(1) 传统模式（自建自管涂装车间运转模式）**管理方式存在的问题**

传统模式也就是自建自管涂装车间的运转模式，企业自己投资自己购买涂料自己运营；涂料公司（涂料厂）生产涂料卖给企业，并进行技术服务（技服）。但是，涂料只是“半成品”，要想得到与被涂装的产品结合很好、且使用寿命达到设计要求的涂层（或涂层体系），还需要一个很复杂的过程。在这个过程中就会出现以下问题。

① 在涂装过程中（或者出厂前）出现了涂层体系的质量问题（涂层弊病或缺陷），就很难分辨：是在涂装施工的责任？还是涂料厂在设计配方或制造中的差错造成的？

② 在涂层体系的使用阶段，一旦出现重大质量事故、客户投诉要求索赔，涂料供应方和涂装施工方的经常会各执一词，互相扯皮，很难判定质量事故的责任方。实际上，涂料供应方和涂装施工方在相互分离的情况下，很难对涂层体系的质

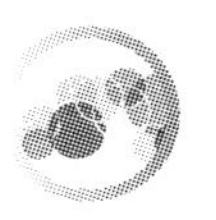

量进行全面把握。

③ 在企业都在追求经济效益的情况下，涂料供应商追求的是涂料销售带来的最大利润；而涂装方要使用价格最便宜的涂料，从而降低成本获取利润。对全寿命周期内的经济效益（LCC）和成本问题都关注不够，被涂装产品的长期质量得不到保证。

除此之外，还有一些其他问题，迫使涂料和涂装各方寻求更好的合作方式，以适应市场的需要，这就是系统供货（涂料涂装一体化）的管理模式诞生的背景。

（2）系统供货（涂料涂装一体化）概念

在涂装过程中，涂料（含化学品）供货商与需要方之间，以每台符合技术要求的被涂装产品的费用进行结算的供货方式称为系统供货。比如，汽车厂与涂料供货商之间不是以使用的涂料量×单价来结算，而是以通过的合格车身数×每辆车身的涂装单价来进行结算。其中，可以分为三种方式。

① 全承包系统供货方式　是由单一供货商全承最完善的系统供货方式，是由单一供货商全承包。

② 全承包后进行分包　是由单一供货商总承包后再由其去找一部分二级供货商配套供应。

③ 分系统承包方式　是分别由各供货商根据自己的特长，部分实行系统供货。

（3）系统供货（涂料涂装一体化）的利弊

① 有利于全面提升被涂装产品的质量　涂料供应商由“出售涂料”到“出售涂层（涂膜）”，使涂料企业加深了对涂装设备、涂装工艺、涂装管理的理解，在涂料研发和生产过程中，会加强其对涂层长期质量保证的意识和责任，从而提升被涂装产品的质量。

如果是涂装类的企业进行系统供货（涂料涂装一体化），他们除竭尽全力加强对涂装各方面的管理之外，同时会更深入地了解涂料施工性能和涂层的各项指标，从而实现涂料、涂装的完美结合。

② 可以降低被涂装产品的成本　系统供货（涂料涂装一体化）可以提高产品的合格率，降低废品率，减少涂料浪费，涂装成本得到了有效的控制，实现了供需双方的“风险共担，利益共享”，是节省资源的生产模式。

③ 可以简化管理、提高生产效率　由于分工明确、责任清晰，供需双方的在中间环节上的矛盾、扯皮问题减少了，企业内部涂装管理人员可以精简，管理环节可以简化，效率大幅提高，达到了供需双方之间的双赢。

④ 增加了供需双方的接口管理难度　对供需双方的管理接口要求很高，对人员的素质要求更高，在“你中有我，我中有你”的管理模式中，双方要经过痛苦的“磨合期”，才会有双赢的“蜜月期”。

⑤ 加大了系统供货方的商业风险和技术难度　对供需双方合同文本的逻辑性、

严密性、可执行性要求更高，特别是有关技术要求部分，与过去的仅供涂料的商务问题有很大的区别。增加了系统供货方的商业风险和技术难度，比如，如何界定对最终客户赔偿的界限和期限（例如5年或10年的保证期），如何进行质保和赔偿的技术鉴定等。

⑥ 增多了企业经营和技术的不确定性　供需双方执行过程中一旦合同撕毁，如何解决大量的经济和技术遗留问题，供需双方的利润诉求发生错位后如何处理，经营风险和技术风险如何分担，很多新问题需要在推进系统供货（涂料涂装一体化）的进程中加以研究、解决。

(4) 系统供货（涂料涂装一体化）的实施和管理

系统供货（涂料涂装一体化）的实施没有固定不变的模式，可由涂料企业来组织实施，可由涂装企业来组织实施，也可由第三方来组织实施，下面汇总了部分专家的资料供大家参考。

① 确定需要供货商提供的材料和技术服务的范围　需方首先需要提出一个明确的范围和要求。因为不同的系统供货模式中包括的材料内容和服务范围可以有很大的不同，谈判的内容和报价自然也就不同。

② 确定供需双方职责及工作内容　必须非常明确地确定需方和供货商之间的各项具体工作的职责和内容。比如调漆间，从管理、控制、加料、运输、油漆黏度的调整、直到空桶的处理等细节，由谁负责均应有明确的规定。还需要明确一级供货商和二级供货商之间的职责。

编制《系统供货操作指导书》，对各种细节进行详细规定。比如，对材料标准、检验方法、涂装条件、涂装设备及其维修保养、故障处理等都要有明确规定。尤其对涂装质量合格产品的检验标准等更要规定得十分详细，避免在执行时发生争执。

③ 与报价的供货商进行谈判　不同的供货模式报价不同，各个供货商的报价会有差异。在招标或议标的谈判中，需要方应该与一级供货商进行谈判，各二级供货商分别向一级供货商报价（如果有二级供应商的情况下）。

④ 确定系统供货商　在招标或议标的谈判结束后，确定谁是系统供货商。一般情况只需决定一级供货商就行，但事实上需要方对二级供货商的确定意见往往是非常重要的。实行系统供货时一般不轻易改变汽车厂原来的供货厂商，以免引起混乱。但在引进新技术、使用新产品时可以进行更换。

⑤ 供需双方要共同建立一个系统供货管理机构　包括系统供货的项目经理、技术服务人员、商务、供应等方面的人员。需要方确定一位检查系统供货执行的经理，并配备相应的技术人员，检查项目执行情况和产品质量情况等。对特殊情况的处理，组成一个仲裁委员会，工作中必须平等对待。

⑥ 建立相应的数据操作系统　应建立起相应的检测点并能自动记录。建立相

应的系统供货文档并和需要方的计算机网络相连接。

⑦ 职能的转移　实行系统供货时原来由需要方厂家负责的事务和责任，必须逐步地转移给供货商。如材料的采购、中转的仓库、实验室、调漆间的管理等，需一步步地交给供货商负责。交接过程中应防止产生混乱。

⑧ 系统供货初步实施　必须建立起每天定时召开系统供货例会的制度。需要方的人员和供货商一起讨论每天生产中发生的问题及解决的办法。重新确认一些特殊的要求，进一步优化系统供货的过程。

⑨ 核实系统供货的价格　经过一段时间的试运行，可以比较确切地知道材料的单车（台）消耗量、被涂装品的报废率、返工率等参数。

⑩ 付款　核实价格后，需要方应该向供货商支付货款。在实行系统供货初期，由于需要方尚有涂装材料的库存等，因此要注意避免重复付款。一般这些材料应进行盘点后由供应商回购。

以上步骤不是各自独立的，而是交叉进行的。互相之间可以重叠，可以同时进行，以缩短实现系统供货的时间。供货商和需要方在以后的互相合作中将会不断地在提高质量、降低单耗、降低返工率等方面做工作，以进一步节约成本，从而使供需双方建立起一种风险共担、利益共享的双赢合作关系。

4.6.9　涂装管理对涂层质量的影响一览（表 4-21）

表 4-21　涂装管理对涂层质量的影响一览

序号	涂层弊病	涂装管理(以溶剂型涂料为例)对涂层质量影响的原因分析
1	流挂	①对涂覆涂料黏度调整及稀释剂的管理不够 ②涂装工喷涂技术培训不够,技术不熟练,涂装工艺执行不严 ③设备管理不到位,涂装设备不能保持正常的技术要求范围内 ④温度湿度未控制最佳范围(有喷漆室时:喷涂温度是 22～28℃;湿度 60%～80%)
2	颗粒/起粒	①涂料的采购、贮存、调配未按管理规定进行,导致所用涂覆涂料过期、变质或被污染 ②喷漆室、晾干室或烘干室等设备点检和维修不够,不能保持内部应有的洁净度 ③其他设备和工位器具带有污物颗粒 ④涂装车间平面布置不合理,涂装环境不好,有污染物,6S 管理不够 ⑤未按工艺卡、作业标准书执行,涂装过程控制不严格等
3	露底	①对涂层体系选择和涂料选择管理不当 ②涂料调配时,未按规定进行黏度测试 ③涂装机器的工作状态未进行充分调试,供漆管路未维护 ④涂装环境温度、湿度管理失控 ⑤涂装工责任心不强,对涂装工的管理不够;质量检验不严格
4	缩孔(鱼眼)	①对涂料选择管理不当 ②涂覆用涂料不符合技术要求,黏度管理不到位 ③涂装工对自己的工具和物品未进行处理,操作培训不够 ④压缩空气供给系统未维护好,管路中混入油或水 ⑤涂装环境中的污染物质未进行控制,6S 管理不到位 ⑥工件表面状态未按工艺要求进行控制,工艺纪律执行不严

续表

序号	涂层弊病	涂装管理(以溶剂型涂料为例)对涂层质量影响的原因分析
5	陷穴/凹洼	①对涂料选择管理不当 ②涂覆用涂料不符合技术要求,黏度管理不到位 ③涂装工对自己的工具和物品未进行处理,操作培训不够 ④压缩空气供给系统未维护好,管路中混入油或水 ⑤涂装环境中的污染物质未进行控制,6S管理不到位 ⑥工件表面状态未按工艺要求进行控制,工艺纪律执行不严
6	针孔	①涂料选择、涂料调配管理不好 ②进货管理渠道失控,导致误用稀释剂 ③干燥设备、压缩空气设备管理存在问题 ④涂装环境未按技术要求进行控制 ⑤工艺过程控制不严
7	起气泡	①材料采购与管理混乱,导致误用稀释剂 ②喷漆室、烘干室等设备不能保持工艺所需的状态 ③对涂装环境的温度、湿度失控 ④底材处理、腻子刮涂、涂覆、干燥等工序控制不严
8	咬底	①涂层体系设计未落实,导致涂层不配套 ②工艺执行不严格,导致不按规程操作
9	起皱	①材料管理混乱 ②涂覆干燥工艺控制不严
10	橘皮	①没有或未按作业标准书调配涂覆用涂料,或者涂料贮存不当 ②喷枪和喷漆室维护不当,偏离正常使用范围 ③涂装环境温度管理失控 ④操作者喷涂技术不合格,培训不够 ⑤工件表面温度测量、流平、涂覆、干燥工序未按工艺标准执行
11	发花/色花	①涂料调配和黏度控制未按规定执行 ②涂料管路和设备清洗管理维护保养不够 ③对涂层厚度的控制不均匀,涂装工的技术(操作)培训不够
12	色差	①对涂料的采购管理缺少色差的控制管理 ②输漆管路或调漆设备未进行正常的维护保养 ③涂层修补技术差,不能获得良好的修复涂层,修补技术培训缺少 ④对于外协件、外购件缺少色彩控制的规章制度。
13	渗色	①对涂层配套体系选择管理不够 ②涂覆、干燥工艺控制不严
14	浮色	①未进行涂层体系的设计或未进行试验 ②涂料供应商的质量保证体系没有建立,缺少对供应商的管理 ③涂覆工序未按照工艺文件执行
15	金属闪光色不匀	①对涂层配套体系选择和涂料质量管理不够,未进行涂层体系的生产试验 ②喷枪、喷漆室和涂装环境没有按照所定技术参数运行 ③在晾干(流平)、涂覆、干燥工艺控制不严 ④涂装工对厚度控制缺少技术,培训不够
16	光泽不良	①对涂层配套体系设计、涂料试验、涂料供应商管理不到位 ②涂料调配过程未按规程操作 ③涂覆、干燥环境未进行控制 ④工件表面处理、涂覆方法、涂层厚度均匀性、干燥、抛光等工序控制不严

续表

序号	涂层弊病	涂装管理(以溶剂型涂料为例)对涂层质量影响的原因分析
17	鲜映性不良	①对涂层配套体系选择管理和涂料调配未按规程进行 ②喷漆室、空压机、喷枪使用维护不当 ③涂装环境未进行管理和控制;6S 管理不到位 ④工件涂覆前的表面质量、涂覆、干燥等工序控制不严
18	丰满度不良	①对涂层配套体系选择管理不够 ②涂覆、干燥工艺控制不严
19	砂纸纹	①打磨、涂覆、干燥工艺控制不严 ②涂装工技术差,缺少培训
20	残余黏性/干燥不良	①材料管理混乱,容易用错 ②涂装生产计划管理不科学,未留出工艺流程规定的涂装时间;或涂装应急措施不当 ③涂覆、干燥工艺控制不严
21	失光	①设计阶段没有进行正确的涂层体系设计,或室内外涂料选错 ②涂料及配套产品采购控制不严,劣质涂料流入生产线 ③涂料和稀料等化工材料现场管理混乱,使用时拿错 ④未按工艺卡或作业标准书进行涂覆、干燥
22	漆膜变色/变色	①设计阶段没有进行正确的涂层体系设计,或室内外涂料选错 ②涂料及配套产品采购控制不严,劣质涂料流入生产线 ③涂料和稀料等化工材料现场管理混乱,使用时拿错
23	粉化	①设计阶段没有进行正确的涂层体系设计;对涂层配套体系选择管理不够 ②涂料及配套产品采购控制不严 ③涂料和稀料等化工材料管理混乱 ④涂装工艺缺少详细规定或未按工艺文件执行
24	泛金光/泛金	①涂装设计管理不细,未控制不合适的涂料品种的应用 ②涂装设备管理维护不当 ③涂料与涂覆方法选择不合适
25	沾污	①涂层体系设计时,未考虑污染环境中应选用耐沾污性能好的涂料 ②对于存放、使用过程中保护未提出维护要求,缺少相应的措施
26	发霉	①未进行涂层体系设计或没进行试验,霉菌环境中使用了易生霉的涂料 ②未向使用者提出霉菌环境中使用维护的要求
27	开裂/裂纹	①涂层体系设计管理不到位或无涂层体系设计 ②所采购涂料质量有问题,未进行严格的质量控制 ③涂料调配未按照规程进行,或使用了错误的稀料、固化剂,或固化剂比例错误 ④基底表面处理、涂覆、干燥工序管理不严,未按已有工艺严格执行
28	起泡	①涂层体系设计管理不到位或无涂层体系设计,湿热环境中未选用耐湿热耐水涂料 ②压缩空气系统使用维护不当 ③涂装工序管理控制不严,未按已有工艺严格执行 ④缺少使用、储存的管理技术要求,对潮湿环境认识不足
29	剥落/脱落	①对涂层配套体系选择管理不够,所选用的涂料不适合被涂装产品所处的环境,或层间附着力不良 ②未对涂装环境进行“露点”管理,温度湿度失控 ③涂覆底漆前未对工件表面进行严格检查,或生产节拍太慢,表面被污染 ④被涂装产品只环氧类涂底漆或中涂,数月后在出厂前再涂面漆 ⑤涂覆、干燥工序未按所定工艺卡进行
30	生锈	①对涂层配套体系选择管理不严,所选择的涂层体系不能耐相应的腐蚀环境等级 ②前处理、涂覆、干燥工艺控制不严,涂装过程中基体金属已经锈蚀 ③涂装质量控制不完善,有漏洞,比如,边角棱打磨出金属基体,此处最易锈蚀 ④对使用者未提出维护要求,不能及时清除各种污染(包括锈蚀产物)对涂层体系的侵蚀,将加速被涂装产品的锈蚀

参 考 文 献

[1] 齐祥安. 涂装涂层系统与系统工程. 现代涂料与涂装，2009，(04)：28-35.

[2] 王健等主编. 防腐蚀涂料与涂装工. 北京：化学工业出版社，2006：190-191.

[3] 齐祥安. 涂装涂层系统设计阶段的质量控制. 现代涂料与涂装，2009 (06)：46-52.

[4] 孟东阳，刘安心. 殷勇青. 影响商用车车身面漆涂层质量的部分因素. 涂料工业，2006，36 (07)：50-51，58.

[5] 彭建斌. 产品工艺与工厂施工配合. 建筑管理现代化，1997，(02)：29.

[6] 王锡春. 施工应用讲座第六章漆膜弊病及其防治（一）. 涂料工业，1988，(06)：49.

[7] 王锡春编著. 汽车涂装工艺技术. 北京：化学工业出版社，2005：154-196，269.

[8] 汪国平. IMO《船舶压载舱保护涂层性能标准》及应对. 中国涂料，2008，23 (08)：1-4.

[9] 高瑾，米琪编著. 防腐蚀涂料与涂装. 北京：中国石化出版社，2007：39-41.

[10] 庞启财编著. 防腐蚀涂料涂装和质量控制——涂料防腐蚀技术丛书. 北京：化学工业出版社，2003：230-231.

[11] 曹京宜 编著. 涂装质量控制技巧问答. 北京：化学工业出版社，2007：78-80.

[12] 方震，黄功. 试论涂料涂装一体化. 涂料涂装与电镀，2007，5 (1)：4-7.

[13] 陈慕祖. 汽车涂装材料系统供货的不同模式. 现代涂料与涂装，2003，(01)：40-42.

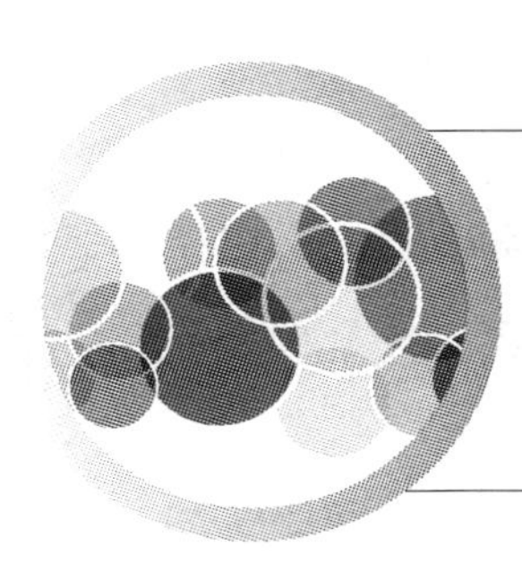

第5章 储运阶段的分析与控制

导读图

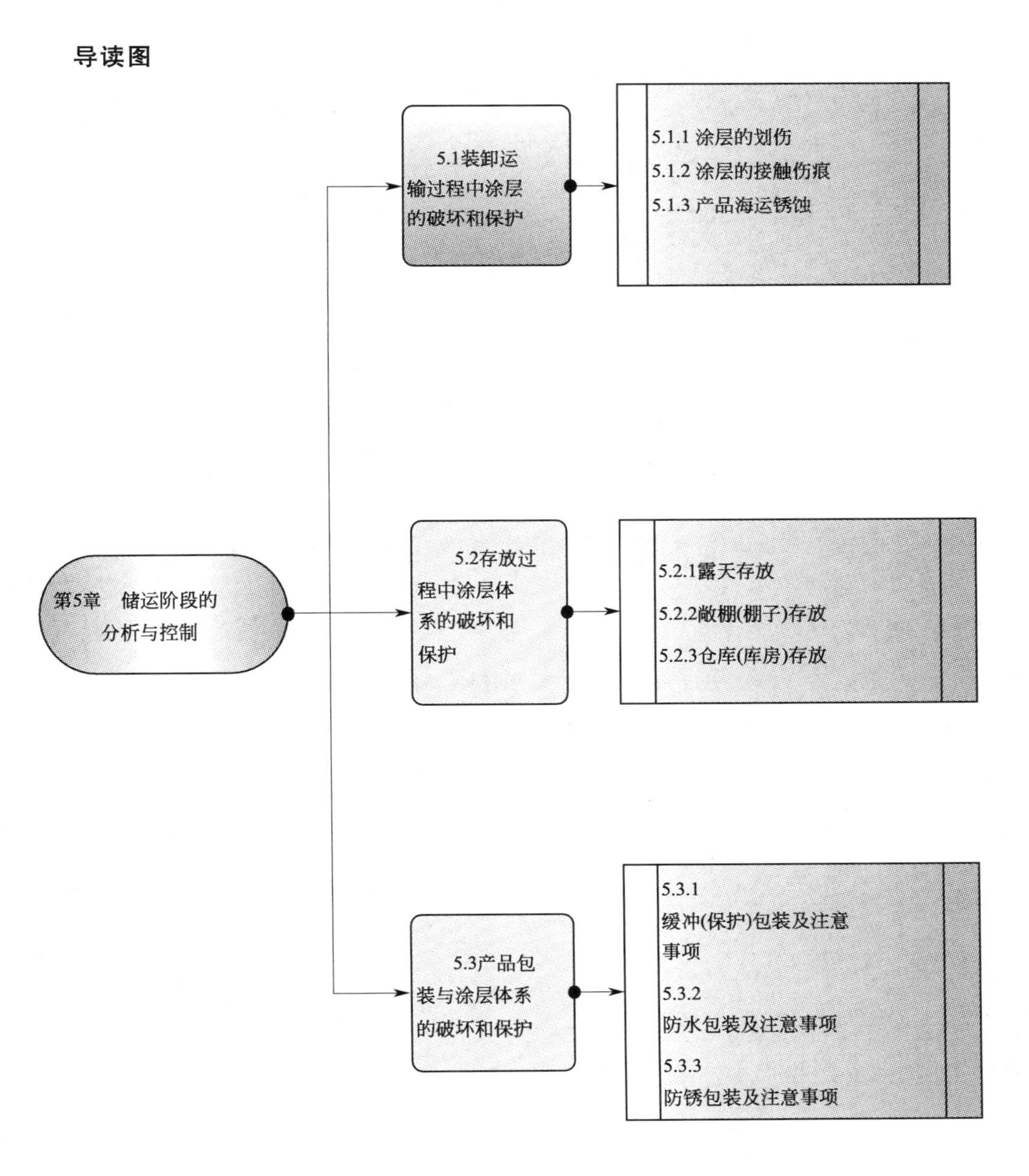

被涂装产品从生产厂家（乙方）到用户（甲方）要经过若干个环节，在多次装卸运输、储存等流动过程中，要受到各种各样的负载（静力学负载与动力学负载）的作用，受到环境、气候及生物的多种影响。要保证涂层体系在装卸、运输、储存过程中不发生各种损伤破坏和腐蚀，必须研究分析储运阶段涂层体系的质量控制问题。

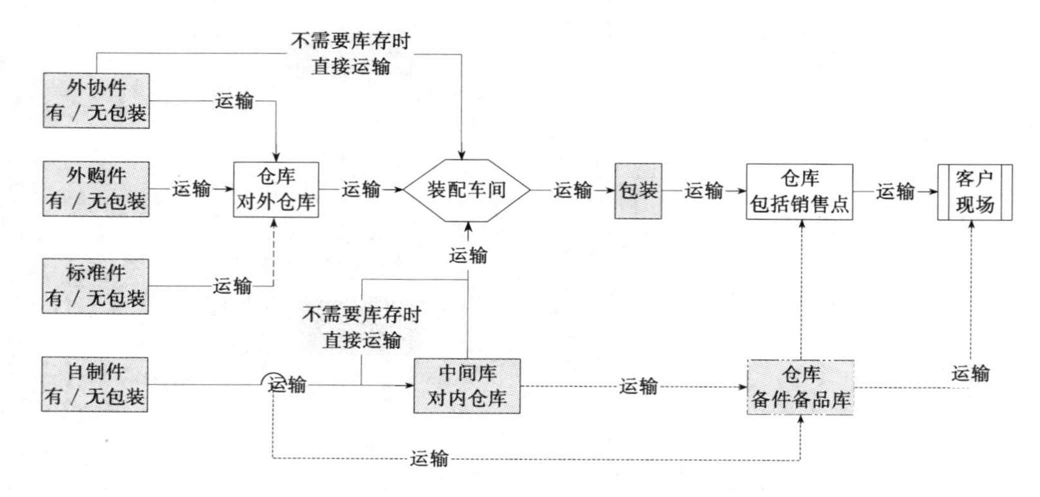

图 5-1　机械工厂被涂装产品的各种零部件储存运输示意

由图 5-1 可以看出，被涂装产品的要经过多次的装卸运输、仓库存放、产品包装。在已有出版的涂装技术书籍和期刊中，很少有这方面的资料。可是，在实际生产过程中，由于装卸运输损坏、仓库存放不当、产品包装失误造成的经济损失还是很普遍的，参见表 5-1。下面分别研究分析这三种情况中涂装涂层的破坏和防护问题。

表 5-1　储运过程中产生的涂层弊病（缺陷）一览

序号	出现的缺陷(弊病)名称	类似名称(其他叫法,相似叫法)	说　明
1	伤痕	划伤,刮伤,压伤,啄伤,摩擦伤,碰伤	碰撞,摩擦等
2	失光	倒光	烈日下存放(底漆、中涂)
3	变色	漆膜变色,失色	烈日下存放(底漆、中涂)
4	粉化		烈日下存放(底漆、中涂)
5	沾污	污染;污斑;污点	包装不当引起,外部污染
6	起泡		包装不当引起
7	剥落	脱落;脱皮	包装不当引起
8	生锈	锈蚀,涂层下锈蚀	划伤或包装不当引起
9	其他		

5.1　装卸运输过程中涂层的破坏和保护

装卸运输过程中，涂层的破坏形式以机械损伤和海运腐蚀破坏为主。海运腐蚀是指被涂装产品在长途海洋运输过程中，由于长期处于恶劣的海洋运输环境所产生的腐蚀。特别是工程机械和部分机电产品，为了提高腐蚀防护的质量，各企业都在逐步实现部件面漆化（在零部件状态下做好底漆/中涂/面漆），在工序间的运输（运送）时，如果保护不好，很容易造成对涂层的机械损伤（表 5-2）。

表 5-2　各种起重运输形式对涂层的影响

序号	运输分类	装卸设备	运输工具	对涂层体系的影响	备注
1	工序间运输（运送）	叉车、起重机	叉车、托盘（专用工装）、起重机、平车	碰伤、划伤；污染（沾污）	有/无专用工装；有/无包装
2	陆路长途运输	叉车、起重机	汽车、火车	碰伤、划伤；污染（沾污）；	有/无专用工装；有/无包装
3	海上长途运输	叉车、起重机	船舶、集装箱	碰伤、划伤；污染（沾污）；生锈（锈蚀）	海水或盐雾引起局部腐蚀

5.1.1　涂层的划伤

干燥（固化）后的涂层或涂层体系，由于受到外力的刻画或摩擦等作用，在涂层上产生条纹状伤痕，失去涂层的完整性，致使涂层的腐蚀防护作用降低、装饰性变差，形成质量问题。这也是一种最常见的涂层缺陷（弊病）之一，如图 5-2 所示。

涂层受机械划伤，主要是与被涂物接触的吊具、绳索、工位器具、包装物等的材料太硬，涂层太软或硬度不合格，在产品装卸运输过程中，发生相对的位移造成划痕。图 5-3 所示的起重运输和包装方式，最容易产生划伤。

加强被涂装产品在起重运输过程中的保护，是非常重要的，主要采取的措施有以下几种。

凡挂具（或工位器具）与被涂物接触部位，应有柔软的保护层，尽量使用软化后的工装容器，并注意吊装方式，如图 5-4 所示。

对于大型工件（不能直接装入工装容器中的），如果使用叉车运输（搬运），需要在叉子上面进行软化（如包覆橡胶板或软的塑料）以免划伤工件表面的涂层。

使用起重机装卸搬运程中，必须使用专用的吊带，轻搬轻放，并辅助以柔软的隔垫材料，防止对涂层的损伤。吊装绳与部件表面接触部位必须用棉被或者其他合适的物品保护好，如图 5-5 所示。

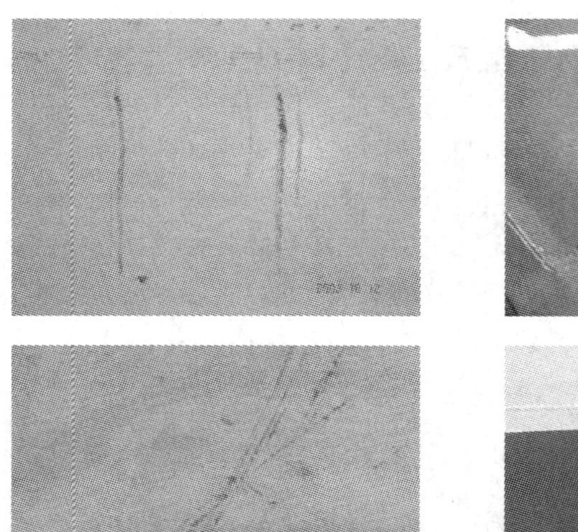

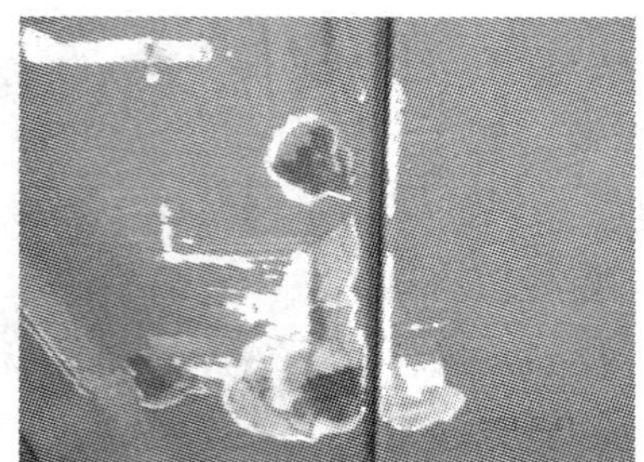

图 5-2　产品表面涂层被划伤并导致生锈

图 5-3　与产品表面涂层接触的硬质材料和方式易产生划伤

图 5-4　使用保护的吊装方式

图 5-5　使用软化后的工装容器避免涂层的碰伤

如果长途运输被涂装产品，最好要进行符合运输要求的防划伤的外包装。

被涂装的产品或工件，由于受到外界的冲击力，比如碰撞、打击、撞击等外力的作用，从而在涂层表面遗留下点状或片状伤痕。致使涂层的腐蚀防护作用降低、装饰性变差，形成质量问题。如图5-6所示。

图5-6 工件表面的碰伤

被涂装的产品和工件的涂层碰伤的主要原因是对涂层的保护不到位，比如，吊装时未按规程操作，发生与其他硬质物体碰撞；产品或工件之间由于没有隔离和保护，在装卸和运输过程中发生相互碰撞等。当然，由于涂层未干或该涂料所涂层耐冲击性不合格，在较低的外力刺激下就发生碰伤的情况，不属于碰伤的范畴。

保护被涂装产品或工件不被碰伤，重要的是进行保护，如表面敷泡沫塑料或其他软质物品，使用软化过的工位器具；装卸过程中严格遵守操作规程；长途运输被涂装产品，最好要进行符合运输要求的防碰伤的外包装，如图5-7所示。

图5-7 对工件表面涂层碰伤的防护

5.1.2 涂层的接触伤痕

被涂装的产品或工件与外界接触时，比如包装材料、隔垫材料接触时，涂层与接触材料发生反应或者涂层未干透与接触材料发生粘连，当移去接触材料后，可以看到被破坏的涂层表面。这种情况严重影响产品的外观质量，有时会降低产品的腐蚀防护性能。

保护涂层不产生接触伤痕的方法是：在包装运输前，一定要检验涂层的干燥程度，避免涂层未实干前进行包装；在包装前要试验包装材料或垫材与涂层之间是否容易发生反应；或者经过实际使用检验证明，包装材料与该类涂层不会发生反应或污染。

5.1.3 产品海运锈蚀

很多被涂装的产品或工件，在陆路运输过程中不会发生锈蚀，但经过海运特别是长途海运（国际海运）时，被涂装的产品或工件就会发生各种各样的锈蚀（生锈），造成产品的质量事故。

一般情况下，经过防锈包装的较小的产品不会发生海运锈蚀，但是，经过海关开箱检验或者破损时，经常会出现锈蚀。大型的产品比如：汽车、工程机械、改装车、重型机械等产品，如果进行整体包装比较困难，因此，往往是采取整机海运的方式。当产品运输到客户现场时，常常出现多处局部的腐蚀，严重时会发生大面积涂层脱落，并伴有严重锈蚀的发生。特别是电镀件、发蓝件、发黑件等未涂装的局部锈蚀比较多，涂装后的部件也发生锈蚀，主要是集中在产品的边、角、孔、洞、缝（包括焊缝）等局部。这些锈蚀严重影响了产品的外观质量，并造成了经济赔偿或商业信誉的损失。

海运的过程就是整机产品在腐蚀环境中，敏感部位被腐蚀的过程，如图 5-8 所示。

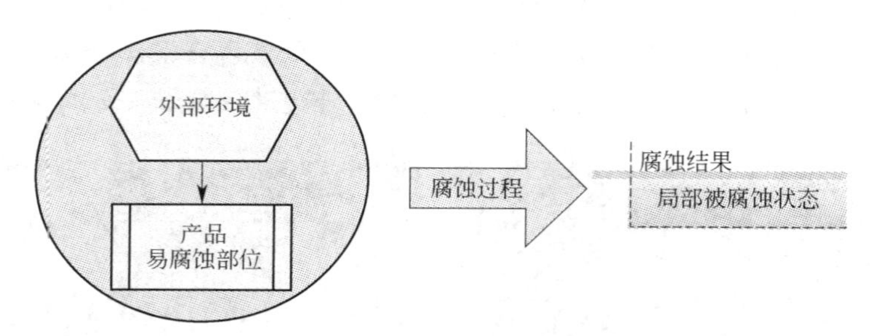

图 5-8 整机产品海运锈蚀原因分析示意

（1）外部环境

与陆路运输相比，海运过程的环境是比较恶劣的，一般认为是处于 ISO 12944 标准所定的 C5-M 环境之中，湿度大，温差范围大，Cl^- 浓度高。产品都是露天运输和待装卸，还有摩擦、碰撞、空气污染等特殊外部情况。

（2）整机产品易腐蚀部位

易积水、积尘的部位，如缝隙、敞开的或半敞开的箱型部位；既未涂装也未防锈的部位，如机加工件表面、各种标准件、发黑发蓝件；特殊部位，如边、角、孔、洞、缝；不符合涂层标准或有涂层缺陷（弊病）的局部等。这些部位，对于海

洋大气的腐蚀敏感度很高。

（3）腐蚀过程

很短的时间接触海洋环境不会产生腐蚀破坏，但是，海运一般时间都比陆路运输时间要长（一般 1～3 个月或者更长）。通过涂层的微观缺陷和伤痕，腐蚀介质或水透过涂层到达零部件的基体界面，从而形成腐蚀原电池发生电化学反应。该反应持续或间歇多次进行的结果，就形成了零部件表面的锈蚀。

根据上述所列的各种涂层体系腐蚀破坏的情况，我们在海运时必须要采取腐蚀防护措施，以保证涂层体系的质量。要避免海运锈蚀的产生，需要注意以下几点。

① 生产过程中要加强过程控制，严格进行质量检查，保证被进行海运产品的涂层体系（复合涂层）符合腐蚀防护设计阶段所定标准指标的要求，符合整机产品涂装（腐蚀防护）质量检验基准书的要求。

② 加强对特殊部位的保护，可以进行局部包装，防止摩擦、冲击等外部的破坏。

③ 按照需要防腐蚀的时间长短，进行相应等级的防锈包装，参见包装章节。

④ 零部件在运输前组装时，两个相互接触的工件表面之间需要涂抹密封胶，再用螺栓紧固。用螺栓固定连接时，所有螺栓螺母紧固前，接触的端面必须涂抹密封胶。

⑤ 对边、角、孔、洞、缝等特殊敏感部位，根据不同情况要使用防锈油、防锈脂、防锈蜡进行腐蚀防护。

⑥ 缝隙间多余的密封胶要擦净，以免影响外观质量。

5.2　存放过程中涂层体系的破坏和保护

存放是制造行业日常需要的一个重要的过程，即使管理非常好的企业（如实现“一个流”的物流模式的企业），也避免不了各种意外的存放。存放有各种模式，按照存放地点分有 3 种，如表 5-3 所列。按照生产过程分类，可以分为工序间存放、中间库存放、仓库存放；按照包装方式分类，可以分为防护包装存放、防水包装存放、防锈包装存放等。

表 5-3　各种存放形式对涂层的影响

序号	存放分类	对涂层体系的影响	备注
1	露天存放	存放挤压损坏涂层；积水渗透涂层起泡或锈蚀；紫外线照射底漆或中涂提前老化；污染（沾污）；机加工面锈蚀	有包装时因渗漏容易引起涂层起泡或锈蚀
2	敞棚（棚子）存放	存放挤压损坏涂层；污染（沾污）；机加工面锈蚀；缝隙腐蚀	
3	仓库存放	存放挤压损坏涂层；污染（沾污）；机加工面锈蚀；缝隙腐蚀	

5.2.1　露天存放

对于室外使用的被涂装产品，人们往往将其成品存放于室外，一般情况下应该是没有问题的，但需要注意的是，一定保证在局部没有积水。因为长时间的积水，对于耐大气腐蚀的涂层体系是非常不利的，如图 5-9 所示。比如，重防腐涂层体系的耐水指标只是 240h，超过这个时间，涂层就会发生积水渗透涂层起泡或锈蚀。

图 5-9 工件将易积水的面向上露天存放，工件内部积水引起涂层破坏

有些企业为了防止在产品上积水，经常使用篷布进行遮盖。但是，由于篷布选择不当或者维护不良，结果造成积水大量渗漏，同样也会引起涂层的渗水破坏，如图 5-10 所示。

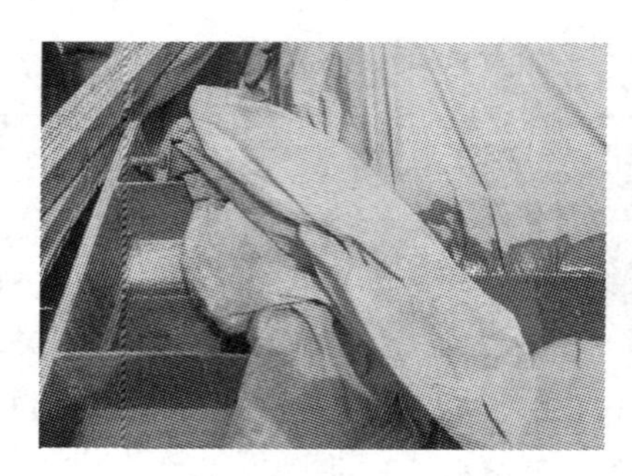

图 5-10 工件将易积水的面向上露天存放，工件内部积水引起腐蚀

为防止此类情况的发生，在室外存放被涂装后的工件（室外使用的被涂装产品）时，一定要将容易积水的表面向下；或者使用隔水材料进行局部封闭。

涂装了底漆或中涂的工件（特别是环氧类的涂料），一定要存放在室内或者阳光直射不到的位置，避免底漆或中涂被紫外线的照射而引起老化，如图 5-11 所示。

被涂装后的产品或半成品，在室外短期存放时，一定不要像图 5-12 那样堆积存放。此种方式，严重破坏了涂层体系，更严重时将会引起工件变形，造成废品。如果存放场地不足时，可以考虑使用专用存放工装（经过接触面软化的），进行存放。

图 5-11　涂覆环氧底漆的工件因室外烈日下的暴晒引起底漆涂层的老化和腐蚀

图 5-12　堆积存放将会严重破坏涂层

装配调试好的整机产品，往往被存放在室外闲置场地或产品停车场，这时往往会产生很多涂层破坏的问题。

① 螺栓螺钉螺母等标准件的锈蚀，如图 5-13 所示。此类零部件，应该使用硬膜防锈油或防锈脂或防锈蜡进行防锈处理。

图 5-13　室外存放的整机上螺栓螺钉的锈蚀

② 外购件的锈蚀，如图 5-14 所示。此类零部件，由于采购前没有向供应商提出腐蚀防护标准或者存放场地周围环境腐蚀严重，造成质量问题，应该使用硬膜防锈油或防锈脂或防锈蜡进行防锈处理。

③ 整机产品的局部积水、积尘，如图 5-15、图 5-16 所示。如果在产品设计时没有注意腐蚀防护的设计，特别是防积水、防尘方面的设计，就会产生此类问题，需要

引起重视。为了防止此类问题的发生，一方面要与产品设计人员沟通，尽量避免此类设计问题，另外要采取防护措施（如防锈蜡、保护薄膜等），防止局部涂层的破坏。

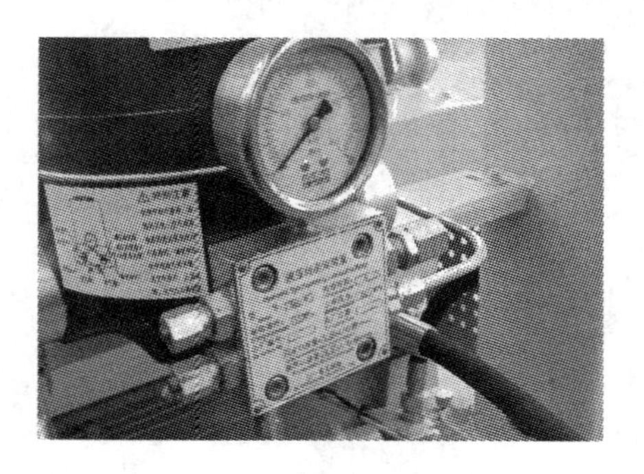

图 5-14　外购件的局部锈蚀

图 5-15　局部积水很容易产生涂层破坏 1

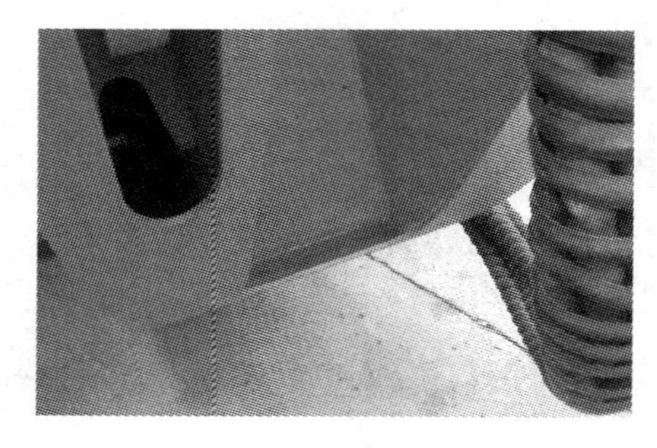

图 5-16　局部积水很容易产生涂层破坏 2

图 5-17　局部焊缝涂层缺陷发生的锈蚀

④ 整机产品的焊缝局部锈蚀，如图 5-17 所示。由于焊接时所产生的缝隙或其他质量问题，致使涂层无法形成完整的涂膜，室外存放时，就很容易产生锈蚀。因此，需要对此类整机局部使用防锈蜡等材料进行防锈处理。

⑤ 整机的其他部位的锈蚀　如图 5-18 专用底盘所示，一台整机产品是由成千上万的零件所组成，在相互的链接部位会产生各种各样的易腐蚀局部小环境，在露天存放期间需要进行防锈处理，如喷涂防锈蜡等。如果长期存放，就需要进行封存

图 5-18　室外存放的专用底盘和整机组合件的锈蚀

防锈包装处理，参见第 5.3 节所述。

5.2.2　敞棚（棚子）存放

敞棚（棚子）可以遮挡太阳光的直射，能够避免雨水直接淋灌到工件上，相比较露天存放条件好了一些。因此，有人认为放在棚子里面就不会产生腐蚀问题，这是一种误解。由于棚子虽然能够起到一定的作用，但腐蚀介质如潮气、盐雾、粉尘等照样可以进入工件表面，进而形成很多的被涂装工件的锈蚀问题。

① 被涂装工件上没有涂装的机加工面，会产生腐蚀，需要进行防锈处理；否则，将会产生严重锈蚀，造成质量问题，如图 5-19 所示。

图 5-19　被涂装工件上机加工面（未涂装）的腐蚀

② 被涂装工件的边角缝隙，由于涂层遮盖不完整或局部潮气（水分）过大，照样引起涂层破坏和基体金属的腐蚀，如图 5-20 所示。

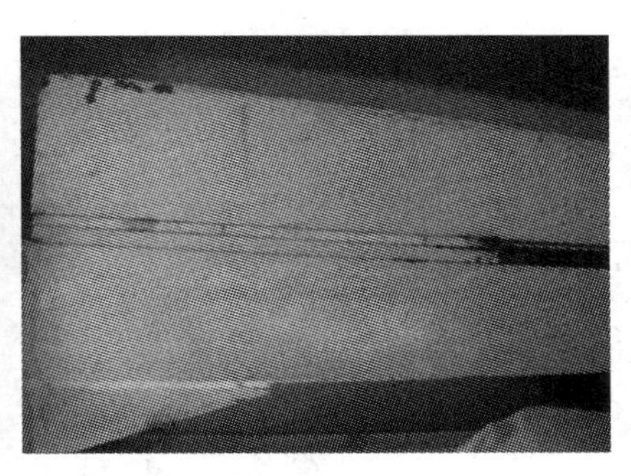

图 5-20　焊缝/缝隙在棚子内引起的腐蚀

因此，存放于棚子中的被涂装工件，一定要根据所处的环境使用 ISO 12944 标准进行分类，然后根据存放时间确定其防锈等级，并实施防锈或防锈封存。

5.2.3　仓库（库房）存放

被涂装工件或整机产品存放在符合条件的仓库（库房）中是最好的，其条件见

表 5-4 所列。

表 5-4　仓库（库房）应具备的基本条件

序号	仓库(库房)应具备的基本条件	说　明
1	应远离锅炉房、化工库、表面处理车间、热处理车间及能散发出大量腐蚀性气体的车间	防止腐蚀性气体对被涂装工件的腐蚀
2	为避免大气中的雨、雪、雾、雹、露等对产品的侵袭及鸟类危害，仓库需建防风门，天窗为双层百叶窗，开关方便	防止自然气候对被涂装工件的腐蚀
3	周围设排水明沟，不在室内设排水暗沟，库内不设用水设备	减少各种积水，避免潮气的氛围
4	应能防止腐蚀性气体（煤烟、氯化氢、臭氧、蒸汽等）和尘埃进入	仓库(库房)应有一定的密封效果
5	库内不得存放酸、碱、盐等化学品以及含湿材料、蓄电池等易引起腐蚀的物质。不准用火炉取暖	易引起腐蚀的物质，应单独隔离存放
6	地面应是木板涂料、瓷砖、水磨石或沥青，不允许是泥土或水泥地面，如用水泥地、应在水泥地面加防潮层。墙壁离地面 2m 处刷涂涂料	地坪的潮湿容易引起被涂装工件腐蚀
7	通风良好，温度保持 10～30℃（南方 10～35℃），相对湿度 45%～75%，昼夜温差不大于 7℃	控制温度、湿度、通风可以减轻腐蚀
8	存放金属制品和非金属制品的库房要分开	避免互相影响
9	被涂装工件要远离热源和防止阳光直射，距离墙壁和地面不小于 40cm	热源和太阳的直射，易引起涂层的早期老化
10	被涂装工件要有合适的工位器具，特别是与涂层接触的部位，要进行软化，以免划伤、碰伤涂层等	最大限度减少涂层的破坏

在仓库中长期存放的整机，如果不进行封存防锈处理，照样也会锈蚀，如图 5-21 所示。

图 5-21　仓库中长期（2 年）存放引起的锈蚀

另外，对于被涂装部件在库房存放过程中，需要关注边角孔洞缝等特殊部位。如图 5-22 所示，长期的存放，致使局部产生了锈蚀。应该像图 5-23 那样，对于局部孔洞，使用防锈油、防锈脂和锥形塞进行封闭处理，可以进行较长时间的防锈。

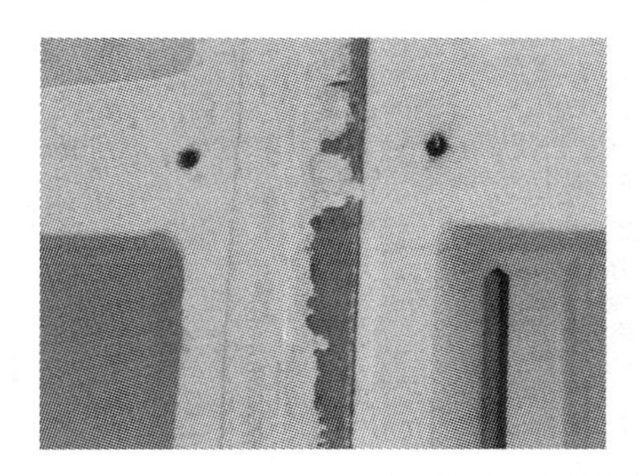

图 5-22　仓库中长期存放引起的锈蚀

图 5-23　仓库中长期存放对孔洞的有效处理

5.3　产品包装与涂层体系的破坏和保护

如表 5-5 所列，产品包装有各种方式，要根据需要并分析涂层与包装方式、包装材料、包装工艺、包装使用过程，选择并试验或小批量试包装，具体程序详如图 5-24 所示。一般是将包装的三个基本功能（保护功能、方便功能和传递功能）进行综合考虑，采用一种性价比较高的包装方式。对于被涂装产品或工件的涂层，要进行适度包装，避免过度包装。

表 5-5　各种包装形式对涂层的作用及影响

序号	常用包装名称	术语解释	对涂层的作用	备注
1	缓冲包装（保护包装）（cushioning packaging）	在产品外表面周围放有能吸收冲击或振动能量的缓冲材料或其他缓冲元件，使产品不受物理损伤的一种包装方法	可以保护被涂装产品或工件避免划伤、碰伤	需要与防锈包装结合使用
2	防水包装（waterproof packaging）	防止因水浸入包装件而影响内装物品质的一种包装方法。如用防水材料衬垫包装容器内侧，或在包装容器外部涂刷防水材料等	可以使被涂装产品或工件避免积水或在水中浸泡	要严防局部渗水，需慎重选用

续表

序号	常用包装名称	术语解释	对涂层的作用	备注
3	防潮包装（moisture proof packaging）	防止因潮气浸入包装件而影响内装物品质的一种包装方法。如用防潮包装材料密封产品，或在包装容器内加入适量干燥剂以吸收残存潮气，也可将密封包装容器抽真空等	可以使被涂装产品或工件避免潮湿环境	一般不考虑选用
4	防锈包装（rust-proof packaging）	防止内装物锈蚀的一种包装方法。如在产品表面涂刷防锈油(脂)或用气相防锈塑料薄膜或气相防锈纸包封产品等	可以保护被涂装产品或工件避免锈蚀	重点选用，特别是有未涂装的机加工表面时
5	局部包装（part package）	仅对产品需要防护的部位所进行的包装，多用于机电产品	对容易损伤的局部进行保护，避免划伤、碰伤和锈蚀等	结合其他包装方法使用
6	敞开包装（open package）	将产品固定在底座上，对其余部分不再进行包装的一种包装，多用于机电产品	耐大气腐蚀的涂层，要求不严格时可以使用	要与局部包装结合使用

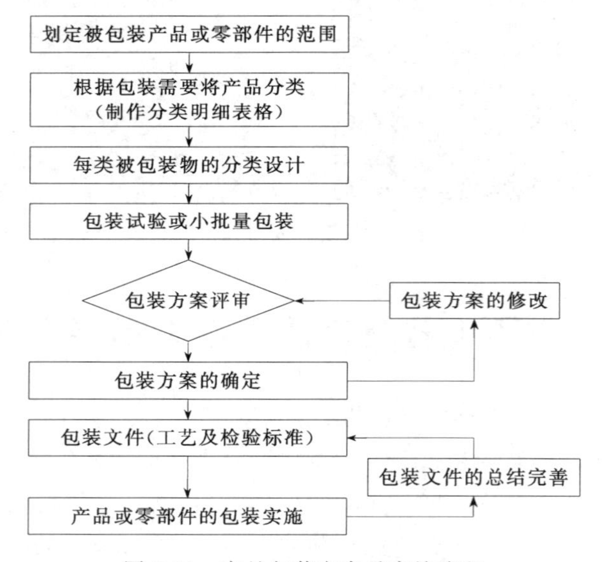

图 5-24　产品包装方案及实施流程

5.3.1　缓冲（保护）包装及注意事项

保护包装的目的是保护被涂装产品或工件避免划伤、碰伤，因此，包装设计时要充分考虑到包装是否起到保护的作用，其他内容可参见 GB 9174—2008《一般货物运输包装通用技术条件》的标准。

要特别注意不要使用透水、吸水、吸潮类的包装材料。如图 5-25 所示，对于大型部件使用了易吸水和积水的材料，在露天存放时淋雨后（或受潮后），在包装材料和涂层之间，雨水不能及时排除，使涂层长期受到水分的渗透作用，导致发生

早期涂层下的锈蚀。

图 5-25　保护（缓冲）包装使用吸水、吸潮材料，导致发生早期涂层下的锈蚀

另外，使用了木箱进行保护的包装箱，不要长期存放在室外，以避免风吹日晒雨淋所造成的包装破损，被涂装的产品或工件失去保护作用。见图 5-26，长期存放室外的包装箱已失去作用，而且很容易进入雨水、粉尘等各种腐蚀介质。

图 5-26　长期存放室外的包装箱已失去作用

5.3.2　防水包装及注意事项

GB/T 7350—1999《防水包装》标准中，对防水包装等级（表 5-6）和包装方法等，都进行了详细规定，是我们进行防水包装设计的重要技术文件。但是，对于被涂装产品或工件的涂层保护就会带来选择的问题，需要慎重处理。一般情况下，对于较大型的机电产品或工件，不推荐使用防水包装的形式。原因在于：人们一想到防水包装，就认为可以防止生锈，可以保护涂层及其基体金属。可是没有想到，在实施过程（包装吊运装卸）中，很难保证防水薄膜不产生细小穿孔（有时肉眼看不出小孔），正是这些难以觉察到的细小孔洞，造成积水渗入，而渗入的水分在较为密闭的空间中很难蒸发掉，从而长期危

表 5-6　防水包装等级

类别	级　别	要　　求
A 类	1 级包装	按 GB/T 4857.12 做浸水试验，试验时间 60min
	2 级包装	按 GB/T 4857.12 做浸水试验，试验时间 30min
	3 级包装	按 GB/T 4857.12 做浸水试验，试验时间 5min
B 类	1 级包装	按 GB/T 4857.9 做喷淋试验，试验时间 120min
	2 级包装	按 GB/T 4857.9 做喷淋试验，试验时间 60min
	3 级包装	按 GB/T 4857.9 做喷淋试验，试验时间 5min

害涂层，造成附着力大幅度下降、起泡、锈蚀，如图 5-27、图 5-28 所示。

图 5-27 防水包装内的锈蚀

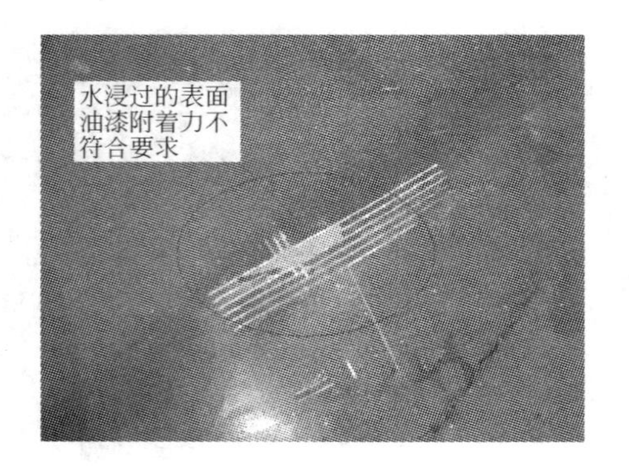

图 5-28 防水包装内涂层附着力严重下降

笔者曾经处理过出口非洲的机电产品发生严重起泡、锈蚀的质量事故。该产品使用的防水包装方式为：铝塑膜＋抽真空＋防潮剂＋外部泡沫塑料隔衬＋最外层为木箱包装，运输时使用海运集装箱，到达非洲现场露天存放半年至一年不等，在开箱安装时，发现大量起泡，并伴有相当面积的金属腐蚀，如图 5-29 所示。

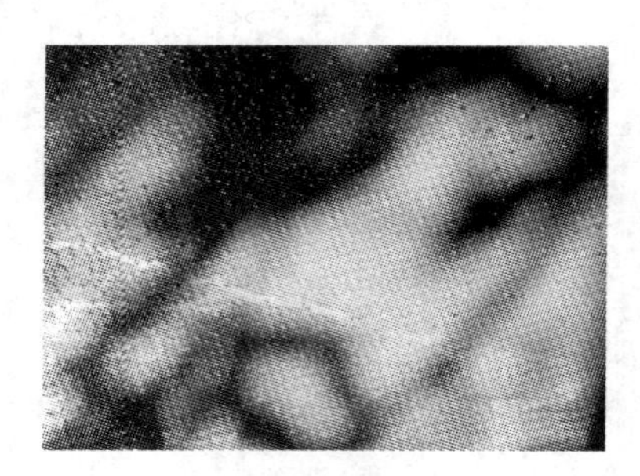

图 5-29 开箱后防水包装内涂层大面积起泡、部分涂层下发生锈蚀

按照笔者制定的“涂层缺陷（弊病）的分析及处理流程”，对质量事故进行严格细致的分析。

① 描述及评定缺陷（弊病）的等级：按照 GB/T 1766—2008 评定，“起泡等级”为 5（S5），即密集起泡、直径大于 5mm 的泡，是最高起泡等级；“锈蚀等级”为 4（S5），即有较多数量锈点、大于 5mm 的锈点（斑）。

② 收集缺陷（弊病）的直接证据证明：未进行防水包装的同类产品未出现过此类质量问题；大量的试片试验数据可以证明，问题不是出在涂装车间的涂装过程中；安装在现场的同类设备证明，耐大气腐蚀（C5-I，C5-M）的重防腐涂层体系，可以使用 10 年；查找进行过防水包装的未出口的同类产品（室外存放在半年以上），有少量的起泡现象，如图 5-30 所示。

③ 进行测试和重现缺陷（弊病）的试验：进行防水包装试验，使用原来的包装

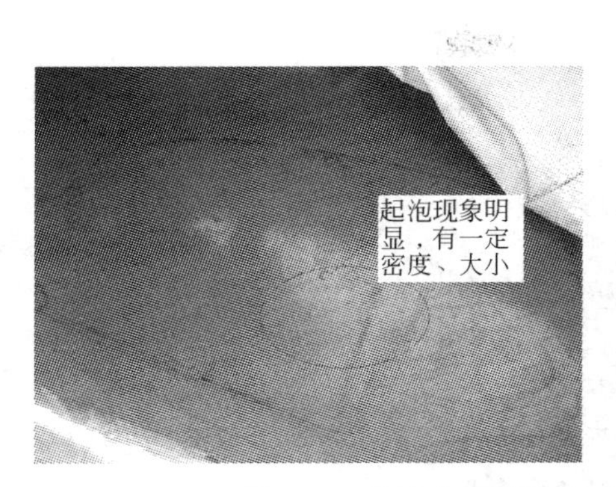

图 5-30　防水包装内的涂层有起泡，划开起泡后有水流出

材料，人为使其渗水，一个月内出现水泡，起泡现象重现，证明怀疑和推理成立。

④ 分析缺陷（弊病）的原因：包装时，防水薄膜被很微小的木刺或工件毛刺扎破；吊车在木箱基座上定位工件时轻微移动，容易拉皱薄膜产生细小裂痕；包装箱在运输卡车上装卸时，工件在包装箱内部微量的位移；在陆路运输途中，在装卸集装箱时，货轮在海洋上颠簸，工件与薄膜间均会产生轻微的移动，造成很小的破裂；在安装现场露天存放，雨水渗入薄膜内部；积水无法短时间蒸发，耐大气腐蚀的涂层其耐水性较差（指标 240h）。因此，产生了起泡现象，局部涂层不完整的地方产生锈蚀。

⑤ 得出缺陷（弊病）的结论：无法完全避免防水薄膜的轻微破坏，也无法完全避免露天淋雨的现象，造成雨水的渗入而破坏涂层。因此，防水包装不适合此类产品。

⑥ 制定缺陷（弊病）的补救（处理）的措施：对已出现问题的产品涂层进行修补。

⑦ 实施缺陷（弊病）的预防或改进措施：执行防锈包装的标准，现阶段执行 GB/T 4879—1999《防锈包装》标准。

5.3.3　防锈包装及注意事项

对于机电类产品，使用的主要包装形式应该是防锈包装与保护（缓冲）包装的结合，既有防止磕碰、划伤的功能，又有防锈功能。防锈包装的形式很多，要根据产品和使用环境的实际情况进行选择和实施。

（1）防锈包装的形式（表 5-7）

表 5-7　机电产品常用防锈包装形式及选择

序号	防锈/包装 名称	防锈处理 （涂抹防锈材料）	包装 （与防锈配套）	使用范围
1	铝塑复合布（袋）+干燥剂防锈	干燥剂	铝塑复合布（袋）包装封口，并抽真空	一般机械产品或设备、中小型零部件的短期储存运输过程中的防锈。大型产品和零件慎用

续表

序号	防锈/包装 名称	防锈处理 (涂抹防锈材料)	包装 (与防锈配套)	使用范围
2	防锈油＋热收缩塑料(PE膜)薄膜防锈	浸防锈油,晾干	热收缩塑料(PE膜)装袋,热合封口,剪口,加热收缩,冷却	用于零部件制成品,如轴瓦类,电机轴伸;机电产品整机的局部防锈包装保护
3	湿法防锈综合包装	气相缓蚀粉、纸	防锈纸、防锈膜,带水包装	用于各类轴承、齿轮和轴,工、卡、量、模、刀具等的防锈包装,海洋运输、长期储存的需要。涂装涂层不适合
4	乳化型防锈剂＋聚乙烯塑料薄膜防锈	乳化型防锈剂	聚乙烯塑料薄膜	适用于零部件制成品,如活塞销;机电产品整机的局部防锈包装保护。涂装涂层不适合
5	冷膜油封防锈	防锈脱水油＋溶剂稀释型防锈油	金属气相防锈纸或薄膜塑料袋包装	用于量、刃具,出口汽车、摩托车的零部件。机电产品整机的局部防锈包装保护。涂装涂层不适合
6	发动机燃油/机油系统防锈封存	防锈封存油/防锈封存剂	合适的密闭方法	同时满足发动机封存防锈和直接启动的需要;满足封存防锈与机油润滑的需要。涂装涂层不适合
7	气相缓蚀剂防锈	粉、液、纸、塑气相缓蚀剂	各类密封包装材料	汽车、摩托车、各类机械设备零部件或小型整机。有时需要做涂装涂层配套性试验
8	溶剂型可剥性气相缓蚀塑料防锈	喷涂溶剂型可剥性气相缓蚀塑料	—	长期防锈、防霉的能力,适合零部件等的长期封存。机电产品整机的局部防锈包装保护
9	喷涂防护蜡防锈	喷涂或刷涂保护蜡液		用于各种车辆及特种机械设备的内腔,底盘、发动机外部,外部面漆上的保护
10	硬膜防锈油防锈	刷涂或喷涂硬膜防锈油	—	用于不能涂装的螺栓螺母、标准件、电镀件、耐蚀性不良的不锈钢件,工件的孔、洞、缝隙等
11	综合防护封存技术	干燥剂、气相缓蚀剂和防锈油脂等	封套材料使用铝塑复合布或聚乙烯编织复合膜等,进行组合式包装	将需要长期封存的产品或设备置于封套内,隔绝大气中的有害气体和尘埃,通过干燥剂、气相缓蚀剂、防锈油脂等,创造一个适合于长期封存的环境,达到长期封存的目的
12	可剥涂料或专用塑料薄膜	可剥性涂料(保护涂料)专用塑料薄膜(亦称贴体包装)	使用可剥性涂料和专用塑料薄膜粘贴在涂装涂层表面	在储运过程中起临时保护作用,可有效地防止涂层表面擦伤、划伤,同时,可以防止腐蚀环境及有害物质对于涂层的破坏和局部锈蚀。储存运输过程结束后可简单去除

(2) 防锈包装的标准

GB/T 4879—1999《防锈包装》标准，对防锈包装等级的划分、防锈包装的操作要求、防锈包装用材料、防锈包装环境、防锈包装的试验方法以及防锈包装的标志等都做了明确的规定。在进行防锈包装时，首先要确定防锈包装等级（表 5-8），

然后，按照 GB/T 4879—1999《防锈包装》标准，进行清洗、干燥、防锈、内包装四个步骤（工序）。

表 5-8　GB/T 4879—1999 规定的防锈包装等级

级　别	防锈期限	要　求
1 级包装	3～5 年内	水蒸气很难透入，透入的微量水蒸气被干燥剂吸收。产品经防锈包装的清洗、干燥后产品表面完全无油污、水痕，用附录 A 中的 A3，A4 的方法单独使用或组合使用
2 级包装	2～3 年内	仅少量水蒸气可透入。产品经防锈包装的清洗、干燥后，产品表面完全无油污、汗迹及水痕，用附录 A 中的 A3，A4 的方法单独使用或组合使用
3 级包装	2 年内	仅有部分水蒸气可透入。产品经防锈包装的清洗、干燥后，产品表面无污物及油迹，用附录 4 中的 A3，A4 的方法单独使用或组合使用

另外，国外也有相应的包装标准，表 5-9 和表 5-10 列出了美国和日本的包装标准，供读者参考。

表 5-9　美国联邦标准 FED-STD-l02B 规定的封存包装等级

等　级	说　　明
A	封存和包装应提供充分的防护，使产品在运输、装卸、不定限期贮存和世界范围的再分配期间不发生腐蚀、变质和结构损坏
B	封存和包装应提供足够的防护，使产品在多次运输、装卸和在已知贮存条件下贮存 1 年期间不发生腐蚀、变质和结构损坏
C	封存和包装应提供适当的防护，防止产品从供货地点运往第一个收货单位立即使用期间不发生腐蚀、变质和结构损坏

表 5-10　日本防卫厅标准 NDSZ0001B 规定的单件包装等级

等　级	说　　明
A	贮存期在 1 年以上或在易受温度、湿度、水分、光线、盐雾、有害气体影响的环境里贮存，以及装备备品等的性质是易生锈、变质、变劣和污损，一旦发生会给使用带来重大障碍的这几种情况的单件包装的水平
B	贮存期不满 1 年或贮存条件优于 A 级的情况，以及装备品等的性质无需像 A 级那样高度保护的情况的单件包装的水平
C	装备品等验收后立即使用或贮存不满 3 个月的短期情况；或者贮存条件比 B 级好的情况；装备品等的性质在 B 级以下的保护就是足够了的情况的单件包装的水平

（3）防锈包装的注意事项

① 要认真进行防锈包装的设计　由于产品或零部件（工件）的不同，其防锈包装的标准要求是不同的。要按不同的需求进行各种等级的包装的选择，再按图 5-2“产品包装方案及实施流程”进行设计。使用适合涂装工件的支架、木箱、防止磕碰划伤和锈蚀，很多场合需要对包装支架、器具、包装箱等进行专门的设计。设计中要注意到各种包装形式的综合使用，如将包装的通用技术要求，与缓冲、防水、防潮、防霉等结合起来，达到最好的性价比。

② 要做好包装工艺及实施管理　由于对产品的包装未按所设计的工艺和标准

进行，造成包装箱的破损、漏水、积水、涂层的损坏、起泡、基体金属腐蚀的事例很多。

包装前需要对产品整机（车）进行全面检查，如有涂层损坏、漏涂防锈油、防锈蜡的部位，立即按照工艺要求进行修复；清洁被包装产品的表面，清除粘附在表面的污物、多余的密封胶、过度涂抹的防锈油、防锈蜡；包装时，操作者要穿干净的软底胶鞋攀登产品，严禁穿着硬底鞋进行包装的操作；包装使用的材料要完整、不透水，内包装材料要洁净（严禁粘带砂土、污物等）、柔软，以免划伤涂层表面；被包装产品上预留的孔洞，一定要使用周边带不干胶的透明薄膜进行贴实，不能漏水。

③ 处理好被包装产品的特殊部位　如下所列的各种特殊部位需要注意。

a. 未涂装的机加工表面、孔洞　未涂装的或轻微涂装孔洞表面和内部，由于易积水而且涂层太薄，很容易产生腐蚀。未涂装面要涂抹专用防锈油或防锈脂。

b. 未涂装的螺栓螺母、垫片、装配缝隙　螺栓螺母、垫片、焊接、装配等部位，由于有缝隙，易于积尘、积水，也很容易产生锈蚀，影响外观质量。螺栓螺母、垫片、装配（焊接）缝隙必须涂抹密封胶。零部件在运输前组装时，两个相互接触的工件表面之间需要涂抹密封胶，再用螺栓紧固。用螺栓固定连接时，所有螺栓螺母紧固前，接触的端面必须涂抹密封胶。缝隙间多余的密封胶要擦净，以免影响外观质量。

c. 涂装工件的焊缝及死角　涂装工件的焊缝处因为高低不平、缝隙较多，很容易出现缝隙腐蚀。涂装死角或不便涂装施工的部位，很易造成涂层不均匀，在薄弱处就会产生腐蚀。对于涂装过程中涂料未喷涂到的钢结构零部件的某些部位（如焊缝、焊接箱体件的内表面等死角部位），在包装前必须喷涂防锈蜡加以保护。

参考文献

[1] 齐祥安．涂装涂层系统与系统工程．现代涂料与涂装，2009，4.

[2] 高瑾，米琪编著．防腐蚀涂料与涂装（防腐蚀工程师必读丛书）．北京：中国石化出版社，2007.

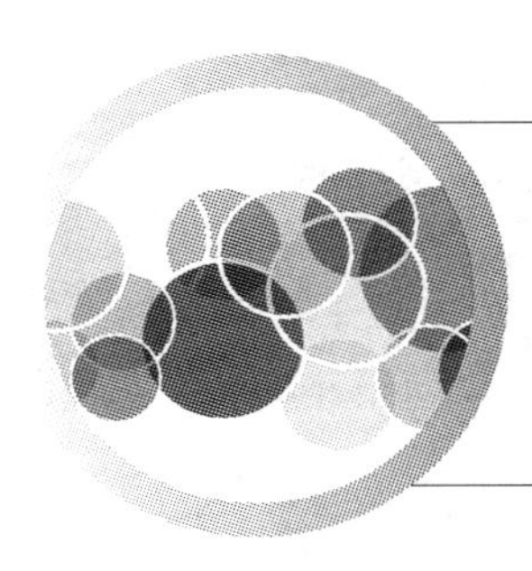

第6章 安调阶段的分析与控制

导读图

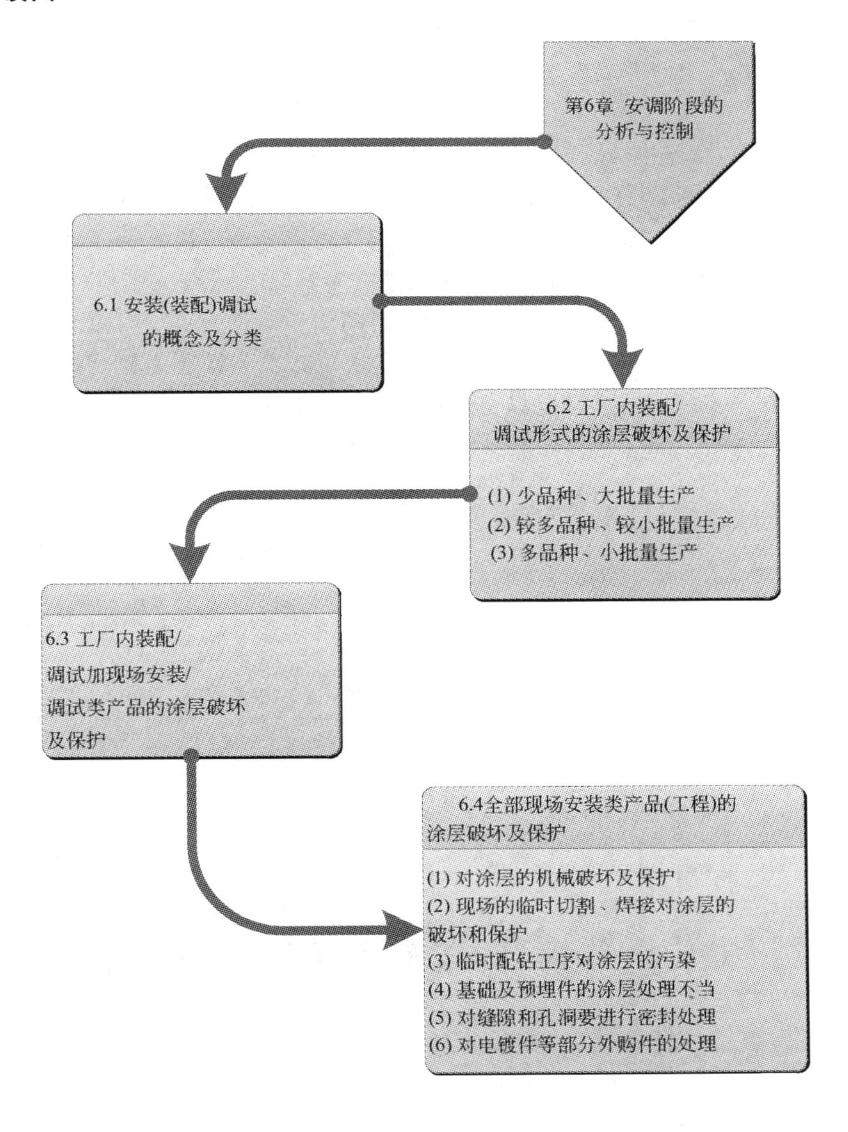

6.1 安装（装配）调试的概念及分类

一般情况下，“安装”是指：按照一定的程序、规格把机械或器材固定在一定的位置上。在工程实施中经常使用，例如：各种成套设备安装、建（构）筑物安装、桥梁安装、化工成套设备安装、发电或电力设备安装等。

“装配”是指：按规定的技术要求，将零件或部件进行配合和连接，使之成为半成品或成品的工艺过程（GB/T 4863—2008《机械制造工艺基本术语》）。该术语常常被用于机械电子工厂或车间内的装配生产线。

“调试”是指：对生产出来的产品按设计和技术要求进行一系列调整、试验及故障排除等工作，使产品达到出厂要求的工艺过程。无论是安装或者是装配，均会有调试的工作。

本章所说的“安调阶段”，包括安装和装配两种情况，因为无论是安装或是装配，其过程中总是有涂层被破坏的问题，只是形式不同、需要采取的措施不同而已。

安装（装配）调试阶段存在的涂层质量问题可以分为二类。①产品或工程在自身安装（装配）、调试时涂层的损坏。特别是在客户现场进行安装时，很难避免对设备某些部位的涂层造成破坏，如不进行及时的修复，将会引发腐蚀问题。②因现场配焊、配钻、配装等引起的涂层损坏问题。有的产品特别是工程设备，因误差或特殊要求需要在客户现场进行配焊、配钻、配装，经常有临时钻孔、套丝等工作，此时更需要注意涂层的完整性和涂层的修复问题，详细内容请参见表 6-1。

表 6-1 各种安装（装配）调试的方式对涂层的影响

序号	安装的分类	调试的方式	对涂层体系的影响	备注
1	工厂装配（一次性装配，使用现场无装配）	工厂内调试，使用现场无调试	部装和总装配过程中，装配工具碰伤、划伤，化工材料（如密封胶类）污染（沾污）涂层	家电、汽车、工程机械、农机等机电产品
2	工厂装配加现场安装（或装配）	生产工厂内部分调试	部装和总装配过程中，厂内调试时/调试后的分解，工具和其他材料碰伤、划伤、污染（沾污）涂层。配钻、配焊对涂层的破坏	大中型成套机电设备、安全检查设备等
3		安装现场部分调试	现场安装、调试时，工具和其他材料碰伤、划伤、污染（沾污）涂层。配钻、配焊对涂层的破坏	
4	全部现场安装	全部安装现场调试	现场安装、调试时，工具和其他材料碰伤、划伤、污染（沾污）涂层。焊接、配钻、吊装对涂层的破坏	钢结构设施、桥梁、化工设施、冶金设施、发电设施、电梯等

6.2 工厂内装配/调试形式的涂层破坏及保护

将装配、调试工作在工厂内完成，产品运送到最终客户手中，一般不需要再进行装配和调试工作，这种形式就是工厂装配调试的方式。

该方式的特点是：涂装全过程都在工厂的涂装生产线上进行，工件运送到装配车间或装配生产线进行装配，在专用的调试生产线或调试场进行调试，涂层破坏最小，参见图 6-1。

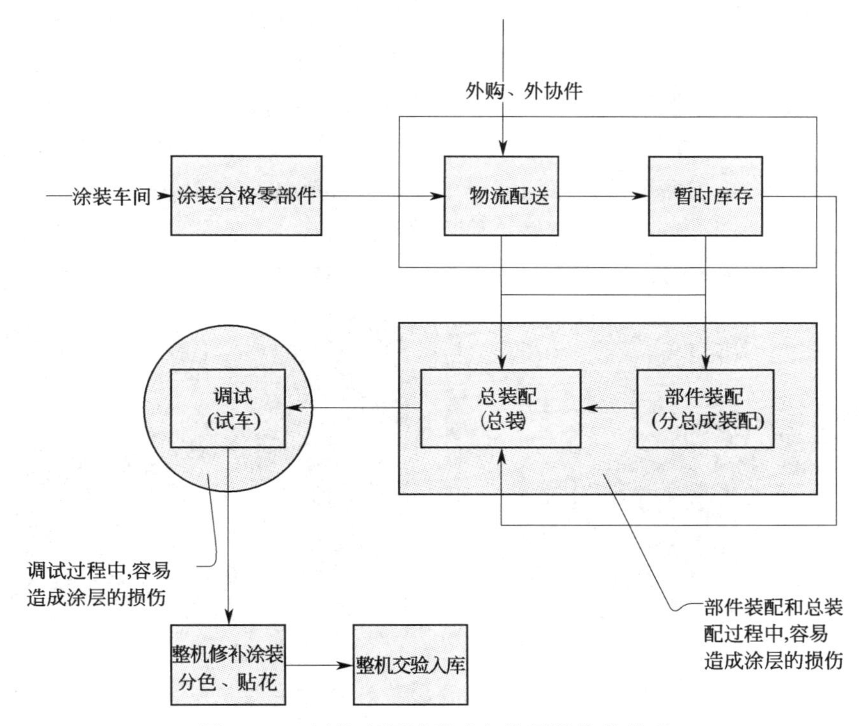

图 6-1　工厂装配调试形式与涂层损伤的关系

如果进行仔细研究，在此种形式之下又可分为三种情况：少品种大批量生产；较多品种较小批量生产；多品种小批量的生产。每种生产模式对涂层的破坏和保护是不同的，下面分别进行叙述。

（1）少品种、大批量生产

以大批量生产的汽车、摩托车、家电等产品为代表，它们由于品种类别不是很多，外形变化较少，可以组织形成自动化程度和涂装技术水平很高的生产线。通过软化度好的专用工装，将涂装完毕的零部件输送到装配线。设计精密且自动化程度很高的装配线，使用各种专用的拧紧设备（如拧紧机等）、转运设备（行车、KBK）等，在对涂层没有损伤的情况下，完成装配。调试工作一般在调试生产线上进行，使用各种智能检测设备进行检测和调试，对涂层的破坏几乎没有。在调试之后，一般情况下都不需要进行修补涂装。对涂层的保护来说，这是最理想的生产模式。

（2）较多品种、较小批量生产

以工程机械、专用车等产品为代表，它们由于品种类别很多，外形变化较大，难以组织形成自动化程度和涂装技术水平很高的生产线（以节拍式涂装线为多见）。为了加强产品腐蚀防护和美观装饰质量，现在大多数企业，都在应用“部件面漆化”的工艺形式，即在零、部件状态下，进行表面处理（化学或机械方法）-底漆-面漆，最后送到装配进行部装或总装。问题在于零部件种类太多，很难全部实现软化的专用工位器具进行运送。装配线的自动化水平和对工件的保护较少，使用气动/液压定扭扳手、手动定扭扳手和较简单的转运工具对涂层的划伤、碰伤；使用锤子等工具对配合不良处进行敲打对涂层的冲击；安装操作者的鞋子对涂层践踏；各种油类、胶类对于涂层的污染等。给涂层带来了很大的破坏。如图 6-2 所示，装配结合部位由于尺寸精度不够、配合不好，使用锤子敲入造成涂层严重破坏。如图 6-3 所示，使用扳手拧紧螺母时，将法兰盘上涂层损坏非常严重，必须进行重新涂装。

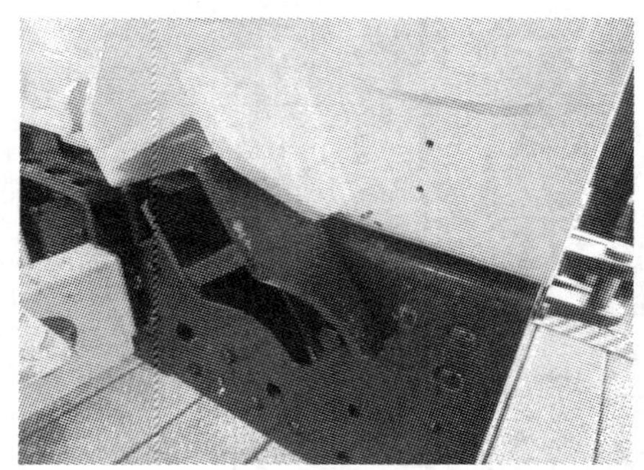

图 6-2　使用锤子对配合不良处敲打破坏涂层

在此种方式下，保护涂层不被破坏的最有效的方法如下所述。

① 最大限度地实现运送零部件的工装软化（见第 5 章相关内容）。

② 设计先进的部装和总装配生产线，规范装配工的操作动作。

③ 杜绝打胶、注油等操作带来的污染。

④ 在装配前，对容易破坏的局部表面进行保护（如使用塑料薄膜或其他遮盖物），如图 6-4 所示。

图 6-3　拧紧螺母时严重损坏法兰盘上的涂层

图 6-4　使用塑料薄膜对装配易损坏涂层进行保护

(3) 多品种、小批量生产

以特种设备（如安全检查设备、特种车辆等）、航空航天、专用机床等产品为代表，品种很多，定制也很多，每次投料生产数量很少（有的甚至是单台），材料种类繁多，工件形状千奇百怪，无法组织涂装生产线，只能使用简陋的前处理设备和涂装设备，有的企业甚至没有任何涂装设备，部件所形成的涂层质量本身就很差。在运送过程中，没有专用工装，没有专用吊具，涂层损坏严重。在装配方面，基本上都是固定式（摆地摊方式），敲敲打打、补补焊焊是常见现象。调试中，装了拆、拆了装是“家常便饭”，由此给涂层体系带来了严重的破坏，如图 6-5 所示。为了解决出厂前的外观质量问题，不得不进行整机涂装；有的企业甚至部件都不上底漆或面漆，待装配调试完成后，才进行整机涂装。这种情况下的整机涂装，由于各种零部件之间的相互遮盖，涂装施工时屏蔽工作量很大，涂覆难度也很大，往往造成漏涂、厚度不够、虚漆、相互污染等涂层弊病（缺陷），使产品的耐腐蚀性和装饰性质量达不到标准要求。

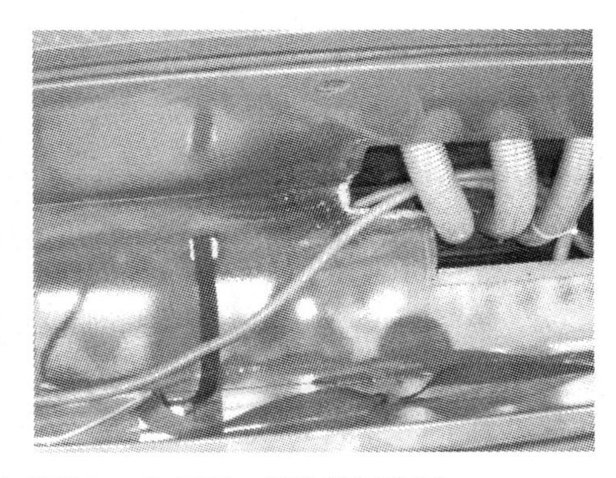

图 6-5　装配和调试中的局部二次焊接和二次切割，严重损坏涂层

为了解决此类问题，首先要设计和使用通用性强、可调节变化的表面处理涂装设备，保证在装配前就对各种零部件进行面漆涂装；设计专用性强的简易工装，克服野蛮敲打的装配模式；配备可升降的设备，减少装配工在产品上走来走去对涂层的践踏；更重要的是要解决零部件的精度必须符合质量要求，对于不合格的零部件要拒收，避免铁锤敲打对涂层造成的破坏。当然，由于此类生产的特点，装配调试之后，还需要进行整机涂装的补漆或装饰性面漆的涂装。

6.3　工厂内装配/调试加现场安装/调试类产品的涂层破坏及保护

有很多成套的或者复杂系统的机电产品，在运往客户现场之前需要对主机或关键设备进行装配、调试一段时间，有时少则一个月多则几个月，而且很多是露天或在临时搭建的库房内进行。调试完毕，再进行分解、包装，运往客户现场。到客户现场之后，再进行全面的安装调试，过程如图 6-6 所示。

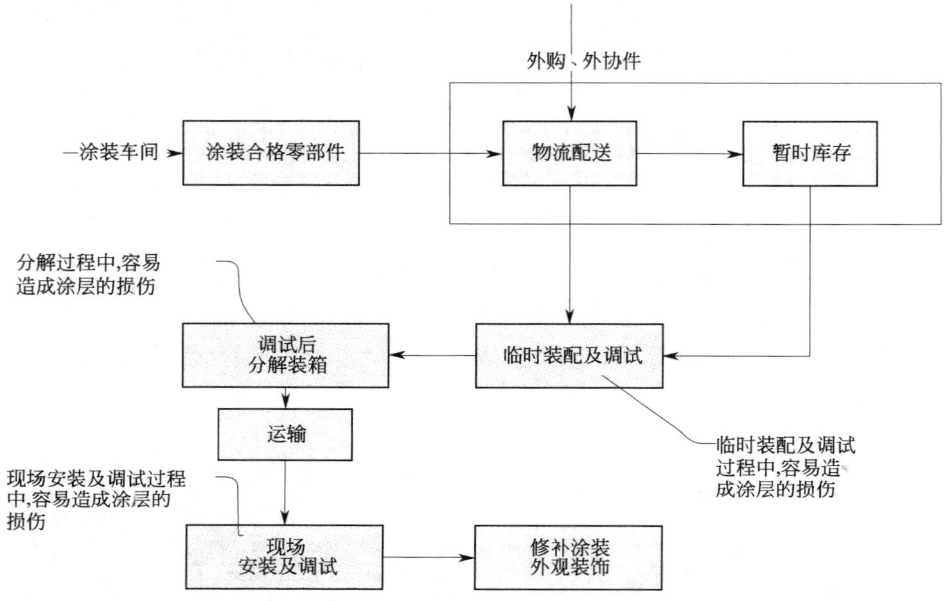

图 6-6 工厂内装配/调试加现场安装/调试与涂层损伤的关系

由于在客户现场安装调试之前，进行数月的工厂内装配调试，对涂层的保护和产品的防锈带来很多问题，而且这些问题很容易被忽视，在分解后装箱前就会发现大量的涂层破坏和零部件的锈蚀，严重者不得不再进行第二次涂装，如图 6-7 所示。

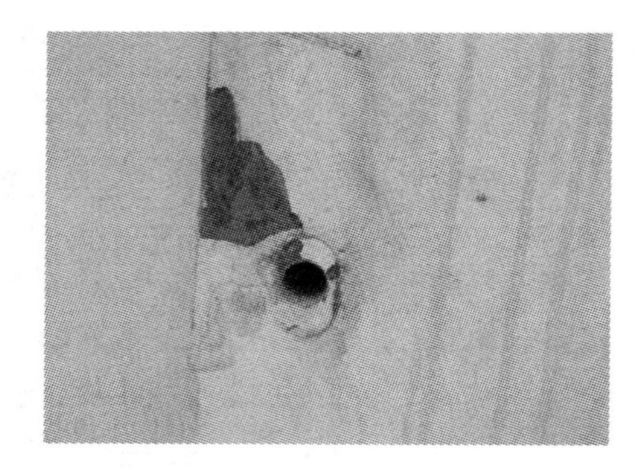

图 6-7 工厂内装配调试后涂层的损坏及锈蚀

此种情况防止涂层被破坏和防止生锈的方法，见表 6-2 所列，这是笔者在某企业实施很成功的一套做法，不但有效解决了在调试期间涂层被破坏和生锈的难题，而且节省了大批费用，获得了很好的经济效益。

表 6-2　安装调试期间的涂层保护及防锈措施(举例)

被处理零部件或部位名称	1. 露天存放时局部易积水类的零部件			第 1 页	共 5 页
简图或照片	工序	工序名称	工具、设备或材料	操　作　内　容	
包括：各种表面局部易积水的钢结构件 注意：外包装的纸质材料容易吸水，长期贴在涂层或金属表面会带来副作用，必须要进行防水遮盖	1	检查	目视	检查由外协厂转来的零部件的腐蚀防护情况，书面记录，并决定实施内容的多少	
	2	防雨 防露	塑料薄膜、固定材料	使用塑料薄膜将露天存放的易积水的零部件全部遮盖起来并固定好。以防止水分在零部件内部的积聚	
	编　制				
	校　对				
	审　核			×××公司	
更改单号 | 更改文件 | 更改人 | 日　期 | 备　注	批　准				

续表

被处理零部件或部位名称	2. 螺栓、螺钉、螺母、螺孔、配钻孔、重新套的孔、钢结构件上的通孔			第2页	共5页
简图或照片	工序	工序名称	工具、设备或材料	操作内容	
不仅限于照片中的部件及孔洞：	1	清洁表面	清洗剂、洁净棉布	如果被处理表面有灰尘、油垢等污物，要使用清洗剂清理干净，并用干的洁净棉布擦净	
	2	除锈	80～120$^{\#}$砂纸、洁净棉布	如果表面有锈迹，必须使用砂纸将其打磨干净，并使用洁净棉布擦拭干净	
	3	涂抹防锈脂	毛笔或小刷子、防锈脂	使用毛笔或小刷子，将待处理表面均匀刷涂一层防锈脂 注意：表面上如有水分、大量粉尘时，不能进行刷涂。下雨、雪时，不要刷涂	

					编制		
					校对		
					审核		×××公司
更改单号	更改文件	更改人	日期	备注	批准		

续表

被处理零部件或部位名称	3. 不能进行涂装的机加工面、螺纹表面	第3页	共5页

简图或照片	工序	工序名称	工具、设备或材料	操作内容
不仅限于照片中的部件及加工面：	1	清洁表面	清洗剂、洁净棉布	如果被处理表面有灰尘、油垢等污物，要使用清洗剂清理干净，并用干的洁净棉布擦净
	2	除锈	80# ～120# 砂纸、洁净棉布	如果表面有锈迹，必须使用砂纸将其打磨干净，并使用洁净棉布擦拭干净
	3	涂抹防锈脂	毛笔或小刷子、防锈脂	使用毛笔或小刷子，将待处理表面均匀刷涂一层防锈脂 注意：表面上如有水分、大量粉尘时，不能进行刷涂。下雨、雪时，不要刷涂

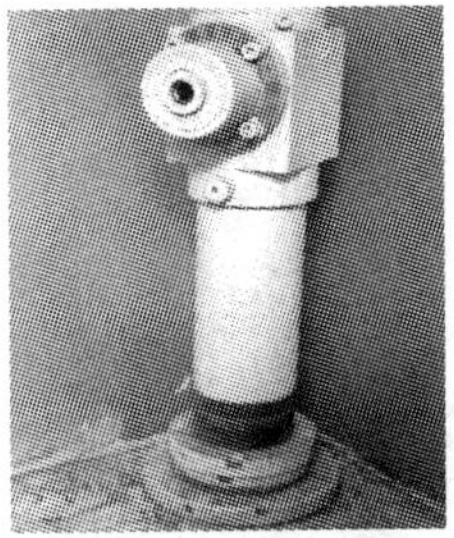

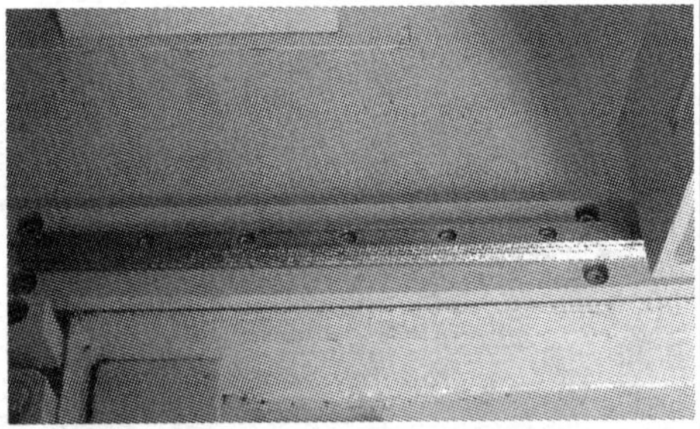

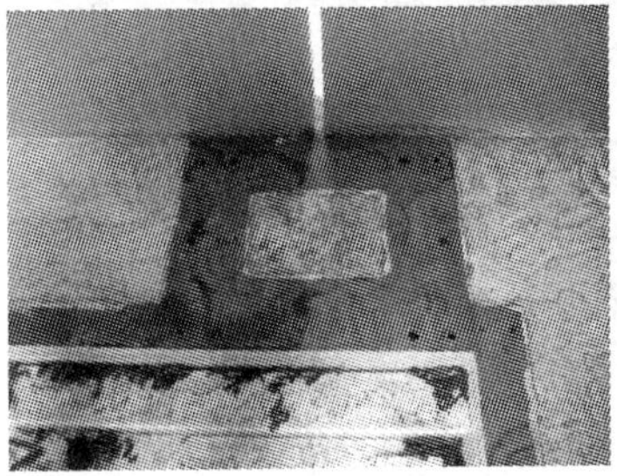

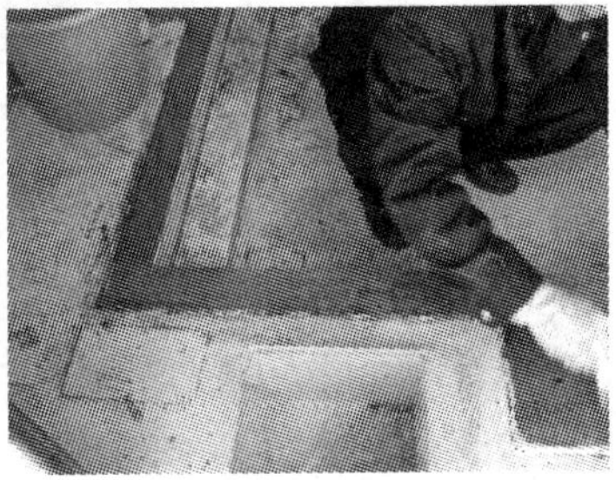

编制			
校对			
审核		×××公司	
批准			

更改单号	更改文件	更改人	日期	备注

续表

被处理零部件或部位名称	4. 未涂装的不锈钢、电镀部件的外表面	第 4 页	共 5 页

简图或照片 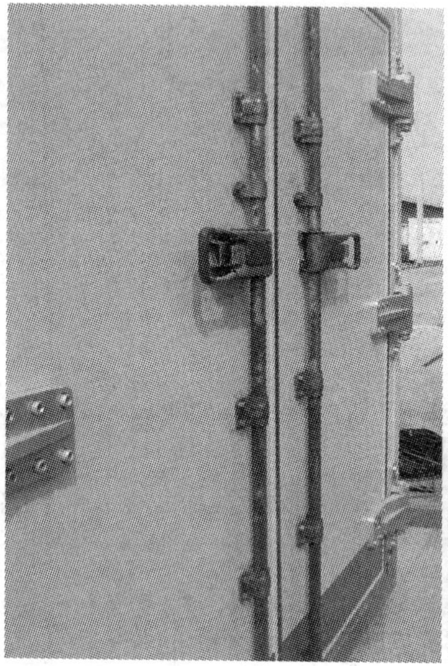	工序	工序名称	工具、设备或材料	操作内容
不仅限于照片中的部件： 此例为某种舱体外部的门锁 其他类未涂装的电镀件、铝合金件，也要涂抹硬膜防锈油 	1	清洁表面	清洗剂、洁净棉布	如果被处理表面有灰尘、油垢等污物，要使用清洗剂清理干净，并用干的洁净棉布擦净
	2	除锈	80# ～ 120# 砂纸、洁净棉布	如果表面有锈迹，必须使用砂纸将其打磨干净，并使用洁净棉布擦拭干净
	3	涂抹硬膜防锈油	毛笔或小刷子、防锈脂	使用毛笔或小刷子，将待处理表面均匀刷涂一层硬膜防锈油 注意：表面上如有水分、大量粉尘时，不能进行刷涂。下雨、雪时，不要刷涂

更改单号	更改文件	更改人	日期	备注	编制			
					校对			
					审核		×××公司	
					批准			

续表

被处理零部件或部位名称	5. 钢结构件、焊接件、安装后形成夹缝的表面、有死角的部位			第5页	共5页
简图或照片	工序	工序名称	工具、设备或材料	操作内容	
	1	清洁表面	CFQ粉状除油清洗剂(或CLQ-2清洗剂)、洁净棉布、吹灰枪	如果被处理表面有灰尘、油垢等污物,要使用清洗剂清理干净,并用干的洁净棉布擦净 也可以使用吹灰枪清理缝隙中的粉尘和杂物	
	2	除锈	$80^{\#}\sim120^{\#}$砂纸、洁净棉布	如果表面有锈迹,必须使用砂纸将其打磨干净,并使用洁净棉布擦拭干净	
	3	刷涂、辊涂或喷涂防锈蜡	毛笔或小刷子、辊子、喷枪、TRBF-121防锈防护蜡	对于局部的较小缝隙,使用毛笔或小刷子,将缝隙表面均匀刷涂一层防锈蜡 对于较大的表面和局部死角,可以使用喷枪进行喷涂。也可以使用大刷子进行刷涂 注意:表面上如有水分、大量粉尘时,不能进行刷涂。下雨、雪时,不要刷涂	

					编制			
					校对			
					审核		×××公司	
更改单号	更改文件	更改人	日期	备注	批准			

6.4 全部现场安装类产品（工程）的涂层破坏及保护

像钢结构、桥梁、化工、冶金、发电设施等类似的产品或工程，常常都是在现场进行安装并调试。图 6-8 所示为比较典型的钢结构设施的安装流程。与工厂内进行装配、调试的情况不同，施工现场就是这些产品或工程的“装配/调试车间”。大量的构件或部件运到现场，就在现场进行焊接、配钻、吊装、涂装中涂或面漆。在一系列的工序过程中，涂层将会受到很大的破坏，而且涂装设备、涂装环境、涂装工艺条件较差，严重影响了涂层体系的质量。

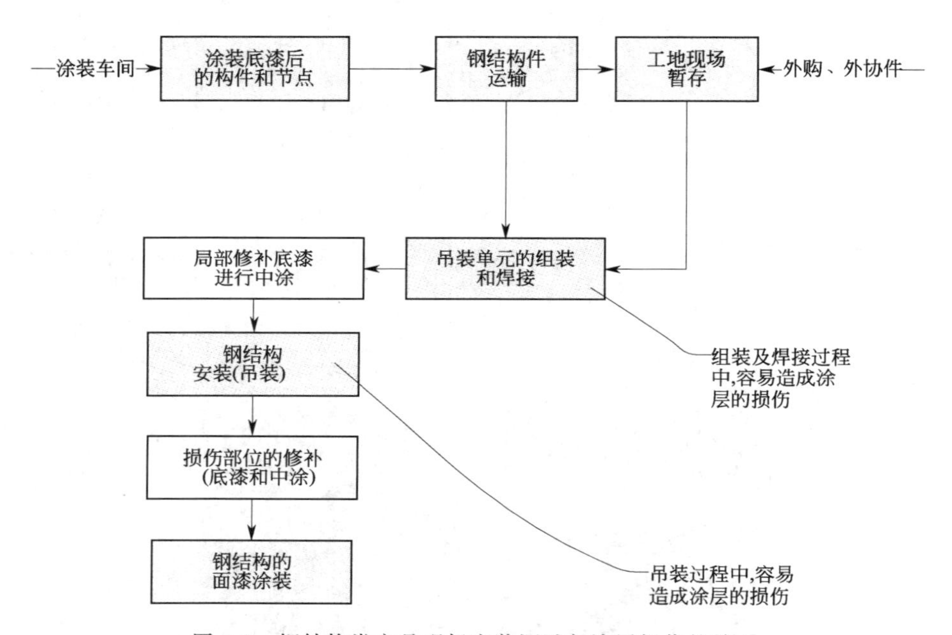

图 6-8 钢结构类产品现场安装调试与涂层损伤的关系

(1) 对涂层的机械破坏及保护

对于涂层来讲，机械破坏和保护与第 5 章储运阶段的装卸运输碰伤、划伤很类似，安装调试过程中一定要防止机械损伤，否则很容易破坏涂层表面或者直接伤到金属基体。图 6-9、图 6-10 所示为吊装时的方式及防护措施。

涂装工件在起运吊装过程中，必须使用专用的吊带，轻搬轻放，并辅助以柔软的隔垫材料，防止对涂层的损伤。吊装绳与部件表面接触部位必须用棉被或者其他合适的物品保护好。

(2) 现场的临时切割、焊接对涂层的破坏和保护

由于制造误差或者工程安装的原因，在安装现场经常要进行切割、焊接，切

(a)

(b)

图 6-9　安装调试时，防止机械损伤涂层非常重要

(a)

(b)

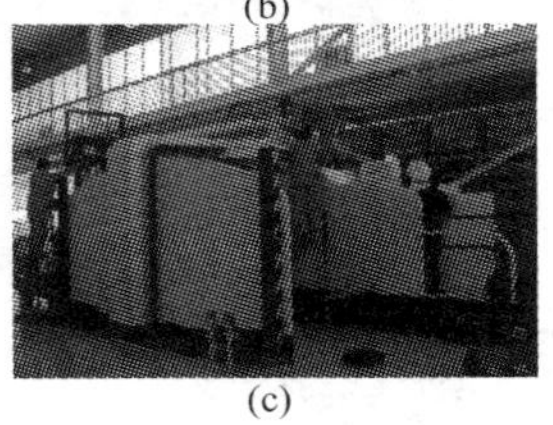
(c)

图 6-10　在各种安装调试情况下均要做好对涂层的保护

割、焊接时产生的高温会将原有的涂层局部烧毁，造成涂层局部损坏。对临时切割、焊接的局部要做好修补涂装，并且要按照底、中、面的顺序进行修补，如图 6-11 所示。对于不可避免的损坏，一定要及时做好修补涂装。应该将每层涂层逐一进行修补，外观不应有肉眼可见的明显痕迹。

(a)

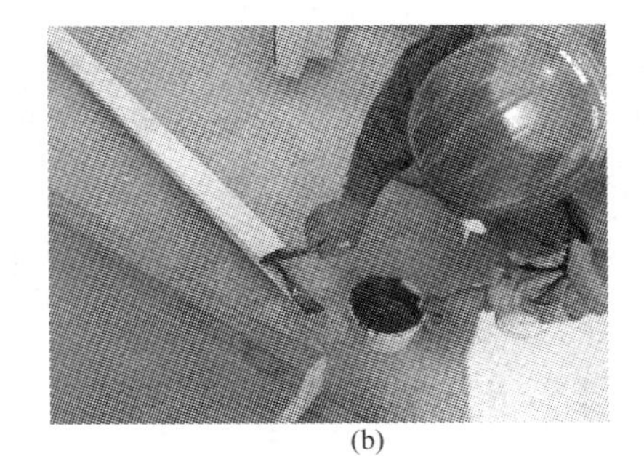
(b)

图 6-11　对临时切割部位要及时进行涂装的修补工作

(3) 临时配钻工序对涂层的污染

很多产品或工程项目，需要在现场进行配钻，以便于安装。这时需要注意的

是：必须及时将配钻所产生的铁粉、铁屑及时完全地从涂层表面清理干净，最好使用工业吸尘器进行清理。否则，临时配钻等工序产生的铁粉铁屑很快就会锈蚀，并且严重污染涂层表面，外观看上去就像涂层产生了锈蚀，如图 6-12～图 6-14 所示。这种锈蚀不但短时会污染涂层，长期将深入涂层下的基体金属，产生新的腐蚀。

图 6-12　铁屑锈蚀后形成的痕迹

图 6-13　铁屑锈蚀后形成的痕迹

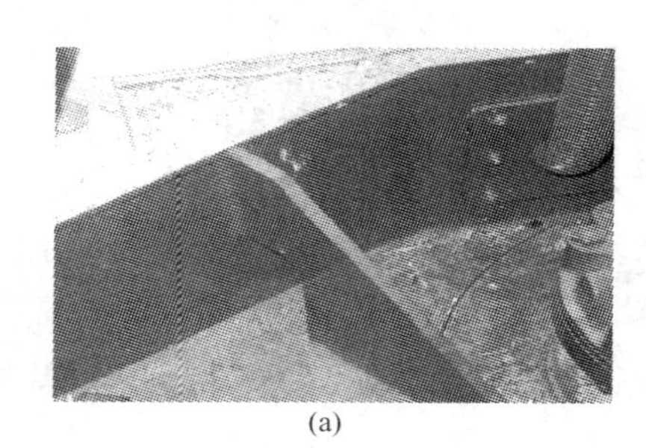

(a)

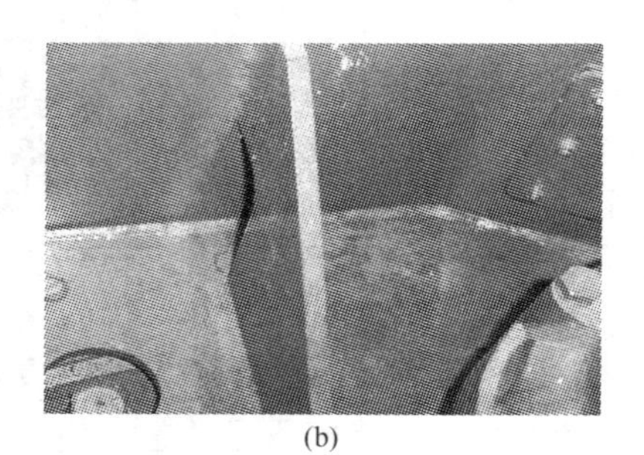

(b)

图 6-14　铁屑锈蚀后形成的痕迹及擦除锈蚀铁屑后的状况对比

(4) 基础及预埋件的涂层处理不当

基础及预埋件的涂层处理往往被忽视，从而埋下在恶劣环境下的腐蚀隐患。腐蚀由内而外，造成外观质量问题。对所有预埋件均进行防腐蚀处理，如金属热喷涂和涂装。

(5) 对缝隙和孔洞要进行密封处理

安装结合面间的缝隙、外露装饰面的结合缝、非外露面的结合缝，是容易积水、积尘的部位，涂层也最容易破坏造成腐蚀区域，因此，均需要使用密封胶进行有效的密封，如图 6-15 所示；对设备安装或制造过程中遗留下的工艺孔、电线电缆穿过孔的处理，也要进行密封处理，防止水分的侵入，如图 6-16 所示。这些工作由于比较琐碎，而且短时间内无法看出成效，因此，常常被遗忘，造成边缘缝隙的腐蚀，进而影响外观质量。

图 6-15　密封安装后遗留的缝隙

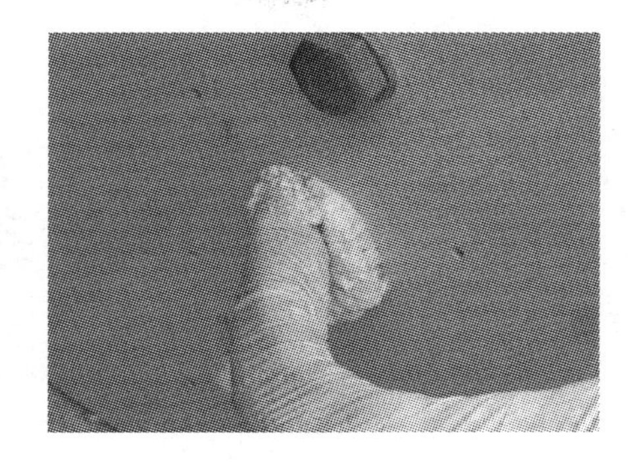

图 6-16　密封电缆穿过的孔洞

（6）对电镀件等部分外购件的处理

有些电镀件、外购件的腐蚀防护与整体产品不一致，或者安装过程中受到损伤，使用过程中常常产生早期腐蚀，影响外观质量。对于电镀件、外购件。要根据产品或工程防腐蚀年限的需要，采取二次防锈措施，如涂抹防锈油、防锈脂、防锈蜡等，或者定期进行更换零部件等措施。

参　考　文　献

[1]　齐祥安．涂装技术知识体系的结构及其内容分析．现代涂料与涂装，2006，9（01）．

[2]　高瑾，米琪编著．防腐蚀涂料与涂装（防腐蚀工程师必读丛书）．北京：中国石化出版社，2007.

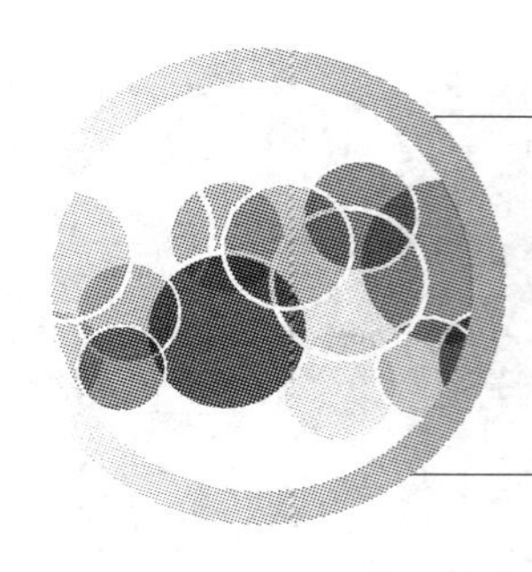

第7章 使用阶段的分析与控制

导读图

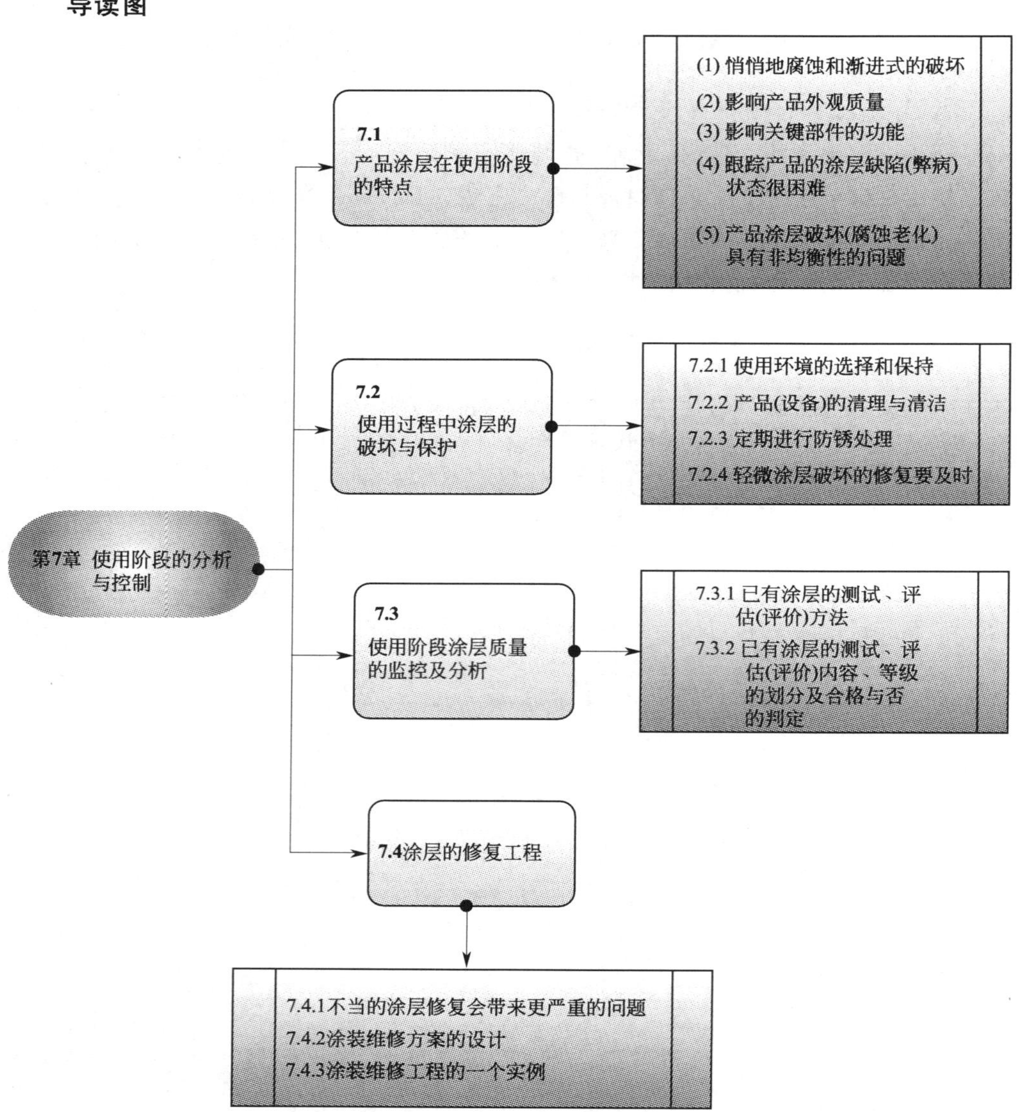

在涂装系统的整个生命周期内，使用阶段的时间最长（从数年至数十年），也是整个体系输出功能的重要阶段，是设计阶段、制造阶段、储运阶段、安调阶段各种潜在的、显在的问题汇总，也是材料、设备、环境、工艺、管理“五要素”的具体体现，图 7-1 表示了这种关联性。由此表可以看出，相当多的缺陷（弊病）是由前边的过程引起而发生的，“一因多果”或“多因一果”中的原因，并不是使用阶段所产生的。

但是，产品的涂层在使用阶段中，要经受长期的风吹日晒雨淋，其中高低温变、干湿交替、积水浸泡、介质侵蚀、光线照射、人为损坏等各种各样的考验，如果不对涂层进行保护，会减少涂层的使用寿命。因此，在此阶段做好质量控制是非常重要的。日常保养进行得好、维修及时的涂层体系，就会有较长的使用寿命（实际使用寿命），甚至超过设计的使用寿命（预期使用寿命）；日常保养不好、维修不及时的涂层体系，就会有较短的使用寿命，不能达到设计的使用寿命。我们要克服“涂层质量与使用阶段的关系不大”的观念，增强对涂层体系维护的自觉性，延长涂层体系的使用寿命。

7.1　产品涂层在使用阶段的特点

（1）悄悄地腐蚀和渐进式的破坏

产品使用过程中，涂层老化和涂层下的腐蚀在悄悄地进行，其破坏也是渐进地进行，当人们发觉时，腐蚀已进行了很长时间。由于时间过长，很易使人麻痹，造成意外伤害、突发事故的例子很多，在此不再赘述。

（2）影响产品外观质量

涂层的缺陷（弊病）对于产品的外观质量影响最大，在使用过程中最常见的缺陷（弊病）如表 7-1 所示。图 7-2 所示为使用不久（一年）的大客车雨刷涂层破坏而生锈，引起的锈迹污染。图 7-3 为某专用车涂层局部的锈蚀，严重影响产品质量和生产厂家的信誉。

表 7-1　常见产品涂装涂层体系的弊病

序号	涂装涂层弊病	序号	涂装涂层弊病
1	失光	7	起泡
2	退色，变色	8	裂缝，开裂，裂纹
3	粉化	9	剥落，脱落
4	返铜光，泛金	10	生锈
5	斑点	11	长霉
6	沾污	12	其他

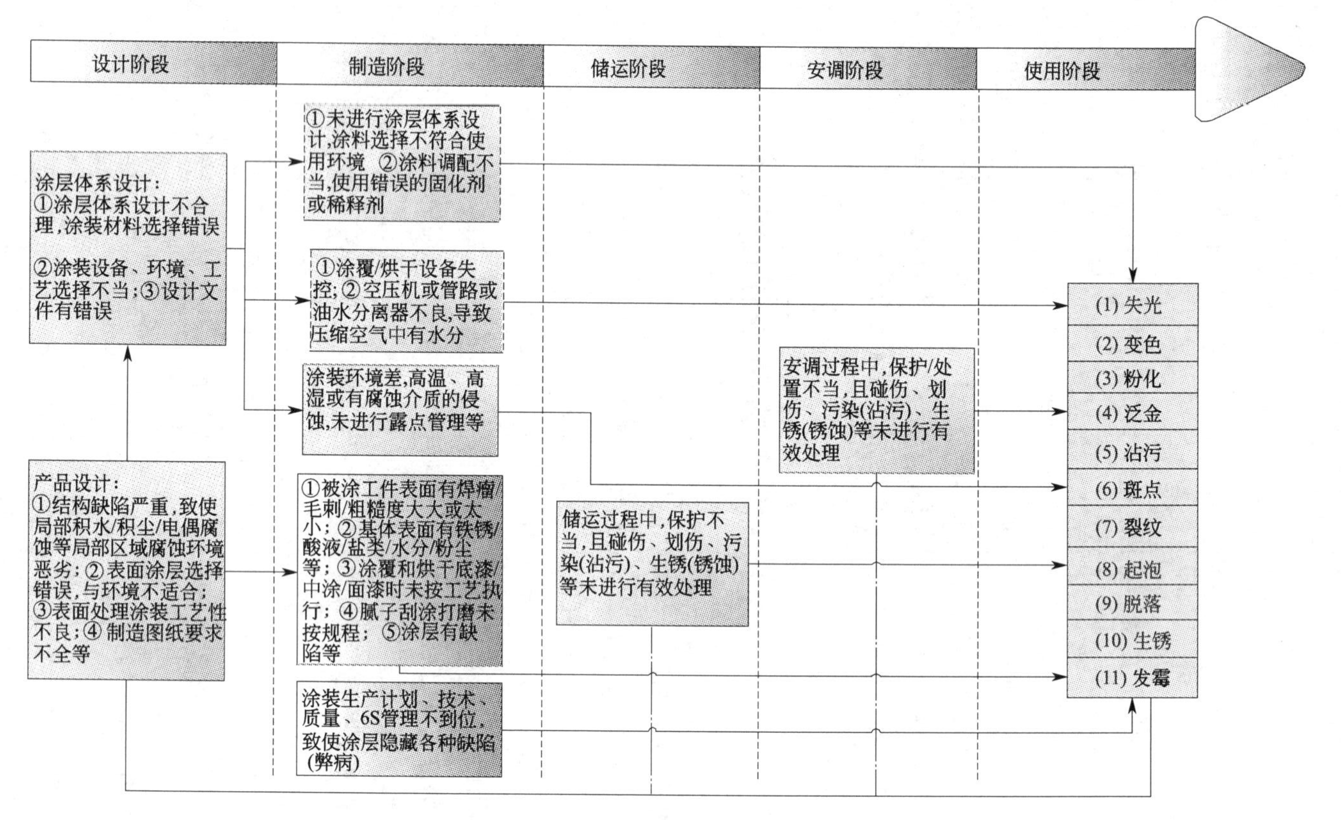

图 7-1 使用阶段的问题是前边各阶段和各种影响因素的汇总

图 7-2　雨刷涂层下金属锈蚀影响外观

图 7-3　某特种车使用半年时的锈蚀

(3) 影响关键部件的功能

涂层缺陷（弊病）的问题不仅仅在于影响外观质量，随着涂层破坏或老化的严重，还会影响产品的功能。图 7-4 是某公司出口设备上线路板的绝缘涂层失效，造成金属线路的腐蚀，使设备无法正常运行。图 7-5 是拖拉机上油管接头处的涂层被破坏，即将出现漏油而不能正常使用。

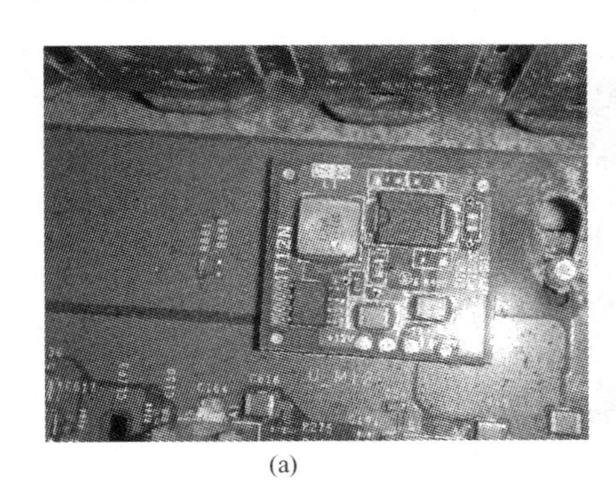

(a)

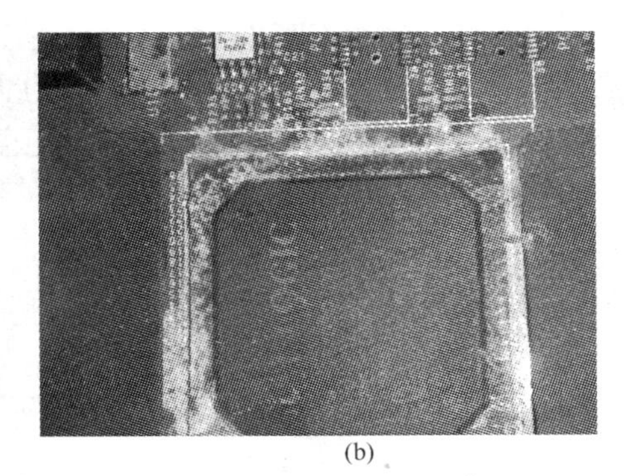

(b)

图 7-4　出口设备线路板上的涂层损坏造成线路腐蚀，影响设备的正常运行

(a)

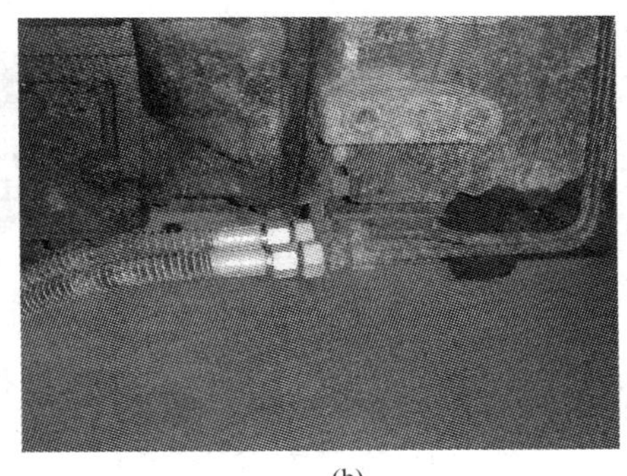

(b)

图 7-5　拖拉机油管接头处的腐蚀将严重影响正常使用

(4) 跟踪产品的涂层缺陷(弊病)状态很困难

有不少生产机电设备的企业，其质量管理部门未将产品涂层缺陷(弊病)状态的跟踪列为售后技服的工作内容。主要原因是涂装涂层质量问题跟踪困难：缺少涂装(腐蚀防护)专业技术知识；缺少相应的判断标准；缺少合适的渠道；历经时间较长，很难坚持。

如果不能积累长期的涂层老化、破坏方面的数据，专业技术人员将无法分析设计、制造(实施)、储运、安调方面的存在的问题，更无法全面提高涂层的质量。因此，该问题需要引起各企业的重视，务必投入一定的人、财、物，做好此项工作。

(5) 产品涂层破坏(腐蚀 老化)具有非均衡性的问题

一台产品(设备)其面临着外界的影响(作用)，其各部位的敏感程度和被破坏损伤的情况是不同的。其中有两方面的问题。

① 材料本身的原因，这要从材料的选择(包括表面技术处理的材料)方面去考虑，即需要在产品设计时考虑材料的耐腐蚀性能。

② 外界腐蚀环境(包括腐蚀介质和外界作用力等)的不均衡性，不同部位周围的“小腐蚀环境”是不同的。对于大气腐蚀环境中的产品(设备)腐蚀环境，要分层次地具体分析，找到影响腐蚀的外因，以便采用更合适的腐蚀防护方法。大气环境(总体环境)、工作环境(局部环境)、具体环境(微观环境)的关系如图7-6所示。

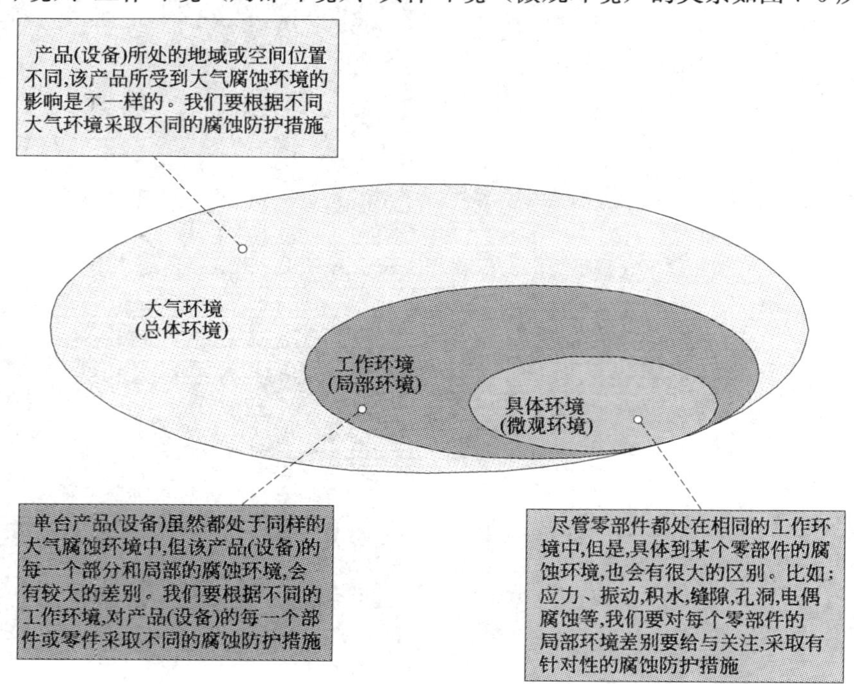

图7-6 大气环境、工作环境、具体环境与产品腐蚀的关系

由图7-6我们可以看出：同一类产品，处在大气腐蚀环境恶劣的分级条件下（如C5-I，C5-M），比条件好的（如C2，C3）腐蚀要严重得多；处在某大气腐蚀环境下的某台产品，即使是相同的材料（金属或非金属），其腐蚀的程度是不一样的。例如，处在靠地面、易积水的局部的零部件的腐蚀程度，比处在有一定高度且通风好的零部件的腐蚀程度要严重；呈现腐蚀状态的零部件在大多数情况下不是均匀腐蚀，总是在该零部件的某点、线或面积很小的部位发生，除了该零部件的内因（合金成分、组织结构、表面状态等）外，该零部件的具体部位所受的腐蚀环境影响也是不同的。例如，孔洞、缝隙、异种金属的接触、应力等，将引起此部位的腐蚀，而其余部位受影响较少（表7-2）。

表7-2 产品各部位涂层破坏的状态与特点

序号	产品各部位/部件的涂层	涂层破坏(腐蚀、老化等)状态特点
1	大面积涂层(大块外露面、非外露面,平整、面积较大)部位	如果按照正确的程序进行涂层体系设计和涂装施工,一般可达到设计寿命。常见涂层缺陷(弊病)为:①失光;②涂层变色/变色;③粉化;④泛金光/泛金;⑤沾污;⑥斑点;⑦开裂/裂纹;⑧起泡;⑨剥落/脱落;⑩生锈;⑪发霉;⑫层间附着力不良;⑬涂层体系修复产生的缺陷(弊病)等
2	有涂装涂层的边、角、孔、洞、缝隙、内腔(部分)部位	此类局部的涂层最先破坏,金属基体锈蚀。涂层的主要涂层缺陷(弊病)为:①开裂/裂纹;②剥落/脱落;③生锈等
3	无涂装涂层机加工面(导轨、轮轴、轮组、轴伸等)	此类部位如果不使用防锈油、防锈脂、防锈蜡等防锈措施,很快就会先于有涂层的部位发生锈蚀
4	有腻子刮涂的涂装部位	涂层下有腻子的部位,其耐水性、耐冲击性、柔韧性、耐腐蚀性等重要指标均会大幅度下降,经常会发生开裂/裂纹、起泡、剥落/脱落、生锈、附着力不良等
5	特殊零部件(排烟管、油箱<内部>、液压管路,弹簧等)	此类特殊功能的零部件需要特种涂料进行涂装,与产品大面积的涂层是不同的。如果处理不好,除常见涂层缺陷(弊病)外,还会失去涂层的特殊功能
6	电镀(镀锌/装饰铬等)类外购件、外协件	一般情况下,电镀件的大气腐蚀的耐久性指标都要低于涂装涂层,特别是耐腐蚀能,形成产品最早锈蚀的部位。因此,需要对电镀件进行二次防锈处理,以便与涂装涂层的腐蚀防护寿命同步
7	涂装类外购件、外协件	由于涂装类的外购件、外协件涂层质量难以控制,是产品上很容易发生缺陷(弊病)的部件。因此,要做好外协厂的选择和评估,保持外协厂与主机厂一致的涂层技术指标,同时做好运送工位器具的软化工作
8	标准件(螺栓、螺柱、螺钉、螺母等)	标准件先于产品其他部位进行锈蚀(白锈或红锈)是常见现象,主要是对标准件的选择和保护不够,及装配中的机械损伤所造成。需要采取防锈油(硬膜)、防锈罩、专用防锈涂层进行处理

7.2 使用过程中涂层的破坏与保护

7.2.1 使用环境的选择和保持

使用场地的积水和设备局部的积水，会造成产品（设备）的涂层长期浸入水中，超过涂层的耐水性（涂层的设计能力）之后，就会严重影响其附着力、耐腐蚀性，形成局部的锈蚀，如图 7-7 所示。

(a) (b) (c) (d)

图 7-7 设备的周围及其局部积水造成涂层的破坏和金属的腐蚀

如果是在雨水较多的地区使用，产品（设备）的一些空隙处和死角处易积存污水/泥，当雨水在蒸发后，局部表面的酸性物质浓度会呈现上升，时间久了就会损伤漆面。另外，积雪中含有的酸性、碱性或盐类等腐蚀性物质，也会对涂层产生破坏作用。

因此，为了保护涂层的使用寿命，使用中要及时清除产品（设备）周围的积水、表面的雨水、积雪及泥水，以防止这些部位的锈蚀。

7.2.2 产品（设备）的清理与清洁

对涂层有腐蚀作用的化学物质有很多，一般情况下，如果注意对此类物质的识别和禁用，是可以避免对涂层的损伤。需要引起注意的是：沥青、鸟粪、昆虫尸体、工业粉尘等物质对涂层的腐蚀性很强，严重时会腐蚀到金属基体。图 7-8 是被工业粉尘等物质污染的表面，加速了涂层的破坏。

因此，日常生产过程中，要注意及时清洗设备外表面的灰尘、沥青、鸟粪、昆虫等污物物质，保持涂层表面的清洁。对于设备表面粘有的难于清洗的物质，要使用专用的中性清洗剂，不能使用碱性或酸性较强的清洗剂，不能使用有机溶剂（酒精、丙酮、各种稀料等）进行擦拭涂层，不要随意使用刀片刮削。设备表面黏附有

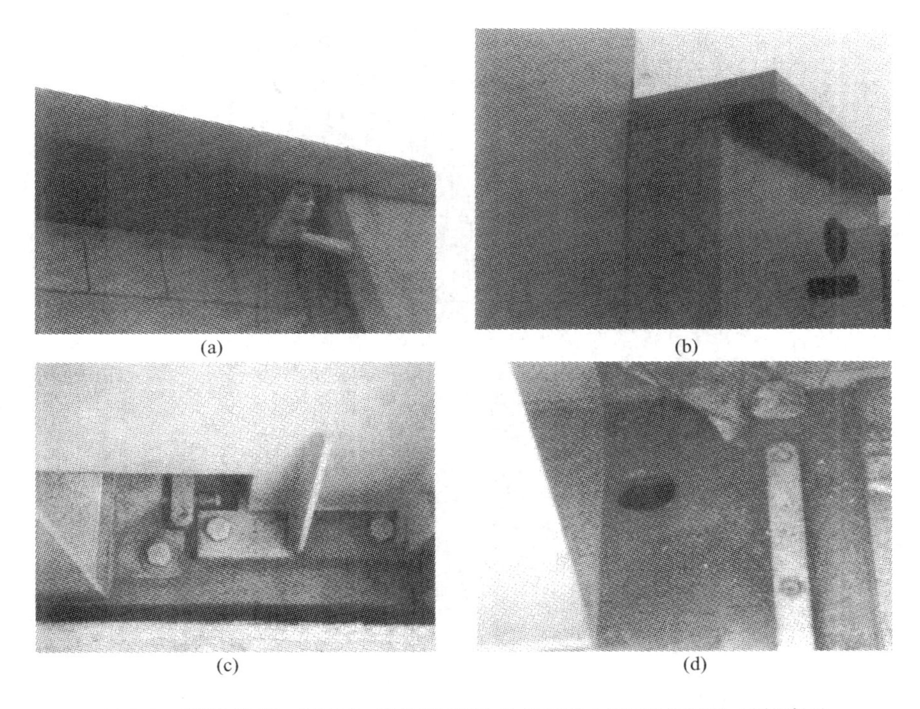

图 7-8　污染物质（粉尘）及锈蚀产物会加速涂层的破坏和金属的腐蚀

尘埃时，不能用抹布或毛巾直接擦拭。因尘埃中有一些硬质颗粒状物质，在擦拭时，易使设备涂层表面出现细小划痕。要选择不含（夹杂）沙粒或金属碎屑的干净、柔软的海绵或专用擦布，应蘸清洁的水或专用中性清洗剂，顺着水流的方向，由上至下轻轻擦洗。使用清洁水冲洗设备时，不要在烈日或高温下清洗，以免洗洁剂被烘干而留下痕迹。同时，要擦净漆面残存水滴，以避免透镜效应对涂装涂层造成的损坏。

7.2.3　定期进行防锈处理

未涂装或不能涂装的部件在使用过程中最容易发生锈蚀，此类锈蚀一般都是由表面工程技术、涂装或腐蚀防护工程技术人员负责。专业技术人员应该编写对这类部件的防锈维护管理手册，以便于售后服务或客户进行防锈处理。

对于轴及轴承、升降装置滑动面、旋转平台咬合表面等不能进行涂装，非常容易发生锈蚀，一定要进行防锈处理，如图 7-9 所示。一般需要每 6 个月或更长时间（需要根据防锈油/脂的防锈期而定）涂抹一次防锈油、防锈脂。对于外露的不锈钢件和电镀件，特别是铬含量低于 18%的不锈钢，也需要定期抹涂防锈油脂，如图 7-10 所示。

(a) (b) (c) (d)

图 7-9　运动（移动）部件没有涂装涂层需要防锈处理

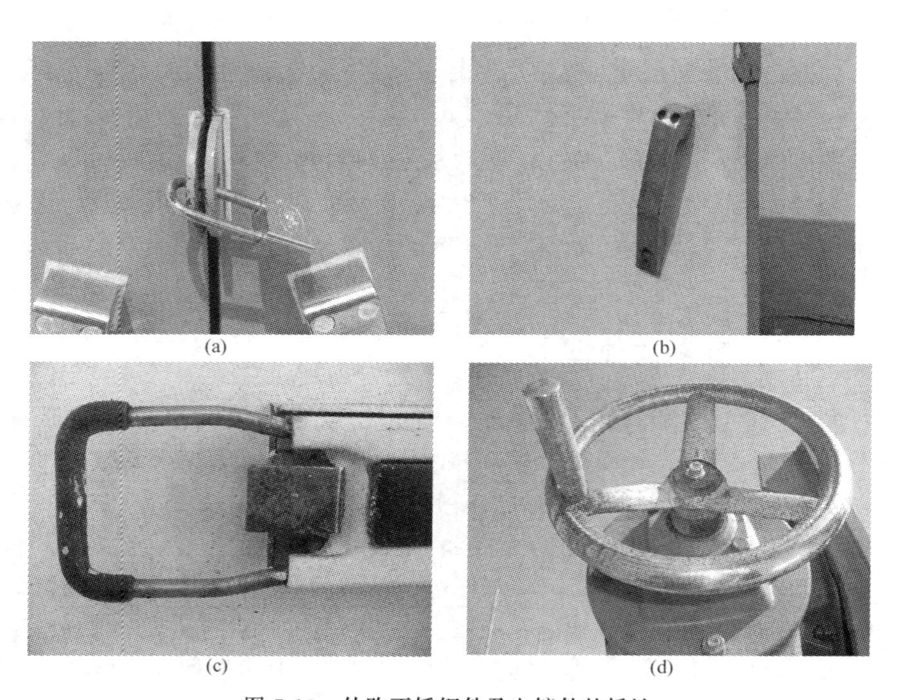
(a) (b) (c) (d)

图 7-10　外购不锈钢件及电镀件的锈蚀

7.2.4　轻微涂层破坏的修复要及时

局部的锈蚀如果不及时采取措施进行腐蚀防护，会恶性循环加速腐蚀过程，造成大面积的扩散，形成更严重的腐蚀破坏。如果发现涂层局部有被损坏的部位，要及时修补涂层上小的局部划伤、损坏，这样比在涂层大面积或完全失去保护作用后再进行的修补，要省时、省钱、省力，而且不影响设备的使用。图 7-11 所示为出口某欧洲国家的重要机电设备，由于使用环境恶劣且涂层损坏后没有及时修补，造成大面积腐蚀。因为设备一直处在使用中，要停机进行全面维修非常困难。

图 7-11　设备涂层损坏未及时修复的恶性循环后果

另外，局部修补前彻底清除待修表面，做好修补的坡口（羽状边），按照修补涂装的工艺要求进行认真地修补。漆膜修补的原则应为损坏到哪一层，就从哪一层进行修补。如果自己没有能力进行局部修补，就要请专业队伍进行修补涂装。

7.3　使用阶段涂层质量的监控及分析

7.3.1　已有涂层的测试、评估（评价）方法

企业对于已有涂层或涂层体系的测试和评估有三个目的。

① 对于新涂料研发或者新机电产品的涂层（涂层体系）进行未来老化（腐蚀）行为的预测，判定其优劣程度，以便决定是否投产此类涂料或者大批量使用某类涂层体系进行涂装。有研发能力的涂料企业和大型机电企业，常常应用各种检测方法达到其目的。

② 对于已定型或制造出的产品涂层或涂层体系进行未来老化（腐蚀）行为的预测和评估，以判断该产品今后的使用寿命或使用期限，判定产品是否合格（是否符合设计要求或技术指标）。机电产品企业、涂装企业、大型工程，常常需要进行此类的检测和评估。

③ 对于正在使用的已出现缺陷（弊病）的涂层或涂层体系进行测试和评估，判定其所处老化腐蚀级别状态，以便决定修复或者报废等对策。机电产品企业、涂装企业、大型工程，常常需要进行此类的检测和评估。

图 7-12 是对已有涂层的测试、评估方法和过程的示意。

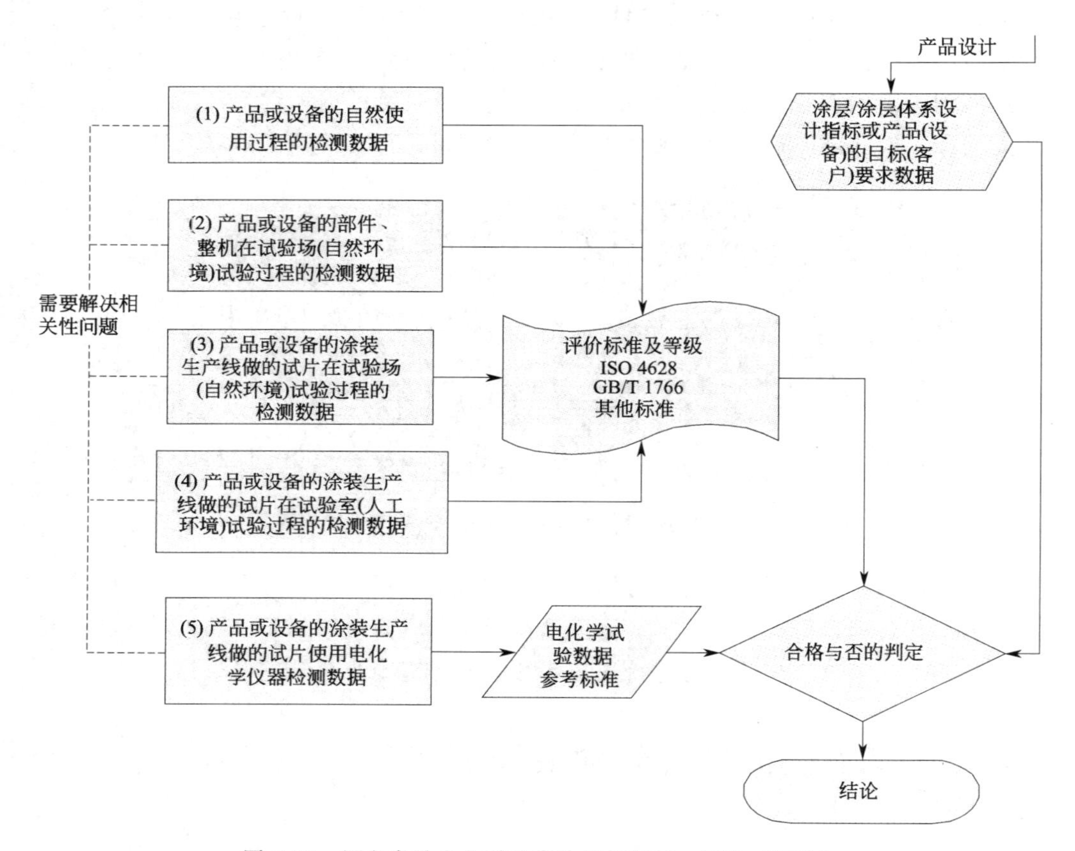

图 7-12 机电产品企业对已有涂层的测试、评估（评价）

（1）产品或设备的自然使用过程的检测数据

一般机电产品或设备，都是根据自然使用过程所出现的腐蚀老化状态进行判定（可直观和使用试验仪器进行检测整机或随设备的试片），如果在设计寿命的范围之内出现腐蚀问题，就会通过售后服务人员或者客户将产品（设备）的破坏情况反馈给制造厂家，制造厂家与腐蚀防护（涂装）专业技术人员研究，更改产品设计或制造工艺，进而将该产品（设备）的耐腐蚀性，提高到一个较高水平。这就是所谓的“失败法”，这也是目前最广泛的使用方法之一。

该方法的优点是：简单直观，经济方便，产品（设备）的涂层缺陷与产品的使用状态关系明显。缺点是：定性的多定量的少，统计难以准确，当产品（设备）使用

区域广泛时，很难反映实际应用情况下的真实和综合效果，而且由于使用过程长、反馈速度慢，期间还会有潜在涂层质量问题的产品大量被制造并出售到客户手中。

（2）产品或设备的整机、部件在试验场试验过程的检测数据

将产品或设备的整机、部件放置在试验场（自然环境）中，进行诸如高温高湿、盐雾腐蚀、强化坏路行驶等各种强化试验，获得各种静态和动态试验数据，以预测该类型产品今后所适应的使用环境和使用寿命，也是非常重要的试验，特别是对于新产品的研发具有重要的意义。如，海南汽车试验研究所自1998年开始，为众多汽车企业进行了实车试验，积累提供了一些重要数据，对于新研制的汽车提高耐腐蚀性起到了重要的作用。

该方法优点是：使用整机或部件进行试验，可以检测到整体状态下的试验结果，比使用试片试验结果更可靠；使用自然环境加人工强化的试验环境，可以加速试验过程，预测产品将来的耐腐蚀性。缺点是：产品使用的区域环境很多，只使用一种或二种环境进行试验，并不能代表所有的环境，如果技术指标要求过高，对于某些环境可能是过保护；对于大型或经济实力强的企业容易推广和实施，对于众多中小型或经济实力较差的企业实施难度较大；需要试验时间较长。

（3）涂装生产线上做试片在试验场（大气暴露试验场）试验的检测数据

在涂装生产线上与产品同步进行涂装制作试片，然后放到大气暴露试验场进行长期的暴露试验，也是使用的比较广泛的试验方法。

该方法优点是：试验简单方便，费用相对较低，可以真实反映涂层试片在某局部区域的腐蚀老化状况。缺点是：不能反映产品（设备）的整体情况；区域有局限性；需要试验时间较长。

（4）涂装生产线上做试片在试验室（人工环境）试验的检测数据

在涂装生产线上与产品同步进行涂装制作试片，按照试验标准的规定，使用加速腐蚀试验（盐雾试验、湿热试验、浸水或介质试验、紫外光老化试验等），将试验数据与设计数据进行比较，从而推测产品（设备）涂层的使用寿命和产品涂层合格率。

该方法优点是：试验简单方便，费用较低，试验时间较短，可以反映涂层试片在人工环境下的腐蚀老化状况，是目前使用最多的试验方法。缺点是：不能反映产品（设备）的整体情况；人工环境有局限性，与自然环境的相关性差距较大，试验数据不能适应复杂的腐蚀环境；准确率受到多方面的质疑，因为有的强化试验的结果与实际大气腐蚀老化状况有矛盾现象。

（5）使用电化学仪器测量的涂层数据及应用

随着电化学腐蚀和涂料涂装技术的发展，用于有机涂层测试的电化学技术发展很快。目前主要有：电化学交流阻抗技术（EIS）、局部阻抗谱（LEIS）、扫描开尔文探针（SKP）、扫描振动电极（SVET）、扫描参比电极技术（SRET）、电化学噪声技术等。使用电化学方法测量得到涂层阻抗、电容、极化行为、噪声响应等参数，能够反映涂层的致密性、渗透性、保护性、缺陷与界面完整性等信息，利用获得的这些信息，可以快速地对涂层进行测量，以便判定优劣和合格与否。

但是，由于测量仪器设备精密、操作复杂、费用昂贵，目前主要用于试验室进行研究工作，很少用于企业的现场检测。据有关文献记载，目前最有效的电化学交流阻抗法，用于军车的涂层失效 EIS 特征实车测试，结果表明：涂层阻抗的测试受车体影响较大，在实际测试得到的阻抗谱图中，高频段以及高频向低频过渡段都相当紊乱，相关的评价参数提取困难。也就是说，电化学仪器测量用于机电企业的涂层检测和评估，目前还不成熟，还没有达到普遍使用的阶段。

7.3.2 已有涂层的测试、评估（评价）内容、等级的划分及合格与否的判定

见表 7-3 所列。

实际使用过程中，可根据 GB/T 1766—2008《色漆和清漆 涂层老化的评级方法》或 ISO 4628 标准，进行涂层失效的检查和评估。对于小型的局部维修，要及时进行；对于大型的或大面积的维修，请看下一节的介绍。何时需要对涂层体系进行全面涂装维修？不同行业对不同设备在不同条件和环境下，会有各种各样的标准和规定，需要具体情况具体分析。有的文献曾经列出了“测定涂膜附着力和锈蚀率，判断涂装是否需要维修。”的方法，可供参考。

表 7-3 已有涂层的测试、评估（评价）内容、等级及判定

序号	检测项目名称	检测评价方法	等级的划分	合格与否的判定
1	失光	目测漆膜老化前后的光泽变化程度及按 GB/T 9754 测定老化前后的光泽，计算失光率（详见 GB/T 1766）	0～5，共 6 个等级（GB/T 1766）	合同各方协议确定的等级为依据，或者各方指定的标准等级
2	退色，变色	①仪器测定法：按 GB/T 11186.2 和 GB/T 11186.3 测定和计算老化前与老化后的样板之间的总色差值（ΔE°），按色差值评级 ②目视比色法：当漆膜表面凹凸不平及漆膜表面颜色为两种或多种颜色等不适用于仪器法测定时，宜采用目视比色法。按 GB/T 9761 的规定将老化后的样板与未进行老化的样板（标准板）进行比色，按漆膜老化前后颜色变化程度参照 GB 250 用灰色样卡进行评级（详见 GB/T 1766）	0～5，共 6 个等级（GB/T 1766）	
3	粉化	①天鹅绒布法：粉化等级的评定按 ISO 4628-7 进行 ②胶带纸法：粉化等级的评定按 ISO 4628-6 进行。（详见 GB/T 1766）	0～5，共 6 个等级（GB/T 1766）	

续表

序号	检测项目名称	检测评价方法	等级的划分	合格与否的判定
4	返铜光,泛金	涂层泛金的等级用涂层泛金程度表示(详见 GB/T 1766)	0～5,共 6 个等级(GB/T 1766)	合同各方协议确定的等级为依据,或者各方指定的标准等级
5	斑点	涂层斑点的等级用涂层斑点的数量和斑点大小表示(详见 GB/T 1766)	0～5,共 6 个等级(GB/T 1766)	
6	沾污	涂层沾污的等级用涂层沾污程度表示(详见 GB/T 1766)	0～5,共 6 个等级(GB/T 1766)	
7	起泡	漆膜的起泡等级用漆膜起泡的密度和起泡的大小表示(详见 GB/T 1766)	0～5,共 6 个等级(GB/T 1766)	
8	裂缝,开裂,裂纹	漆膜的开裂等级用漆膜开裂数量和开裂大小表示(详见 GB/T 1766)	0～5,共 6 个等级(GB/T 1766)	
9	剥落,脱落	漆膜剥落的等级用漆膜剥落的相对面积和剥落暴露面积的大小表示(详见 GB/T 1766)	0～5,共 6 个等级(GB/T 1766)	
10	生锈	漆膜的生锈等级用漆膜表面的锈点(锈斑)数量和锈点大小表示(详见 GB/T 1766)	0～5,共 6 个等级(GB/T 1766)	
11	长霉	涂层长霉的等级用涂层长霉的数量和长霉的大小表示(详见 GB/T 1766)	0～5,共 6 个等级(GB/T 1766)	
12	附着力	拉开法附着力试验 GB/T 5210—2006/ISO 4624:2002	当涂层老化到一定程度时,附着力(结合强度)会大幅度下降	当附着力小于 3MPa 时,判定为应适时进行涂层修复
13	腐蚀凹坑深度	采用腐蚀凹坑深度仪直接测得或用钢板测厚仪等间接测得涂层下腐蚀深度。对于不允许出现局部严重腐蚀的设备,此项检测很重要	按照腐蚀速率(μm/a)分为 1～5 个等级	腐蚀速率为 50μm/a(4 级)以上时,需要进行修复

注：1. 以上表中未列出关于“综合等级”的问题，需要读者根据实际情况确定。

2. 表中第 12 项“附着力”、第 13 项“腐蚀凹坑深度”的应用，需要合同各方的详细研究后，才能确定。

3. 对于涂层要定期检查，尽早发现损坏或老化的涂层，制定涂层修复计划并及时实施。

7.4　涂层的修复工程

为了保持或增加涂层体系的使用寿命，在使用阶段常常需要对大面积或大部分已经损坏和老化失效的涂层进行修复。这类涂层修复是一个比较复杂的“工程”，需要专业工程技术人员的参加。汽车的涂装修复是一个非常成熟的行业，本书我们不再进行详细介绍，主要介绍一般机械设备或工程的修复问题。与产品（设备）在工厂涂装车间进行施工不同，进行涂层修复工程有着其非常的特殊性。作者曾在国内外进行过多台产品（设备）的修复，感觉有以下几个方面需要引起重视。

(1) 涂装材料及涂层体系要配套

如果产品（设备）制造时没有留下详细的涂料和涂装的技术资料，涂层修复时

"涂装材料及涂层体系配套"成为一个难点问题。如何做到与原涂装所用的材料进行一样或匹配，需要事先进行调研和试验工作。

涂装材料如涂料的准备和购买工作，需要仔细认真地准备。涂料、密封胶、脱脂剂、脱漆剂、防锈材料等的采购，需要精心准备。如果是在国外进行涂装修复工作，国外涂装材料的供货时间、质量，会严重影响项目的进度和质量，最好的方法是在项目进行前利用项目所在国家的材料进行试验室加速试验，以减少对质量和进度负面的影响。如果当地没有，远程运输特别是跨国运输，是一件非常麻烦的事情。如果条件允许，要对涂层体系进行项目判定试验，即使用同样材料的试片，在现场对试片进行整理、编号，按照与所修复设备完全相同的工艺进行制作，对试片进行打磨、清理、清洁、喷涂底漆/中涂/面漆，带回国内进行试验。其他材料如腻子、脱漆剂等，如果是在当地采购，也需要进行各种必要的试验，以避免出现意想不到的问题。

（2）涂装设备要尽量配备齐全

一般的修复工程都是在现场，只能使用一些简单的设备。最好要有移动式（或组合式）的喷漆室，便于安装、拆卸和运输。笔者在国外的修工程中，就遇到因为简易的喷漆室不合适而影响工程进度的问题，而且影响修复质量，影响周围环境，与邻近的人群造成不友好或关系紧张。需要在修复工程实施前，详细策划和设计。有时只能使用简陋的设备和辅助设施（如脚手架、安全网等），对于修复的涂层质量影响很大。在国外施工时，其设备的各项技术参数和我们国家的不同，购买时需要认真对待，仔细分辨。

涂装修复实施方案的过程中，会遇到各种各样的具体问题，为此，需要涂装技术人员进行配合并参与联系各种设备的供应商。如购买发电机、空压机、清洗机、梯子等设备和物料，落实施工用脚手架的问题；安装调试空压机及空气管路、油水分离器等等。查找试验所用仪器及阅读说明书，调试试验仪器以备使用等。

（3）涂装环境要尽量满足施工要求

一般情况下涂装修复施工环境比较恶劣，温度、湿度、洁净度等无法控制，"靠天吃饭"。但是，通过现场改造还是可以解决一部分问题，如设置简单的临时厂房和活动的可移动式喷漆室，可以减轻很多环境的影响。

例如，笔者在国外进行涂装工程修复时，由于修复现场条件较差，我们就通过变更修复现场场地及进行场地清理、清洗等，有了一定程度的改善。当时，室外温度高于 30℃，阳光直射下的工件温度到 50℃左右，在室外进行涂装施工，容易伤害皮肤，也不能保证涂装的技术要求，必须要有一定的施工条件。我们在当地国家雇佣钢结构厂房的施工人员，进行简易涂装厂房的搭建工作。经过全体职工的艰苦

努力，搭建起简易涂装厂房，可以最低限度满足涂装施工条件。

（4）涂装工艺要严格执行

由于条件的限制，涂装工艺的严格执行是涂装修复工程的重要问题。由于涂装修复工作是一项临时性的工作，很难保证涂层体系的各项技术参数的落实，质量问题堪忧；而且，涂装工序比在工厂涂装车间内要复杂得多，实施困难。修复项目实施前，一定要认真设计涂装修补工艺；在实施过程中要及时测试过程的控制技术参数；并且对具体情况具体分析，随时修订涂装修复工艺，以获得最佳效果。

（5）涂装管理要细致到位

修复工程一般是在甲方现场，各方面的管理尤为重要。涂层修复时将中断产品或设备的使用，影响甲方工作，需要与甲方协商；修复工作复杂，比在工厂涂装车间内会大量地增加，需要加强工艺纪律的管理；由于影响质量的各种因素较多，而且不可预见的突发事件也很多，需要加强质量方面的管理。

在国外进行涂装修复项目更是一个比较复杂的、开放性的人为系统，我们应该用系统工程的思想和方法去管理此类项目。需要配备熟悉情况的项目经理，统筹全局、抓好各种各样的接口，周密计划、认真组织，才能获得最大的效益。而且各部门之间、单位（法人）之间的联系，在涉及材料、工艺等重要问题的事项时，必须要用书面文件（或电子文件不可更改模式）进行传递，以避免由个人随意性和语言沟通（翻译）的错误带来质量事故、经济损失或工期的延误。因腐蚀防护、涂料、涂装等专业词汇较多较复杂，化学化工问题抽象，在进行语言和文字沟通时会遇到更大的困难。要保存好技术资料，材料（涂料）、设备的说明书要有专人保管，并翻译成中文，以便施工人员随时解决突发问题。如果是在多处进行涂装修复工作，建议在每次转场（更换地点）时，要有足够的提前量（时间）进行准备，以免耽误工期。要加强对施工方工作过程的检测，全程跟踪，制定详细的检查和监督的规定，认真填写“涂装过程的质量控制点检验检查表”。并进行严格的现场验收规定，实施现场一般检测涂层体系的外观、光泽、厚度、硬度、附着力，共5项。现场验收不合格必须进行返工，必须达到质量合格的要求。对于耐久性指标的检测，需要在现场制作试片运回国内，委托有权威的材料试验机构进行测试，检测内容要根据修复方案所规定的涂层技术指标进行。

7.4.1　不当的涂层修复会带来更严重的问题

在使用过程中，发现了涂层破坏及腐蚀现象，常常会出现不当（涂料涂层不合适，修复工艺错误等）的修复，不但不能修复涂层，反而加剧了涂层的老化或破坏。

下面举一个例子说明这个问题。厦门胡里山炮台有280mm德国造克虏伯大炮，炮身重60t，炮管长11.2m，口径280mm，从出厂至今已有112年的历史。57

年（1893～1949 年）的战争武器期间精心维护，没有涂层破坏的记载。36 年（1949～1984 年）的完全没有维护废物期，涂层破坏严重。作为文物保护之后，1984～1996 年，平均一年半对大炮表面涂覆一次涂料，每次涂覆涂层大约在 1mm 以下，共 8 层涂层，欲防止大炮的腐蚀。但是由于在使用涂料涂层保护时，不是除旧涂新（未进行修复前处理），而是在原有涂层的基础上涂刷，因此造成涂层加厚、龟裂，其缝隙沉积污垢、积水等对大炮产生了新的腐蚀和破坏。因此，需要经过一段时间再重新维修，虽然多次重复，但效果很差，如图 7-13 所示。

图 7-13　多次在旧涂层上进行涂装未形成有效的腐蚀防护涂层

图 7-14 所示为某小区的游泳池钢屋架修复后 6 个月的照片。由于修复涂装时不进行彻底的前处理，表面带锈带旧涂料就进行新涂料的涂覆，修复后不久，就出现大量的涂层下锈蚀。年复一年，浪费了大量的资金和资源，可是并没有获得应有的腐蚀防护效果。

图 7-14　某小区的游泳池屋架每年都使用不当的修复，锈迹斑斑

综上所述，在涂层修复过程中，必须要开展对涂料、涂层体系、修复方案、修复工艺的研究，加强修复过程中质量的控制，才能收到良好的效果。

7.4.2　涂装维修方案的设计

为了使修复工程能够顺利有效地进行，事先必须进行涂装维修方案的设计。方

案至少应该包括以下主要内容。

（1）设备或工程涂装修复的概述

① 设备或工程的基本情况。

② 涂层体系破坏和老化失效的分析。

③ 涂装修复的必要性和可行性。

④ 涂装修复工程简述。

（2）涂装修复使用的材料、设备和环境要求

① 涂装修复材料。

② 涂装修复环境条件要求［包括：温度、湿度、采光（照度）、施工环境等要求］。

③ 涂装修复使用的设备。

（3）涂装修复工艺

① 涂装修复内容的分类及细化。

② 具体腐蚀防护（涂装）工艺及施工程序（按零部件、区域、特殊部位）。

（4）施工的安全、进度管理

① 施工安全设施的配备。

② 工作服、防护镜、防毒防尘口罩、安全帽及安全带、橡胶手套等。

③ 脚手架等辅助设施的安全注意事项：框架结构的搭设、跳板的紧固、施工人员的安全管理等。

（5）涂装修复进度安排

（6）修复现场的日常管理

（7）涂装修复质量检验

① 涂装修复过程的质量管理。

② 涂装修复后的质量检验（验收）。

③ 保证期满后的判定指标及判定方法。

（8）修复后对使用期间（阶段）的要求

以下为需要应该附加的附表和附图：

附表1　涂料及化学品耗量预计一览表；

附表2　涂装修复所需设备及工具类明细表；

附表3　涂装修复所需辅料（消耗材料）类一览表；

附表4　涂装修复所需设备及材料明细表；

附图1　涂层等级分区示意图。

7.4.3 涂装维修工程的一个实例

该实例是在广州地区室外使用的一台大型机电设备的涂装修复。该设备从安装使用到修复，使用期间仅仅为一年多的时间。修复前，该设备外表面的涂层大部分已开始失光、失色，局部表面涂层开裂、基体金属锈蚀，失去了涂层体系应有的装饰、保护、标志等功能作用，严重影响了设备外观形象和制造商的声誉。通过技术分析认为主要原因在于：在需要进行重防腐的地区，使用了汽车修补漆涂层体系，而且在涂装实施过程中原来指定的工艺有不少工序未落实到位，比如，前处理进行得不好。同时，腻子层比较厚，局部有大于 3mm 的部位。尖锐边角部位处理不当，涂层太薄极易产生锈蚀等。

在设备的涂装修复前，设计了涂装修复方案，编写了详细的涂装修复技术文件和实施计划。选择了重防腐涂层体系：环氧富锌底漆＋环氧厚浆中间漆＋丙烯酸聚氨酯面漆。在设备不解体（拆开）的情况下，使用脱漆剂脱漆，之后用电动工具打磨除锈等严格的前处理工序。

实施过程中，严格管理现场工序过程。按涂装修复文件要求购进涂料品种，使用前认真进行检验和复查。喷漆前，将电焊缺陷如气孔和不连续焊等修整光滑，锐边和火焰切割边缘打磨半径 $r \geqslant 2\mathrm{mm}$。焊缝打磨光滑且没有焊渣飞溅等，裂缝、凹坑和咬边修补并打磨光顺；钢板的切割边毛糙，要求打磨光滑。表面处理必须达到 St3 级的要求，除锈后必须在 2h 内完成底漆涂装。涂装前表面要达到一级洁净度（符合 GB/T 18570.3 中规定）要求。由于是室外现场涂装，受自然环境和气候的影响很大。涂装施工时，湿度超过 85%或钢材表面温度高于露点温度 3℃时不准进行涂装。雨天、雾天、大风等天气情况下停止室外涂装作业。在涂装时检查每道涂层的涂装间隔期，严格按涂料说明书规定进行涂装，在最短涂装间隔时间至最长涂装间隔时间内涂覆下一道涂层。对于组合件的缝隙涂抹密封胶，对于涂装过程中涂料未喷涂到的钢结构零部件的某些部位（如焊接箱体件的内表面等）喷涂防锈蜡加以保护。对轴类表面刷涂室外专用防锈油加以保护。未进行连接的螺栓孔，需抹涂防锈油脂或刷涂室外专用防锈油加以保护。图 7-15～图 7-18 为现场照片。

图 7-15　使用脱漆剂（中性）清除原有涂层和腻子

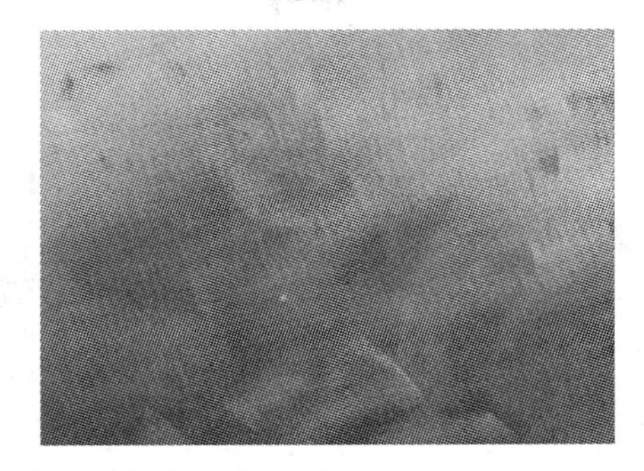

图 7-16　除掉氧化皮和锈蚀保证除锈等级为 St3 级

图 7-17　正在进行室外涂装及面漆涂装后的全貌

图 7-18　涂装修复工程前后的对比照片

参　考　文　献

[1]　庄继勇，毕郁新．浅谈宝钢建构筑物钢结构涂装维护技术．宝钢技术，1995，(3)：10-13.

[2]　徐安桃．用车辆涂层防护性能评价及冷却系统金属材料腐蚀行为研究．天津大学材料科学与工程学院，硕士论文．2008，07.

[3]　徐书玲．浅谈汽车防腐评价体系在产品研发过程中的作用．汽车技术，2003 (06)：25-27.

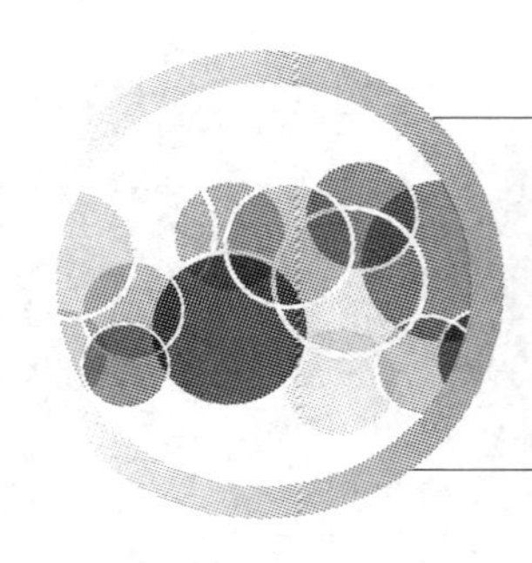

第8章 涂装涂层与其他涂层的组合及其质量控制

导读图

8.1 各种复合涂层的组合方式

8.2 涂装涂层与镀锌层的组合及质量控制
- (1) 造成镀锌层与涂装涂层附着力不良的主要原因
- (2) 涂装涂层与镀锌层的质量控制要点

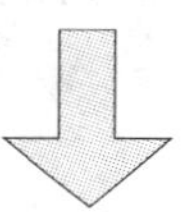

8.3 涂装涂层与热喷涂锌、锌铝合金涂层的组合及质量控制
- (1) 金属热喷涂原理与方法
- (2) 涂装涂层与热喷锌、锌铝合金涂层组合的质量控制

8.4 涂装涂层与铝合金氧化涂层的组合及质量控制
- (1) 铝合金氧化涂层与涂装涂层的组合
- (2) 涂装涂层与铝合金氧化涂层组合的质量控制

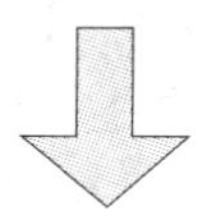

8.5 涂装涂层后处理的质量控制
- (1) 涂覆密封胶的作用及质量控制特点
- (2) 防锈油 / 防锈脂的作用及质量控制特点
- (3) 涂装涂层用防锈蜡 / 可剥涂料 / 专用塑料薄膜的作用及质量控制特点

涂装技术是涂镀层技术的一个分支，而涂镀层技术又是表面工程三大技术之一，表面工程技术在腐蚀控制中有着极其重要的地位和作用，而腐蚀控制系统工程学是我们腐蚀防护工作中的理论基础。在腐蚀控制系统工程学的理论基础之上，将各种各样的表面工程技术进行综合开发和使用，是现在和今后表面工程技术的一个重要发展方向。对于产品或工程设施的涂装而言，已经不仅仅是涂料的涂装，而是将涂料涂装与其他各种表面工程技术（如金属热喷涂、热浸镀、阴极保护等）结合或组合起来，相互渗透、相互融合，形成适应各种用途的复合涂层，对产品或工程的腐蚀防护、色彩装饰、标识标志、特种功能的提高，起着越来越重要的作用。在我国由于历史上表面工程各专业的分工、条块分割、经济利益等原因，致使对复合涂层的技术和质量控制方面存在较多未研究的问题，影响了产品表面质量的提高。因此，需要我们对此类问题进行深入研究，避免各类产品表面质量事故的发生，提高企业产品在国内外市场上的竞争力。

8.1　各种复合涂层的组合方式

虽然出现的复合涂层有各种各样状态，如果将收集到的资料进行归纳，可以用下列公式表示：“各类其他涂层（非有机涂层或其他涂层）＋涂装涂层＋涂装的后处理”。如果再详细分类，见表 8-1 所列。

表 8-1　各种涂层结合（组合）方式一览表

序号	各类其它涂层	涂装涂层	涂装涂层的后处理
1	无其它涂层	底漆/(中涂)/面漆	密封胶 防锈油 防锈蜡 可剥涂料 专用塑料薄膜 阴极保护 (外加电流法、牺牲阳极法等)
2	氧化层(化学、电化学)	底漆/(中涂)/面漆	
3	电镀锌等镀覆层	底漆/(中涂)/面漆	
4	热浸锌	底漆/(中涂)/面漆	
5	热喷涂 Zn 或 Zn-Al 合金	底漆/(中涂)/面漆	
6	其他	底漆/(中涂)/面漆	

注：表中涂装涂层的“中涂”带括号，表示可以用中涂、也可以不用中涂的模式。

由表 8-1 可以看出，通过组合可以产生很多种复合涂层模式，增加了涂层体系的很多特殊功能，提高了产品的对外界环境的腐蚀防护、色彩装饰、标识标志、特种功能的能力，从而扩大了涂层体系的使用范围。但是，也带来了不少问题，特别是在质量控制方面，与单纯涂层相比，复合涂层的质量控制有如下特点。

① 在产品或工程的设计阶段，对腐蚀防护（表面工程）技术人员的知识面和技术水平要求更高，设计工作中需要更广泛的调研，增加了很多工作量。对于设计周期短、任务重的项目或产品，就很难做到全面、细致地解决设计中的技术问题，

对其今后的质量保证将会产生更大的负面影响。

② 在制造阶段，生产流程将跨越更多的不同制造工厂或车间，增加了不同企业间的管理环节，增加了质量控制的难度。

③ 在储存/安调/使用阶段，由于涂层体系复杂，将带来保存、修复和维修的困难。

④ 在全过程的质量控制中，增加了很多变数，特别是一旦发生质量问题，增加了分析判断质量事故的难度。

因此，在处理质量事故时需要“顺藤摸瓜”，根据所出现问题的现象，进行逐一分析；需要将质量问题“分层次”，落实清楚是在“其他机涂层”、“涂装涂层”还是在“涂装涂层上的后处理”方面；需要对每一个层面的“五要素（材料、设备、环境、工艺、管理）”进行详细分析。关键的问题还是要抓住“不同涂层界面之间相互影响的问题”，其他方面按照各自涂层的质量控制步骤进行，也是不难解决的问题。

由于复合涂层种类繁多，本文篇幅有限，无法逐一进行叙述，现仅将常见的镀锌层、金属热喷涂、铝合金氧化，以及后处理中的密封胶、防锈油/脂、防锈蜡、专用塑料薄膜与涂装涂层的组合模式进行叙述，在此“抛砖引玉”，以期获得同行及各位专家的更好的经验。

8.2　涂装涂层与镀锌层的组合及质量控制

在腐蚀环境恶劣的情况下，需要对某些产品或工程设备采取更好的腐蚀防护措施，镀锌层加涂装涂层被认为是一种比较好的方法。由表 8-2 数据可知，镀锌层加涂装涂层的耐腐蚀性能是单独镀锌层的 1.5～2.3 倍。

表 8-2　热镀锌板单独镀层与双重镀涂平均防蚀耐用年数

热镀锌的镀锌量(单面)/(g/m^2)	野外地区		沿海地区		工业地区	
	单独镀层	双重镀层	单独镀层	双重镀层	单独镀层	双重镀层
107～229	4～15	10～25	2～11	7～24	1～4	5～15
305～488	18～37	35～50	13～28	25～46	5～16	12～30
488～763	35～50（计算）	45～70（计算）	28～40	37～60（计算）	15～21	20～32

注：1. 耐用年数根据使用现场的条件有一定变化范围。
2. 时间单位为年。

镀锌层一般分为电镀锌、热镀锌，在涂层完好的情况下，热浸镀锌层比电镀锌涂层防腐性能要好。当在产品或零部件的镀锌层上进行涂装时，最常见的质量事故就是涂装涂层的附着力不良，造成短期内涂层脱落。在涂装和使用现场的表现形式是“涂装涂层的附着力，时好时坏，质量不稳定。”表 8-3 为需要进行涂装的电镀锌层质量技术要求。

表 8-3　需要涂装的电镀锌层技术要求

序号	项目	电镀层的主要质量指标
1	涂层外观	锌镀层结晶应均匀、细致，锌镀层为稍带浅蓝色调的银白色，经过钝化的锌镀层应是带有绿色、黄色和紫色色彩的彩虹色 允许有轻微的水印，允许在复杂或大型零件的边、棱角处有轻微粗糙，允许钝化膜有轻微的局部擦伤和点状损伤、表面有不均匀的颜色和光泽。允许有不可避免的轻微夹具印，允许焊缝处镀层发暗、发黑 不允许镀层粗糙、烧焦、麻点、黑点、气泡、脱落；不允许有树枝状、海绵状和条纹状的镀层。不允许有可擦去的疏松钝化膜或呈深黄色、棕色和褐色的钝化膜，不允许表面有未洗净的盐类痕迹 需要涂装的镀锌件，不要进行钝化或者涂装前将钝化膜处理掉
2	厚度	镀层厚度需要根据腐蚀环境进行控制，轻微腐蚀（C1～C2）3～10μm；中等腐蚀（C3～C4）10～13μm；严重腐蚀（≥C5）13～25μm。镀层厚度采用磁性测量法，按 GB/T 4956《磁性基体上非磁性覆盖层覆盖层厚度测量　磁性法》中规定的要求和方法进行测量，镀层应符合图纸或技术文件规定的厚度
3	结合强度	镀层与钢铁基体的结合强度，应符合 GB/T 5270—2005/ISO 2819 ：1980《金属基体上的金属覆盖层 电沉积和化学沉积层 附着强度试验方法评述》中“2.8 划线和划格试验”
4	耐腐蚀性	锌镀层按 GB/T 10125—1997《人造气氛腐蚀试验 盐雾试验》中规定的要求进行盐雾腐蚀试验，彩色钝化的锌镀层盐雾腐蚀试验出现白色腐蚀产物的最短时间不低于 72h
5	与涂装的配套使用	作为涂装的底层，可不进行钝化处理，但应使用磷化底漆、快干型环氧磷酸锌底漆等作为专用底漆，中涂和面漆根据涂层体系设计决定 其他不能进行涂装的镀锌件使用室外型防锈油，定期进行涂抹 用于严酷腐蚀环境（≥C5）中的产品，不能单独使用镀锌层作为防腐蚀材料，必须要与涂装防腐措施配套使用

(1) 造成镀锌层与涂装涂层附着力不良的主要原因

① 镀锌层本身与基体金属的附着力不好，导致镀锌层开裂和脱落（与镀液成分和镀层厚度有关）。

② 锌镀层内混入气体，在涂装涂层烘烤时发生膨胀，造成涂层脱落。

③ 热镀锌板镀层较厚、镀层晶粒较粗，以致成型后表面粗糙度过大及零件表面黏附过多锌粉，干扰了磷化膜的正常形成。

④ 因为镀锌板镀层中 Al 的溶解，以致 Al^{3+} 在磷化槽中积聚，使磷化膜结晶粗大。

⑤ 钝化膜表面太光滑或有油污、水渍影响附着力。

⑥ 金属锌的活性强，富有反应性，使涂层黏度下降。

⑦ 锌的二次生成物（碱式复盐）易溶于水，多数显示碱性，使用过程中，透过涂层的水与基板上的盐类发生溶解，破坏涂装涂层的附着力。

⑧ 锌因为各种原因（如微电池作用）产生的锈蚀产物［白锈 $Zn(OH)_2$ 55%·$ZnCO_3$ 40%·H_2O 5%］产生体积膨胀（增加几十倍），影响涂装涂层的附着力。

⑨ 锌在 pH9～11 之内是比较稳定的，透过涂装涂层的水（或水溶液）pH 如果不在此范围内，锌则会溶解析出，从而影响涂装涂层的附着力。

⑩ 锌与存在于涂料（某类油性涂料）中或涂层中的脂肪酸发生反应，可生成溶解于水的金属皂（树脂金属盐），常常成为涂装涂层脆化甚至剥离的原因。

⑪ 原子灰直接刮涂在镀锌板上附着力极差，其原因是由于镀锌层与不饱和聚酯相互反应生成金属盐，产生锈蚀、小泡，进而造成原子灰大面积脱落。镀锌板需经特殊处理（如钝化、专用钣金腻子或采用致密的底漆层隔离等）才能与原子灰配套使用。

（2）涂装涂层与镀锌层的质量控制要点

① 柜体类部件在焊接后进行整体电镀锌，因其体积较大，电镀较困难，成本较高，质量难以控制，建议此类部件在设计时（无特殊要求的产品）使用镀锌钢板焊接成型，局部处理镀锌板成型后的边缘，然后进行涂装。否则，在柜体浸入除油、除锈溶液后清理比较困难，缝隙、死角内容易积存槽液，清洗不干净，将存在隐患。而且，柜体焊接后整体电镀锌，其锌层不均匀，特别是内部死角部位，镀锌层较薄。对于体积较小、外形简单的零件可以整体电镀锌或热镀锌后进行涂装。

② 检查控制镀锌件或镀锌板的表面质量。镀层表面要连续并且有一定粗糙度，减少或杜绝镀件表面小黑点及漏镀、锌层厚度不够、镀件表面锌瘤、锌刺、麻面等弊病。

③ 有缺陷或受损的电镀锌表面应该予以修补，以便镀锌层能够恢复其保护功能。

④ 电镀锌表面上的杂质，例如油脂、油渍、盐等，应该清除掉。可以用特殊的清洁剂、热水或蒸汽或通过表面转化的方法进行清洗。需用有机溶剂或底漆稀料除净表面的油污，对镀锌层表面需用粗砂纸（P120～P240）轻轻打磨一遍镀锌层，以提高涂层的附着力。

⑤ 可以采用轻度喷（抛）砂清理的方法，用非金属磨料对镀锌层进行处理。轻度喷（抛）砂清理之后，镀锌层应该是连续的且无任何机械损坏。镀锌表面应该无任何粘附性杂质，因为这种杂质会降低镀锌层和涂装涂层体系的耐久性。

⑥ 一般机电产品或部件，使用较多的涂料是醇酸、酚醛、环氧酯类底漆，实践证明这些涂层在镀锌钢板表面附着力差，建议使用聚酰胺固化环氧类底漆。

8.3 涂装涂层与热喷涂锌、锌铝合金涂层的组合及质量控制

对于机电设备，经常被车轮直接碾压的工件表面、预埋在基础内的预埋件、与地面接触或接近部分的钢结构零部件的表面等，如果仅仅使用涂装涂层是不能满足

的，必须进行金属热喷涂锌或锌铝合金，然后涂覆封闭底漆、中涂、面漆。

（1）金属热喷涂原理与方法

金属热喷涂技术是利用高温的热源，将喷涂所使用的固体金属材料、陶瓷材料等加热至熔融状态，借助高速气流再将其雾化后喷涂到表面已经被处理过的基体表面，并沉积成具有优良防护性能的涂层的喷涂方法。热喷涂涂层与基底表面的附着为冶金结合（机械嵌合）为主；主要方法有火焰粉末喷涂、火焰线材喷涂、电弧喷涂、等离子喷涂和超音速火焰喷涂；喷涂材料有纯锌或纯铝或它们的合金涂层，还可以喷涂锌铝合金、铝镁合金、以及稀土铝合金。

通过金属热喷涂形成的涂层，是由无数变形粒子相互交错呈波浪式堆叠在一起的层状组织结构，涂层中颗粒与颗粒之间不可避免地存在一些孔隙和空洞，并伴有氧化物夹杂。涂层剖面典型的结构为涂层呈层状，含有氧化物夹杂，含有孔隙或气孔。

为了克服金属热喷涂涂层的弱点，提高涂层腐蚀防护和装饰性能，需要进行涂装，一般称作封闭处理。通过封闭处理，使涂料渗透到金属热喷涂涂层的孔隙内部，对热喷涂层起到隔离和平整作用，大大提高了组合涂层的耐腐蚀寿命。特别是在工业气体、海洋环境、腐蚀性气体及高温环境下的热喷涂涂层，封闭处理起着非常重要的作用。封闭涂层的材料有很多种类，见表8-4所列。使用有机涂料进行封闭处理的复合涂层为：金属热喷涂涂层＋封闭涂层（＋中涂）＋面漆。

表8-4　封闭涂层材料的种类和使用环境

材料类别	封闭涂层	施工	适用的环境
无机材料	碳酸盐 磷酸盐 铬酸盐 锶盐等水溶液	喷涂或刷涂	一般大气
有机材料	环氧树脂 环氧煤沥青 乙烯树脂 氯化橡胶 氨基酯 不饱和聚酯 其他涂料	刷涂	较恶劣的环境、工业大气海洋大气、江、河、海水、化工介质
耐高温抗氧化材料	硅树脂＋铝粉	刷涂	耐550℃以下高温

需要涂覆涂料的金属热喷涂涂层的一般技术要求见表8-5所列，以锌或锌铝合金（其中锌含量为85%，铝含量为15%）为例。由金属热喷涂和涂装涂层组合的涂层体系，请参考表8-6。

表 8-5 热喷锌、锌铝合金涂层的技术要求

序号	项目	涂层的主要质量指标
1	涂层外观	肉眼观察,金属喷涂层表面均匀亚光面,涂层外观色泽均匀一致;应无开裂、无鼓泡、脱落现象;无翘皮、粗大熔融粒等宏观缺陷存在
2	厚度	机电产品的金属喷涂层厚度一般控制在 100～140μm 范围内。要符合标准 GB/T 11374—1989《热喷涂涂层厚度的无损测量方法》
3	涂层与钢铁基体结合力	涂层与钢铁基体结合力(拉开法)≥5MPa。亦可以使用划格法进行结合力测试,要符合标准 GB/T 9793—1997《金属和其他无机覆盖层热喷涂锌、铝及其合金》
4	空隙率	一般空隙率 3%～6%[参考 DL/T 1114—2009《钢结构腐蚀防护热喷涂(锌、铝及合金涂层)及其试验方法》进行计算,或参考 JB/T 7509—1994]
5	涂层内应力	最大限度地减少涂层内应力。施工前应进行试片试验和施工工艺试验,检验内应力对于结合力的影响
6	封闭底漆	需要配套封闭底漆适用标准《ISO 2063—2005 热喷涂-金属和其他无机覆盖层-锌、铝及其合金(第三版)》

表 8-6 热喷涂金属材料处于 C4、C5-I、C5-M 和 Im1～Im3 的腐蚀环境保护涂层体系

基材:热喷涂金属表面(热喷锌、喷锌铝合金和热喷铝)。表面处理:见 ISO 12944—4:1998 中的条款 13。推荐在热喷涂 4h 内封闭或喷涂一遍涂层。如果使用封闭涂层,须与后道涂层配套

涂层配套编号	封闭涂层			后道涂层	涂层体系		期望耐久性(见 ISO 12944-1 中的 5.5 条)											
							C4			C5-I			C5-M			Im1～Im3		
	树脂	道数	膜厚/μm	树脂	道数	NDFT/μm	低	中	高	低	中	高	低	中	高	低	中	高
A8.01	EP、PUR	1	NA	EP、PUR	2	160												
A8.02	EP、PUR	1	NA	EP、PUR	3	240												
A8.03	EP	1	NA	EP、PUR	3	450												
A8.04	EP、PUR	1	NA	EP、PUR	3	320												

底漆树脂	类型	水性化的可能性	厚道涂层	类型	水性化的可能性
EP=环氧漆	双组分	×	EP=环氧漆	双组分	×
EPC=改性环氧	双组分		EPC=改性环氧	双组分	
PUR=聚氨酯漆,芳香族或脂肪族	单、双组分	×	PUR=聚氨酯漆,脂肪族	单、双组分	×

注:1. NDFT=额定干膜厚度,详细要求见 5.4 条。

2. 水性涂料一般不适合用于埋入地下和水下。

3. 涂层的耐久性与热喷涂钢材表面的结合力有关。

4. NA=可不作要求,封闭涂层的厚度对涂层的总厚度没有太大意义。

(来源于:ISO 12944-5 表 A.8)

(2) 涂装涂层与热喷锌、锌铝合金涂层组合的质量控制

① 基体金属表面的处理质量,决定着热喷涂涂层与基体金属的结合力,而此结合力又影响着涂装涂层的质量。因此,需要控制基体金属表面喷射清理后的除锈

等级（达到国家标准中的Sa 3级）、粗糙度（R_z50～100μm）。

② 喷射清理后与金属喷涂工序之间的停留时间要尽可能缩短，一般最长不超过4h，雨天、潮湿、盐雾或含硫的气候环境下，其停留时间不得超过2h。

③ 工作环境的温度应高于气温5℃，基体的表面温度至少高于大气露点3℃。

④ 要严格控制金属涂层的表面质量。外观应均匀平顺，金属涂层表面不能有夹杂物、起皮、鼓泡、孔洞、凹凸不平、粗颗粒、裂纹、掉块及其他影响使用的缺陷。用10倍的放大镜观察涂层表面不能出现可见的氧化物。

⑤ 要控制金属喷涂层的表面粗糙度。在金属热喷涂时，因喷涂材料、方法、技术等因素的影响，表面粗糙度大约在R_a2.8～38.0μm（R_z＝4～6倍R_a）范围内，有时表面粗糙度会高达3mm以上。为了控制复合涂层的质量，必须控制金属喷涂层的表面粗糙度。其粗糙度的大小，要结合封闭涂层的厚度、中间涂层的厚度综合考虑进行设计。

⑥ 检测金属涂层厚度：金属涂层的厚度测量，采用磁性测厚仪测定磁性基体上无磁性涂层厚度。当有效面积在$1m^2$以上时，在一个面积为$1dm^2$的基准表面上测量10点涂层厚度，取10个值的算术平均值为该基准表面的局部厚度，测点应均匀分布；当有效面积在$1cm^2$～$1m^2$以下时，在一个面积$1cm^2$的基准面上测量3～5点涂层厚度，取其算术平均值为该基准表面的局部厚度，测点选择应分布均匀。

⑦ 检查金属涂层的结合性能：采用切割法，切割时刀具的刃口与涂层表面约为90°，切割后涂层与金属表面必须割断，并采用布胶带检查的方法检查金属涂层的结合性。金属涂层的结合性能检查用切格试验法进行。试验结果在方格形式切样内不能出现金属涂层与基底剥离的现象。

⑧ 严格控制封闭处理的时间、材料及工艺。金属热喷涂之后，要尽可能快地进行封闭处理（喷锌涂层8h以内，喷铝涂层24h左右）。只能在干燥和清洁的金属涂层上进行底漆封闭。如发现金属涂层含有水分，应当采取措施消除水分。需在金属喷涂层尚有余温时及时涂装封闭底漆。一般情况下，在金属涂层表面温度降至70℃以下时，喷涂涂料进行封闭，封闭宜采用刷涂或高压无气喷涂。

涂料的使用应严格按照涂料使用说明或厂家现场指导的要求进行。涂料配置好后应先小面积试涂，根据情况适当改变涂料配合比，以达到最佳效果。严禁中途更换不同厂家提供的涂料及稀释剂和固化剂。

涂装作业应在清洁环境中进行，尽量选择无风、无扬尘的天气；涂装前应遮蔽特殊部位，避免未干的涂层被灰尘等污染；空气相对湿度须小于85%；钢材表面温度至少高于大气露点3℃。

⑨ 金属结构表面每次涂装前应用干燥的压缩空气吹净，吹净后立即喷涂。喷涂前应先用小刷子在焊缝、边角和不易喷涂到的部位作预涂处理。大面积喷涂时应采用无气喷涂，这样可有效防止流挂，提高工作效率。涂层系统各层间的涂覆间隔

时间应按涂料制造厂的规定执行，如超过其最长时间间隔（一般为 7 天），则应将前一涂层用粗砂布打毛后再涂装，以保证结合力。涂装后，涂膜应认真维护，固化前要避免雨淋、暴晒、践踏，搬运中应避免对涂层的任何损伤。

⑩ 中涂与面漆的涂装方法与一般涂料涂装质量控制要求相同。

⑪ 检验复合涂层的厚度：使用磁性测厚仪测量整个复合涂层的厚度。

8.4　涂装涂层与铝合金氧化涂层的组合及质量控制

铝合金以其相对密度小、比强度和比刚度高、加工性能好等优点，被广泛应用于产品或工程设备的制造之中。但铝合金自身（未经处理）的耐蚀性和外观装饰性能较差，通常需要表面处理方法进行改善。最常使用的是阳极氧化和化学氧化处理方法，可是，不论用何种方法所得到的转化膜耐腐蚀性和装饰性都是有限的。特别是在腐蚀条件比较恶劣的环境中，氧化膜层不能单独使用，必须要进行涂装。将涂料涂装与铝合金的氧化（化学、电化学）进行组合，是经济实惠的方法。但是，在实际组织生产和外协时，进行氧化处理的工序与涂装工序并不一定是同一个厂家或车间，于是就需要进行严格的质量控制。表 8-7 是铝合金氧化涂层的基本技术要求，表 8-8 是阳极氧化复合膜的分类。

表 8-7　铝合金氧化涂层的技术要求

序号	项目	涂层的主要质量指标
1	涂层外观	经热水封闭处理的膜层应为本色或乳白色，膜层应致密、连续、均匀、完整。允许由于零件材质不均和表面状态不同而引起有不同的颜色。允许由于夹具接触处无膜层，允许焊接零件的焊缝和热影响区有不均匀的外观和铸件的缺陷引起的斑点和黑点。允许有轻微的水印。不允许有用手能擦掉的疏松膜层以及烧伤和过腐蚀现象
2	厚度	按 GB 4957《非磁性金属基体上的非导电覆盖层厚度测量法进行测试》厚度，要求氧化膜层达到 6～30μm 或以上，化学氧化膜的厚度较小，阳极氧化膜较厚，需要根据复合涂层的需要进行选择
3	与涂装涂层的配套问题	硬铝、防锈铝、铸铝等铝合金可采用一般阳极氧化或化学氧化处理方法进行。在需要重防腐的环境中氧化膜层不能单独使用，必须进行涂装或涂抹室外型防锈油进行防锈

（1）铝合金氧化涂层与涂装涂层的组合

铝合金用的脱脂剂一般有磷酸盐系脱脂剂和硅酸盐系脱脂剂。用磷酸盐系脱脂的铝材更容易生成致密均匀的磷化膜，而且其耐蚀性更强，应用较多。

铝合金用的氧化处理方法一般是采用阳极氧化法和化学氧化法。如果细分有硫酸、铬酸、草酸、磷酸阳极氧化法，有铬酸盐、磷铬酸盐、磷酸盐、无铬化学转化氧化处理。对于需要涂装的铝合金表面，经常使用的是磷酸盐、磷铬酸盐化学氧化处理方法。其中磷铬酸盐化学氧化具有均匀致密、耐蚀性好的特点，并与基体金属

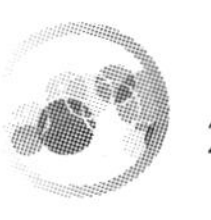

表 8-8　阳极氧化复合膜的分类

类别	膜厚①/μm			漆膜类型	涂装方法	主要用途
	氧化膜局部膜厚	氧化膜局部膜厚	氧化膜局部膜厚			
A	≥9.0	≥12.0	≥21.0	有光或亚光透明漆	电泳、浸渍	室外苛刻环境下使用的建筑部件
B	≥9.0	≥7.0	≥16.0			室外建筑或车辆部件
C	≥6.0	≥7.0	≥13.0			室内建筑或家电部件
S	≥6.0	≥15.0	≥21.0	有光或亚光有色漆		室外建筑或车辆部件

① 经供需双方商定并在合同中注明，可供应其他膜厚的复合膜产品。

注：1. 资料来源为 GBT 8013.2—2007《铝及铝合金阳极氧化膜与有机聚合物膜 第 2 部分：阳极氧化复合膜》。

2. 阳极氧化复合膜的定义是：铝及铝合金阳极氧化后，再涂装有机聚合物漆膜，形成的耐蚀性、耐候性、耐磨性兼备的表面膜。

和涂膜结合力好，而且处理设备、工艺简单，成本低，使用最为广泛。在氧化后的铝合金表面进行涂装时，常使用的方法有刷涂、喷涂、浸涂、电泳、粉末涂装等方法。本文以磷铬酸盐化学氧化为例，简述组合涂层的质量控制问题。

（2）涂装涂层与铝合金氧化涂层组合的质量控制

① 铝合金在涂装前仅采用脱脂处理或进行简单打磨，是不能满足高质量的涂装要求的，必须要进行氧化处理。而氧化膜质量的好坏，又直接影响着组合涂层的腐蚀防护和表面装饰质量，因此必须严格控制。

② 在脱脂和氧化处理过程中，要注意避免工件在水洗后水中杂质的残留以及与空气中氧作用造成的水印。在清洗线完成后进入烘干线（或自然干燥）时，要注意不要让工件表面有积水部位，中间搁置过程最好不要太久。调整前处理液的控制指标使磷化膜更致密，保证清洗水的洁净（电导率控制在 20μS/cm 以下），及时烘干水分，是解决水印缺陷的途径。

③ 氧化后铝合金表面外观要求：膜层应致密、连续、均匀、完整。允许由于零件材质不均和表面状态不同而引起有不同的颜色，允许由于夹具接触处无膜层，允许焊接零件的焊缝和热影响区有不均匀的外观和铸件的缺陷引起的斑点和黑点。不允许有用手能擦掉的疏松膜层以及烧伤和过腐蚀现象。

④ 控制氧化膜的厚度：按 GB 4957 非磁性金属基体上的非导电覆盖层厚度测量法进行测试厚度，要求氧化膜层达到 10μm 以上。

⑤ 氧化膜干燥后尽快（最好 24h 内）进行涂装，以减少外界环境的对工件的污染。控制铝合金工件表面不得有颗粒、灰尘、油污、水分等杂物，表面清洁度需达到 1 级或 2 级（GB/T 18570.3—2005）。

⑥ 选择合适的配套涂料，如锌黄环氧底漆、环氧类底漆等可以作为与氧化膜

直接接触的底漆使用。对于没有使用先例或业绩的涂料，需要在试验室进行试片或工件的试验，不能仅仅凭别人一般轻描淡写的说法而轻易使用。

8.5 涂装涂层后处理的质量控制

对于已经完成涂装涂层工件或产品（工程）的局部表面（或特殊位置），涂覆密封胶、防锈油/脂、防锈蜡、可剥涂料，或者覆盖专用塑料薄膜，或者实施阴极保护等措施，可以起到增强腐蚀防护、提高装饰性的重要作用。但是，如果质量控制不好，反而会起到相反的作用。

（1）涂覆密封胶的作用及质量控制特点

在产品或工程设备的制造过程中，不可避免地会存在结构件、薄钢板（碳钢）、铝合金件、玻璃钢、镀锌板等相互之间的连接所产生的接缝（缝隙）。这些缝隙的存在会大大加速局部涂层的破坏，在绝大部分涂装表面尚未腐蚀的情况下，缝隙处已经锈蚀得非常严重，如图 8-1 的照片。

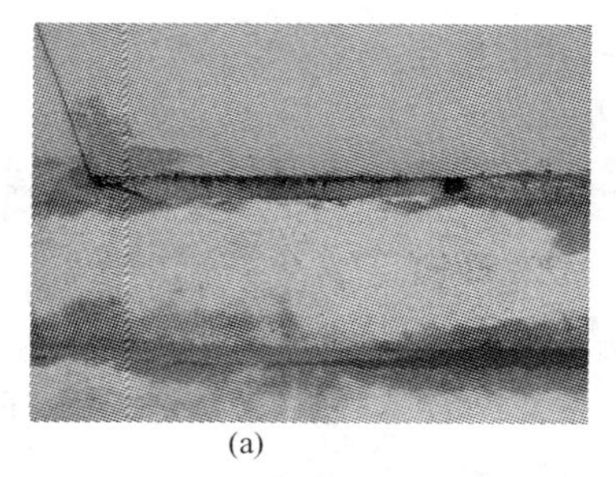
(a)

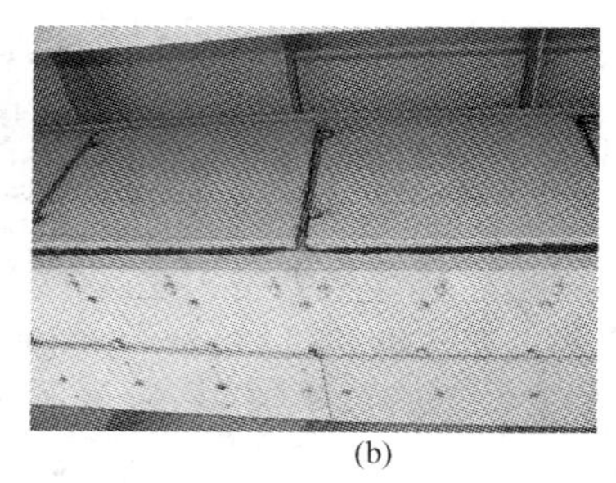
(b)

图 8-1　产品或工程设备的缝隙部位容易积水，涂层下腐蚀最严重

但是，如果使用密封胶进行密封的质量不好，会严重影响产品的外观质量，如图 8-2 所示。同时，在缝隙处也会发生涂层开裂（涂层在接缝部位局部或全部开裂）、涂层内陷（接缝处周围涂层存在较大的高度差，涂层发生收缩，在表面形成明显的内陷条纹）等弊病，如图 8-3 所示。

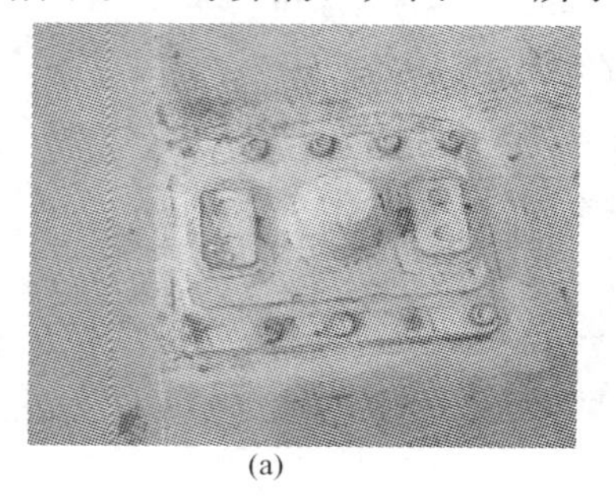
(a)

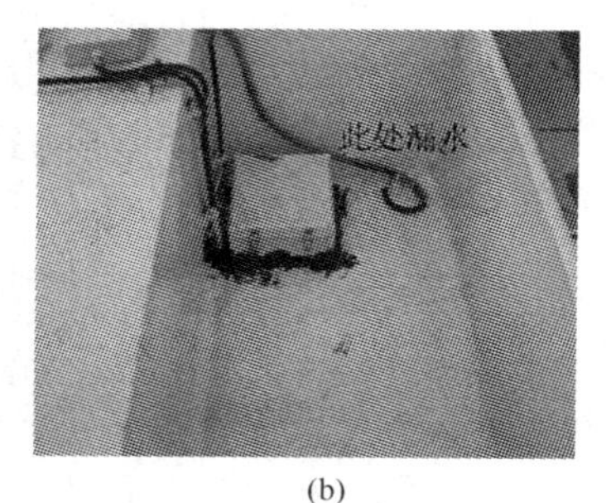

(b)

图 8-2　缝隙部位的密封质量差影响外观形象

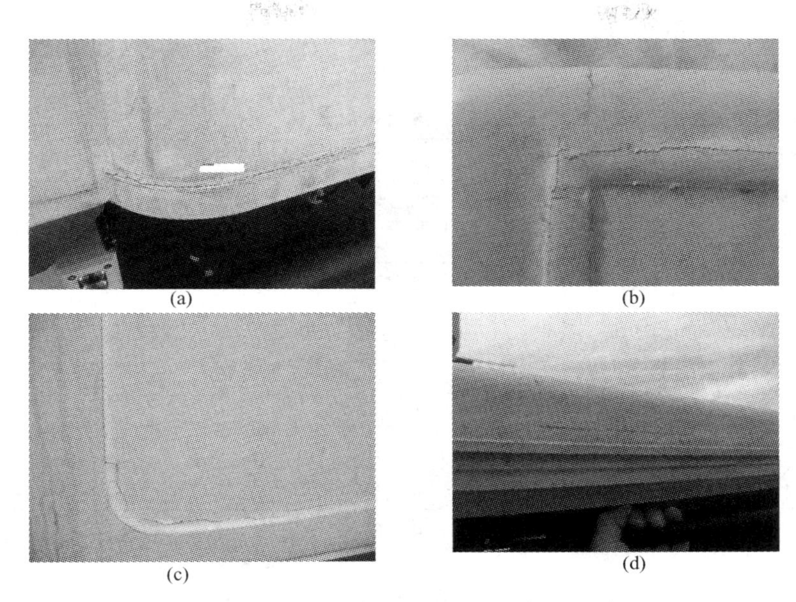

图 8-3　缝隙部位的密封质量差产生开裂

因此，在涂装过程中或涂装后，必须重视并需认真解决使用密封胶进行密封的技术和质量问题。

密封胶的种类有很多，如果按化学成分分类有如下 4 个种类：树脂类，如环氧树脂、聚氨酯等；橡胶类，如丁腈橡胶、聚硫橡胶等；混合类，如聚硫橡胶和酚醛树脂、氯丁橡胶和醇酸树脂等；天然高分子类，如虫胶、阿拉伯胶等。

密封胶种类不同，其耐热性能、机械强度及对介质的稳定性也就不同。在大气环境下使用的产品或工程设备，使用最多的是聚氨酯类密封胶，表 8-9 所列为聚氨酯类密封胶的技术指标。它突出的性能是耐油、耐磨、强度高、弹性好、绝缘性好，对氧和臭氧有一定的稳定性，特别是耐辐射性好。聚氨酯在 80～85℃下可长期使用，最高使用温度不超过 120℃。缺点是不耐热水、水蒸气、强酸和碱的作用。

表 8-9　聚氨酯类密封胶的技术指标

序号	检　验　项　目	技　术　要　求
1	颜色	白色、灰色、黑色、褐色
2	化学成分	单组分聚氨酯类
3	密度(DIN 53497)	约 1.25kg/L
4	固化方式	室温自然干燥或湿气固化
5	表干时间	约 45～60min
6	稳定性	不下垂

续表

序号	检 验 项 目	技 术 要 求
7	收缩率(DIN 52451)	约 5%
8	邵式硬度(DIN 53505)	约 40
9	拉伸强度(DIN 53504)	约 $1.8N/mm^2$ (1.8MPa)
10	断裂延伸率(DIN 53504)	约 600%
11	撕裂强度(DIN 53482)	约 6N/mm
12	电阻系数(DIN 53482)	约 1010Ω·cm
13	玻璃化温度(DIN 53445)	约－45℃
14	移动修正系数	接缝宽度的 10%
15	工作温度(连续)/短期(最多 8h)	－40～90℃/120℃
16	抗老化和风化性	优
17	腐蚀性	无腐蚀
18	耐化学性	耐淡水、海水、污水、稀酸碱、短期耐燃油、矿物油、动/植物油;不耐有机酸、酒精、溶剂
19	应用范围	与多种材料具有优良的粘接力,并适合形成高黏度强度的永久性弹性密封。适合的材料包括木材、金属、金属底漆和面漆(双组分)、陶瓷材料及塑料
20	施工环境温度	5～35℃

密封胶的涂覆质量控制需要注意以下几点。

① 密封胶的种类很多，使用前一定要根据使用环境进行慎重选择，在没有把握的情况下，要进行试验室试验。密封胶与基体材料/涂装涂层之间，要有良好的互容性，工件发生热胀冷缩时，密封胶能够适应其变化而不开裂。

② 污垢、油垢的存在严重地影响密封胶对被粘物表面的浸润，是造成密封失败的主要原因之一。在涂胶时，要进行仔细的表面清洁操作，除去涂胶部位的油垢和灰尘等。

③ 在接缝处要有一定粗糙度，增大表面积以利增强密封胶的附着力。常用的处理方法有砂布、砂轮打磨、钢丝刷挫打等。如用化学方法处理之后，必须用热、冷水反复冲洗多次，清除残液，再进行干燥。

④ 表面处理后，最好马上粘接，尤其是钢材避免应在 4h 内进行粘接。

⑤ 为保持密封胶的装饰性，在接缝两边要粘贴遮蔽胶带，涂胶后再除掉。密封胶要涂抹均匀、饱满、流畅。

⑥ 不能在腻子（原子灰）表面涂抹密封胶。

⑦ 在涂装涂层上涂抹密封胶时，要注意有的密封胶可以与涂装涂层配套，有的则不行。

⑧ 在密封胶上进行涂装时，要注意有的密封胶可以，有的则不行。热胀冷缩

大的缝隙上的密封胶表面，不能进行涂装。

（2）防锈油/防锈脂的作用及质量控制特点

防锈油/防锈脂是含有缓蚀剂的石油类制剂，其中所含有的缓蚀剂对金属表面上腐蚀电池的形成起了抑制作用，从而达到了防止金属制品锈蚀的目的。常常用于临时性防止金属制品的大气腐蚀。

一般产品或工程设备均是比较复杂的，而且往往一个零件表面既有涂装涂层，又有不能进行涂装的机加工表面（如滑动摩擦的表面），还可能会有电镀类表面。另外，还有数量很多的孔洞（螺孔或盲孔等），一般涂装方法将无法涂覆上涂层。为了防止未涂装的表面和涂装不充分的表面，在储运及使用过程中产生腐蚀，必须涂抹防锈油、防锈脂。使用过程中必须按照工艺进行实施，如果处理不好，将会影响产品或工程设备的整体涂层质量。表 8-10～表 8-12 是硬膜防锈油、封存防锈油、防锈脂的主要性能指标，选择时请注意与防锈对象的匹配。

表 8-10　硬膜防锈油主要性能指标

检验项目		技术指标	试验方法
外观		棕色透明液体	目测
湿热试验(49±1)℃	钢	14d	GB/T 2361—1992
	黄铜、铝	7d	
盐雾试验(35±1)℃	钢	7d	SH/T 0081—1991
	黄铜、铝	7d	
腐蚀性(55±1)℃	钢	7d	SH/T 0080—1991
	黄铜、铝	7d	
水分 ≤		痕迹	GB/T 260—1977

表 8-11　封存防锈油的主要性能指标

检验项目		技术指标	试验方法
外观		棕黄色均匀透明液体	目 测
闪点(闭口)40℃		＞150	GB/T 3536—2008
密度/(kg/m³)		915～935	GB/T 1884—2000
水分		痕迹	GB/T 260—1977
腐蚀性(55±1)℃	10#或45#钢	7d　合格	GB/T 2361—1992
	H62 黄铜	7d　合格	
	LY12 铝	7d　合格	
湿热试验(49±1)℃	10#或45#钢	14d　合格	SH/T 0036—1990
	H62 黄铜	7d　合格	
	LY12 铝	7d　合格	

表 8-12　防锈脂的主要性能指标

项　　目		技术指标	试　验　方　法
外观		琥珀色至浅黄色脂	目　　测
针入度(25℃)/(1/10mm)		>210	GB/T 269
滴点/℃		>60	SH/T 0115
腐蚀试验(55℃,7d)	45 钢	合格	SH/T 0080
	Z30 铸铁	合格	
	T_3 铜	合格	
	Ly12 铝	合格	
湿热试验(720h)45 钢		>720h	GB/T 2361
盐雾试验　45 钢		>120h	GB/T 0080

因此，需要注意如下几点。

① 防锈油/脂的涂抹时间，一定要在涂装工序完成的最后时间进行。

② 所用防锈油/脂与已有涂装涂层之间一定要配套，不能发生溶解或降解等不良反应，必要时要进行涂装涂层的耐油性（防锈油/脂）试验。

③ 被涂抹防锈油/脂的部位，需要进行清洁处理。

④ 防锈油/脂是临时性的防锈措施，需要定期（如半年、1 年）进行更新，以保持其防腐蚀效果。

⑤ 在安调或修理之后，进行局部修复涂装涂层时，要进行充分的前处理操作。

(3) 涂装涂层用防锈蜡/可剥涂料/专用塑料薄膜的作用及质量控制特点

为了避免日晒雨淋（特别是酸雨）对涂装涂层的破坏，避免鸟粪（尤其是其中的酶）、各类油污、腐蚀性粉尘的污染，避免生产、运输过程中对涂装涂层表面的擦伤等，人们曾设想使用各种各样的方法对已完成的涂装涂层进行再保护，目前最常用的是防锈蜡（保护蜡）、可剥涂料（液体保护膜）、专用塑料薄膜（保护膜）。这些保护方法各有其优缺点，需要慎重选择，并在实施过程中控制好质量。

防锈蜡（保护蜡）主要由蜡、溶剂、成膜剂、防锈漆加剂和其他辅助材料组成的防锈材料。与其它类型的防锈材料相比，蜡膜具有膜薄、保护性好、涂层美观、易清除（有的涂层表面可以不用去除）、可带膜装配等特点。如果细分又有内腔蜡、底盘蜡、发动机蜡、面漆蜡等品种，可以根据不同的需要进行选择。表 8-13 为内腔保护和漆膜表面保护类的防锈蜡的技术指标，选择过程中要注意。

可剥涂料（可剥性塑料、液体保护膜）是以成膜树脂为基本成分，加入增塑剂、稳定剂、润滑剂、缓蚀剂及溶剂等配制而成的液体材料，将其喷涂到工件表面，可快速形成一层封闭的固体保护膜，在加工运输过程中起临时保护作用，具有防锈、防污、防机械损伤的性能，在被保护产品启封时简单剥下即可。根据溶剂的

表 8-13　防锈蜡（保护蜡）技术指标

序号	检测项目	适用标准	合格要求
1	滴落点	SH/T 0800—2007	滴点不低于 85℃
2	蜡膜干性	GB 1728—79	指触干，冬天约 40min，夏天约 20min
3	附着力	GB/T 9286—1998	划格法，格距 1mm，≤1 级
4	耐寒性		－35℃(≥8h)，蜡膜无变化
5	耐热性		80℃(≥24h)，蜡膜无变化
6	耐热老化		在 40℃放置 14 天，蜡膜无变化
7	QUV 人工老化	GB 1865—1997	≥200h，蜡膜无变脆或裂纹现象，蜡膜保护的涂漆面允许轻微变色、失光
8	耐湿热性	GB/T 1740—2007	温度(49±1)℃，湿度 95%，≥720h，除去蜡膜后，漆膜无变化
9	耐盐雾性	GB/T 1771—2007	≥1000h，蜡膜除去后，底漆表面沿叉单侧扩蚀宽度≤2mm
10	耐水性	GB/T 5209—1993	(40±1)℃，60 天，蜡膜除去后，漆膜不起泡、不掉粉、无明显失光变色
11	耐海水性	ASTM D 1141	人工海水浸泡，室温 60 天，蜡膜除去后，漆膜不起泡、不掉粉、无明显失光变色

不同，有溶剂型和水性的区别。根据其防锈性能的区别，可以分为气相缓蚀剂型、一般防锈型。对于涂装涂层的保护，有一定的防锈性能是有益的，对于漏涂、针孔、缺漆等涂层缺陷部位的防锈具有一定的加强作用。选用可剥涂料时，可以参照表 8-14 的内容。

表 8-14　可剥涂料（溶剂型）技术指标

序号	项　　目	技术指标	试验方法
1	干燥时间	表干 10min，实干 1h	GB/T 1728—1979
2	柔韧性/mm	1	GB/T 1731—1993
3	冲击强度/N・cm	500	CB/T 1732—1993
4	固体含量/%	25	GB/T 1725—1979
5	涂料黏度/s	33	GB/T 1723—1993
6	耐高温(60℃)	10d，无起层、皱皮、起泡	GB/T 1735—2009
7	耐低温(－20℃)	10d，无起层、皱皮、开裂、鼓泡	GB/T 1735—2009
8	耐海水	10d，无起层、起皱、脱落、生锈	GB/T 1763—1979
9	拉伸强度	640N/50mm	
10	断裂伸长率	＞500%	

专用塑料薄膜（保护膜）是使用聚烯烃薄膜如聚乙烯（PE）、聚丙烯（PP）类的薄膜，将一面涂胶（或者不涂胶）的表面，直接贴覆在涂装涂层上面，在加工、装配或运输过程中，对涂层起到保护作用，产品使用时可以轻易将聚烯烃薄膜撕

下。此类薄膜产品较多较杂，目前未看到用于涂装涂层的相关标准。因此，必须要严加筛选和控制，必要时进行试验进行确定（表 8-15）。

表 8-15　专用塑料薄膜（保护膜）技术指标

序号	试验项目	技术指标	试验方法
1	颜色状态	无折皱、破损等	目测
2	厚度	50～70μm	GB/T 6672—2001
3	拉伸伸长率	≥450%	GB/T 1040.3—2006 （宽度 20mm、速度 100mm/min）
4	拉伸强度	22N/cm	GB/T 1040.3—2006 （宽度 20mm、速度 100mm/min）
5	剥离强度：钢板 1h 后	0.6～1.0N/cm	GB/T 2792—1998 （宽度 20mm、速度 300mm/min）
	剥离强度：油漆板 1h 后	0.8～3.0N/cm	
	剥离强度：油漆板 24h 后	1.6～3.5N/cm	
6	石击试验	≤1 级	0.1MPa/500g/2 次
7	耐湿热试验	保护膜无明显变化，油漆表面无不良影响	(60±1)℃/100%RH/100h
8	耐高温试验	保护膜无明显变化，油漆表面无不良影响	(80±1)℃/14 天
9	耐水性试验	保护膜无明显变化，油漆表面无不良影响	(40±1)℃/12 天
10	耐稀 H_2SO_4 试验	保护膜无明显变化，油漆表面无不良影响	30%(m/m)(20±5)℃/24h、(80±1)℃/2h
11	耐制动液试验(DOT4)	保护膜无明显变化，油漆表面无不良影响	(20±5)℃/6 天、(80±1)℃/2h
12	耐发动机油试验	保护膜无明显变化，油漆表面无不良影响	(20±5)℃/6 天、(80±1)℃/2h
13	耐玻璃清洗液试验	保护膜无明显变化，油漆表面无不良影响	(20±5)℃/6 天
14	耐防冻液试验	保护膜无明显变化，油漆表面无不良影响	(20±5)℃/6 天
15	耐酸雨试验	保护膜无明显变化，油漆表面无不良影响	pH=3(硫酸)酸雨溶液滴在样板上，室温/24h 后，再进行(80±1)℃/2h
16	耐铁锈试验	保护膜无明显变化，油漆表面无不良影响	将约 1/4 汤匙铁屑均匀撒在白色样板上，再喷 pH=3(硫酸)酸雨溶液，在(80±1)℃条件下做耐热试验 7h，再做耐湿热试验[(40±1)℃/100%RH]/96h
17	人工气候老化试验	保护膜无明显变化，油漆表面无不良影响，目视无明显色差	GB/T 1865—2009，500h

防锈蜡、可剥涂料、专用塑料薄膜质量控制要点如下。

① 根据被保护对象的品种、涂层种类不同，选择保护材料，并考虑价格性能比的优化。

② 保护工序一定要在涂装工序完成的最后时间进行，特别是防锈蜡的使用一定要控制好实施（操作）场地；否则，会对涂装涂层质量带来严重影响。

③ 无论何种保护材料，一定要关注其使用期限，不能在保护材料失效后给涂层带来污染、破坏作用。

④ 要进行涂装涂层与防锈蜡、可剥涂料、专用塑料薄膜适用性的试验，在没有使用经验和试验数据的情况下，最好不要冒险选用，以免带来损失。

⑤ 防锈蜡、可剥涂料、专用塑料薄膜的使用，要结合包装箱、包装模式、运输工具等，制定工艺技术文件，保证质量控制落到实处。

参　考　文　献

[1] 中国腐蚀与防护学会组织编写. 防腐蚀工程师技术资格认证考试指南. 北京：中国石化出版社出版，2005：100-128.

[2] 章兴德. 镀锌彩板涂膜附着力刍议. 武钢技术，1994，(07).

[3] 沈国良. 镀锌钢材涂装. 上海涂料，2006，(08).

[4] 洪光日. 汽车用铝材的涂装前处理技术. 汽车工艺与材料，2004 (3)：32-36.

[5] 刘新. 金属热喷涂的涂层检查. 现代涂料与涂装，2009 (05)：44-46.

[6] 宛萍芳等. 汽车涂膜保护膜的应用和质量控制方法. 2011 年度，汽车工程学会涂装分会论文集.

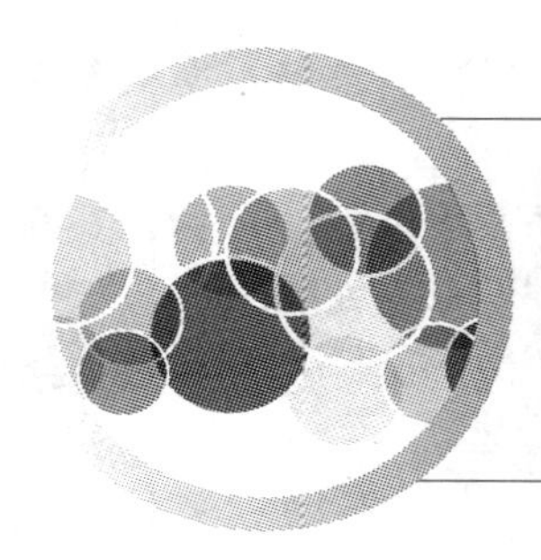

第9章 涂料涂装相关标准与系统质量控制

导读图

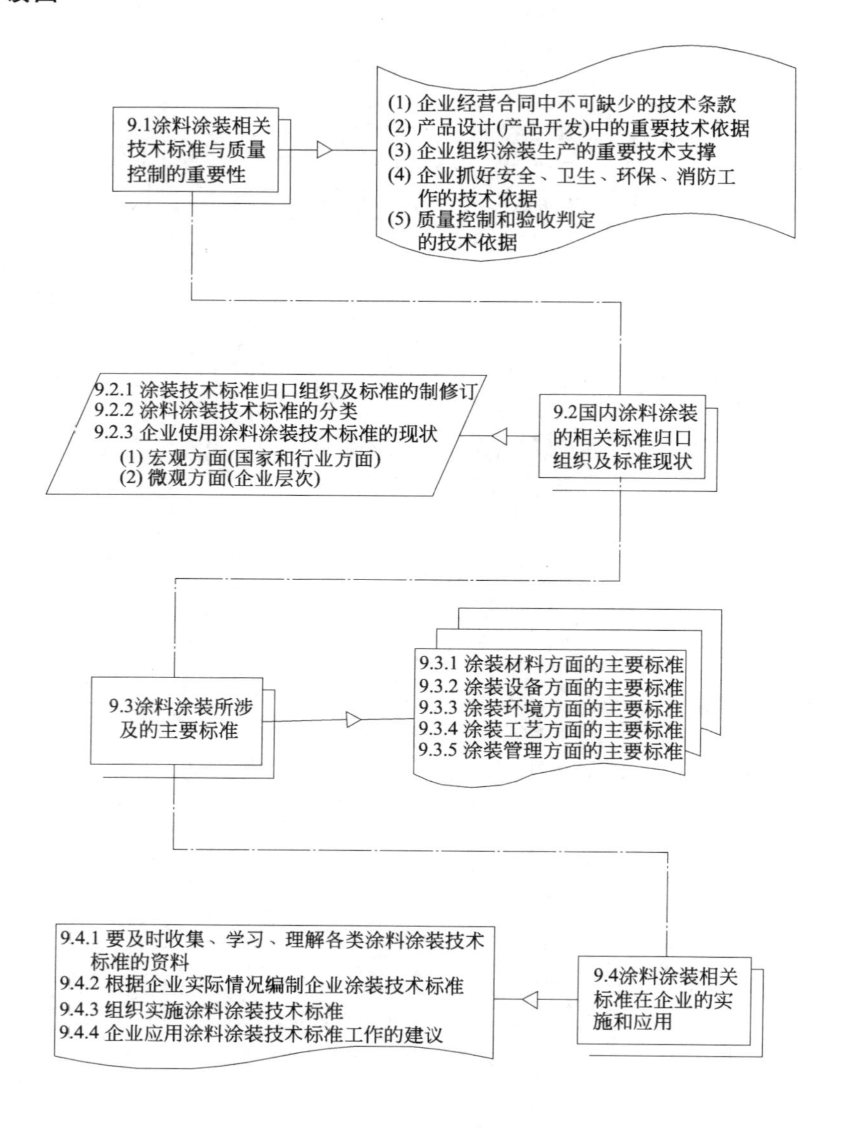

"一流企业出标准、二流企业出技术、三流企业出产品"。"技术专利化、专利标准化、标准产业化"。"没有标准，就没有世界"。说明了标准在社会经济生活中的巨大作用，它不仅关系到国内国外市场的开拓和国际利益的争夺，而且影响到人类生活的方方面面。

在浩繁的各类标准文件中，涂装技术标准是各类技术标准体系大家族中的成员之一，已有的标准文件为数不少，据不完全统计，共有涂料、涂装相关标准 500 多个，其中现行标准 320 多个，已作废标准 170 多个，还有一些尚未实施的标准。由于涂装技术专业的特殊性，使得我们在涂装技术的实施过程中、在企业标准化的工作中不得不倍加重视。从选用各类已有的标准到制定本企业标准；从技术标准到管理标准和工作标准；从产品标准到工艺标准、检测试验方法标准，以及安全、卫生、环保标准等，无不呈现出涂装技术标准的重要性和复杂性。

但是，在一般的机械行业（汽车行业除外）中，产品涂装技术（腐蚀防护）处于非主导地位，与开发新产品、改进新产品等工作相比，是次要的；与机加工、焊接、装配等专业相比，不容易被重视。人、财、物各方面容易被冷落，控制成本是容易被优先"控制"的对象。而且，在产品制造过程中，不合格的涂装操作（特别是前处理、底漆、中涂工序中）不容易发现，具有"隐蔽工程"的性质。更为重要的是，产品售出（出厂）时，无法检查涂层长期腐蚀防护指标，无法判定是否真正符合质量标准，客户使用一段时间后才会发现问题。同时，涂装（腐蚀防护）作业在生产中分散，常常跨部门、跨车间，渗透到其他专业的工序之间。涂装（腐蚀防护）作业还涉及到政府的环保、劳保、消防、安全等部门。再加上长期以来形成的"油漆简单"的传统观念，严重影响了企业对涂装技术标准的重视。其实，涂装（腐蚀防护）技术看起来简单，干起来复杂、麻烦，同时需要众多的标准进行规范。

由于涂装技术的以上特点，造成了涂装技术标准在企业标准化工作中成为比较落后的一部分。一般的大型企业，抓得比较正规，但众多的中小企业的情况不容乐观。这些中小企业形成时间短、经营起步晚，经营管理仍处于摸索阶段，企业的标准化工作基本属于无意识阶段，没有专门、专业的涂装技术人员和标准化人员，对企业标准化工作以及涂装技术标准缺乏理解和认识。根据作者对几十家中小企业的调查，发现多数企业涂装技术标准文件缺少，制定符合自己企业实际情况的涂装标准的如凤毛麟角。

9.1　涂料涂装相关技术标准与质量控制的重要性

涂装技术标准是涂装技术的一个重要组成部分，对于涂装技术人员和标准化技术人员，都是非常重要的。重要性主要体现在以下 5 个方面。

（1）涂料涂装技术标准是企业经营合同中不可缺少的技术条款

在改革开放和市场经济蓬勃发展的今天，涂料涂装技术标准已经成为产品标准的一部分，并以此作为供需双方检验产品质量的依据之一。特别是国际项目和国内重大项目的招投标，对于产品的涂装（腐蚀防护），都要求要有相应的条款。世界贸易组织（WTO）通过签署技术贸易壁垒协议（TBT）等方式，把标准提升到了国际贸易游戏规则的地位，标准成为国际贸易中供需双方签订合同所必需的基础性文件，从而使标准具备了更为重要的属性——贸易属性。同样，涂装技术标准是企业经营合同中不可缺少的技术条款。例如，对于产品涂层老化的评定，国际项目合同的涂装技术标准，可以采用ISO 4628-1～10：2003《色漆和清漆　涂层老化的评定……》系列标准，国内合同项目的涂装技术标准可以采用《GB/T 1766—1995 色漆和清漆 涂层老化的评价方法》。对于钢结构产品的涂装，国际标准化组织研究了钢结构不同部位的涂装系统和涂层以及实现防腐保护的所有特征，形成了《ISO 12944-1～8 油漆和清漆——防护漆系统对钢结构进行防腐蚀保护》标准。还有SSPC（Steel Structure Paint Council）的规范和标准，是美国钢结构涂装协会制定的美国国家标准，也是国际上最具权威性和采用最多的钢结构涂装标准之一，即《SSPC 规范-油漆 20》。

2006 年 12 月 8 日国际海事组织（IMO）第 82 届海上安全委员会一致通过了压载舱涂层新标准。该标准将强制适用于 2008 年 7 月 1 日以后签订建造合同的所有 500t 以上船舶的专用海水压载舱和 150m 以上散货船的双舷侧处。该涂层标准不仅涉及涂料和涂层本身，还涉及造船硬件设施、造船模式和造船工艺流程、涂料及涂装工艺、试验测试设备、涂料和涂层检验及认可、验证及检查机构、检查人员资质及其认可机构等诸方面。新标准对于我国船舶工业的经营和发展，是一个很大的挑战，同时也使我们看到涂装技术标准对于企业经营的巨大影响。

合同双方对于涂装（腐蚀防护）技术标准，一般都是双方协商自愿采用的。国内外对于产品的涂装（腐蚀防护）技术标准，大多数都是使用的企业标准，其内容和形式差别都比较大。但在实际使用中，都无一例外的引用大量的国际标准、国家标准。问题在于，我们国内部分企业未考虑任何涂装（腐蚀防护）技术标准，在企业经营生产过程中，经常发生由于未提出涂装（腐蚀防护）技术标准或未进行任何涂装（腐蚀防护）技术参数的约定，结果一出现腐蚀事故，便给企业带来各种不同程度的损失。有的企业就曾经发生过类似的事例，对企业的信誉和经济效益都带来了损失。

（2）涂料涂装技术标准是产品设计（产品开发）中的重要技术依据

现在，各企业在产品开发和设计过程中，强调标准化的基础和前提作用，强调产品总体设计要符合系列化要求、部件设计要考虑通用化要求、零件设计要考虑标

准化要求等。这很好，但是，在进行这些“强调”的过程中，往往并未包括涂装（腐蚀防护）的标准化问题。

在设计时就采取技术措施避免腐蚀的发生，就是实行“预防为主”的原则。在进行产品开发设计时，最经常接触的金属腐蚀防护方式，就是利用表面工程技术的各种方法对产品表面进行处理，获得腐蚀防护的效果，涂装技术是应用得最广泛的表面工程技术之一。同时，腐蚀防护的程度（使用何种腐蚀防护技术？使用何种涂装体系？）需要相应标准的界定。产品的设计过程中，必然伴随着涂料涂装技术标准的选用。如果标准选用得过高、过低，都会增加产品成本和费用。合理进行涂装标准选用，是降低产品成本的有效途径。“过保护”和“欠保护”，对于企业都是不利的。因此，在产品开发设计时，对于产品就应该有《×××涂层标准》或《×××涂层技术要求》，规定产品或零部件的腐蚀防护年限和各种技术参数，并使其成为各分系统（或零、部件）进行设计的技术依据。

产品设计时选择了某种涂装技术，但在产品制造、安装、维修过程中，如果所选择的涂装技术不能实施，或不便实施，或实施成本较高，都需要相应的涂装技术标准（一般都是企业标准）加以明确。这也是衡量产品设计工艺性好坏的重要指标。

（3）涂装技术标准是企业组织涂装生产的重要技术支撑

现在相当多企业在“虚拟制造”概念的指导下，利用社会资源进行大量的外协制造。这种以产品为纽带的联合，需要更严密的组织和更严格的质量管理，标准化的管理变得更为重要，涂料涂装技术标准也变得极为重要。

外协制造厂往往中小企业比较多，他们在涂装的硬件方面比较弱，涂装的软件方面差得较远，对于相关的涂料涂装技术标准常常“不知道，不理解，不会用”。落后的标准不可能生产出一流的产品，要想让外协制造工厂生产出好的产品，必须进行涂装技术标准的教育和培训。对外协企业按照涂装工艺标准的要求认真组织生产，使外协件的每一道工序也都有相应的标准作为技术依据，这是非常重要的。外购件、标准件的采购要以涂料涂装技术标准为依据，才能取得“货比三家、质优价廉”的效果。外购件、标准件的涂装（腐蚀防护）优劣的程度，因厂家、型号的不同而不同。能否选择符合产品腐蚀防护设计要求的外购件、标准件，是一个非常重要的问题。首先要符合产品所要求的涂装（腐蚀防护）涂层标准，并且要与产品所使用的腐蚀环境相符合。产品用于室外时，对于外购件、标准件的腐蚀防护要求很苛刻，不能选用适用于室内的类型。否则，会造成腐蚀事故。对于外购件、标准件产品没有进行涂装（腐蚀防护）处理的厂家，要根据产品的腐蚀环境和使用条件提出涂装（腐蚀防护）标准的订货要求。比如，表面处理的方式、耐腐蚀等级等。

对于自制件的生产，每个工序要严格按照涂装工艺标准组织生产，合格后的中

间产品才能转到下道工序，最终合格的产品才能出厂放行。完整的企业工艺文件应包括《×××涂装工艺规范》、《×××涂装作业零部件明细表》、《×××涂装工艺卡》等。《×××涂装工艺规范》应该包括：标准涂装工序流程表（图）、涂装工艺材料及涂装工艺、标准涂层膜厚、各工序管理项目、各工序操作说明等。对于重要部件或重点工序要编制《×××涂装工艺卡》，主要以图案及文字详细描述了操作者的作业内容、操作顺序，作业方法及关键步骤的要领说明等。按照这些涂装技术标准（多数是企业标准）进行组织生产，一定会生产出质量过硬的涂装产品。

（4）涂料涂装技术标准是企业抓好安全、卫生、环保、消防工作的技术依据

当前我国涂装引发的危害虽然有所遏制，但职业危害依然严峻，火灾事故频发，环境污染严重。涂装实施过程中大量使用挥发性溶剂、助剂、漆料，燃、爆危险性普遍存在；作业过程中还容易造成从业人员的急、慢性苯中毒和粉尘侵害，职业卫生问题比较明显。因此，涂装既是火灾事故高发行业，又是危险因素、有害因素俱有的行业。解决这些问题的重要技术依据就是现已颁布的涂装安全标准，主要有GB 7691《劳动安全和劳动卫生管理》、GB 7692《涂漆前处理工艺安全及其通风净化》、GB 6514《涂漆工艺安全及其通风净化》、GB 12367《静电喷漆工艺安全》、GB 14444《喷漆室安全技术规定》、GB 14443《涂层烘干室安全技术规定》、GB 12942《有限空间作业安全技术要求》等多项国家标准。

（5）涂装技术标准是质量控制和验收判定的技术依据

质量控制部门是企业的重要部门，对于产品质量的把关起着非常重要的作用。但对于涂装质量的控制，有着与其他专业不同的特点。涂装产品是否合格，仅仅凭出厂时的几个指标是不能决定的。涂装的每一道工序都具有被后一道工序遮蔽的特点（最后的面漆除外），不合格的工序不容易被发现。而产品售出（出厂）时，不能检查耐腐蚀性、耐老化、耐湿热等长期指标，一般是检查涂层外观、厚度、光泽、硬度、附着力等便于检查的指标，无法立即判定是否真正符合涂层技术标准的参数。客户使用时，要经过一段时间（3个月或半年以上）才会发现问题。在发现问题前，又会有大批量的类似不合格产品被送到客户手中，出现新的质量问题。类似于“潜伏期很长的皮肤病”，诊断和治愈都是非常困难的。“过程决定质量，细节决定成败”，涂装技术标准所定的腐蚀防护期限，是靠每一道工序、每一个操作的动作建立起来的。因此，按照编制的《×××涂装涂层质量检验规程（标准）》，进行过程质量检验和控制是极其重要的。我们要将质量检验的工作重点放在涂装的过程中，重点控制每道工序的工作质量。

对于外协件、外购件、标准件的验收，同样需要按照《×××涂装涂层质量检验规程（标准）》进行零部件涂装质量和工作质量的控制和验收。发生涂装质量纠纷时，应依据产品的涂装（腐蚀防护）标准进行处理，这时需要应用的涂装技术标

准会更多。

9.2　国内涂料涂装的相关标准归口组织及标准现状

国家有专门的机构和人员来制定和管理标准。我们国家管理标准的机构是国家标准化管理委员会，它由国务院授权履行标准化行政管理职能，统一管理全国标准化工作。国务院有关行政主管部门和有关行业协会也设有标准化管理机构，分工管理本部门本行业的标准化工作。

每个行业有各自的技术领域，他们都会成立一些标准化技术委员会。这些委员会主要负责制定和管理标准的日常工作。在制定标准的时候，标委会的专家们会组织企业高级工程师、大学教授、研究所专家等一起来研究如何起草一个标准。他们在详细研究产品性能、使用特点及生产环境等多种因素后，才能提出一项标准。标准还会随着科学技术的进步而不断修订。每项标准都是由相关机构和专家来提出的。标准起草完成后，还要征求相关机构、人士的意见，以求科学合理，然后再经标委会的专家审查通过。最后，标准要上报到有关机构以获得批准。

9.2.1　涂装技术标准归口组织及标准的制修订

(1) 目前，国内分管涂装技术标准的专业委员会

① 全国涂料和颜料涂漆前金属表面处理及涂漆工艺标委会（TC 5/SC 6）　负责全国涂装前金属表面处理及涂装工艺等专业领域的标准化技术归口工作，并与ISO/ TC 35/ SC 12 对口工作，主要侧重领域为各行业金属涂装防护中的涂覆涂料前表面处理和涂装工艺标准化工作。

② 非金属覆盖层涂装工艺及设备标委会（TC 57/SC 5）　负责全国非金属覆盖层的涂装工艺及设备等专业领域标准化技术归口工作，主要侧重领域为机械产品涂装工艺技术和涂装设备标准化工作。

③ 涂装作业安全标委会（TC 142，AC/TC288/SC6）　负责全国涂装工艺及作业场所的职业安全卫生标准及涂装工艺、器具、设备和个体防护的安全技术标准归口工作等。

(2) 企业作为涂装技术标准的应用单位，还应了解与涂装技术标准密切相关的其他组织

① 涂料产品及试验方法标委会（TC5/SC7）　负责全国涂料产品等专业领域标准化技术归口工作，并与ISO/TC35/SC9 对口工作。

② 钢结构防腐涂料体系标委会（TC5/SC9）　负责全国钢结构防腐涂料等专业领域标准化技术归口工作，并与ISO/TC35/SC14 对口工作。

标准是如何编制的？国家标准的制定有一套正常程序，每一个过程都要按部就班地完成。同时为适应经济的快速发展，缩短制定周期，除正常的制定程序外，还可采用快速程序。一个标准的编制及废止是比较复杂的过程，在此不进行详细叙述，图 9-1 所示为简述的流程。

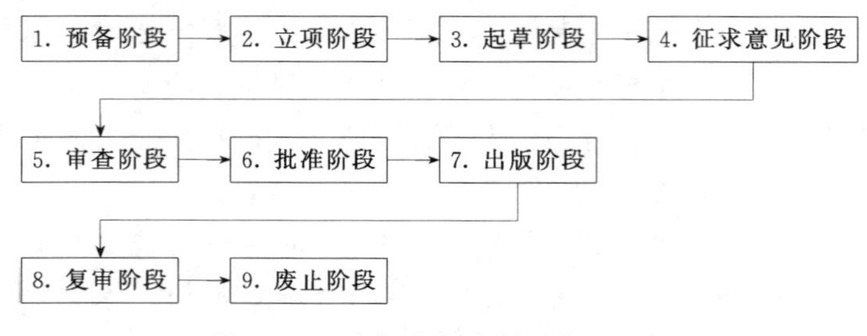

图 9-1 一个标准的编制及废止过程

9.2.2 涂料涂装技术标准的分类

面对数量繁多、经常增加、不断修订的涂料涂装技术标准，使不少相关人员望而却步，即使涂装专业技术人员也很难将其及时全部阅读、仔细领会应用到涂装工作中去。正因为涂装技术标准难以学习和掌握，于是出现了有的企业对涂装技术标准“不知道、找不到、不理解、用不上、不好用”的现象。这种现象的存在，严重影响了我国企业某些产品的表面外观装饰和腐蚀防护性能，在国内外竞争激烈的各类市场中，企业经济效益和企业形象均受到不同程度的损害。

解决上述问题的方法之一，就是详细了解和认真学习标准的分类。表 9-1 所示为中国的相关标准的各种分类，熟悉这些分类方法，可以帮助我们更好地学习和理解相关涂料涂装的技术标准。

表 9-1 中国相关标准分类、代表字母表及说明

分类依据	分类名称	代表字母与内容	说明及解释
按行政（行业）分类	国家标准	GB，GB/T	/T——代表是推荐标准 GBZ——国家职业卫生标准
	行业标准	如：HG——化工行业标准；JB——机械行业标准；HJ——环保行业标准等	/T——代表是推荐标准
	地方标准	DB，DB/T	/T——代表是推荐标准
	企业标准	Q /（企业代号）（顺序号）— 年号	
按标准性质分类	技术标准	基础技术标准、产品标准、工艺标准、检测试验方法标准，及安全、卫生、环保标准等	在标准化领域中，对需要统一的技术事项所制定的标准称为技术标准
	管理标准	管理基础标准、技术管理标准、经济管理标准、行政管理标准 、生产经营管理标准等	对需要协调统一的管理事项所制定的标准叫管理标准
	工作标准	工作标准是指对工作的责任、权利、范围、质量要求、程序、效果、检查方法、考核办法所制定的标准	为实现工作（活动）过程的协调，提高工作质量和工作效率，对每个职能和岗位的工作制定的标准为工作标准

续表

分类依据	分类名称	代表字母与内容	说明及解释
按标准的功能分类	基础标准	技术通则类、通用技术语言类、结构要素和互换互连类、参数系列类、通用方法类等	基础标准是指具有广泛的适用范围或包含一个特定领域的通用条款的标准
	产品标准	基础规范、总规范、分规范、空白详细规范和详细规范	对产品结构、规格、质量和检验方法所做的技术规定，称为产品标准
	方法标准	试验方法、检验方法、分析方法、测定方法、抽样方法、工艺方法、生产方法、操作方法等	方法标准指的是通用性的方法
	安全标准	涂装作业安全规程、劳动安全标准、锅炉和压力容器安全标准、电气安全标准和消费品安全标准等	安全标准是指为保护人体健康，生命和财产的安全而制定的标准，是强制性标准，即必须执行的标准
	卫生标准	工业企业卫生标准、放射卫生标准、学校卫生标准、食品卫生标准等	卫生标准是指根据健康要求对生产、生活环境中化学的、物理的及生物的有害因素的卫生学容许限量值，即最高容许浓度
	环保标准	环境质量标准、污染物排放标准、污染物排放标准、国家环境标准样品标准等	环境保护标准是指：以保护环境为目的制定的标准
	管理标准	技术管理标准、生产组织标准、经济管理标准、行政管理标准、业务管理标准和工作标准等	对标准化领域中需要协调统一的管理事项所制定的标准，称为管理标准

涂料涂装技术标准还涉及很多国际标准化组织和国外先进区域、工业先进国家、行业协会组织的标准，见表 9-2、表 9-3 所列。这些组织制定了很多涂料涂装的技术标准，有些标准在国际上有很重要的影响，在实际工作中也被经常使用，需要我们认真地学习和掌握。

表 9-2　常见与涂料涂装相关的国际标准化组织及国际标准代号

序号	代号	含　义	负责机构
1	ISO	国际标准化组织标准	国际标准化组织(ISO)
2	IMO	国际海事组织标准	国际海事组织(IMO)
3	IEC	国际电工委员会标准	国际电工委员会(IEC)
4	WH	世界卫生组织标准	世界卫生组织(WHO)

在我们采用国际标准和国外先进标准的时候，需要注意与国家标准的联系和区别，主要有三种情况：等同采用、修改采用、非等效采用。

① 等同采用（idt 或 IDT）（identical）　等同采用国际标准的我国标准，采用双编号的表示方法。示例：GB×××××—××××/ISO×××××：××××。

② 修改采用（mod 或 MOD）（modified）　修改采用国际标准的我国标准，只使用我国标准编号。

表 9-3 常见与涂料涂装相关的国外先进标准化组织及其代号

序号	代号	含义	说明
1	CEN	欧洲标准化委员会	国际上有权威的区域性标准
2	CENELEC	欧洲电工标准化委员会	
3	ANSI	美国国家标准	世界经济技术发达国家的国家标准
4	DIN	德国国家标准	
5	BS	英国国家标准	
6	JIS	日本国工业标准	
7	SIS	瑞典国家标准	
8	ASTM	美国材料与实验协会标准	国际公认的行业性团体标准
9	MIL	美国军用标准	
10	ASME	美国机械工程师协会标准	
11	LR	英国劳氏船级社船舶入级规范	
12	SSPC	美国防护涂料协会	
13	NACE	美国国家腐蚀工程师协会	

③ 非等效采用（neq 或 NEQ）（not equivalent） 非等效采用编制的我国标准，则不需在封面上标注，也不算是采标。但在前言中应说明“本标准与 ISO ××××：××××标准的一致性程度为非等效”。

对于等同、修改采用国际标准（包括即将制定完成的国际标准）和国外先进标准（不包括国外先进企业标准）编制的我国标准：①根据国际标准制定的我国标准应当在封面标明和前言中叙述该国际标准的编号、名称和采用程度；②在标准中引用采用国际标准的我国标准，应当在“规范性引用文件”一章中标明对应的国际标准编号和采用程度，标准名称不一致的，应当给出国际标准名称。

作为涂装技术人员，面对大量的国际、国家、行业、企业等涂料涂装技术标准，为了便于收集整理、学习掌握、具体应用，应该进行综合和分类。图 9-2 所示为涂装技术标准的分类方法；表 9-4 所示为包括涂料涂装及国内外标准的分类方法；表 9-5 是根据涂装系统理论的分类方法。

表 9-4 涂料涂装技术标准分类表

序号	标准类别	国际标准（含国际先进标准①）	国家标准	行业标准	企业标准	备 注
1	涂装基础	包括涂装专业领域术语、代码、分类等国家、行业及企业标准				
2	涂装设计	包括涂装产品、工程项目涂装设计等国家、行业及企业标准				含产品、工程的涂层标准及技术要求
3	涂装材料	包括涂装原材料（如涂料）产品及其性能检测试验方法标准等				主要是指涂料等化工材料的标准

续表

序号	标准类别	国际标准（含国际先进标准[①]）	国家标准	行业标准	企业标准	备 注
4	涂装设备	包括涂装施工设备标准等				含各类涂装机器、工具等
5	涂装工艺	包括涂装前处理、涂装施工标准等				含各类工艺方法、涂层性能检测标准
6	涂装环保安全卫生	包括涂装专业领域涉及的各种环保、安全、卫生、消防标准等				
7	涂装管理	包括涂装质量检验标准、涂装施工组织管理等				含涂装外协件、外购件、标准件的涂装标准

① 国际先进标准是指国际上有权威的区域性标准，世界上主要经济发达国家的国家标准和通行的团体标准，包括知名跨国企业标准在内的其他国际上公认先进的标准。

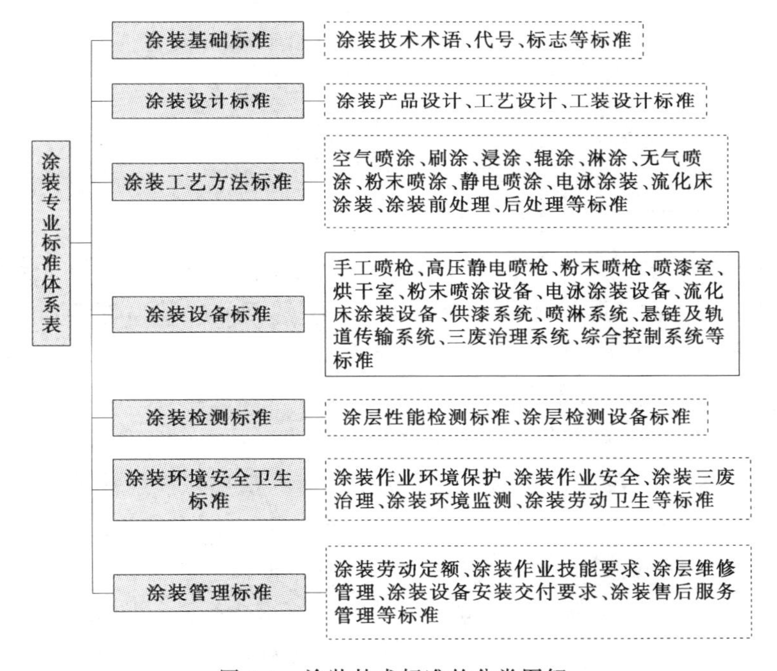

图 9-2 涂装技术标准的分类图解

表 9-5 根据涂装系统理论的分类方法（五要素、五阶段）

五阶段分类	五要素分类				
	a. 涂装材料	b. 涂装设备	c. 涂装环境	d. 涂装工艺	e. 涂装管理
A. 设计阶段（方案、初设、施设等）	与此相对应详细标准内容（完整文件或章节）	与此相对应详细标准内容（完整文件或章节）	与此相对应详细标准内容（完整文件或章节）	与此相对应详细标准内容（完整文件或章节）	与此相对应详细标准内容（完整文件或章节）
B. 制造阶段（前处理、涂覆、固化等）	与此相对应详细标准内容（完整文件或章节）	与此相对应详细标准内容（完整文件或章节）	与此相对应详细标准内容（完整文件或章节）	与此相对应详细标准内容（完整文件或章节）	与此相对应详细标准内容（完整文件或章节）

续表

五阶段分类	五要素分类				
	a.涂装材料	b.涂装设备	c.涂装环境	d.涂装工艺	e.涂装管理
C. 储运阶段	与此相对应详细标准内容(完整文件或章节)	与此相对应详细标准内容(完整文件或章节)	与此相对应详细标准内容(完整文件或章节)	与此相对应详细标准内容(完整文件或章节)	与此相对应详细标准内容(完整文件或章节)
D. 安调阶段	与此相对应详细标准内容(完整文件或章节)	与此相对应详细标准内容(完整文件或章节)	与此相对应详细标准内容(完整文件或章节)	与此相对应详细标准内容(完整文件或章节)	与此相对应详细标准内容(完整文件或章节)
E. 使用阶段	与此相对应详细标准内容(完整文件或章节)	与此相对应详细标准内容(完整文件或章节)	与此相对应详细标准内容(完整文件或章节)	与此相对应详细标准内容(完整文件或章节)	与此相对应详细标准内容(完整文件或章节)

在表9-5内如果加上“三层次”的内容，可以形成三维结构的表格，就可以完整体现涂装系统的理论，学习和使用会更加方便。

9.2.3 企业使用涂料涂装技术标准的现状

(1) 宏观方面（国家和行业方面）

① 标准的制订和实施往往滞后于实际需要　在涂料涂装的实际工作中，我们会经常发现缺少很多实用的技术标准。比如：工件表面除油后的油污测试方法标准；适合企业复合涂层耐冲击性、柔韧性的测试方法标准等。

② 对涂料涂装技术标准的立项审批存在多头管理现象　涂料涂装技术标准是通用性很强的标准，会涉及很多行业和部门，因此，其立项和审批有多个管理部门（机械、建工、化工、建材、环保等）都在管，结果是导致同一产品或同一种方法就有多个标准的现象，有时技术指标也往往大同小异，但相同的指标其测试方法却有所不同，标准的重复制订不仅造成了人力、物力的浪费，也从人为上造成了标准的混乱，企业和用户在选择标准时无所适从。随着市场经济和科技的发展，国家各行业涉及的产品、技术有很多交叉和重叠，而在标准申报立项过程就会存在不同行业部门争抢标准问题，导致急需制定的标准搁浅延误，或者一类产品不同行业稍变提法而重复立项。

③ 国家（行业）标准与国际接轨的步伐较慢　技术标准中的性能参数和技术指标应尽可能与国际先进标准保持一致。考虑到很多发达国家产品标准较少，但方法标准体系很完善，我国技术标准中的测试方法尤其应争取与国际通用的方法（如ISO方法）一致，以期在保障产品质量的同时提高行业的国际竞争力。

④ 以大量试验数据为基础的标准较少　涂料涂装技术标准中的编制应以试验为基础，不进行试验、没有足够数据就出台的标准无异于闭门造车，是对全行业的不负责任。

⑤ 某些标准没有权威性　有的标准在制订过程中技术投入不足，相关的技术工作基础薄弱。由于缺乏试验基础及多方协作和广泛的意见搜集，最终的标准文本难免存在这样或那样的先天不足，标准的可操作性差，丧失了标准的权威性。虽然客观上标准化源自企业，但是实际上有一种脱离企业的不良倾向。这是因为一方面国家投资支持和发展标准化，国家出钱编制标准，基层为钱编制标准，大家把目光盯在行业级以上标准的编制上，争项目，争归口，争经费，却使得标准的适用性减小，可操作性变差。现在有些国内标准的采标比较混乱，很多同类标准采标情况不同，使本来就缺乏标准基础的企业更加无从选择，也相对削弱了企业严格执行标准的积极性。

(2) 微观方面（企业层次）

① 企业标准化竞争的意识不强，不能有效贯彻和实施标准　企业脱离标准化监督的现象越来越严重。一般的大型企业，抓得比较正规，但众多的中小企业的情况不容乐观。这些中小企业形成时间短、经营起步晚，经营管理仍处于摸索阶段，企业的标准化工作基本属于无意识阶段，没有专门、专业的涂装技术人员和标准化人员，对企业标准化工作以及涂装技术标准缺乏理解和认识。根据作者对几十家中小企业的调查，发现多数企业涂装技术标准文件缺少，制定符合自己企业实际情况的涂装标准的如凤毛麟角。

② 企业标准体系不健全　有的企业在“企业标准化体系建设”中，只重视产品标准的制定和贯彻，忽视与产品标准相关的涂料涂装技术标准。在某种意义上讲，涂装涂层标准也是产品标准之一。例如，产品涂层的耐腐蚀性、耐老化性等重要指标，同样也是衡量优劣的重要指标。但是，很多情况下被遗忘了，未被当作是产品标准的内容之一。

③ 不善于参照国家标准或国际标准制定企业标准　涂装生产人员有时为完成任务，降低标准要求进行涂装生产；涂装质量检验人员不严格把关，甚至有的企业中存在检验人员“无标可依”的情况。长期如此，员工的标准化意识就慢慢淡化，认为标准不用严格执行，偶尔降低标准也可以通过验收。

④ 涂装技术人员面临的问题　数量繁多，种类杂乱；平时难以记忆，用时难以查找；此种现象大量存在，严重影响了涂料涂装技术标准在企业的实施。

9.3　涂料涂装所涉及的主要标准

涂料涂装技术标准很多，由于篇幅所限此书不可能也没必要全部叙述。为了方便各位读者的工作，本书从涂装材料、涂装设备、涂装环境、涂装工艺、涂装管理五个方面，列出相关标准的目录，当读者使用某项标准时，可以通过各种资料工具查找标准原文。

9.3.1 涂装材料方面的主要标准

涂装材料的种类千差万别，国家及行业相关标准对材料本身的各项性能指标做出了详细的规定。企业必须要按照标准的相关规定，对外购或自产的涂装材料进行复检，只有完全符合标准要求的材料才能够进入后续的生产制造流程。涂装材料有很多种，表 9-6 所列主要是涂料的相关标准，由于覆盖的行业较广，涂料涂装技术人员可参考各行业标准的相关内容。

表 9-6 涂装材料方面的相关标准（以涂料为主）

序号	标准编号	标准名称
1	GB/T 2705—2003	涂料产品分类和命名
2	GB/T 25271—2010	硝基涂料
3	HG/T 2592—1994	硝基清漆
4	GB/T 25272—2010	硝基涂料防潮剂
5	HG/T 2245—1991	各色硝基铅笔漆
6	HG/T 2246—1991	各色硝基铅笔底漆
7	HG/T 2277—1992	各色硝基外用磁漆
8	HG/T 3355—2003	各色硝基底漆
9	HG/T 3356—2003	各色硝基腻子
10	HG/T 3378—2003	硝基漆稀释剂
11	HG/T 3383—2003	硝基漆防潮剂
12	GB/T 25251—2010	醇酸树脂涂料
13	HG/T 2009—1991	C06-1 铁红醇酸底漆
14	HG/T 2455—1993	各色醇酸调合漆
15	HG/T 2576—1994	各色醇酸磁漆
16	HG 2453—1993	醇酸清漆
17	HG/T 3346—1999	红丹醇酸防锈漆
18	HG/T 3372—2003	醇酸烘干绝缘漆
19	HG/T 3352—2003	各色醇酸腻子
20	GB/T 25252—2010	酚醛树脂防锈涂料
21	GB/T 25253—2010	酚醛树脂涂料
22	HG/T 3345—1999	各色酚醛防锈漆
23	HG/T 3349—2003	各色酚醛磁漆
24	HG/T 3369—2003	云铁酚醛防锈漆
25	GB/T 25258—2010	过氯乙烯树脂防腐涂料
26	GB/T 25259—2010	过氯乙烯树脂涂料
27	HG/T 2595—1994	锌黄、铁红过氯乙烯底漆
28	HG/T 2596—1994	各色过氯乙烯磁漆
29	HG/T 3358—1987	G52-31 各色过氯乙烯防腐漆(原 ZB/T G51067—87)
30	HG/T 3357—2003	各色过氯乙烯腻子
31	HG/T 3384—2003	过氯乙烯漆防潮剂
32	HG/T 3379—2003	过氯乙烯漆稀释剂
33	GB/T 25249—2010	氨基醇酸树脂涂料

续表

序号	标 准 编 号	标 准 名 称
34	HG/T 2594—1994	各色氨基烘干磁漆
35	HG/T 2237—1991	A01-1 A01-2 氨基烘干清漆
36	HG/T 3353—1987	A16-51 各色氨基烘干锤纹漆(原 ZB/T G51046—87)
37	HG/T 3371—2003	氨基烘干绝缘漆
38	HG/T 3380—2003	氨基漆稀释剂
39	HG/T 2593—1994	丙烯酸清漆
40	GB/T 25264—2010	溶剂型丙烯酸树脂涂料
41	HG/T 2240—1991	S01-4 聚氨酯清漆
42	HG/T 2454—2006	溶剂型聚氨酯涂料(双组分)
43	GB/T 25263—2010	氯化橡胶防腐涂料
44	HG/T 2661—1995	氯磺化聚乙烯防腐涂料(双组分)
45	HG/T 2884—1997	环氧沥青防腐涂料(分装)
46	HG/T 2239—1991	H06-2 铁红、锌黄、铁黑环氧酯底漆
47	HG/T 3366—2003	各色环氧酯烘干电泳漆
48	HG/T 3354—2003	各色环氧酯腻子
49	HG/T 3375—2003	有机硅烘干绝缘漆
50	HG/T 3362—2003	铝粉有机硅烘干耐热漆(双组分)
51	HG/T 3668—2009	富锌底漆
52	HG/T 3655—1999	紫外光(UV)固化木器漆
53	HG/T 3792—2005	交联型氟树脂涂料
54	HG/T 3793—2005	热熔型氟树脂(PVDF)涂料
55	HG/T 3831—2006	喷涂聚脲防护材料
56	HG/T 3952—2007	阴极电泳涂料
57	HG/T 2006—2006	热固性粉末涂料
58	GB/T 26825—2011	FJ 抗静电防腐胶
59	GB/T 25261—2010	建筑用反射隔热涂料
60	GB/T 4653—1984	红外辐射涂料通用技术条件
61	HG/T 3950—2007	抗菌涂料
62	HG/T 4109—2009	负离子功能涂料
63	GB 5369—2008	船用饮水舱涂料通用技术条件
64	GB/T 6745—2008	船壳漆
65	GB/T 6746—2008	船用油舱漆
66	GB/T 6747—2008	船用车间底漆
67	GB/T 6748—2008	船用防锈漆
68	GB/T 6823—2008	船舶压载舱漆
69	GB/T 9260—2008	船用水线漆
70	GB/T 9261—2008	甲板漆
71	GB/T 9262—2008	船用货舱漆
72	GB/T 6822—2007	船体防污防锈漆体系
73	HG/T 2243—1991	机床面漆
74	HG/T 2244—1991	机床底漆
75	GB/T 13492—1992	各色汽车用面漆
76	GB/T 13493—1992	汽车用底漆
77	HG/T 3832—2006	自行车用面漆
78	HG/T 3833—2006	自行车用底漆

续表

序号	标准编号	标准名称
79	HG/T 3829—2006	地坪涂料
80	HG/T 3830—2006	卷材涂料
81	HG/T 3656—1999	钢结构桥梁漆
82	HG/T 3381—2003	脱漆剂
83	HG/T 2247—1991	涂料用稀土催干剂
84	HG/T 2248—1991	涂料用有机膨润土
85	HG/T 2276—1996	涂料用催干剂
86	HG/T 3858—2006	稀释剂、防潮剂水分测定法
87	GB/T 3186—2006	色漆、清漆和色漆与清漆用原材料取样
88	GB/T 23990—2009	涂料中苯、甲苯、乙苯和二甲苯含量的测定 气相色谱法
89	GB/T 23991—2009	涂料中可溶性有害元素含量的测定
90	GB/T 23992—2009	涂料中氯代烃含量的测定 气相色谱法
91	GB/T 23993—2009	水性涂料中甲醛含量的测定 乙酰丙酮分光光度法
92	GB/T 25266—2010	涂料 用安德森滴管法测定涂料填充物颗粒粒度的分布
93	GB/T 25267—2010	涂料中滴滴涕(DDT)含量的测定
94	GB/T 6743—2008	塑料用聚酯树脂、色漆和清漆用漆基 部分酸值和总酸值的测定
95	GB/T 6744—2008	色漆和清漆用漆基 皂化值的测定 滴定法
96	GB/T 5211.13—1986	颜料水萃取液酸碱度的测定
97	GB/T 5211.3—1985	颜料在105℃挥发物的测定
98	GB/T 5211.4—1985	颜料装填体积和表观密度的测定
99	GB/T 5208—2008	闪点的测定 快速平衡闭杯法
100	GB/T 6750—2007	色漆和清漆 密度的测定 比重瓶法
101	GB/T 6753.1—2007	色漆、清漆和印刷油墨 研磨细度的测定
102	GB/T 6753.3—1986	涂料贮存稳定性试验方法
103	GB/T 9269—2009	涂料黏度的测定 斯托默黏度计法
104	GB/T 6753.4—1998	色漆和清漆 用流出杯测定流出时间
105	GB/T 9272—2007	色漆和清漆 通过测量干涂层密度测定涂料的不挥发物体积分数
106	GB/T 9280—2008	色漆和清漆 耐码垛性试验
107	GB/T 9281.1—2008	透明液体 加氏颜色等级评定颜色 第1部分:目视法
108	GB/T 9751.1—2008	色漆和清漆 用旋转黏度计测定黏度 第1部分:以高剪切速率操作的锥板黏度计
109	……	……

9.3.2 涂装设备方面的主要标准

涂装设备种类繁多，不同的设备适用于不同的涂装方式。但相比涂料的标准，涂装设备的标准就明显不足，对于涂装设备的选择，部分企业经常会按照价格来进行选择，选用的设备虽然在采购费用上低廉，但是在后续使用过程中不仅经常出现故障，对维护与保养工作也带来诸多不便。

对于涂装行业所使用的各种设备，国家及行业标准也做出了相关规定。读者在学习和使用标准的过程中，特别要关注标准中关于设备定量方面的规定，在设备选用方面要严格执行标准（表 9-7）。

表 9-7　涂装设备方面的相关标准

序号	标准编号	标准名称
1	JB/T 6575—2006	落砂机
2	JB/T 6578—2006	单圆盘抛丸器 技术条件
3	JB/T 7459—2007	单钩抛喷丸清理机 技术条件
4	JB/T 7460—2008	倾斜滚筒抛丸清理机 技术条件
5	JB/T 8349—1996	转台抛丸清理机 技术条件
6	JB/T 8355—1996	抛喷丸设备 通用技术条件
7	JB/T 6332—2008	抛喷丸落砂清理室 基本参数
8	JB/T 8495—2010	台车抛喷丸清理机　技术条件
9	JB/T 6333—2008	吊链连续抛丸落砂清理室 基本参数
10	JB/T 8695—1998	无气喷涂机
11	JB/T 10349—2002	干式喷沙机
12	JB/T 10350—2002	液体喷沙机
13	JB/T 9182—1999	喷漆机器人 通用技术条件
14	JB/T 10240—2001	静电粉末涂装设备
15	JB/T 7504—1994	静电喷涂装备技术条件
16	JB/T 10394.1—2002	涂装设备通用技术条件第 1 部分 钣金件
17	JB/T 10394.2—2002	涂装设备通用技术条件第 2 部分 焊接件
18	JB/T 10394.3—2002	涂装设备通用技术条件第 3 部分 涂层
19	JB/T 10394.4—2002	涂装设备通用技术条件第 4 部分 安装
20	JB/T 10536—2005	涂装供漆系统 技术条件
21	GB/T 11164—1999	真空镀膜设备通用技术条件
22	JB/T 8945—2010	真空溅射镀膜设备
23	JB/T 8946—2010	真空离子镀膜设备
24	……	……

9.3.3　涂装环境方面的主要标准

此处的“涂装环境”是指涂装设备内部以外的空间环境。包括涂装车间（厂房）内部和涂装车间（厂房）外部的空间，主要考虑的是温度、湿度、洁净度、照度（采光和照明）、通风、污染物质的控制等。涂装环境对于涂装质量影响很大，但是专门的标准却没有，只能从各种综合标准中节选一些章节供参考；或者参考其他专业的标准，比如洁净厂房的标准等（表 9-8）。

表 9-8　涂装环境方面的相关标准

序号	标准编号	标准名称
1	ISO 12944—7（5.2 节）	色漆和清漆 涂装涂层腐蚀防护系统 第 7 部分涂装的实施和监督（5.2 实施涂装作业的条件）
2	JB/T 5000.12—2007(4.5 节)	重型机械通用技术条件第 12 部分 涂装(4.5 涂装施工要求)
3	JT T 733—2008(5.2.2 节)	港口机械钢结构表面防腐涂层技术条件(5.2.2 涂装要求)
4	TB/T 1527—2004(3.4 节)	铁路钢桥保护涂装(3.4 涂装作业环境和涂装间隔时间要求)
5	ISO 14644—9	洁净室及相关受控环境标准 第 9 部分 表面粒子洁净度分级
6	GBZ 1—2002	工业企业设计卫生标准
7	GB 50073—2001	洁净厂房设计规范
8	GB/T 25915.1～8—2010	洁净室及相关受控环境(第 1 部分～第 8 部分)
9	……	……

9.3.4 涂装工艺方面的主要标准

涂装工艺过程是特殊过程（ISO 9000、ISO 16949 中有论述），对于特殊过程的控制和管理，需要有一系列的相关标准。首先，是基体材料的选用；其次，是前处理及前处理后工件表面状态的控制；再次，是涂覆过程及涂层（单涂层及复合涂层）技术指标的控制；最后，是产品质量检验方面的控制。同时，包括与此相关的一些辅助材料的相关标准。有了这一系列的涂装工艺标准，对于我们的生产管理、质量控制、技术沟通、商务洽谈等各种工作带来了很大的方便（表 9-9）。

表 9-9 涂装工艺方面的相关标准

序号	标准编号	标准名称
1	GB/T 8923.1—2011	涂覆涂料前钢材表面处理 表面清洁度的目视评定 第1部分 未涂覆过的钢材表面和全面清除原有涂层后的钢材表面的锈蚀等级和处理等级
2	GB/T 8923.2—2008	涂覆涂料前钢材表面处理 表面清洁度的目视评定 第2部分：已涂覆过的钢材表面局部清除原有涂层后的处理等级
3	GB/T 8923.3—2009	涂覆涂料前钢材表面处理 表面清洁度的目视评定 第3部分：焊缝、边缘和其他区域的表面缺陷的处理等级
4	GB/T 18839.1—2002	涂覆涂料前钢材表面处理 表面处理方法 总则
5	GB/T 18839.2—2002	涂覆涂料前钢材表面处理 表面处理方法 磨料喷射清理
6	GB/T 18839.3—2002	涂覆涂料前钢材表面处理 表面处理方法 手工和动力工具清理
7	GB/T 19816.1—2005	涂覆涂料前钢材表面处理 喷射清理用金属磨料的试验方法
8	GB/T 19816.2—2005	涂覆涂料前钢材表面处理 喷射清理用金属磨料的试验方法 第2部分：颗粒尺寸分布的测定
9	GB/T 19816.3—2005	涂覆涂料前钢材表面处理 喷射清理用金属磨料的试验方法 第3部分：硬度的测定
10	GB/T 19816.4—2005	涂覆涂料前钢材表面处理 喷射清理用金属磨料的试验方法 第4部分：表观密度的测定
11	GB/T 19816.5—2005	涂覆涂料前钢材表面处理 喷射清理用金属磨料的试验方法 第5部分：缺陷颗粒百分比和微结构的测定
12	GB/T 19816.6—2005	涂覆涂料前钢材表面处理 喷射清理用金属磨料的试验方法 第6部分：外来杂质的测定
13	GB/T 19816.7—2005	涂覆涂料前钢材表面处理 喷射清理用金属磨料的试验方法 第7部分：含水量的测定
14	GB/T 17849—1999	涂覆涂料前钢材表面处理 喷射清理用非金属磨料的试验方法
15	GB/T 18838.1—2002	涂覆涂料前钢材表面处理 喷射清理用金属磨料的技术要求 导则和分类
16	GB/T 18838.3—2008	涂覆涂料前钢材表面处理 喷射清理用金属磨料的技术要求 第3部分：高碳铸钢丸和砂
17	GB/T 18838.4—2008	涂覆涂料前钢材表面处理 喷射清理用金属磨料的技术要求 第4部分：低碳铸钢丸
18	GB/T 17850.1—2002	涂覆涂料前钢材表面处理 喷射清理用非金属磨料的技术要求 导则和分类
19	GB/T 17850.3—1999	涂覆涂料前钢材表面处理 喷射清理用非金属磨料的技术要求 铜精炼渣

续表

序号	标 准 编 号	标 准 名 称
20	GB/T 17850.6—2011	涂覆涂料前钢材表面处理 喷射清理用非金属磨料的技术要求 第 6 部分：炼铁炉渣
21	GB/T 17850.11—2011	涂覆涂料前钢材表面处理 喷射清理用非金属磨料的技术要求 第 11 部分：钢渣特种型砂
22	GB/T 13288.1—2008	涂覆涂料前钢材表面处理 喷射清理后的钢材表面粗糙度特性 第 1 部分：用于评定喷射清理后钢材表面粗糙度的 ISO 表面粗糙度比较样块的技术要求和定义
23	GB/T 13288.2—2011	涂覆涂料前钢材表面处理 喷射清理后的钢材表面粗糙度特性 第 2 部分：磨料喷射清理后钢材表面粗糙度等级的测定方法 比较样块法
24	GB/T 13288.3—2009	涂覆涂料前钢材表面处理 喷射清理后的钢材表面粗糙度特性 第 3 部分：ISO 表面粗糙度比较样块的校准和表面粗糙度的测定方法 显微镜调焦法
25	GB/T 13288.5—2009	涂覆涂料前钢材表面处理 喷射清理后的钢材表面粗糙度特性 第 5 部分：表面粗糙度的测定方法 复制带法
26	GB/T 18570.2—2009	涂覆涂料前钢材表面处理 表面清洁度的评定试验 第 2 部分：清理过的表面上氯化物的实验室测定
27	GB/T 18570.3—2005	涂覆涂料前钢材表面处理 表面清洁度的评定试验 第 3 部分：涂覆涂料前钢材表面的灰尘评定(压敏粘带法)
28	GB/T 18570.4—2001	涂覆涂料前钢材表面处理 表面清洁度的评定试验 涂覆涂料前凝露可能性的评定导则
29	GB/T 18570.5—2005	涂覆涂料前钢材表面处理 表面清洁度的评定试验 第 5 部分：涂覆涂料前钢材表面的氯化物测定(离子探测管法)
30	GB/T 18570.6—2011	涂覆涂料前钢材表面处理 表面清洁度的评定试验 第 6 部分：可溶性杂质的取样 Bresle 法
31	GB/T 18570.8—2005	涂覆涂料前钢材表面处理 表面清洁度的评定试验 第 8 部分：湿气的现场折射测定法
32	GB/T 18570.9—2005	涂覆涂料前钢材表面处理 表面清洁度的评定试验 第 9 部分：水溶性盐的现场电导率测定法
33	GB/T 18570.10—2005	涂覆涂料前钢材表面处理 表面清洁度的评定试验 第 10 部分：水溶性氯化物的现场滴定测定法
34	GB/T 18570.11—2009	涂覆涂料前钢材表面处理 表面清洁度的评定试验 第 11 部分：水溶性硫酸盐的现场浊度测定法
35	GB/T 18570.12—2008	涂覆涂料前钢材表面处理 表面清洁度的评定试验 第 12 部分：水溶性铁离子的现场滴定测定法
36	GB/T 6807—2001	钢铁工件涂装前磷化处理技术条件
37	JB/T 6978-1993	涂装前表面准备 酸洗
38	GBT 8013.1—2007	铝及铝合金阳极氧化膜与有机聚合物膜 第 1 部分：阳极氧化膜
39	GBT 8013.2—2007	铝及铝合金阳极氧化膜与有机聚合物膜 第 2 部分：阳极氧化复合膜
40	GB/T 8013.3—2007	铝及铝合金阳极氧化膜与有机聚合物膜 第 3 部分：有机聚合物喷涂膜
41	GB/T 18593—2010	熔融结合环氧粉末涂料的防腐蚀涂装
42	HG/T 4077—2009	防腐蚀涂层涂装技术规范
43	JB/T 5946-1991	工程机械 涂装通用技术条件
44	JT/T 733—2008	港口机械钢结构表面防腐涂层技术条件
45	TB/T 1527—2004	铁路钢桥保护涂装

续表

序号	标准编号	标准名称
46	JB/T 5000.12—2007	重型机械通用技术条件第12部分 涂装
47	SHS 01034—2004	设备及管道涂层检修规程
48	JB/T 7217—2008	分离机械 涂装通用技术条件
49	HG/T 4077—2009	防腐蚀涂层涂装技术规范
50	GB/T 6753.2—1986	涂料表面干燥试验 小玻璃球法
51	GB/T 6753.6—1986	涂料产品的大面积刷涂试验
52	GB/T 1728—1979	漆膜、腻子膜干燥时间测定法
53	GB/T 9267—2008	涂料用乳液和涂料、塑料用聚合物分散体 白点温度和最低成膜温度的测定
54	GB/T 9278—2008	涂料试样状态调节和试验的温湿度
55	GB/T 6749—1997	漆膜颜色表示方法
56	GB/T 9761—2008	色漆和清漆 色漆的目视比色
57	GB/T 9271—2008	色漆和清漆 标准试板
58	GB/T 9754—2007/ISO 2813:1994	色漆和清漆 不含金属颜料的色漆漆膜的20°、60°和85°镜面光泽的测定
59	GB/T134522—2008	色漆和清漆 涂层厚度的测定
60	SY/T 4107—2005	复合防腐涂层各层厚度破坏性测量方法
61	GB/T 5210—2006	色漆和清漆拉开法附着力试验
62	GB/T 9286—1998	色漆和清漆 漆膜的划格试验
63	GB/T 9279—2007	色漆和清漆 划痕试验
64	GB/T 1731—93	漆膜柔韧性测定法
65	GB/T 6742—2007	色漆和清漆 弯曲试验(圆柱轴)
66	GB/T11185—2009/ISO 6860	2006 色漆和清漆 弯曲试验(锥形轴)
67	GB/T 9753—2007	色漆和清漆 杯突试验
68	GB/T 9275—2008	色漆和清漆 巴克霍尔兹压痕试验
69	GB/T 6739—2006	色漆和清漆 铅笔法测定漆膜硬度
70	GB/T 23988—2009	涂料耐磨性测定 落砂法
71	SY/T 4113—2007	防腐涂层的耐划伤试验方法
72	GB/T 1768—2006	色漆和清漆 耐磨性的测定 旋转橡胶砂轮法(ISO 7784-2:1997, IDT)
73	GB/T 1732—93	漆膜耐冲击性测定法
74	GB/T 4893.8—1985	家具表面漆膜耐磨性测定法
75	SY/T 0065—2000	管道防腐层耐磨性能试验方法(滚筒法)(ASTM G6—1988(1998) MOD)
76	GB/T 9266—2009	建筑涂料 涂层耐洗刷性的测定
77	GB/T 23987—2009	色漆和清漆 涂层的人工气候老化暴露 暴露于荧光紫外线和水
78	GB/T 1865—2009	色漆和清漆 人工气候老化和人工辐射暴露(滤过的氙弧辐射)
79	GB/T 9276—1996	涂层自然气候暴露试验方法
80	GB/T1771—2007	色漆和清漆 耐中性盐雾性能的测定 ISO 7253:1996
81	GBT1740—2007	漆膜耐湿热测定法
82	GB/T 13893—2008 ISO 6270.1:1998	色漆和清漆 耐湿性的测定 连续冷凝法
83	GB/T 1735—2009	色漆和清漆 耐热性的测定(MOD ISO 3248:1998)
84	GB 4893.7—1985	家具表面漆膜耐冷热温差测定法
85	GB 9274 —1988	色漆和清漆 耐液体介质的测定

续表

序号	标准编号	标准名称
86	GB 5209—1985	色漆和清漆 耐水性的测定 浸水法
87	GB/T 5370—2007	防污漆样板浅海浸泡试验方法
88	GB/T 23989—2009	涂料耐溶剂擦拭性测定法
89	GB/T 9265—2009	建筑涂料 涂层耐碱性的测定
90	GB/T 9268—2008	乳胶漆耐冻融性的测定
91	GB/T 1741—2007	漆膜耐霉菌性测定法
92	GB/T 6825—2008	船底防污漆有机锡单体渗出率测定法
93	GB/T 7789—2007	船舶防污漆防污性能动态试验方法
94	GB/T 26323—2010	色漆和清漆铝及铝合金表面涂膜的耐丝状腐蚀试验
95	GB/T 7790—2008	色漆和清漆 暴露在海水中的涂层耐阴极剥离性能的测定
96	SY/T0063—1999	管道防腐涂层检漏方法
97	GB/T 1766—2008	色漆和清漆 涂层老化的评级方法
98	GBT 21776—2008	粉末涂料及其涂层的检测标准指南
99	GB/T 22028—2008	热浸镀锌螺纹 在内螺纹上容纳镀锌层
100	GB/T 22029—2008	热浸镀锌螺纹 在外螺纹上容纳镀锌层
101	GB/T 18230.6—2000	栓接结构用1型六角螺母热浸镀锌(加大攻丝尺寸)A级和B级5、6和8级
102	GB/T 18230.7—2000	栓接结构用2型六角螺母热浸镀锌(加大攻丝尺寸)A级9级
103	GB/T 5267.1—2002	紧固件 电镀层
104	GB/T 5267.2—2002	紧固件 非电解锌片涂层
105	GB/T 5267.3—2008	紧固件 热浸镀锌层
106	GB/T 5267.4—2009	紧固件表面处理 耐腐蚀不锈钢钝化处理
107	GB/T4879—1999	防锈包装
108	……	……

9.3.5 涂装管理方面的主要标准

涂装管理方面的标准主要是指涂装车间或者专业的涂装工厂（或涂装承包公司、承包队）的管理标准，与材料、设备、环境、工艺标准相比，它处于最高层次的地位。其标准主要包括：安全卫生、环保、人员管理、生产（经营）管理、技术及质量管理、设备管理、材料管理、现场管理等方面的标准（表9-10）。

表9-10　涂装管理方面的相关标准

序号	标准编号	标准名称
1	GB 7691—2003	涂装作业安全规程 安全管理通则
2	GB 7692—1999	涂装作业安全规程 涂漆前处理工艺安全及其通风净化
3	GB 12367—2006	涂装作业安全规程 静电喷漆工艺安全
4	GB 15607—2008	涂装作业安全规程 粉末静电喷涂工艺安全
5	GB 17750—1999	涂装作业安全规程 浸涂工艺安全
6	GB 6514—2008	涂装作业安全规程 涂漆工艺安全及其通风净化
7	GB 12942—2006	涂装作业安全规程 有限空间作业安全技术要求
8	GB 14443—2007	涂装作业安全规程 涂层烘干室安全技术规定

续表

序号	标准编号	标准名称
9	GB 14444—2006	涂装作业安全规程 喷漆室安全技术规定
10	GB 14773—2007	涂装作业安全规程 静电喷枪及其辅助装置安全技术条件
11	GB 20101—2006	涂装作业安全规程 有机废气净化装置安全技术规定
12	AQ 5201—2007	涂装工程安全设施验收规范
13	CB 3381—1991	船舶涂装作业安全规程
14	CB/T 3971—2005	船舶涂装质量保证及缺陷分级
15	QJ 2057—1991	涂装质量控制
16	GB/T 15957—1995	大气环境腐蚀性分类
17	GB 24409—2009	汽车涂料中有害物质限量
18	HJ/T 293—2006	清洁生产标准 汽车制造业(涂装)
19	GB/T 25973—2010	工业企业清洁生产审核 技术导则
20	GB 21900—2008	电镀污染物排放标准
21	……	……

9.4 涂料涂装相关标准在企业的实施和应用

对于生产产品的企业单位而言，一般都会有一部分涂料涂装的国际标准、国家标准、行业标准，同时还有大量企业编写的产品涂装（腐蚀防护）标准、外购涂料辅助材料标准、检化验方法标准、外协生产过程中所要执行的工艺类的标准和质量检验类标准等等。在实际经营、生产过程中，何时、何地、选用什么样的标准？具体应该执行怎样的标准进行工艺控制？原辅材料、中间产品、最终产品应达到什么要求才能满足用户需求？这就是涂料涂装技术标准的实施和应用问题。在企业，“涂料涂装技术标准重要，实施涂料涂装技术标准更重要。”

9.4.1 要及时收集、学习、理解各类涂料涂装技术标准的资料

涂料涂装技术标准数量很多，更新和增加的速度也很快，作为应用企业要全部收集齐全也不是一件容易的事，而且也没有必要。但是，企业一定要根据自己的具体使用情况，有选择地进行收集已发布的相关标准，并制定企业自己需要的涂料涂装技术标准，并形成企业标准化的体系。

检索工具的现代化，使标准文献的检索方式已从手工检索过渡到计算机检索，各国的标准化组织的标准都已上网供用户查询，我国各专业标准情报所也都建有自己的馆藏标准文献数据库，并上网供用户检索。检索工具和方式的现代化为查找标准提供了快捷和准确的途径。企业要充分利用这些有利的工具和手段，及时收集和更新企业经常、必须的涂装技术标准。

收集到标准文件的原件只是工作的第一步，更重要的是要学习、归纳、汇总、

应用标准的内容。在繁忙的企业工作中，能做好这一步是非常困难的。作者编制了所在企业的涂料涂装系列标准，其中仅引用的国际标准、国标就达到了 100 余项，花费应有的时间学习理解这些内容，是非常必要的。

9.4.2　根据企业实际情况编制企业涂装技术标准

涂料涂装技术标准包含“五要素”（涂装材料、涂装设备、涂装环境、涂装工艺、涂装管理）和“五阶段”（设计阶段、制造阶段、储运阶段、安调节段、试用阶段），三层次（国际、国家、企业），同时每一个企业的具体情况差别比较大，这就造成了涂料涂装技术标准的多样性和复杂性，因此，编制企业的涂装技术标准是非常必要的一项工作。与国家或行业标准编制部门不同，企业涂装技术标准的划分和编制，根据企业实际使用要求和各方面的因素综合考虑，应该以实用为主。

当产品的种类较复杂时，需要考虑技术标准的数量应该多少。是每一种产品的涂装（腐蚀防护）编一份涂装技术标准？还是将涂装（腐蚀防护）工艺相近的产品分成几大类或系列，每大类或系列编制一份涂装技术标准？

当企业的规模较大或外协较多时，需要考虑企业技术标准文件的层次问题。涂层技术标准、工艺要求、质量检验规范、工艺卡、作业指导书、操作规范等，究竟需要哪些？哪些可以合并？哪些要强调执行？

编制企业涂装技术标准，要根据企业具体情况（特别是标准化体现的情况）并将产品进行分类，制定所需要的标准文件。对于其他企业的先进标准，要避免简单地抄袭和照搬，以免脱离企业自身实际情况。

按照企业标准化管理、“ISO 9000 贯标”、“Q、E、S 三标一体化”的要求和流程，形成企业技术标准文件。涂装技术标准编制流程如图 9-3 所示。各企业实际情况不同，流程图会有较大的不同，该流程图仅供参考。

编制企业涂料涂装技术标准，一定要进行大量的调研工作，仔细研究本企业的实际情况和实施时可接受的程度，进行认真的型式试验和样机制作，最后确定文件的种类和形式。作者曾经完成的企业重防腐涂装技术标准，就是在国内外大量调研的基础之上，进行了三台样机的涂装施工，并随样机做了大量的型式试验用的试片，然后，请国内权威的材料保护试验室进行试验检验。经过多方专家的评审，最后形成了《×××非车载式室外检查设备涂层标准》、《×××非车载式室外检查设备重防腐镀覆、金属热喷涂、锌铬涂层（达克罗）技术要求》、《×××非车载式检查设备重防腐（涂装）工艺》、《×××非车载式检查设备运输包装前的重防腐（涂装）技术要求》、《×××非车载式室外检查设备重防腐（涂装）质量检验规程》、《×××非车载式室外检查设备重防腐（涂装）现场组织管理要求》等标准文件。在几年的使用过程中，解决了大量的企业面临的涂料涂装技术问题，取得了较好的经济效益。

9.4.3 组织实施涂料涂装技术标准

在抓涂料涂装标准制定的同时，更要下工夫抓涂装标准的实施，使企业标准落在实处。在实施过程中进一步规范涂装作业，提高涂装产品的质量，同时也会发现一些涂装标准自身的不足之处，应进一步采取措施完善涂装标准体系。作者所使用的主要做法如图 9-3 所示。

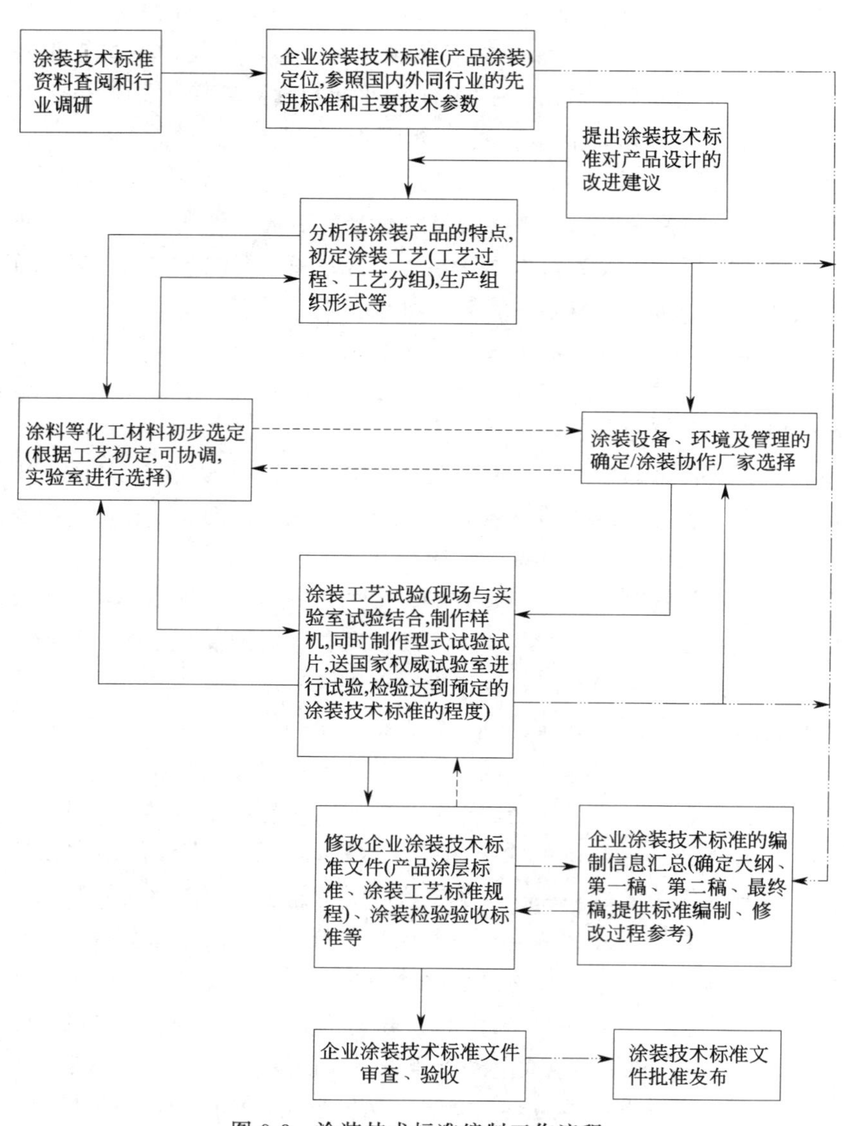

图 9-3 涂装技术标准编制工作流程

（1）精心组织，重视细节

对于涂装技术标准的各项工作，应该使公司各级领导都很重视，研发部门、市场部门、生产部门、工程部门、质量部门、售后部门，明确分工，责任到人，从上到下形成一个严密的组织系统。通过强化管理，提高了执行力度。在具体实施过程中，本着“细节决定成败”的理念，按照不影响生产、先易后难的方针，克服各种困难，逐步达到了涂装技术标准的要求。

（2）加强培训，注重实效

根据外协企业和公司部分员工对腐蚀防护和涂装技术标准不熟悉的现状，对公司内部、外协企业、外协企业的相关人员进行培训，组织开办了十余次腐蚀防护涂装技术标准培训班。同时，质量控制部门添置了检测仪器、设备，外协制造部门加强了对外协施工单位的监督管理。外协单位在重防腐（涂装）施工过程中生成的质量控制记录文件，提交质量控制部进行确认，并随最终检验报告一并存档，便于后期追溯。

（3）不断完善，逐步提高

随着涂装工作的深入开展，我们不断总结经验，从试验和实施过程中将设计阶段确定的技术文件进行修改补充、完善提高，逐渐形成了一系列涂装标准、工艺文件，并作为新版的企业标准进行公布执行。技术文件和标准的发布，有力地促进了重防腐涂装工作的开展，为贯彻执行“高标准、精细化、零缺陷”的质量方针奠定了良好的基础。

（4）抓住重点，落实标准

涂装技术实施的重点，在于实施过程中的工序工作质量方面，而不仅仅是出厂前对于涂层的几项质量检验。因此，组织实施涂装技术标准，要将工作重点放在涂装工作的过程中，重点控制每道工序按照涂装技术标准去执行。在实施过程中发现“钢结构件表面缺陷的处理及验收”的技术标准执行得不够好，涂装前的钢结构件表面质量存在缺陷。于是，就组织有关部门开会研究，针对出现的问题制定了“要对钢结构的表面质量进行检验，合格之后才能进入喷涂工序（车间）。”的技术要求，并补充到涂装技术标准之中，从而有效地提高了产品的涂装质量。

9.4.4　企业应用涂料涂装技术标准工作的建议

建议有关部门和团体要利用各种形式，加大宣传、普及涂料涂装技术标准的力度。提高企业领导、涂装技术人员和标准化人员对涂装技术标准的认识，克服企业对涂装技术标准“不知道、不理解、不会用”的现象。涂装技术是腐蚀防护技术中最为广泛应用的一种，熟悉这类技术的人不少，但精于该类技术的人确实不多。有些企业往往对于涂料涂装技术一知半解，对发布的国际标准、国家标准不甚了解，产品的外观涂装质量严重影响市场形象。

企业涂装技术人员要重视涂装技术标准的收集、积累和学习。涂装技术标准是涂装技术的一个重要组成部分，要做好涂装技术工作，首先要学好用好涂装技术标准。如果我们的涂装技术标准存在相当程度的“找不到、用不着、不好用”的情况，将会严重限制涂装技术的发展。无论过去、现在和将来，涂装技术标准的绝大部分都只能是推荐性标准，强制性标准很少。因此，除了认真做好强制性标准外，更要下工夫学好、用好推荐性涂装技术标准。

贯彻实施涂装技术标准是企业标准化工作中不可忽视的一项重要内容。企业涂装技术人员要与企业标准化工作的同事协调工作，加强沟通，将涂装技术标准纳入到企业标准化体系之中。在抓涂装标准制定的同时，更要下工夫抓涂装技术标准的实施。在实施过程中进一步规范涂装作业，提高涂装产品的质量。同时，在实施过程中也会发现涂装技术标准自身需要改进和提高的地方，可以进一步促进涂装技术标准体系的完善。

标准的编制修订单位和人员，要与企业涂装技术人员一起编制涂装技术标准，要经过涂装生产或样机的检验过程，让使用单位感到科学、实用、操作性强，可以解决实际问题，而不是可有可无的参考资料。我国目前涂料涂装技术标准数量少、档次低、实施难的困境依然存在，大量的涂装作业只有少量的标准，档次也比较低，可以说涂装标准化目前仍处于落后的状态。希望国家有关部门，对涂装技术标准的编制修订单位和人员给予政策和经济方面的支持，努力改变目前的落后状态。

建议加快对涂装综合涂层的国家测试方法标准研究。现有的一些标准对于单涂层（如单纯的底漆、单纯的中涂、单纯的面漆）较多，但企业更关心的是测试综合涂层（如二层体系，三层体系等）的方法标准。综合涂层的性能并不是单纯涂层简单相加的关系，测试方法也较为复杂。像耐冲击性、附着力等技术参数，我们在测试时就碰到了不少问题。由于缺少相关标准，问题就难以解决。

参 考 文 献

［1］ 黄秉升．涂装专业标准体系表的编制和体会．涂料工业，2003，10，33（10）．
［2］ 齐祥安．涂装技术知识体系的结构及其内容分析．现代涂料与涂装，2006，（1）．
［3］ 沈立．涂装职业安全健康管理体系贯标探索．材料保护，2002，4，35（4）．
［4］ 崔新全，廖海棉．未雨绸缪，积极应对 IMO 涂装新标准、现代涂料与涂装，2007，8，10（8）．
［5］ 薛恒明．标准在国民经济建设中的作用．中国机床工具工业协会．2005-4-15．
［6］ 张进莺．对标准信息咨询服务工作的探讨．冶金工业信息标准研究院．冶金标准化与质量，2005-5-9．
［7］ 张秀侠．技术标准在企业生产经营中的运用．中国标准化，2006-4-28．

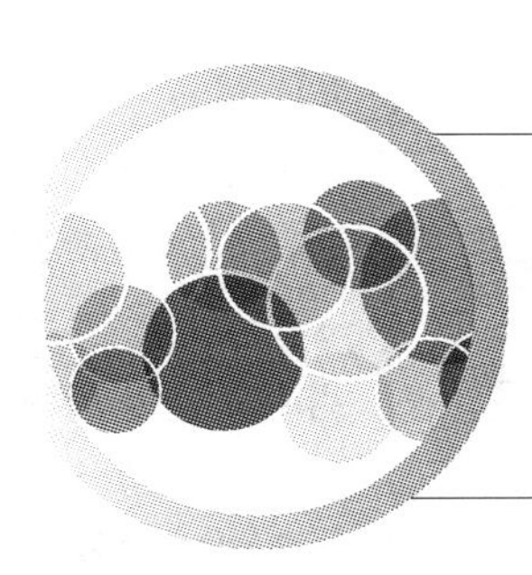

第10章 涂装系统分析与质量控制的应用

导读图

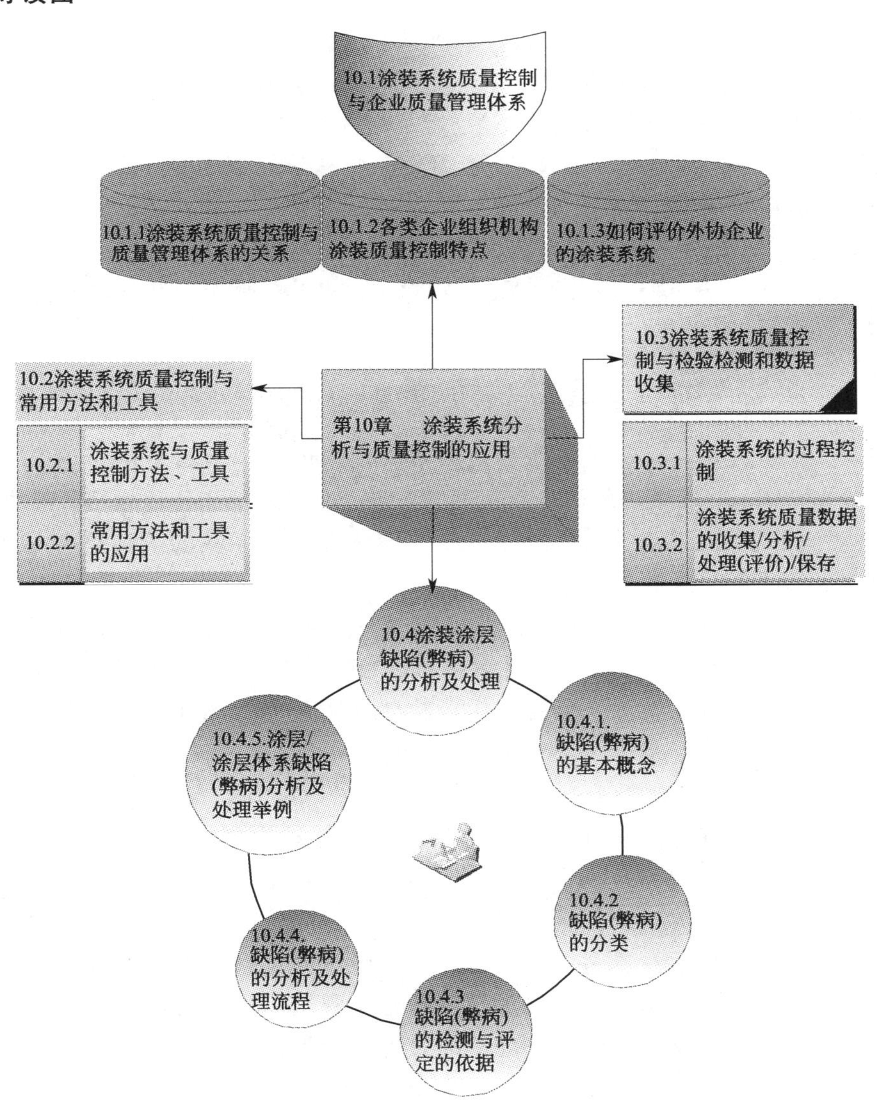

在本书以前各章中，利用系统工程的理论分别将涂装系统的“五阶段”、“五要素”、“三层次”进行了详细的分析。如同医生的病理分析是为了防病治病一样，我们的最终目的是为了预防和解决企业的各种涂装质量实际问题。因此，本章主要叙述涂装系统分析与质量控制在企业中的应用问题。

企业是涂装系统分析和质量控制的主角（主体），但是目前我国的企业情况比较复杂。不但大小有区别、体制有区别、运行机制有区别，而且各企业的涂装材料、涂装设备、涂装环境、涂装工艺、涂装管理各种各样，要想全面叙述是一件根本不可能的事情。本章就常见的通用的一些根本问题，与各位读者一起探讨。

由第 2 章我们已经知道：“涂装涂层系统（涂装系统）”是一个“人造的、比较复杂的、动态的、开放的系统”，系统的各个方面以及各方面的每个单元，都是相互联系、相互制约、相互影响的，系统是一个有机的不可随意分隔的整体。本章将从企业整体的角度，分析各个部分的关联和相互作用，希望对预防和解决企业涂装质量问题起到一定的作用。

10.1　涂装系统质量控制与企业质量管理体系

10.1.1　涂装系统与质量管理体系的关系

各企业（公司、工厂）多年来实施质量管理，进行“全面质量管理”、“ISO 9000 系列标准”、“Q、E、S 标准”、ISO/TS 16949 等认证工作，大多数企业已经形成了一个较完整的“企业质量管理体系”，这对于涂装系统的质量提高提供了有力的保障，起到了巨大的推动作用。

涂装系统分析和质量控制的理论基础和方法，与贯标认证所涉及的标准是一致的，在企业实际工作中，应该主动将涂装系统的各项具体工作与贯标、认证融合为一体，而不是相反。涂装系统分析与质量控制在企业中的实施就是贯标、认证的过程。

在 ISO 9001：2005 标准中，质量管理体系（Quality Management System，QMS）被定义为“在质量方面指挥和控制组织的管理体系”，通常包括制定质量方针、目标以及质量策划、质量控制、质量保证和质量改进等活动。实现质量管理的方针目标，有效地开展各项质量管理活动，必须建立相应的管理体系，这个体系就叫质量管理体系。这种高度的概括，已经将涂装系统质量的问题全部包括在内，是涂装系统分析和质量控制的重要理论基础。由于绝大多数企业都已进行了“质量管理体系认证”工作，在此不再赘述。但需要引起重视的问题是：质量管理体系的认证，往往与不能与实际情况相结合；对于涂装而言，懂得质量管理

体系的人员对涂装技术了解太少，而涂装技术人员往往搞不清质量管理体系的一些问题。

“质量管理体系”体现在文件上（文件化），一般认为是由四层文件（质量手册、程序文件、作业指导书、表单等）组成，如图 10-1 所示。无论是涂装技术人员还是质量管理人员，都应该将本企业四层次的文件学习掌握好，并融会贯通，方可解决企业内部众多的涂装质量问题。

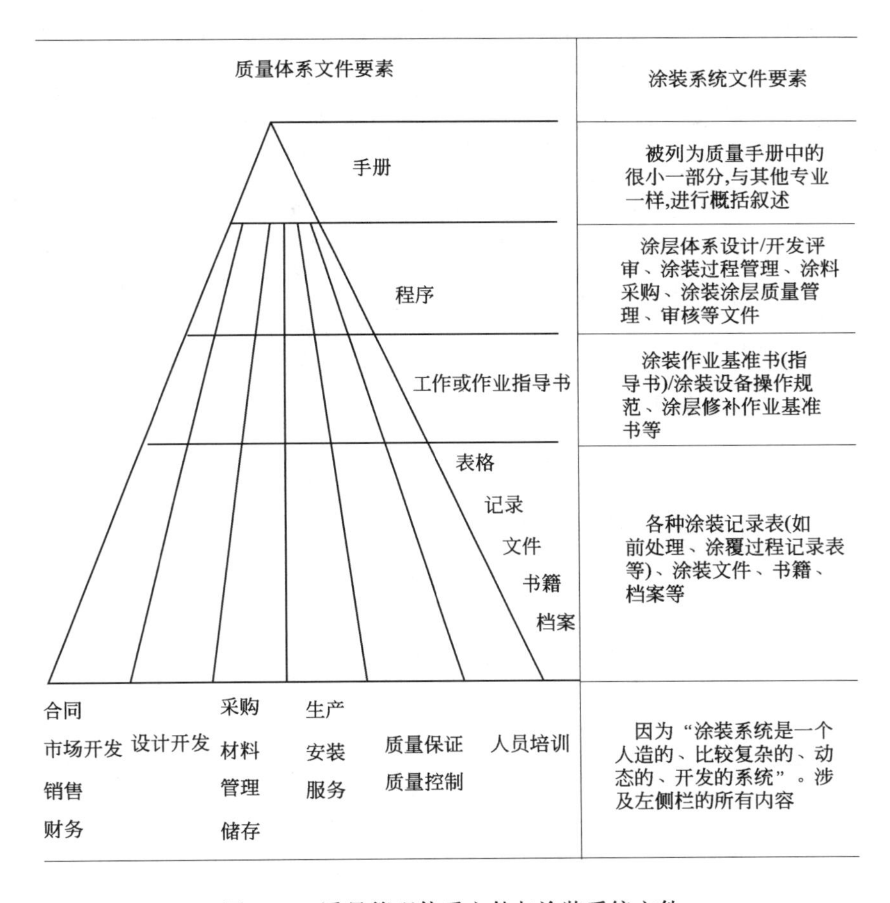

图 10-1　质量管理体系文件与涂装系统文件

无数涂装质量事故证明，即使有了优良的涂料、涂装生产线和涂装环境，也不一定能保证生产出高质量的被涂装的产品，还必须建立起与之相适应的完善的质量保证体系，并在全过程中得到严格的执行，需要规划、生产、质保、供货商等部门和单位共同努力才能保证生产出优质的产品，涂装涂层质量才能全面达到规范和标准的要求。

10.1.2 各类企业组织机构涂装系统质量控制特点

(1) 各类企业涂装系统及质量控制的特点（表 10-1）

表 10-1 各类企业涂装系统及质量控制的特点

序号	企业类型	涂装系统及质量控制的特点	说明
1	涂装具有研发能力的大型综合企业集团	生产和销售规模很大，设有涂料涂装试验研究中心（材料试验室），人才较多技术实力雄厚，具有很强的开发和研究能力；涂装系统从上到下层次较多，质量管理体系较完善	国内外大型汽车集团、工程机械集团、机车车辆集团、造船公司等
2	涂装生产可独立进行的工厂或公司	规模较大，投资较多，技术力量强，被涂装产品较单一。自制零部件涂装可以实现自我封闭型、自我满足。虽然说是有部分外包的涂装，但场地和设备是本公司的，涂装系统质量较好控制	国内外较大型的机电设备、钢结构、家用电器等工厂或公司，如图 2-8
3	涂装生产大量外包的公司或工厂	主要零部件以外协为主，涂装基本上依赖外协。投资中等，有的进行三级外协（外协厂再外协零部件，涂装再外协）。涂装体系复杂，质量控制难度很大。重点在管理，要选择有一定经济实力的外协厂	外资企业、高新技术、发展较快的企业等较多，如图 2-7
4	涂装半封闭状态的中小型公司或工厂	介于涂装自我封闭型与涂装外协（外包）型之间。多数是中小型企业。本厂进行一部分涂装，外协一部分涂装，形成涂装半封闭型的状态	各种中小型企业，创业型的企业
5	专业化外协的涂装公司或工厂	麻雀虽小，五脏俱全。投资规模小，以外协为主业，为各类企业进行外协涂装。为适应市场需要，被涂装工件多种多样，技术、管理难度大。各企业情况不同，在材料、设备、环境、工艺、管理方面，差距很大	小型企业多，民营、乡镇企业多。组织机构如图 10-2

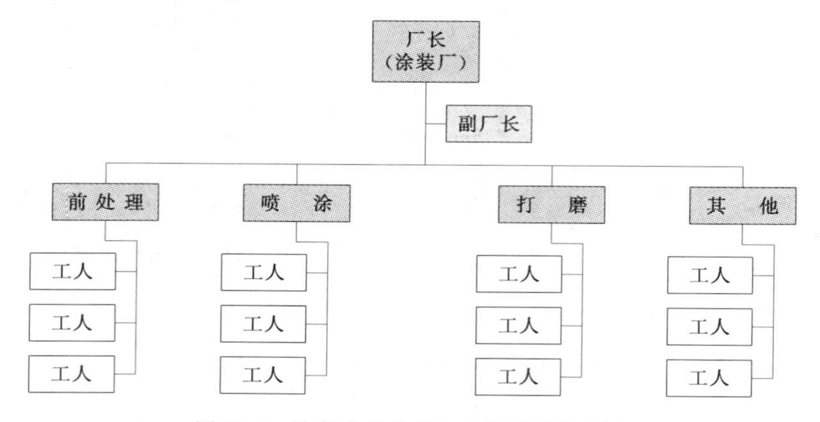

图 10-2 涂装专业化型企业组织机构示意

(2) 大型综合企业集团组织构成及各部门对涂装系统的作用

合理严密的组织架构、清晰明确的责权利划分、匹配适当的管理和技术人选，对于各企业的涂装都是非常重要的，特别是对于大型综合企业集团类型的组织。由于大型综合企业集团的类型比较多，管理模式各有特色，在此不能一一叙述，只能

以某种集团的情况为例进行概括介绍。

首先，应该设立集团级的涂料涂装试验研究中心（或者叫材料研究所）和涂装工艺装备技术部门，其主要职责有以下内容可以参考：进行涂层体系的设计开发、确认，试验及选定涂装化工新材料、前瞻性材料；对于重大涂装生产线和涂装设备进行规划、选择、审核，提出技术要求和参数；对于新建或技术改造的涂装车间，项目总体设计方案，进行技术经济比较，为集团决策在技术上把关，在投资方面提出分析意见，提出涂装环境的技术要求及各项技术指标，解决环保/劳保/消防等综合性问题；研究各事业部（工厂）普遍的工艺试验课题和工艺（过程）难点，编制工艺流程模板文件；开展涂装管理类工作，做好与集团质量管理体系的衔接工作；技术文件/标准规范格式化，外协外购件验收标准及检验方法，各事业部及外协厂的涂装系统评审要求；重要质量标准制定，质量检验仪器/方法/制度，涂装工程师及涂装工的培训等；还要进行对各事业部（工厂）工艺纪律检查（包括周期性检查和过程监察）；同时还要横向联系制造管理部门、质量保证部门、设备管理部门等有关管理部门，解决涂装涉及的各种类型的问题。

其次，各事业部（工厂）应该设立涂装工艺装备技术部门，其主要职责有以下内容可以参考：进行本事业部（工厂）特殊的材料试验选择工作，负责预处理、电泳及漆雾凝聚剂的槽液分析、加料，检查现场化工材料的有效期及表观质量，负责召集有关部门协商、跟踪解决涂层出现的各种缺陷（弊病）；对涂装设备进行巡视和了解设备运行情况，检查运行记录；按照涂装车间设计文件细化各项内容，提出并实施 6S 的具体项目要求，按标准制定车间和环境管理细则；根据具体产品和工艺流程，编制工艺卡/作业指导书等工艺文件，确认各类材料和设备的工艺参数的管理，设计及选择各种工位器具/工具；按照集团对口部门的要求，开展进行各项涂装管理工作，负责工艺、设备参数的管理和质量的监督和检查，记录结果，完成图表统计和上报等工作。做好与制造管理、质量保证部门的协调工作，确保各项涂装工艺设备技术指标的执行。

再次，涂装车间是涂装工作的重要实施现场，是各项技术指标实物化的场地，其主要职责有以下内容可以参考：按照企业生产计划，编制车间生产计划并安排生产，保质保量按时被涂装产品的涂装任务，并交付到指定位置，完成车间生产目标和质量目标；确认所使用的涂料、稀料、密封胶、前处理液、磨料等是否符合工艺文件的要求，主要是供应商、产品名称与型号（批号）、出厂日期（保质期）、合格证，防止不合格材料流入生产线，按要求在现场进行材料化验分析；按照设备点检书和使用维护说明书，及时维修保养车间的涂装设备，保证其处于正常生产状态；按照技术要求，维护涂装环境（车间内部环境），实施 6S 工作；按照各类工艺文件执行、实施所定各项操作；组织涂装车间涂装工和技术人员进行培训，负责产品涂装过程的质量问题的解决，及时报告各种生产和质量问题。

此外，要实现上述各级组织（部门）的职责，还要设置合理的岗位，如集团级的技术管理人员，事业部（工厂）级的涂装技术、管理人员，涂装车间（涂装中心）级的技术、管理人员。每个岗位要有素质能力匹配的涂装技术、管理人员，如涂装技术专家、涂装工程师、涂装初级技术人员、涂装技师等。

10.1.3 如何评价外协企业的涂装系统

随着我国汽车工业和其它机电行业的飞速发展，整车厂和零部件制造厂规模日渐扩大，各企业为了减少固定资产投资和环境污染的风险，充分利用外部专业化配套的生产优势，越来越多的企业进行专业化协作生产。特别是涂装专业，进行外协加工的厂家也越来越普遍。由此一来，如何评价（评审）和选择外协厂的涂装系统成为一个重要问题。

按照ISO/TS 16949的要求，“组织应根据供方按组织的要求提供产品的能力评价和选择供方。应制定选择、评价和重新评价的准则。评价结果及评价所引起的任何必要措施的记录应予保持（见4.2.4）”（ISO TS 16949 2009　7.4.1采购过程）。但是，在具体的认证审核贯标过程中，会产生各种各样的具体问题。如，如何选择涂装外协厂？如何评价一个企业的涂装系统的水平的高低？进行评价的标准和程序是什么？这是涂装技术人员、质量管理人员和外协负责人经常思考的问题，也是一个难于解决的问题。在Q、E、S的认证审核过程中，不少企业进行了各种各样的探索，但迄今为止，没有看到比较系统、比较全面、比较有权威的文件资料。

作者在此推荐《CQI-12特殊过程：涂装系统评审》（简称CSA）标准，供同行参考。该标准可以为我们思考涂装问题打开一个思路，为我们解决实际问题提供一套方法。学习应用该标准，可以更有效地、不间断地、全面地提高企业的涂装质量。该标准不但适用于零部件厂的涂装，亦可用于整车厂的涂装；不但可用于检查评审外协厂的涂装，亦可用于企业自身评价（评审）涂装系统的水平。

国外先进企业已普遍实施的AIAG的CQI-12标准，国内只有个别企业的选择性试用，主要是为应对国外企业的审核。全面、自觉地贯彻和推广CQI-12标准，应该是国内汽车行业乃至其他行业生产企业提高涂装质量、达到或超越国外先进水平的重要一环。

（1） CQI-12标准的概述

《CQI-12特殊过程：涂装系统评审》(Special Process：Coating System Assessment，简称CSA)，是由AIAG(美国汽车工业行动集团Automotive Industry Action Group)涂装工作组编写的一个涂装标准。该涂装标准可以作为客户标准及产品标准的补充；可以用来评审组织（企业）的涂装系统的能力，审核其能力是否满足本标准的要求，以及是否满足顾客要求、政府法规要求和该组织自身的要求；也适用于组织（企业）对其供应商的评审。

该标准的主要内容有：简介；范围；涂装系统评审程序；涂装系统评审（封面

表格及其填写说明，第一、第二部分评审说明，第一部分评审表格，第二部分评审表格，第三部分评审说明，第三部分评审表格）；附录 A—过程表（10 个表）；术语表（39 条术语）。

为了便于读者理解该标准文本，请看作者编制的文本框架结构图（如图 10-3 所示）。

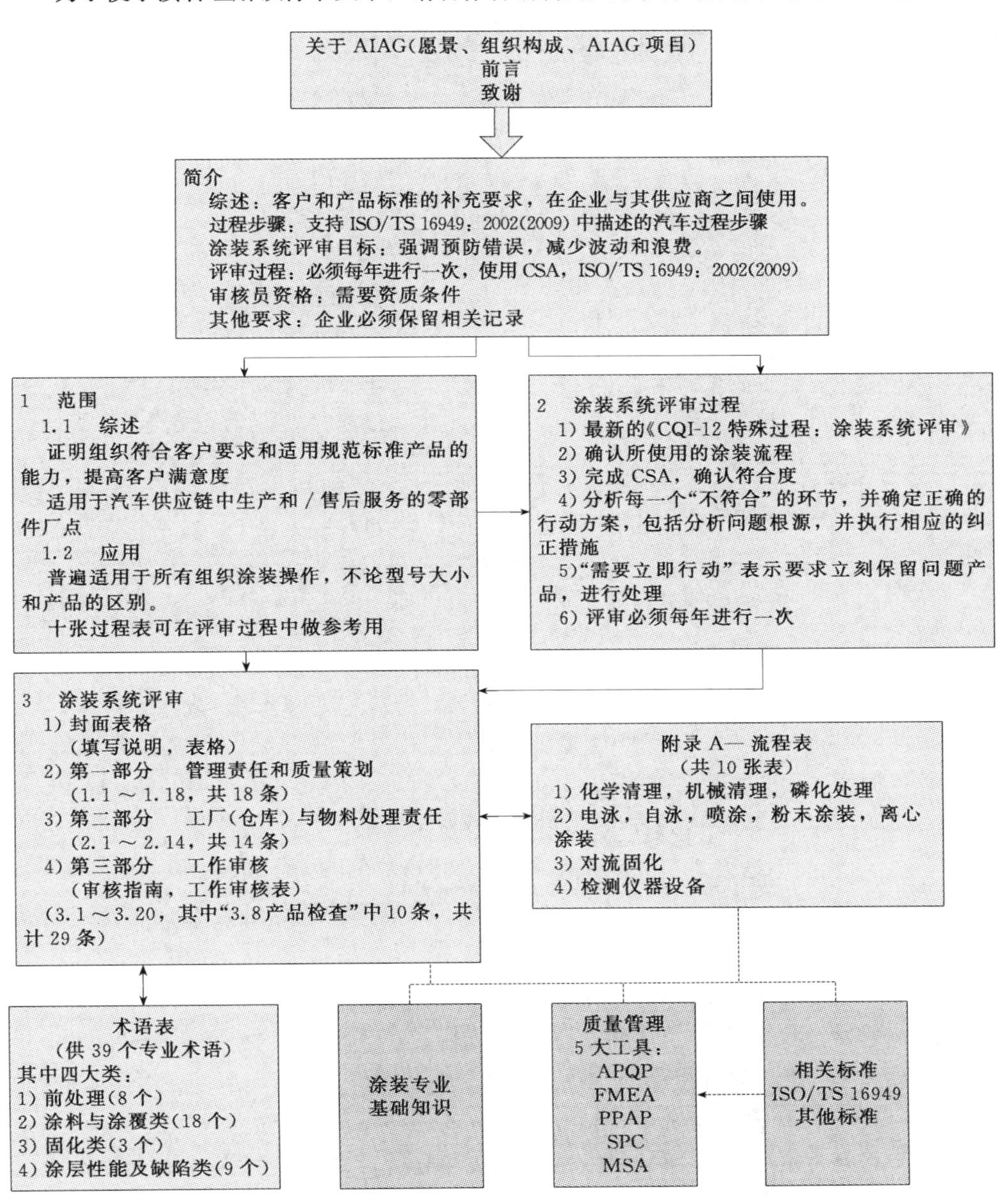

图 10-3　标准文本框架结构

注：虚线连接的框图表示相关知识或相关标准，不是标准文本结构中的内容。

（2）评审程序

CQI-12 标准规定："除非客户另有要求，评审必须每年进行一次。"作者根据对标准学习的理解和体会，归纳出"评审程序示意图"，详见图 10-4。

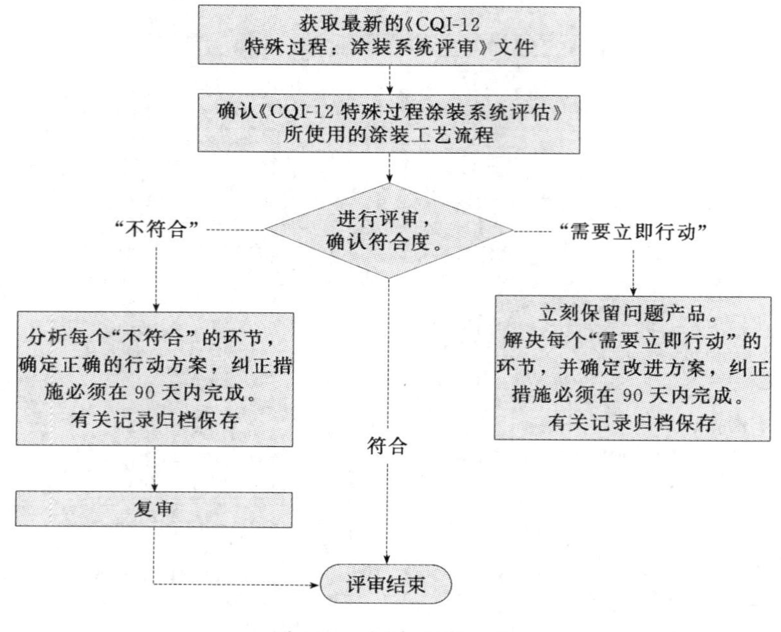

图 10-4　评审程序示意

（3）主要评审内容

① 第一部分 …… 管理责任与质量策划

评审项目：

1.1）现场有否具备相关资格的涂装专业技术人员？

1.2）涂装工厂是否进行先期质量策划（APQP）？

1.3）涂装厂的 FMEA 失效模式与效果分析是否被更新并与当前的工艺过程一致？

1.4）所完成的过程控制计划是否被更新并与当前的工艺过程一致？

1.5）涂装相关标准和引用标准是否为最新的，且符合行业及企业标准？

1.6）所有的操作过程是否有书面的过程规范？

1.7）是否在过程改变之后，首先进行有效的产品性能分析？

1.8）涂装厂是否长期保持对数据的收集和分析，并且根据数据进行调整？

1.9）内部评估是否每年进行，并至少与 AIAG 的 CSA 评估一起进行？

1.10）是否有合适的系统授权进行返工处理程序，并对其进行记录？

1.11）质量部门是否检查、处理和记录客户意见和内部意见？

1.12）是否对评估范围内的每个过程建立了适用的持续改进计划？

1.13）质量经理或指定的责任人是否批准对封存状态物料的处理？

1.14）涂装工是否可以获得详细说明涂装过程的操作指南？

1.15）管理部门是否提供有关涂装方面的员工培训？

1.16）是否建立责任矩阵表，以确保由有资质的人员履行所有关键的管理职责和监控职责？

1.17）是否有预防性维护计划？维护数据是否被用来形成预防性维护计划？

1.18）涂装工厂是否建立了关键零部件备件清单，以保证最小程度的生产中断？

② 第二部分 …… 工厂与物料处理责任

评审项目：

2.1）工厂是否能够保证输入到接受系统的数据与客户发运文件的信息一致？

2.2）产品是否在涂装过程中被清晰地标识并实施？

2.3）一批产品是否在所有过程中都保持可追溯性和完整性？

2.4）是否有足够的措施防止不合格产品进入生产系统？

2.5）是否具有能够在整个涂装过程中识别漏洞的系统，以减少零部件混淆的风险？

2.6）包装容器中是否存在不适当的物料？

2.7）零部件装运是否有明确的要求、记录，并被很好地控制？

2.8）操作人员是否进行过物料处理、封锁行动和产品隔离的培训？

2.9）是否有适当的处理措施在储运和包装过程中保持产品质量？

2.10）厂区清洁、日常维护和工作环境是否有益于控制和改善质量？

2.11）定时监测的过程控制数据是否在过程表中有详细说明？

2.12）没有受到控制/分类的数据是否受到检查，并做出反应？

2.13）过程中/最后的测试间隔是否在过程表中有明确说明？

2.14）产品监测设备是否受到审核？

③ 第三部分……工作审核（作业审核）—成品检查

评审项目：

3.1）是否由专业人员对合同、先期质量策划、FMEA、控制计划等，进行检查？

3.2）涂装厂是否有客户关于零部件的具体要求？

3.3）是否根据客户要求编制工艺过程卡？

3.4）涂装过程中是否保持物料的标识（零部件编号、批号、合同号等）？

3.5）是否有符合标准的接受检查的证明？

3.6）是否明确装运/装载的要求？

3.7）是否采用适当的程序或过程明细？具体参数参考过程表。

3.8）产品检查的要求是什么？（检验方法，检测频率或次数，样本选择，具体要求）

检查的主要内容：外观，颜色，光泽，涂层厚度，附着力，耐腐蚀性能（可选），修复完好率，尺寸精度（可选），客户具体要求等。

3.9）相应的过程步骤是否停止过？

3.10）控制计划中规定的所有检查步骤是否被执行？

3.11）有没有执行控制计划中没有的步骤/操作？

3.12）如果有另外的步骤被执行，这些步骤是否被授权？

3.13）操作细则中是否允许再加工或返工？

3.14）订单如何被确认，确认书是否反映了其操作过程？

3.15）确认书的签署人是否被授权？

3.16）零部件和装载容器是否与外来物体或污染物隔绝？

3.17）是否明确规定了包装要求？

3.18）包装是否最大程度地降低了零件混淆的可能性（按容器高度分装零件）？

3.19）零部件是否有适当的标识？

3.20）运载容器是否有适当的标识？

(4) CQI-12 标准的特点

① 突出国际标准，强调特殊过程　CQI-12 标准中有两处明确指出，要使用 ISO/TS 16949《汽车行业质量管理体系技术规范》过程方法进行评审。

过程方法是 ISO/TS 16949 着重强调的一个要求，“为了产生期望的结果，由过程组成的系统在组织内的应用，连同这些过程的识别和相互作用，以及对这些过程的管理，可称之为过程方法。过程方法的优点是对过程系统中单个过程之间的联系以及过程的组合和相互作用进行连续的控制。”（ISO/TS 16949　0.2 过程方法）。

“当生产和服务提供过程的输出不能由后续的监视或测量加以验证，使问题在产品使用后或服务交付后才显现时，组织应对任何这样的过程实施确认。确认应证实这些过程实现所策划的结果的能力。”（ISO/TS 16949　7.5.2　生产和服务提供过程的确认）。

涂装过程完全具有这个特点，产品的涂层特性不易测量或不能经济测量；涂装操作和保养需要特殊技能；输出的结果不能通过其后的监控和测量验证。因此，涂装被列为特殊过程。

涂装这一特殊过程的质量，不能完全依靠其后的检验来把关，使质量不合格的产品很容易混过检验关，于是，产品的质量缺陷在后续的工序或产品使用中才会暴

露出来，这给企业自身带来较大的经济和信誉损失。

CQI-12 标准将企业的涂装系统作为“特殊过程”，提出全面的评审方法。这也使 ISO/TS 16949 的贯标和评审与涂装系统结合起来，克服了企业涂装技术专业与贯标联系脱节的问题。

② 突出专业人员，强调人力资源　CQI-12 标准非常重视涂装专业技术人员的作用，多处提到要有涂装专业技术人员，并要求要有一定资格条件和培训。特别是提出了“现场要配备相关资格的涂装专业技术人员”。在我们国家，相当数量的外协厂家没有专职涂装技术员，这对企业来讲是很严重要的问题，也是很难落实的硬条件。

③ 突出管理作用，强调技术细节　要想搞好涂装质量，必须要抓好管理与技术的有机结合，克服“重技术、轻管理”的错误认识。CQI-12 标准突出管理的作用，同时又将涂装技术结合得很好，较好地解决了涂装技术与质量管理“两张皮”的问题。相当多的场合，涂装技术人员不懂质量管理，质量管理人员不懂涂装技术，在需要相互配合的工作中带来不少麻烦和问题。

④ 突出客户要求，强调顾客至上　CQI-12 标准中多处提到“下列所有要求遵从于客户的具体要求”；或“涂装厂是否有客户关于零部件的具体要求?”“是否根据客户要求编制工艺过程卡?”；或“在零部件批准过程（PPAP）获得顾客批准后，不允许发生任何工艺过程的更改，除非得到顾客批准。当要求进行工艺过程更改确认时，涂装供方应主动联系顾客。”；或“为确保所有的顾客要求得到理解和满足，企业应获得顾客所有相关的涂装标准和规范，且确保其状态是可使用的最新版本。”等。

⑤ 突出未雨绸缪，强调预测预防　仔细阅读 CQI-12 标准，就会发现对于预防、预测、预先策划有很多具体要求，对于未来事件的策划要求很细。“胜兵先胜而后求战，败兵先战而后求胜”、“不打无准备之仗”，这些说法均强调了未雨绸缪、预防预测的重要性。但是，要落实在涂装的具体工作中，需要大量的细致的工作。CQI-12 标准就很好地具体体现了这些观念，对于 APQP（产品质量先期策划和控制计划）、FMEA（潜在失效模式及后果分析）、SPC（统计过程控制）、MSA（测量系统分析）、PPAP（生产件批准程序）等都有具体要求。

APQP 是产品质量先期策划和控制计划（Advanced Product Quality Planning and Control Plan，简称 APQP），是评审涂装工厂重要项目之一。其主要内容，用来确定和制定确保某产品使顾客满意所需的步骤，是促进与所涉及的每一个人的联系，以确保所要求的步骤按时完成。就是在产品未进行涂装生产之前，对所有的影响质量的相关问题进行分析、策划并列出解决措施等，是个复杂的过程。它的时间起点是项目正式启动的那一时间点，正常量产后进行总结，到可以关闭开发项目的那一时间点为止。

FEAM是潜在失效模式及后果分析（Potential Failure Mode and Effects Analysis，简称FMEA）FEAM原理的核心是对失效模式的严重度、频度和探测进行风险评估，通过量化指标确定高风险的失效模式，并制定预防措施加以控制，从而将风险完全消除或减小到可接受的水平。FMEA是在APQP实施过程中的一部分，包括产品和过程，在进行FEAM时，产品并未生产出来，而是一种潜在的可能性分析，是“防患于未然”，切不可把它当成已经在进行涂装生产的产品去分析。

⑥ 突出重点原则，强调灵活应用　CQI-12标准在对重要问题突出的前提下，充分考虑了该标准的广泛的适应性，在具体实施时，具有很强的可操作性。例如，将涂装工厂区别为两种情况，即自有涂装工厂与商业（外协）涂装工厂；进行审核考虑到大量的涂装工厂实施的涂装过程（工艺方法）不同，列举了9种类型评审供涂装工厂时选择和组合使用；对产品审核的要求，也为涂装工厂和客户的具体要求预留了很大的余地。

由于CQI-12标准是第一版，不可避免地会存在这样那样的问题，有待今后的版本中加以完善。如，审核程序的严密性不够，有的常用的工艺方法未包括，有的技术参数有待商榷。对于我们中国企业，还有一个文本翻译的准确性问题等。尽管如此，《CQI-12特殊过程：涂装系统评审》标准，仍不失为一个较好的、重要的涂装系统评审标准。

(5) 标准的学习与应用

① 学习相关知识，提高贯标水平　CQI-12标准是知识面涵盖非常广的一个重要涂装标准，无论是对于涂装质量管理人员或是涂装技术人员，均有学习更新个人知识结构的问题。在贯标过程中，涂装技术人员要克服认识的误区：“涂装技术不包括管理，不包括质量问题”，扎扎实实地虚心地向书本学习，向质量管理人员请教，熟悉相关标准 、相关工具，如“五大工具”的理论和应用知识，将涂装技术与管理有机地结合、融合在一起；质量管理人员要学习涂装技术的细节问题，才能将质量管理的原理与理论与具体实际相结合，就可以避免“两张皮”的问题，提高企业涂装质量管理的水平。

② 克服形式主义，做好基础工作　CQI-12标准中，提出了要健全一系列管理制度，填写各种各样的表格，收集为数众多的数据，进行静态动态的操作。根据国内企业贯标评审的经验教训，相当多的企业只是为了评审而进行贯标，为文件而文件，结果东西搞了一大堆，完全成了摆设。在应用CQI-12标准中，一定要克服形式主义的东西，编写简洁实用的规章制度，将标准的要求落到实处，才会取得好的效果。

③ 配合质量体系，协调有关部门　CQI-12标准讲的虽然是涂装，但“牵一发而动全身”，实际上是一个系统工程的问题。在应用CQI-12标准中，需要各部门配合组成一个综合小组，做好与企业各部门的联系沟通工作，取得“上、下、前、

后、左、中、右”的支持，与企业的 Q、E、S 认证审核工作同时一体化展开，就会取得事半功倍的效果。

④ 应用评审标准，提升涂装系统　在企业应用 CQI-12 标准评审涂装系统的工作，目前尚没有成熟的经验，就连编写的 CQI-12 标准本身也存在一些问题。因此，需要涂装技术人员与质量管理人员，在应用中学习，在学习中提高，需要对标准深入细致地进行研究，不断解决各种新问题，丰富完善涂装系统评审标准。

10.2　涂装系统质量控制与常用方法和工具

如同其他专业的质量控制一样，涂装系统质量控制也需要使用各种工具，本节将简介一些质量工具，重点介绍一些常用工具和方法。

10.2.1　涂装系统与质量控制方法、工具（表 10-2）

表 10-2　涂装质量控制常用质量工具（方法）一览

序号	名称	定义或原理	解释及说明	作　用	在涂装系统中的应用
1	检查表	系统地收集资料和累积数据，确认事实并对数据进行粗略的整理和简单分析的统计图表	又称调查表、核对表、统计分析表，包括工序分布调查表（质量分布检查表）、不合格项调查表、不合格位置调查表（缺陷位置调查表）、矩阵调查表（不合格原因调查表）	收集、整理资料；质量信息记录	涂装系统中应用最广泛，也常与其他工具方法配合使用
2	排列图	用从高到低的顺序排列成矩形，表示各原因出现频率高低的一种图表。其原理是 80%的问题仅来源于 20%的主要原因	又称帕累托图，主次因素排列图	确定主导因素，发现主要质量因素	涂装系统中广泛应用
3	散布图	研究成对出现的不同变量之间相关关系的坐标图	也称相关图、分布图、散点图	展示变量之间的线性关系，发现质量因素	涂装系统中广泛应用
4	因果图	用于寻找造成问题产生的原因，即分析原因与结果之间关系的一种方法	又称鱼骨图（fishbone diagram）、鱼刺图、树枝图。因果图以研究因素与质量之间的纵向关系为主，以质量问题为主	寻找引发结果的原因，由大及小地探究问题的原因	涂装系统中广泛应用
5	分层法	按照一定的类别，把收集到的数据加以分类整理的一种方法	又叫分类法、分组法（一般按 5M1E 行分层）	从不同角度层面发现问题，发现质量因素	涂装系统中广泛应用
6	直方图	用于分析和掌握数据的分布状况，以便推断特性总体分布状态的一种统计方法	又称频数分布图	展示过程的分布情况，初略地判断生产过程是否稳定	涂装系统中广泛应用

续表

序号	名称	定义或原理	解释及说明	作　用	在涂装系统中的应用
7	控制图	控制图是用于分析和控制过程质量的一种方法	又称管理图、管制图、休哈特控制图	识别波动的来源,精确地判断生产过程是否稳定	涂装系统中广泛应用
8	关联图	关联图是指用连线图来表示事物相互关系的一种方法,也叫关系图法	又称相关图。关联图以分析因素之间横向关系为主,找出各因素之间的关联程度	理清复杂因素间的关系。分析出一个复杂问题中不同方面之间的内在联系	涂装系统中经常应用
9	系统图	表示某个问题与其组成要素之间的关系,从而明确问题的重点,寻求达到目的所应采用的最适当的手段和措施的一种树枝状的图	又称树图。通常用来将主要的类别逐步分解成许多越来越详细的层次	系统地寻求实现目标的手段	涂装系统中经常应用
10	亲和图	它是把收集到的大量有关某一特定主题的意见、观点、想法和问题,按它们之间的相互亲近关系加以归类和汇总的一种图示技术	又称为KJ法、A型图解、近似图解	从杂乱的语言数据中汲取信息	涂装系统中经常应用
11	矩阵图	矩阵图表现为几组信息间的关系,同时能提供更多相关性的信息,如强度、不同个体的角色或测量方式。分别有六种不同形式的矩阵:L型、T型、Y型、X型、C型和屋顶型	又称矩阵、矩阵表,是一门类型工具,使用范围很广	多角度考察存在的问题,变量关系	涂装系统中经常应用
12	PDPC法	PDPC可系统地确定一个项目在发展过程中会产生什么错误,已形成对策来预防这些问题	即过程决策程序图法(process decision program chart)。通过使用PDPC可以修订计划以避免这些问题产生,或者在问题真正产生时能做出最合适的反应	预测设计中可能出现的障碍和结果	涂装系统中经常应用
13	网络图	是安排和编制最佳日程计划,有效地实施进度管理的一种科学方法,也是用于质量策划的一种图示技术	网络图也称箭头图、矢线图,又称为网络计划技术或统筹法。网络图法是计划评审法和关键路径法在质量管理中的应用	合理制定进度计划	涂装系统中工程项目的建设使用较多
14	矩阵数据分析法	在矩阵图的基础上,把各个因素分别放在行和列,然后在行和列的交叉点中用数量来描述这些因素之间的对比,再进行数量计算,定量分析,确定哪些因素相对比较重要的	矩阵图上各元素间的关系如果能用数据定量化表示,就能更准确地整理和分析结果。这种可以用数据表示的矩阵图法,叫做矩阵数据分析法	多变量转化少变量数据分析。它区别于矩阵图法的是:不是在矩阵图上填符号,而是填数据,形成一个分析数据的矩阵	实际使用较少

续表

序号	名称	定义或原理	解释及说明	作　用	在涂装系统中的应用
15	APQP	APQP 是用来确定和制定确保某产品使顾客满意所需步骤的一种结构化方法 APQP 的目标是促进有关人员的交流沟通，以确保所要求的步骤按时完成 有效的产品质量策划取决于公司高层管理者对努力达到顾客满意这一宗旨的承诺	一般翻译为：产品质量先期策划和控制计划（Advanced Product Quality Planning and Control Plan） APQP 子系统中还包含其他许多系统，如 FMEA、控制计划 a）它是一种满足并超越顾客要求的工具；b）它不仅仅是关于质量的策划，它是将质量控制手段与管理功能全面结合的一种活动；c）它是一种项目管理的方法；d）它是一个有效的防错工具	引导资源，使顾客满意；促进对所需更改的早期识别；避免后期更改；以最低的成本按时提供优质产品	作为全厂的质量控制方法经常使用，涂装只是其中一部分
16	FMEA	FMEA 是在产品设计阶段和过程设计阶段，对构成产品的子系统、零件，对构成过程的各个工序逐一进行分析，找出所有潜在的失效模式，并分析其可能的后果、评估其风险，从而预先采取必要的措施，以提高产品的质量、可靠性和提高顾客满意的一种系统化的活动，并将全部过程形成文件	（潜在）失效模式及后果分析 <（Potential）Failure Mode and Effects Analysis> FMEA 是一种分析方法，用于确保在产品和过程开发（APQP）过程中，考虑并处理了潜在问题。FMEA 最显著的结果就是将横向职能小组的集体知识文件化。风险评估是评估和分析的一部分，其重点是对有关设计（产品或过程）、功能和应用方面的变更的评审，以及潜在失效导致的风险进行讨论。每一种 FMEA 都应关注对在产品或总成内的每一个零部件，尤其是关键和涉及安全的零部件或过程更应当优先关注	FMEA 分为：1）系统 FMEA（SFMEA）、2）设计 FMEA（DFMEA）、3）过程 FMEA（PFMEA），分别被用于不同的阶段和范围 个别（相对于小组）解决问题方法、解决问题的随意方法、失效产生后的分析都不是 FMEA	涂装系统中有应用
17	SPC	使用诸如控制图等统计技术分析关系或其输出，以便采用适当的措施来达到并保持统计控制状态，从而提高过程能力	SPC 是统计过程控制（Statistical Process Control）的英文缩写	就是利用统计技术对过程中的各个阶段进行监控，从而达到保证产品质量的目的	有使用的案例发表

续表

序号	名称	定义或原理	解释及说明	作　用	在涂装系统中的应用
18	MSA	为分析每种测量和试验设备系统结果中呈现的变差,应进行适当的统计研究。此要求应适用于控制计划中提及的测量系统。所用的分析方法及接受准则应与顾客关于测量系统分析的参考手册相一致。如果得到顾客的批准,其他分析方法和接受准则也可应用	MSA 是测量系统分析(Measurement Systems Analysis)的英文缩写 测量系统(Measurement System):是用来对被测特性定量测量或定性评价的仪器量具、标准、操作、方法、夹具、软件、人员、环境和假设的集合;用来获得测量结果的整个过程	测量系统分析解决的是某测量系统能否用来判断产品合格,或用来判断生产过程是否稳定。而检定或校准解决的是某量具是否合格的问题。两者作用各不相同,谁也取代不了谁	作为全厂的质量控制方法经常使用,涂装只是其中一部分
19	PPAP	生产件批准程序(PPAP)规定了生产件批准的一般要求,包括生产和散装材料	PPAP 是生产件批准程序(Production Part Approval Process)的英文缩写 PPAP 的目的是用来确定组织是否已经正确理解了顾客工程设计记录和规范的所有要求,并且在执行所要求的生产节拍条件下的实际生产过程中,具有持续满足这些要求的潜在能力	PPAP 应适用于提供生产件、服务件、生产材料或散装材料的组织内部和外部现场	作为全厂的质量控制方法经常使用,涂装只是其中一部分

10.2.2 常用方法和工具的应用实例

涂装系统过程复杂，涉及的因素很多，根据实际情况灵活使用各种质量管理方法来控制产品质量是非常重要的。上一节的表 10-2“涂装质量控制常用质量工具（方法）一览表”中列出了 19 种常用的质量管理方法，对于解决日常工作中的涂装质量问题是非常有效的，如缺陷收集表、质量控制卡、排列图、因果图等，可以帮助我们解决很多问题。

(1) 缺陷（弊病）收集表

缺陷（弊病）收集表即把观察到的或确定的缺陷（弊病）用简单的方式采集下来，通过图表方式按种类和数量进行一目了然的描述，可以识别缺陷（弊病）发生的趋势。

在缺陷（弊病）收集过程中，首先确定所要分析的问题，然后对已知的缺陷（弊病）准确地分类。缺陷（弊病）列出来之后，确定谁、何时来收集缺陷（弊病）。在缺陷（弊病）描述时，必须定义明确，同时设定“其他的缺陷（弊病）”用于限制缺陷（弊病）种类的数量但又保证缺陷（弊病）收集的完整性。缺陷（弊

病）收集者必须有能力判断缺陷（弊病）。对于涂装缺陷（弊病）来讲，使用的术语和词汇比较混乱，收集者要根据国际国家标准 ISO 4628、GB/T 1766、GB/T 8264、GB 5206.5 或这企业标准中对涂层缺陷（弊病）的定义（包括照片和实物）进行判定，以避免引起混乱进而影响统计结果。表 10-3 是总工件数为 150 件的统计结果。

表 10-3　缺陷收集

缺陷（弊病）名称	早班	中班	晚班	合计
流挂	8	6	6	20
灰尘、颗粒	6	5	4	15
针孔	4	5	3	12
色差	3	3	4	10
橘皮	1	2	3	6
附着力	2	2	1	5
硬度	1	1	2	4
漆膜厚度	0	2	1	3
其他	1	1	1	3
合计	26	27	25	78

（2）排列图

排列图依据帕累托（Pareto）原理，即一个问题的大部分影响（80%）常常只是由于少数的原因（20%）。排列图把问题按其重要度排列，可以用缺陷数量或费用对问题的影响进行度量。用排列图把对一个问题有最大影响的那些原因从许多可能的原因中过滤出来，从排列图上直接读取一个重要度，这样可以首先排除问题的重要原因，防止花费大量的时间和费用排除那些不重要的原因。在统计结果面前，最后相关部门把问题解决了，避免部门之间的扯皮现象。尽管数据收集需要一定的时间和精力，但会取得事半功倍的效果。

以表 10-3 中数据为例，表 10-4 中计算得出不同“不良项目”［缺陷（弊病）］对涂装质量的影响度，并绘制涂装质量问题排列图（图 10-5），从图 10-5 中可以看出，影响 80%涂装质量问题的缺陷为流挂，灰尘、颗粒，针孔，色差及橘皮。因此，只要解决以上几类问题，就可以解决 80%的涂装质量问题。

表 10-4　涂装质量影响度计算

不 良 项 目	不良件数	不良率/%	累计不良率/%	影响度/%	累计影响度/%
流挂	20	13	—	25.64	—
灰尘、颗粒	15	10	23	19.23	44.87
针孔	12	8	31	15.38	60.26
色差	10	7	38	12.82	73.08

续表

不良项目	不良件数	不良率/%	累计不良率/%	影响度/%	累计影响度/%
橘皮	6	4	42	7.69	80.77
附着力	5	3	45	6.41	87.18
硬度	4	3	48	5.13	92.31
漆膜厚度	3	2	50	3.85	96.15
其　他	3	2	52	3.85	100.00
合　计	78				

注：总工件数为150件；其中：不良率$\%=\frac{各项不良数}{总检查数}\times100\%$，影响度$\%=\frac{各项不良数}{总不良数}\times100\%$。

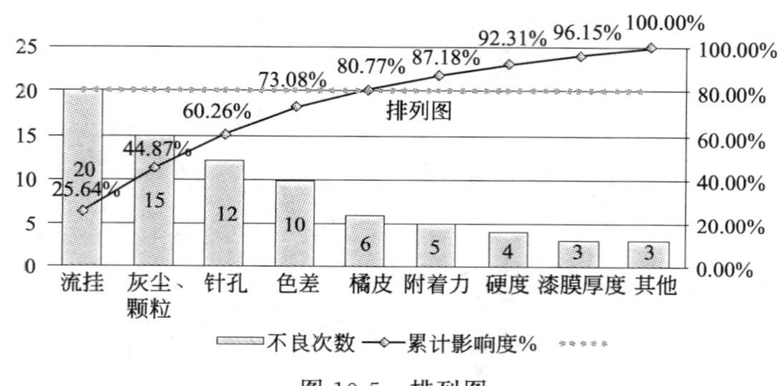

图 10-5　排列图

(3) 因果图

因果图(Cause-Effect Diagram)，也称特性要因图、鱼骨(刺)图、树枝图、石川图等，是一种用于分析质量特性(结果或问题)与影响因素(原因)之间关系的图。

在涂装质量控制的工作中，有些产生涂装涂层缺陷(弊病)问题的原因较简单明了，可以直接解决。但是，多数涂装涂层缺陷(弊病)问题的原因不易搞清，比较复杂，经常会出现"一因多果"或"一果多因"的现象。因果图提供了一种把很多罗列潜在原因组织起来的方法。众多潜在原因的查找，可以通过头脑风暴会议集思广益，或对过程流程的每一步骤逐步查找，通过对影响质量特性的因素进行全面系统地观察和分析，可以找出质量因素与质量特性的因果关系，最终找出解决问题的办法。

因果图由质量特性(问题或结果)和影响因素两部分组成，因果图中主骨所指为质量特性，主骨上的大骨表示大原因，中骨、小骨表示原因的展开。首先找出影响质量问题的大原因，然后寻找到大原因背后的中原因，再从中原因找到小原因和更小的原因，最终查明主要的直接原因。因果分析图的具体绘制一般按照下述步骤进行：

明确调查问题的特性；由左向右画一宽箭头，指向质量问题；分析造成质量问题的可能原因；在主要原因基础上分析第二、三层原因；检查各个要因是否有错误。

绘制因果图的注意事项如下。

① 要充分发扬民主，把各种意见都记录、整理入图。一定要请当事人、知情人到会并发言，介绍情况，发表意见。

② 主要、关键原因越具体，改进措施的针对性就越强。主要、关键原因初步确定后，应到现场去落实、验证主要原因，再订出切实可行的措施去解决。

③ 不要过分的追究个人责任，而要注意从组织上、管理上找原因。实事求是的提供质量数据和信息，不互相推诿责任。

④ 尽可能用数据反映、说明问题。

⑤ 作完因果图后，应检查下列几项：图名、应标明主要原因是哪些、文字是否简便通俗、编译是否明确、定性是否准确，应尽可能地定量化，改进措施不宜画在图上。

⑥ 有必要时，可再画出措施表。

图 10-6 为涂层质量问题因果分析示意，供读者实际应用时参考。

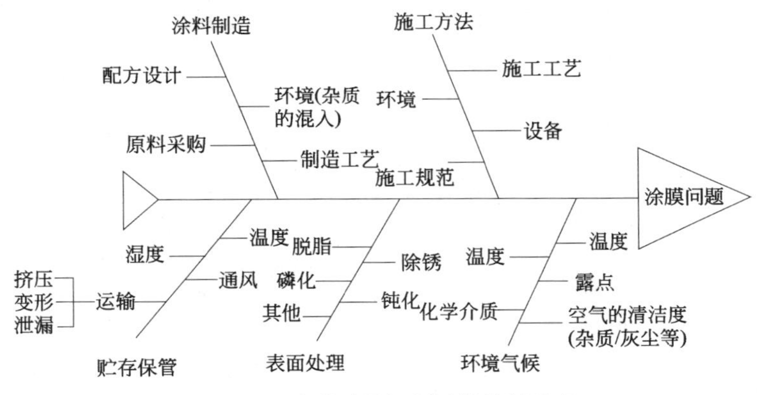

图 10-6 涂膜质量问题因果分析示意

(4) 控制图（Control Chart）

控制图又称管理图、管制图、休哈特控制图，是一种将显著性统计原理应用于控制生产过程的图形方法。

控制图原理：根据正态分布理论，若过程只受随机因素的影响，即过程处于统计控制状态，则过程质量特性值有 99.73%的数据（点子）落在控制界限内，且在中心线两侧随机分布。若过程受到异常因素的作用，典型分布就会遭到破坏，则质量特性值数据（点子）分布就会发生异常（出界、链状、趋势）。反过来，如果样本质量特性值的点子在控制图上的分布发生异常，那我们就可以判断过程异常，需要进行诊断、调整。

控制图的基本形式是：以按时间序列排列的抽样子组号为横坐标，以质量特性值为纵坐标，建立坐标系；在纵坐标上确定质量特性值的中心值和上下控制界限点；根据中心值和控制界限点，分别做出中心值线 CL、上控制限 UCL 和下控制限 LCL。在生产过程进行中，定期按子组抽取样品检测，将测得的每一个子组样品的平均值在坐标系上描点标出，并按时间序列将各点连成线，以此反映质量波动的状况。控制图的基本形式如图 10-7 所示。

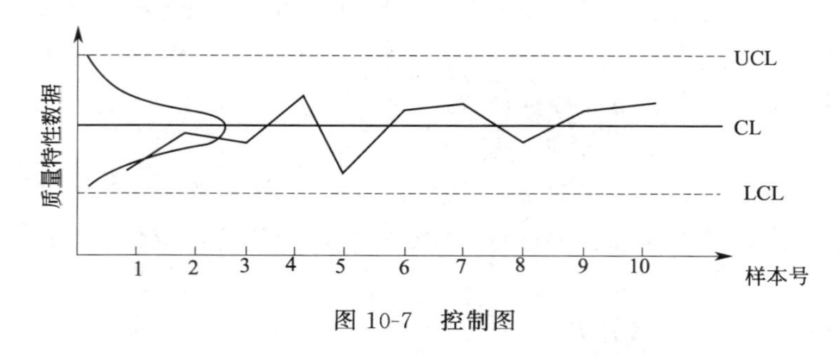

图 10-7 控制图

控制图的应用范围很广泛，不光可以单独使用，还可以与其它质量控制方法和工具配合使用［如可用于统计过程控制（SPC）］，解决大量的涂装质量问题，图 10-8 是控制图在电泳涂装质量控制中的应用举例。

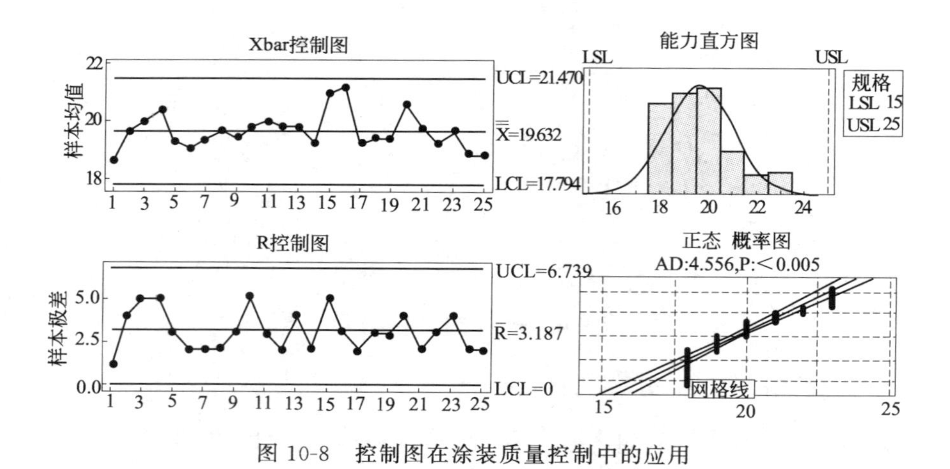

图 10-8 控制图在涂装质量控制中的应用

10.3 涂装系统质量控制与检验检测和数据收集

10.3.1 涂装系统的过程控制

涂装车间的过程控制是涂装质量管理的核心，“细节决定成败，过程决定质量”

“过程重于结果”等说法用于涂装系统的控制是恰如其分的。更形象的说法是“不是出了问题才做试验，而是要通过日常化、制度化的试验来保证不出问题!”。

在本书的前几章，按照涂装系统（涂装涂层系统）的理论，依据时间维度将其全寿命周期划分为五个阶段（设计阶段、制造阶段、储运阶段、安调阶段、使用阶段），并进行了各阶段的分析，本章将从企业实用的角度进行叙述，在五阶段中如何进行控制以及控制哪些内容，供在企业工作的各位读者参考。

（1）设计阶段的过程控制

设计就是对涂装系统将要进行的各个过程的预先策划，也可以说 APQP 的一部分。无论是产品设计（含涂层体系设计），还是工程设计（含设备设计），均应加强对设计阶段的过程控制，参见表 10-5。

表 10-5　涂装系统设计阶段的过程控制

序号	控制项目名称	文件形式或种类	说明及注意事项
1	产品类“涂装(腐蚀防护)系统设计”	《涂装(腐蚀防护)系统设计方案》、《涂层体系技术要求》、《涂层体系实施的主要工艺》、《涂层体系质量控制与检验》、《制造技术要求/腐蚀防护(涂装部分)》、《质量检验规范/腐蚀防护(涂装部分)》、APQP、FME 文件、过程 FMEA、控制计划	是整个系统的设计,不是局部和一个阶段的设计,也不是单纯涂层体系的设计。是产品设计中不可缺少的设计。要重视设计阶段的工作流程及计划安排;要控制输入/输出数据和资料的可靠性;要重视系统设计方案的验证和评审;要重视系统设计方案的验证和评审。涂装是 APQP 的一部分,FMEA 的应用
2	产品类涂层体系设计	《涂层体系技术要求》	根据情况可与“涂装(腐蚀防护)系统设计”分开或合并
3	工程类“涂装(腐蚀防护)系统设计”	方案设计(可行性研究,初步设计)文件、详细设计(施工图设计)文件、涂装生产设计文件	要区分在工厂和现场分别涂装或只在现场涂装,预算、工期等对设计影响很大。针对一项工程,一般进行一次系统的设计,由于各种因素的影响,很难多次使用
4	涂装车间设计	方案设计(可行性研究,初步设计)文件、详细设计(施工图设计)文件	涂装车间设计不良会带来巨大的浪费和质量隐患,且短时间内无法进行改变。涂装环境的恶劣,造成不少涂装车间刚投产就改造;各种涂装质量问题频发
5	涂装设备设计(生产线设计)	方案设计(可行性研究,初步设计)文件、详细设计(施工图设计)文件	涂装设备设计(生产线设计)大多数是非标设备,其设计的专业性很强,随意性、盲目性、理想化做法,是造成大量涂装设备设计(生产线设计)不能正常使用或效率低下的重要原因

（2）制造阶段的过程控制（表 10-6）

表 10-6　涂装系统制造阶段的过程控制表

序号	控制项目名称	文件形式或种类	说明及注意事项
1	涂装(腐蚀防护)生产工艺文件编制、执行和控制	产品零部件分类、分组明细表;产品零部件工艺卡(工艺规程);作业标准书(基准书、指导书);设备操作规程等;待涂工件(零部件)检验基准书;涂装零部件涂装外协检验基准书(或者技术协议)等	根据产品图纸、“涂装(腐蚀防护)系统设计”文件和生产实际情况,按照统一的格式要求进行编制,并严格遵守编制、校对、审核、批准、文件发放及回收程序;要做好工艺文件的日常检查维护和交接、培训、验证、考核工作;加强工艺纪律检查,认真落实执行工艺文件

续表

序号	控制项目名称	文件形式或种类	说明及注意事项
2	涂料供应商的管理	涂料技术协议书(涂料供应合同附件)	涂料供应商的优劣是一个重要的问题,选择涂料供应商也是涂装质量控制的重要环节
3	涂料(原漆)及其他涂装材料的质量的控制	涂料进厂(进场)质量检验基准书、产品说明书、涂料技术协议书(涂料供应合同附件)	产品说明书;检查产品包装上的说明,包括产品名称、型号、出厂日期、有效期、存储条件等,是否与订货标准的要求相符合。此检验可以避免订货过程产生的各种误差对今后涂装涂层质量的影响。添加化学品时要记录添加时间并执行“先进先出”原则 对所有生产使用的涂装材料(前处理化学品、油漆、PVC、蜡等)进行供货批次验收,严格按材料质量标准及生产工艺试验,重点检查原材料指标、施工性能指标,确保不合格的材料不上线生产
4	涂装设备的使用、维护及质量控制	设备点检基准书、设备使用维护说明书	在涂装设备改造和更新时,必须慎重选择;涂装设备与涂层质量的关系密切,一定按照维修、清理周期进行维护;按照点检要求,及时进行检测,如发现异常,立即进行修复
5	涂装环境的管理及控制	涂装车间环境控制文件	控制涂装车间的温度、湿度、洁净度、照度、各类污染物质。定时进行测试、记录,并与涂装质量问题关联,及时预防各种涂层缺陷(弊病)的产生
6	涂装(腐蚀防护)管理问题	各类管理文件(组织机构、生产计划、工艺、质量等)	在涂装质量控制中,涂装管理是“操作系统”,影响范围最大,作用最强,必须给予高度重视

(3) 储运阶段的过程控制(表 10-7)

表 10-7 涂装系统储运阶段的过程控制

序号	控制项目名称	文件形式或种类	说明及注意事项
1	工装容器的设计及配套	设计图纸及管理文件	保护被涂装产品或工件不被碰伤,重要的是进行保护,如设计表面敷泡沫塑料或其他软质物品,设计使用软化过的工位器具等
2	包装设计及实施	设计图纸及管理文件	设计符合运输要求的防划伤的外包装,一般是将包装的三个基本功能(保护功能、方便功能和传递功能)进行综合考虑,采用一种性价比较高的包装方式。有时包装设计也在产品设计阶段进行
3	存放场地(仓库)	存放条件及存放场地(仓库)管理文件	根据工序间存放、中间库存放、仓库存放的特点,分别进行防护、防水、防锈包装存放
4	产品防锈	防锈材料及工艺的设计文件、管理文件	要确定防锈包装等级,按照 GB/T 4879—1999《防锈包装》标准,进行清洗、干燥、防锈、内包装四个步骤(工序)

(4) 安调阶段的过程控制(表 10-8)

表 10-8 涂装系统安调阶段的过程控制

序号	控制项目名称	文件形式或种类	说明及注意事项
1	工厂装配/安调对涂层的保护和修补	工厂装配/安调文件	产品或工程在自身安装(装配)、调试时涂层的损坏是“常见病”,必须严加重视

续表

序号	控制项目名称	文件形式或种类	说明及注意事项
2	现场装配/安调对涂层的保护和修补	现场装配/安调文件	现场安装带来的损坏和修补，对涂装质量影响很大，必须严格控制
3	整机涂装质量检验（涂装竣工验收）	质量检验文件、竣工验收报告等	涂装质量的优劣是通过涂层质量的优劣体现的，整机涂层质量的检测和评价是很重要的。主要是对涂膜性能的检测，包括涂膜的力学性能、耐久性、耐介质性等

(5) 使用阶段的过程控制（表 10-9）

表 10-9　涂装系统使用阶段的过程控制

序号	控制项目名称	文件形式或种类	说明及注意事项
1	使用环境的选择和保持	产品使用维护说明书中关于涂层使用环境的技术要求	机电产品使用维护说明书上，对于腐蚀环境的要求较少。从实际工作的需要出发，一定要有这一部分的论述
2	产品（设备）涂层的清理与清洁	产品使用维护说明书中关于涂层维护的技术要求	机电产品使用维护说明书上，对于涂层的清理与清洁要求较少。从实际工作的需要出发，一定要有这一部分的论述
3	涂层破坏的修复	涂装修复（维修）方案文件	避免不当的涂装维修，较大的修复工程一定要进行方案设计
4	使用阶段涂层的测试/评估（评价）	标准文件（国际标准、国标、企业标准）	对使用过程中的涂层进行测试/评估（评价），是非常重要的，其内容、等级的划分及合格与否的判定需要制定详细的可实施的标准
5	使用阶段涂层质量的反馈制度	反馈制度管理文件	使用阶段涂层质量的反馈制度非常重要，它不但是满足客户需要重要举措，而且是对设计、制造、储运、安调各阶段涂装工作改进的推进措施

10.3.2　涂装系统质量数据的收集/分析/处理（评价）/保存

(1) 涂装质量信息管理平台的建立

建立涂装质量信息管理平台的目的，是要将涂装过程中出现的质量问题进行及时汇集，使与涂装相关的人员共享这些信息，以最快的速度解决质量问题，并且预防、避免此类问题再次或多次发生。目前，普遍存在的问题是：虽然有日报、周报、月报等制度，但反馈不及时；而且，缺少基础数据或数据不全，对质量问题进行解析和对策时，影响很大。日常数据的积累对于解决涂装涂层质量问题非常重要，这就是贯彻“预防为主”的原则，如果有大量的数据积累，一旦有涂装质量现象（问题），就可以及时采取措施、及时纠正。

随着计算机技术的普及和发展，很多企业建立了各种各样的质量管理信息平台，这对于涂装质量管理有很大的促进作用。由于此类问题涉及大量的计算机和软件方面的内容，在此不再赘述，请有兴趣的读者查阅有关资料。

（2）涂装质量信息的反馈形式

涂装质量数据的收集（信息反馈）有传统模式和矩阵模式。在传统模式中，涂装质量的数据是通过逐级向上进行反馈，渠道比较窄、反馈速度较慢。矩阵模式中，涂装质量的数据可以通过不同的人员进行反馈，汇总到“涂装质量信息管理平台”，实现信息共享，大大缩短了信息传输和处理质量事故的时间。表 10-10 和表 10-11 是一个应用实例。

表 10 -10　多渠道反馈涂装质量信息的矩阵模式

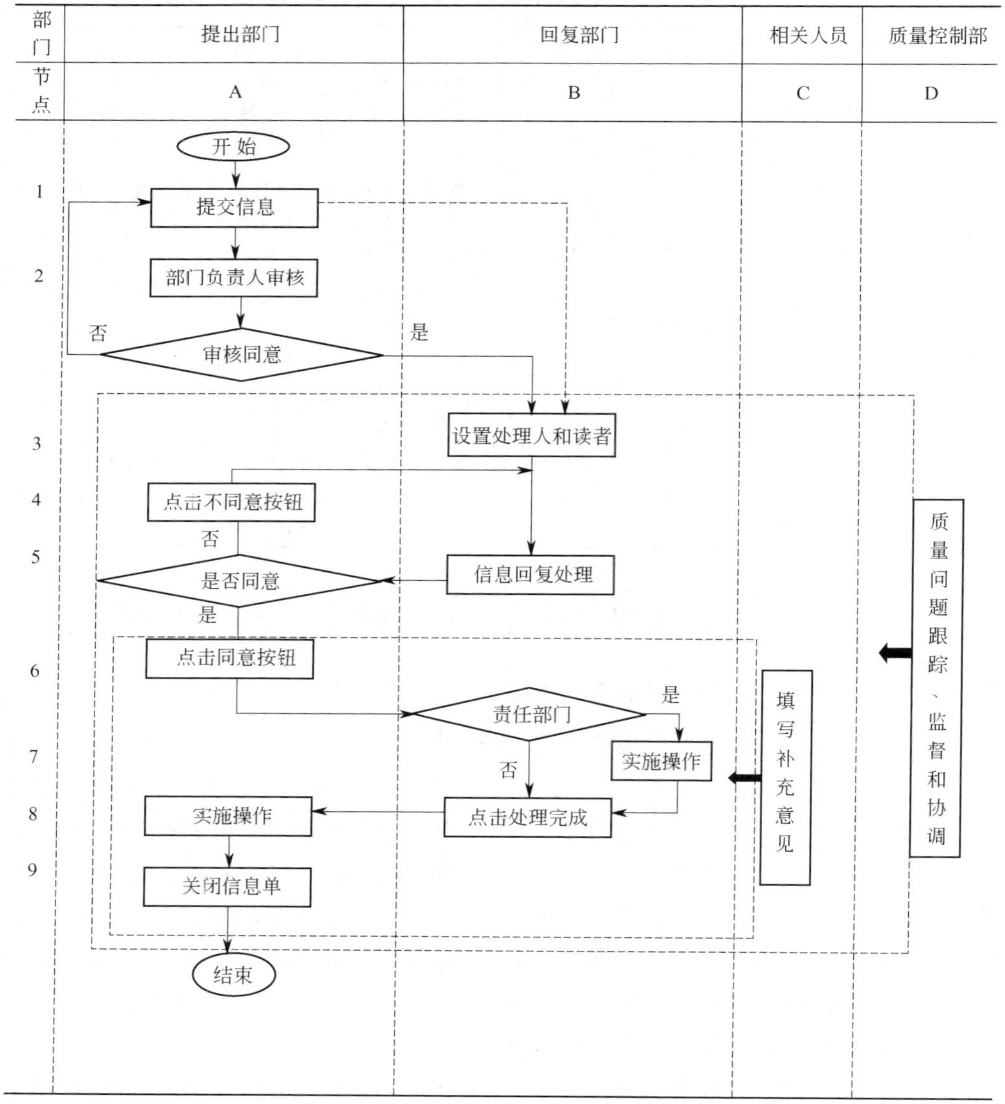

部门	提出部门	回复部门	相关人员	质量控制部
节点	A	B	C	D
	开始			
1	提交信息			
2	部门负责人审核 审核同意（否：返回提交信息；是：转设置处理人和读者）			
3		设置处理人和读者		
4	点击不同意按钮			
5	是否同意（否：点击不同意按钮；是：点击同意按钮）	信息回复处理		质量问题跟踪、监督和协调
6	点击同意按钮	责任部门（是：实施操作；否：点击处理完成）		
7		实施操作	填写补充意见	
8	实施操作	点击处理完成		
9	关闭信息单			
	结束			

表 10-11　涂装质量反馈信息单

			编号：
提出者：		提出日期：	
提出部门：		部门信息员：	
信息性质：		产品类型：	
是否要审批：		部门负责人：	
信息类型			
主题：			
产品名称：		产品型号：	
产品编号：		产品数量：	
检验标准		生产供应单位：	
检验时间：		检验地点：	
检验人员：		检验类型：	
检验结果/检验员意见：			
信息内容：			
不合格品处置意见：			
评审人员：			
附件：			
责任部门：			
部门信息员：			
抄送：			
信息处理人：			
附加读者：			
信息分析			
直接原因	深层原因		
信息处理（请注明负责人及完成时间）			
质量控制部意见：			
质量控制部选择读者：			
补充意见：			
完成情况反馈：			
操作日志：			

10.4　涂装涂层缺陷（弊病）的分析及处理

涂装涂层/涂层体系存续过程中的每个阶段，经常会出现各种各样的缺陷（弊病），这也是涂装技术人员和质量管理人员常常遇到的问题或难题。由于这些缺陷（弊病）往往是“一因多果”或“一果多因”所造成，即“缺陷（弊病）的多样性和原因的复杂性”所造成，分析和解决问题的难度很大，以至于有的问题成了“疑难杂症”，有的问题根本找不到答案。

本节试图通过基本概念的叙述和缺陷（弊病）的分类，分析涂装各阶段缺陷（弊病）的表现形式，探讨企业在涂装过程中正确有效地快速分析、解决缺陷（弊病）的流程和方法。

10.4.1 缺陷（弊病）的基本概念

有的专家将涂层/涂层体系缺陷（弊病）区分为“涂层缺陷”和“涂层破坏状态”二种情况。涂层缺陷：是指涂层质量与所规定技术要求的偏差，一般产生于涂装过程中。涂层破坏状态：是涂层在腐蚀介质的作用下或在特定的使用条件下，产生的综合性能变化的外观表现。

有的专家认为：任何涂层在使用环境中，在各种腐蚀因素的作用下，都会发生降解，出现粉化、失光、退色等现象。只要这些涂层质量的衰减处于涂料供应商质量保证期以内，并且未对涂层的保护和功能作用造成本质的影响，那么这种涂层质量的降低充其量称为“涂层质量的正常递减”。而涂料在使用过程中受到各种不同因素的作用，使涂层的物理化学和机械性能引起不可逆的变化，最终导致涂层的破坏，则称之为“涂层失效”。涂层的失效分为物理失效和化学失效。物理失效是指涂层在使用过程中，在环境介质和应力的作用下导致涂层的溶胀，介质的渗入，涂层的开裂等涂层使用性能的劣化现象。化学失效是涂层在使用过程中，在热、光、氧、酸和碱等化学介质作用下高分子链发生降解或重新错误交联等化学反应，引起介质渗入，涂层开裂、粉化等物理和化学性能劣化的现象。

GB 5206.5—1991《色漆和清漆 词汇 第五部分 涂料及涂膜病态术语》将涂层的缺陷（弊病）称为“涂膜病态”但未进行定义。

GB/T 8264—2008《涂装技术术语》只列举了部分具体的涂层缺陷（弊病）的术语，同时对“老化 weathering”进行定义为“漆膜受大气环境作用发生的变化。”，但是对涂层缺陷（弊病）本身也未进行定义。

仔细观察涂层缺陷（弊病）出现的时间点以及分析出现涂层缺陷（弊病）原因，我们可以看出：

在产品设计、涂装涂层系统设计中存在的问题，可以形成潜在的涂层缺陷（弊病）；在涂覆前涂料本身出现的弊病也会形成涂层缺陷（弊病），涂覆过程中也会出现、固化（干燥）后也会出现的涂层体系弊病（缺陷）；储运阶段也会出现的涂层体系弊病（缺陷）；安调阶段也会出现的涂层体系弊病（缺陷）；使用阶段出现的涂层体系弊病（缺陷）。

这些不同阶段出现的缺陷（弊病），有的相同，有的相似，但究其原因主要是由涂装材料、涂装设备、涂装环境、涂装工艺、涂装管理等方面的原因引起的。

作者认为：涂层缺陷（弊病），是指在不同时间段所检测（或观察）到的涂层或涂层体系的技术数据不符合适用标准所规定的技术性能指标。

本文所使用的涂层缺陷（弊病）的名称，基本按照 GB 5206.5—1991《色漆和清漆 词汇 第五部分 涂料及涂膜病态术语》和 GB/T 8264—2008《涂装技术术语》的规定，同时参考行业的习惯说法。

10.4.2 缺陷（弊病）的分类

对于涂层体系缺陷（弊病）的分类说法比较多，也没标准进行统一的规定。

作者认为，缺陷（弊病）属于“临床表现”，在不同的时间阶段内的会有各种各样的“症状”。按时间先后进行分类，便于分析病因，有利于企业的实际使用。按照“涂装系统”的时间维度进行划分，共五个阶段。将各种缺陷（弊病）汇总，见表 10-12～表 10-16 所列。

表 10-12　设计阶段隐藏的缺陷和问题

出现的缺陷(弊病)名称	类似名称 (其他名称,相近名称)	说　明
1.1　产品设计的问题		产品设计(结构设计等)不当表现在多个方面,如: 可到达性的预留; 缝隙、积水积尘、边缘、焊接部位、联结的处理; 箱形构件和空心组件、凹槽、加强板特殊设计; 电偶腐蚀的防止; 对装卸、运输和安装的考虑等 以上方面如果处置不当,将带来涂层体系的破坏
(1)结构设计缺陷产生无法解决的涂层体系的缺陷(弊病)	设计缺陷(如积水、积尘等)	
(2)其他表面工程技术的选用不当带来涂层缺陷(弊病)	表面工程技术选择不当	
(3)设计图纸标注技术要求不完整(缺少外观的指标,如棱边的 $r>2\text{mm}$)	图纸设计缺项,技术要求不全	
(4)缺少涂装实施工艺的论证	涂装工艺性不好,无法实施或不便于实施	
1.2　涂层体系设计(涂装设计)		涂层体系的设计与涂层体系缺陷(弊病)有很强的关联性,有很重大的影响,如果处理失当,会造成涂装实施的混乱,带来涂层体系的各种缺陷(弊病)
(5)无涂装专业的设计文件	缺少涂装设计文件	
(6)设计文件不规范(缺少关键数据,存在错误)	涂装设计文件不合格	
(7)涂装材料选择错误	选材错误	
(8)涂层体系设计不合理(各层间的配套,技术参数,试验验证)	涂层体系设计错误	
(9)涂装设备选择不当	涂装设备不适用	
(10)涂装工艺方法选择不当	涂装工艺应用错误	

表 10-13　制造阶段出现的缺陷（弊病）

出现的缺陷(弊病)名称	类似名称 (其他名称,相近名称)	说　明
2.1　涂料缺陷(弊病)		未涂装之前涂料所产生的缺陷(弊病)问题,会造成多种涂层体系缺陷(弊病),必须引起重视
(1)透明涂料发糊和发混	浑浊	
(2)增稠,结块,胶化和肝化	变厚,发胀	
(3)结皮		
(4)沉淀与结块		
(5)变色	原漆变色	

续表

出现的缺陷(弊病)名称	类似名称 (其他名称,相近名称)	说明
(6)容器变形等		
2.2 涂覆过程中的缺陷(弊病)		含流平(闪干、闪蒸)过程
(1)颗粒/起粒/灰尘	尘埃,异物附着,涂料颗粒,金属颗粒,焊锡焊渣	烘干室内的灰尘或其他污染物亦会引起
(2)流挂	下沉,滴流,垂流,流痕	
(3)露底	缺漆,盖底不良,涂得太薄	
(4)缩孔(鱼眼)	抽缩,油缩孔,缩边	烘干室内的污浊亦会产生
(5)陷穴/凹洼	凹坑,麻点	
(6)针孔	气泡孔	流平不充分、急剧升温亦会产生
(7)起气泡	气泡,溶剂气泡,空气泡,起痱子	急剧升温亦会产生
(8)咬底	咬起	
(9)起皱	皱纹,微皱纹	
(10)定向不均匀现象	金属闪光色不匀,银粉不匀	
(11)拉丝		
(12)浮色	色分离	
(13)开花现象(花瓣)	白华现象	金属闪光涂料静电喷涂时
(14)反转		二层中涂涂料湿碰湿喷涂时
(15)落上漆雾,干喷		
(16)白化	发白	
(17)涂层(漆膜)过厚		
2.3 固化(干燥)成膜后的缺陷(弊病)		
(1)橘皮	柚子皮	
(2)发花/色花	色发花	
(3)色差		与标准色板或与所定色的参数有差异
(4)渗色	底层污染	
(5)掉色		
(6)金属闪光色不匀	银粉不匀,银粉立起,铝粉浮起	
(7)光泽不良	发糊,低光泽	
(8)鲜映性不良		
(9)丰满度不良		
(10)起皱	皱纹	与涂装时出现的会有差别
(11)气裂		烘干炉内的酸性气体等引起
(12)砂纸纹/打磨不均匀	打磨不足,打磨划伤,打磨坑	
(13)残余黏性/干燥不良	烘干不良,未烘干透,过烘干,慢干	
(14)附着力不良	附着力差,涂层剥落	
(15)涂层硬度不足		
(16)腻子残痕		因吸油引起,面漆表面痕迹
(17)胶带痕迹/水痕迹		
(18)其他缺陷,如拉铆孔痕迹,塞焊痕迹		

表 10-14　储运阶段出现的缺陷（弊病）

出现的缺陷(弊病)名称	类似名称（其他名称,相近名称）	说　明
(1)划伤	刮伤,压伤,啄伤,摩擦伤	
(2)失光		烈日下存放
(3)涂层变色/变色		烈日下存放
(4)粉化		烈日下存放
(5)沾污		包装不当引起,外部污染
(6)起泡		包装不当引起
(7)剥落/脱落		包装不当引起
(8)生锈		包装不当引起
(9)其他		

表 10-15　安调阶段出现的缺陷（弊病）

出现的缺陷(弊病)名称	类似名称（其他名称,相近名称）	说　明
(1)划伤(刮伤,压伤,摩擦伤)		
(2)沾污		胶带痕迹,化工材料
(3)起泡		局部积水
(4)剥落/脱落		原涂层附着力不良致使安调过程中脱落
(5)生锈		划伤生锈
(6)胶带痕迹/水痕迹		沾污,斑点

表 10-16　使用阶段出现的缺陷（弊病）

出现的缺陷(弊病)名称	类似名称（其他名称,相近名称）	说　明
(1)失光		
(2)涂层变色/变色	掉色,退色,变黄	
(3)粉化	风化	
(4)泛金光/泛金	返铜光,亮铜色	
(5)沾污		
(6)斑点		
(7)开裂/裂纹	裂痕	
(8)起泡	水泡	
(9)剥落/脱落	层间附着力不良	
(10)生锈	锈蚀,丝状腐蚀,疤状腐蚀,淌黄水	
(11)发霉		
(12)涂层体系修复产生的缺陷(弊病)		虚漆,修补亮斑(极光,斑印),打磨抛光痕迹,色差等

10.4.3　缺陷（弊病）的检测与评定的依据（标准）

对涂层/涂层体系的检测评定的技术标准中，国家标准有：GB/T 1766—2008《色漆和清漆　涂层老化的评级方法》；国际标准有：

ISO 4628《色漆和清漆 涂层老化的评定 缺陷的数量和大小以及外观均衡变化程度的评定》

ISO 4628-1：2003　第 1 部分：总则和评定体系

ISO 4628-2：2003　第 2 部分：起泡等级的评定

ISO 4628-3：2003　第 3 部分：锈蚀等级的评定

ISO 4628-4：2003　第 4 部分：开裂等级的评定

ISO 4628-5：2003　第 5 部分：剥落等级的评定

ISO 4628-6：2007　第 6 部分：粉化等级的胶带评定法

ISO 4628-7：2003　第 7 部分：粉化等级的丝绒布评定法

ISO 4628-8：2005　第 8 部分：分层腐蚀等级的评定

ISO 4628-10：2003　第 10 部分：丝状腐蚀等级的评定

以上标准，可以看作是涂层/涂层体系主要在使用阶段（有的在储运、安调阶段也会出现）的检测评定标准。对于涂层/涂层体系的检测评定标准国际标准还有 ASTM、NACE、NORSOK、IMO 等国际标准；国家各行业也都有各自的涂层/涂层体系检测评定标准；还有大量的检测与评定方法标准；在此不一一列举。

对于包括涂装全过程的检测评定标准，比较有影响的是 ISO 12944.1～8《色漆和清漆——涂层防护体系对钢结构的腐蚀防护 1～8》、《SSPC 规范 油漆-20》等综合类标准，它们涉及从设计到竣工验收直至设备或工程的最终的各种各样的检测与评定问题。对涂装企业来讲，主要参考各类国际先进标准、引用国家标准，制定适合客户和自己企业情况的企业标准，在实际生产中对涂层/涂层体系的各阶段进行检测与评审。

10.4.4　缺陷（弊病）的分析及处理流程

当涂装技术人员和质量管理人员遇到涂层/涂层体系的缺陷（弊病）时，如果没有规范的分析问题、解决问题的方法和程序，就会手忙脚乱，或者简单地想象、推测，或者不经验证就下结论，无法建立涂层/涂层体系缺陷（弊病）的“病历”档案，使问题的解决非常困难。因此，建立规范化、流程化分析程序和处理流程，是非常必要的，也是非常重要的。

由于涂装涂层/涂层体系的缺陷（弊病）在不同的时间阶段都有出现，且因检测评定的目的不同而不同，会有多种多样的检测评定的形式，详细内容如表 10 -17 所示。因篇幅所限，本文只论述企业内部质量问题中的涂层/涂层体系缺陷（弊病）的一般情况下的分析，具体使用时可以对程序进行增减。具体流程如图 10-9 所示。

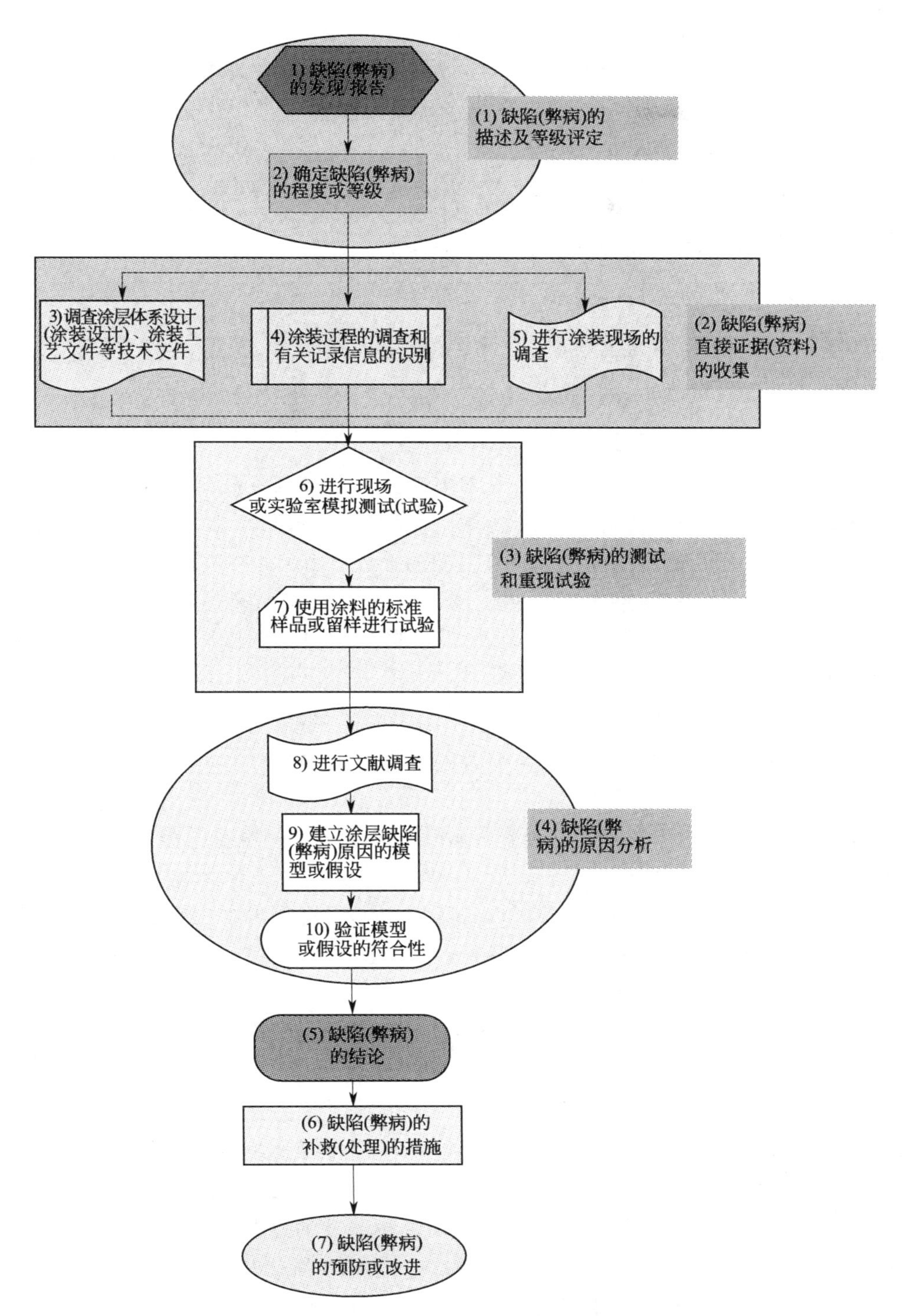

图 10-9　缺陷（弊病）的分析及处理流程

表 10-17　涂层/涂层体系缺陷（弊病）检测评定的各种形式

时间阶段 检测评定用途	制造阶段 （自制或外协）	储运阶段 （交付验收）	安调阶段 （竣工验收）	使用阶段 （质保期内）
1）企业内部质量的检测与评定	（内部质量问题）	（企业内部储运问题）	（企业内部安调问题）	（企业内部解决客户问题）
2）甲方与乙方间质量问题的检测与评定	（外协委托）	（不同单位之间）	（甲方客户不予验收）	（不同单位间的交涉和谈判）
3）企业涂装质量问题的专业（第三方）诊断与咨询				
4）经济纠纷的仲裁与诉讼、质量评定	（涉及涂料与涂装施工纠纷）		（赔偿纠纷）	（赔偿纠纷）

(1) 缺陷（弊病）的描述及等级评定

① 缺陷（弊病）的发现/报告　一般有客户（甲方）、现场工作人员、专业技术人员进行发现/报告、信息反馈，表现形式有语言、文字、照片、视频等。除了专业人员之外，很少有信息完整、识别正确的报告。因此，在听取或收集原始报告和信息时，需要注意以下几点。

a. 缺陷（弊病）是覆盖（涉及）整体还是仅仅为局部出现（最好有局部与整体关系的图像）？

b. 是设备内部还是外部表面？

c. 基体材料为多种时，要注意缺陷（弊病）出现在一种材料上还是全部材料上？

d. 在多涂层体系中，缺陷（弊病）出现在是底漆、中涂、面漆还是整个涂层体系？

e. 缺陷（弊病）是否出现在边角、缝隙、焊缝、孔洞等易出问题的特殊部位？

f. 缺陷（弊病）是否出现在产品结构设计错误的区域（易积水、易积尘、不通风、异种金属接触未绝缘等）？

g. 缺陷（弊病）处有否外力（单向应力、循环应力等）？

h. 缺陷（弊病）处有否大的温差变化或湿度变化？

i. 可以定量描述的应尽量使用定量的方式进行叙述。

j. 涂层/涂层体系使用的时间长短、使用所在地的腐蚀环境等级。

k. 出现缺陷（弊病）的涂层/涂层体系，是否处在质量保证期内？等等。

如果条件许可，最好使用各种能在现场进行测试的仪器进行检测，以便使用数据说话（定量法），减少因人而异产生（定性法）的信息不可靠程度。另外，有时还需要将样品带回实验室进行检测，与缺陷（弊病）程度或等级的评定一起进行。

② 确定缺陷（弊病）的程度或等级　对出现缺陷（弊病）的涂层/涂层体系进行分类、分级是非常重要的。一般应该按照 ISO、GB、行业、企业标准或甲乙双方的合同为依据，使用人们普遍接受的定义和名词进行交流。这样可以避免相关各方（业主、涂料供应商、施工承包商、涂装监理、质量检测评定人员等）之间对涂层缺陷（弊病）产生歧义，减少争论，提高解决质量问题的效率。

在使用阶段出现的涂层/涂层体系缺陷（弊病），应该按照标准 GB/T 1766 或 ISO 4628 的定义和分类等级方法进行判定缺陷（弊病）的程度或等级。

制造阶段、储运阶段、安调阶段，一般使用企业标准所列的指标；也可以使用甲乙双方合同商定的技术指标。

（2）缺陷（弊病）直接证据（资料）的收集

① 调查涂层体系设计（涂装设计）、涂装工艺文件等技术文件　第一，需要调查是否有涂层体系设计（涂装设计）、涂装工艺等技术文件？现在，相当部分的涂层/涂层体系的缺陷（弊病）是源于未进行涂层体系设计（涂装设计）或没有工艺文件。如果没有，在分析时，一定要整理出现行的书面的涂层体系和工艺流程。

第二，判断涂装设计（或涂层体系）或工艺文件是否正确（适宜性、可靠性及准确性）？有关工艺技术参数及要求是否有遗漏？新材料、新工艺、新设备是否有试验或业绩验证其符合标准或正确性？

第三，仔细阅读涂装化工材料说明书（包括 MSDS 数据），看其是否规范，与类似产品相比有否异同。

第四，客户（甲方）提出的技术要求，是否有书面文件或规定？等等。

② 涂装过程的调查和有关记录信息的识别　具有（持有）涂装技术文件只是问题的一个方面，在涂装实施过程中是全面执行还是部分执行？还是根本没有执行？这是一个极为重要的问题。事实上，相当部分涂装过程没有完全执行已有的文件，带来大量的缺陷（弊病）。

因此，在分析过程中，要把执行的标准、工艺、甲方要求等技术文件的工作记录，进行细致认真的调查。工作记录应包括：操作记录（温度、压力、流量、浓度等），检测频率（次数），交接班记录，质量问题处理记录，突发事件（如停电、机械故障等）记录等。特别应该注意的是，要对了解的信息进行真假、是否、可信度的识别，特别是对于相隔久远的数据资料更应如此。

③ 进行涂装现场的调查　涂装现场的调查是最重要、最关键的环节。可以使用适用的仪器、工具进行，如：各种现场可使用的涂装检测仪器，照相机，刮刀，样品封存包，放大镜，液体取样器，pH 试纸，其他物品等。

调查涂装化工材料：涂料的品种、出厂日期、有效期、存储条件等；清洗剂，磷化液，密封胶，腻子等，也需要进行调查。

调查涂装设备：前处理设备、涂覆设备、固化（干燥）设备、压缩空气设备、起重输送设备等，各项技术参数是否符合工艺的要求；其误差率（或允许范围）是否在正常范围内。

调查涂装环境：温度、湿度、露点、洁净度、照度、污染物，是否控制在可允许的范围以内。

调查现场全部涂装工艺流程，是否符合涂装技术标准文件的要求。

由于涂装现场的范围比较大，内容很多，可以根据所分析涂层/涂层体系的缺陷（弊病）的轻重和多少，适当缩减所调查的范围和内容。

(3) 缺陷（弊病）的测试和重现试验

① 进行现场或实验室模拟测试（试验）　有时，在进行缺陷（弊病）有关资料的收集中就会发现问题的根源所在。但是，要确认“是否是真正的原因?”还需要进行现场或实验室模拟测试（试验）。测试（试验）一般分为两种情况：用于解决在生产（制造、储运、安调）过程中产生的缺陷（弊病），需要使用被涂装工件进行试验；对于解决使用阶段出现的缺陷（弊病），需要使用材料相同的试片进行试验。

a. 现场被涂装工件的测试（试验）　根据实际情况，可组织有业主、涂料供应商、涂装实施厂家、监理等相关部门的技术人员参加，将产生涂层/涂层体系缺陷（弊病）的相同工件或相似工件（材料、形状、工艺相似），在相同的涂装现场，进行所有标准规定的前处理操作和重新涂覆，观察缺陷（弊病）是否重新出现，这是解决制造阶段出现缺陷（弊病）的重要方法，也是常用的方法。

如果出现缺陷（弊病）可以就系统问题进行分析，使用排除法，逐步找出问题的原因；或者使用置换法（如更换/调换设备），以判断问题所在。

如果未出现缺陷（弊病），可以人为设置某种可疑的条件，观察是否出现，判定非正常状态或意外引起的问题。

b. 实验室试片的测试（试验）　对于一些重大涂层/涂层体系缺陷（弊病），特别是使用阶段中产生的耐久性问题，常常需要进行实验室的试验。通过进行涂层/涂层体系的各种性能指标，判定其是否符合标准（或者是否符合使用环境的要求）；通过对涂层/涂层体系的化学或仪器分析，可以判定涂料的真伪或优劣；从而找出问题的原因和责任的判定。

试片可分为已有涂层/涂层体系缺陷（弊病）的试片和重新制作的试片。

为了试片的可追溯性，新制作的试片与有缺陷（弊病）的工件，在材料、生产流程、环境、设备等条件要完全相同，不能在实验室制作，要在原涂装工厂或原涂装生产线上制作。

c. 综合测试（试验）　将“现场的被涂装工件的测试（试验）”与“实验室

试片的测试（试验）”结合起来，可以解决较为复杂和重大的涂层/涂层体系缺陷（弊病）。

实验室不但可进行试片的测试，同时可以将现场（生产现场、使用现场）收集的各种物质（物品）、腐蚀介质（固体、液体）、腐蚀产物的取样进行分析、化验，从而更加全面、系统地分析产生涂层/涂层体系缺陷（弊病）的原因。

② 使用涂料的标准样品或留样进行试验　一般情况下，涂料供应商的每批生产的涂料（包括各组分和稀释剂）均会有生产留样（一般留样一年以上）；重大项目或设备的涂装施工前也会留下涂料样品（保留有产品牌号和批号）。出现涂层/涂层体系缺陷（弊病）时，留下来的样品涂料，可以通过试验排除涂料的问题因素或者佐证涂料产生的问题。

(4) 缺陷（弊病）的原因分析

① 进行文献调查　查阅类似的缺陷（弊病）资料，可以快速了解别人（企业）的经验和教训，有助于对问题的分析。很多缺陷（弊病）有其共性的表现形态和原因，利用各种资料检索工具和技术资料，了解其他人遇到类似的问题所留下来的成果或分析问题的方法，会提高解决问题分析问题的效率。

② 建立涂层缺陷（弊病）原因的模型或假设　通过对缺陷（弊病）形态观察，对直接证据（资料）的收集、文献查阅以及测试和重现试验，应该有很多原因或理由可以解释缺陷（弊病）形成的机理。但是，在实际处理问题时，这些原因和理由的关系很复杂。如，单个原因不一定只产生一个缺陷，可能会产生或诱发多种缺陷，即“一因多果”；一种缺陷可能是有多种原因共同作用或依次作用的结果，即“多因一果”。因此，需要将各种影响因素，按照一定的模型和假设组合起来，使用系统工程的理论和方法进行分析，弄清它们的内在本质联系。

③ 验证模型或假设的符合性　在建立涂层/涂层体系缺陷（弊病）原因的模型或假设后，对于一些重要工程或设备或重大质量问题，需要进行验证，以便积累经验数据，从而更深刻地理解其内在的规律性和本质性的问题，这与缺陷（弊病）的测试和重现试验是不同的。在涂装化工材料、涂装设备、涂装环境、涂装工艺、涂装管理各个方面，均要与模型或假设假设的条件一致，通过改变可疑因素的种类和量变，看试验结果是否与模型或假设相符合，以验证模型或假设的符合性。在验证符合的基础上，或建立新的涂层体系，或采用新的工艺流程，或改造已有的设备和环境。

(5) 缺陷（弊病）的结论

一般情况下，经过一系列的调研、试验、分析、验证等，对于涂层/涂层体系缺陷（弊病）就可以得出较为肯定的结论。这对于从根本上解决涂装质量问题是非常重要的。当然，对于某些复杂问题，有时也会很难下结论。

(6) 缺陷(弊病)的补救(处理)的措施

在涂装生产和实际涂层/涂层体系的使用过程中，及时采取补救措施和应急处理方法是非常必要的。如果是在充分调研、试验、分析、验证等的基础上而采取的措施和方法，其效果就会比“病急乱投医”要好得多。

(7) 缺陷(弊病)的预防或改进

通过对涂层/涂层体系缺陷(弊病)的分析和处理，我们可以比较全面、详细地了解到原因、机理、模式，其重要目的就是要“惩前毖后”“以预防为主”。根据出现的缺陷(弊病)，举一反三，将此类问题从根本上进行解决。

10.4.5 涂层/涂层体系缺陷(弊病)分析及处理举例

本节通过一个涂装施工阶段“大面积面漆涂层针孔和少量气泡”的案例，了解涂层/涂层体系缺陷(弊病)分析及处理流程的重要性和应用中的问题(图10-10)。

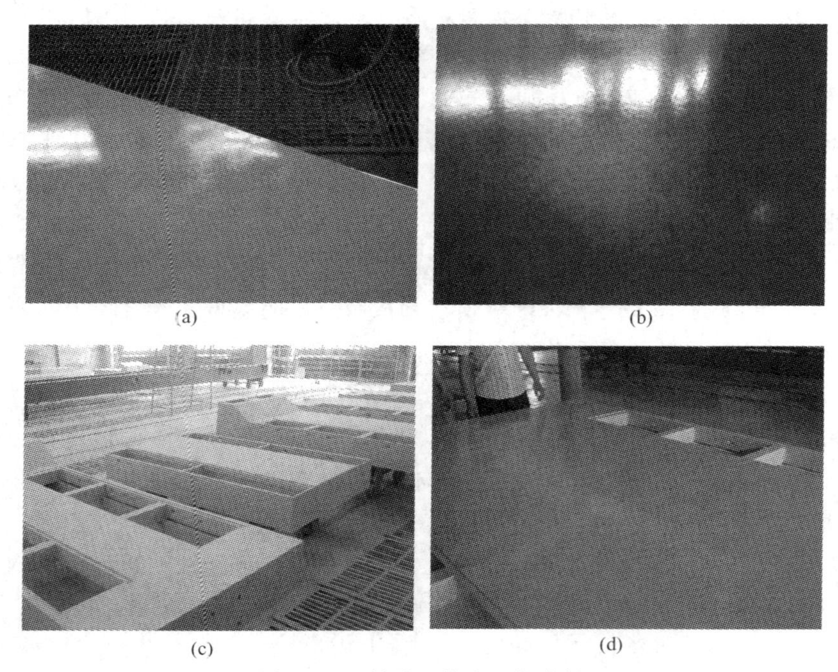

(a) (b) (c) (d)

图10-10 缺陷(弊病)的举例

(1) 缺陷(弊病)的描述及等级评定

某企业在已多批次正常生产的产品中，突然有一天涂装外协厂报告，批量喷涂的工件面漆表面上，有大量针孔和少量的气泡，涉及工件几十件，200多平方米。根据对出现质量问题的工件进行观察，判定其外观质量不符合企业标准《××××

××设备重防腐涂层技术要求》中对 3 种类型的涂层（FQ-1、FQ-2、FQ-3）的技术要求："涂层表面平整光滑，无缺漆、遮盖不良、起泡、脱落、生锈、裂纹、流痕、可见颗粒、杂漆、砂纸纹、缩孔及针孔等缺陷，无明显橘皮。"已属于较大质量问题，严重影响产品质量和生产进度，需要立即进行分析、解决。

（2）缺陷（弊病）直接证据（资料）的收集

首先，调查涂装工艺等技术文件、涂装化工材料说明书、甲方提出的涂装技术要求等，使用的为最新版本，签署日期均在有效期内。况且，一直使用这些经过试验验证文件的其他批次产品，并未出现问题。

其次，查阅工作记录，比较真实地反应并执行了工艺文件中规定的各项技术要求，环境温度、湿度、露点、洁净度等，均在控制范围之内。

最后，甲方与涂料供应商、涂装厂三方共同对涂装现场调查了涂装化工材料、涂装设备、涂装环境、涂装工艺流程，并未发现异常的现象。但涂料供应商怀疑涂装过程（操作）有问题，依据是同样的涂料，以前为什么未出此类问题；涂装厂对该批涂料及其稀料提出怀疑，理由是我们使用同样的方法和操作，为什么以前不出问题？

（3）缺陷（弊病）的测试和重现试验

为了证实"针孔和气泡"的出现，将同种类的工件（材料、形状、工艺相同），在相同的符合标准的涂装现场，进行所有标准规定的前处理操作和重新涂覆，观察到工件表面的面漆质量，虽有稍微好转，但仍有数量较多的"针孔和气泡"缺陷（弊病）的出现，可以判定"针孔和气泡"是客观存在的（图 10-11）。

图 10-11　缺陷（弊病）的重现

然后，要求涂料供应商使用留样进行试验，他们在实验室的实验结果，同样证明了面漆涂装后有"针孔和气泡"的存在。

（4）缺陷（弊病）的原因分析

根据文献调查和已有资料的查阅，共发现产生"针孔和气泡"缺陷（弊病）的原因（因素）共有 13 个，根据实际情况，使用排除法逐条排除，最后剩余 3 个因素可能性较大：稀料使用错误，或使用了伪劣稀料；涂料生产过程中混入了有害物质；调涂料时，用具不清洁，如有水分或油污混入涂料中产生。

对于判断"涂料生产过程中混入了有害物质"比较繁杂和困难，但判定"稀料使用错误"或"涂料调配时混入异物"相对较容易。于是，开始验证假设的可能性。通过变换稀料的型号调配涂料并进行喷涂，未出现"针孔和气泡"缺陷（弊病)，初步断定是稀料有问题。仔细查找稀料的供货渠道，发现2种稀料极易搞混，特别是电话订货时，极易发生。

(5) 缺陷(弊病)的结论

涂料供应商未处理好来自涂装工厂的电话订货信息，错发配套稀料，导致大面积面漆“针孔和气泡”缺陷(弊病)的发生，涂料公司承担主要责任。

(6) 缺陷(弊病)的补救(处理)措施

将已涂装好的面漆打磨清除，然后使用正确的稀料进行调配涂料，并进行重新喷涂面漆。

(7) 缺陷(弊病)的预防或改进

严格进货渠道和稀料的质量检验，不准使用电话口头订货，必须使用传真或其他书面的形式。

参考文献

[1] 刘登良 编著．涂层失效分析的方法和工作程序．北京：化学工业出版社，2003.
[2] 高瑾，米琪 编著．防腐蚀涂料与涂装．北京：中国石化出版社，2007.
[3] 王锡春．施工应用讲座．漆膜弊病及其防治(一)．涂料工业，1988，(06)：49.
[4] 于超．浅谈涂装车间质量管理．中国汽车工程学会涂装分会2011年论文集．
[5] 汪维孝 张旭 浅谈涂装车间多层次的质量保证体系．中国汽车工程学会涂装分会2011年论文集．
[6] 胡治文．李鹏．浅谈涂装车间的工艺管理．现代涂料与涂装，2010，8，13(8)：44-48.
[7] 陈拯．奇瑞轿车油漆的多重质量保证体系．汽车工艺与材料，2006(5)：35-37.
[8] 潘竹林，付昌勇，张国忠．涂装车间常见人为缺陷的现场质量控制．现代涂料与涂装，2007，1，10(1)．